2 級実技試験

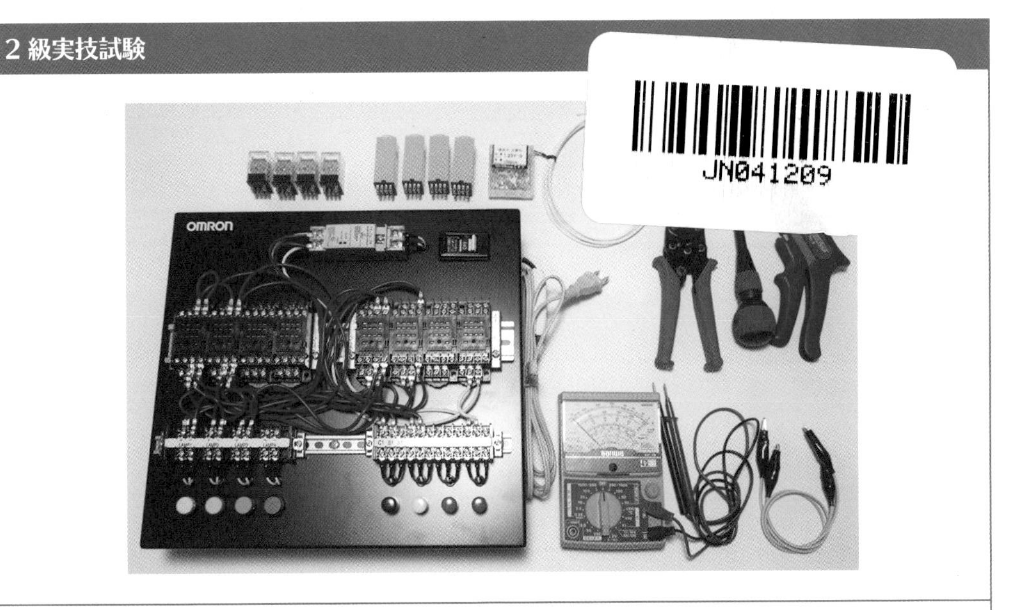

課題 2　課題 2 の機材と配線例（図 3･5）

1 級実技試験

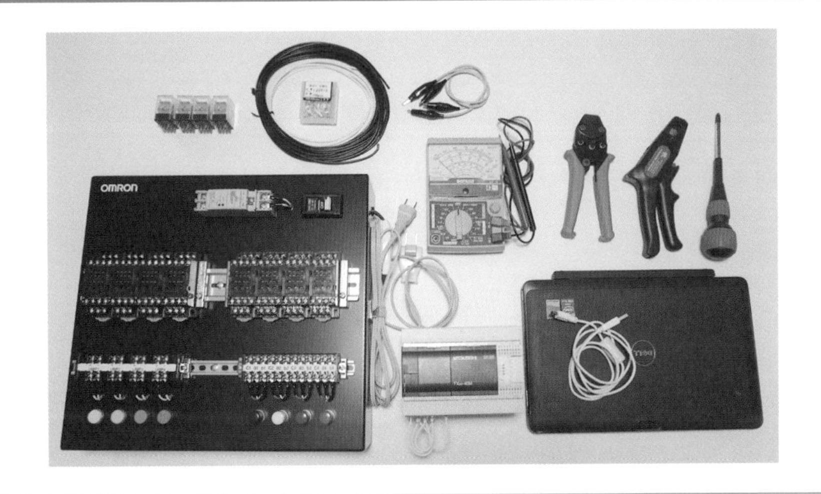

課題 1　①機材，支給材料，工具等の準備（図 5･1）

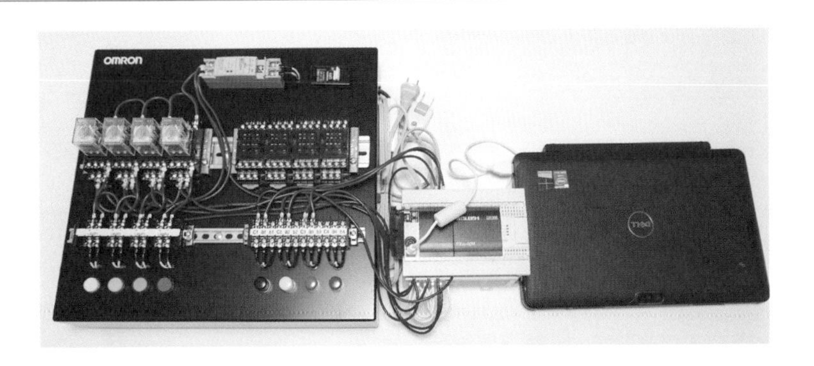

課題 1　②課題 1 の配線例（図 5･5）

技能検定

機械保全

電気系保全作業

学科・実技 合格テキスト

［改訂2版］

オーム社［編］

はじめに

技能検定は厚生労働省が認定する国家試験制度で，労働者の技能と地位の向上を図ることを目的に，現在131職種の試験が実施されている．

その中で「機械保全」は「機械系保全作業」，「電気系保全作業」，「設備診断作業」に分かれており，それぞれ「学科試験」と「実技試験」によって構成されている．

過去の「学科試験」を分析すると，同じ問題および類似問題が6～7割出題されているため，本書では出題頻度が高い問題を精選した「これだけは覚えよう」という項目を設け，それらを暗記した後，過去問題を繰り返し解くことにより，効率よく学習できるようにした．

「実技試験」は，減点法で41点以上減点されると不合格になる．そのため，本書では，長年の指導経験から，正しい配線作業や短時間で効率よく完成させるためのポイントなどを図解でわかりやすく解説した．また，想定問題をできるだけ多く掲載して，基礎的な練習問題から想定問題が解けるまでをやさしく解説した．

本書は，高校生，専門学校生，新入社員など初めて受検する方の受検対策テキストとして，また，実戦的なシーケンス制御技術を習得する受検者のテキストとして利用してほしい．

2024年5月

著者しるす

目　次

1章 3級実技試験

実技試験は各都道府県および会場によって日程が異なるので，受検票などで日程や試験場所を確認しておくこと．

実技試験は100点満点で，電気回路の配線と改善，不良回路の修復，圧着端子の取付，仕様動作，リレーとタイマの点検，作業態度，作業時間などについて，それぞれ採点される減点方式となっている．合格は60点以上である．

1-1 実技試験の概要

実技試験は，試験の約1か月前に課題1のタイムチャートの一部および課題2のタイムチャートとラダー図が受検票とともに受検者に郵送される．試験当日までに，各課題が完成できるように繰り返し練習しておくことが重要である．

3級の実技試験は，表1･1に示すように課題1と課題2があり，合格基準は60点以上となっている．

表1･1　実技試験の内容と試験時間

試験内容	標準時間	打ち切り時間	合格基準	合格率
課題1「有接点シーケンスによる回路組立作業」 ① タイムチャートから有接点シーケンス回路の配線を行う（事前公開）． ② 指示された仕様の配線を行う（当日指示）	50分	60分 （標準時間50分＋10分）	60点以上	約50%
課題2「有接点シーケンス回路の点検・修復作業」 ① リレーおよびタイマの点検を行う（テスタでリレーとタイマの故障を診断）． ② 有接点シーケンス回路を点検し，不良箇所の修復を行う（事前公開）．	30分	50分 （標準時間30分＋20分）		

1-1-1 課題1　有接点シーケンスによる回路組立作業

課題1は標準時間の50分までに完成させること．それ以降は減点され，打ち切り時間の60分で作業中止となる．課題1の試験の概要を次に示す．

手順1　タイムチャートを理解する

図1･1は，事前に公開される課題1のタイムチャート例である．黒の押ボタンスイッチを押すとt_1（3秒）後に白ランプが点灯し，黄の押しボタンスイッチを押すと白ランプが消灯する回路である．このタイムチャートと動作を事前に理解しておく．なお，黄ランプのタイムチャートは当日指示される．

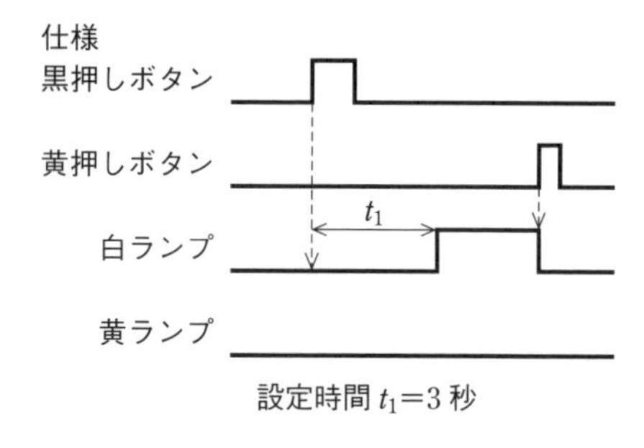

図1･1　タイムチャート例（事前公開）

変換する

手順2　ラダー図に変換する

図1･1のタイムチャートから図1･2のラダー図に変換する．変換方法は後で解説するが，事前に変換できるように練習しておくこと．

回路例

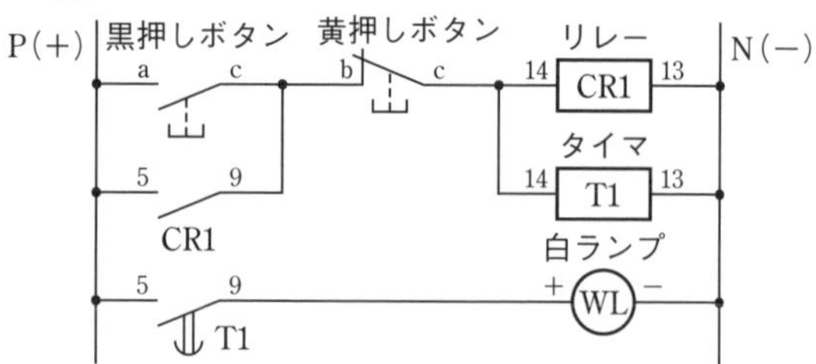

図1･2　ラダー図

手順３　配線に使用する電線を数本作成する

当日，青色の線（約６m）とＹ端子が支給されるので，図1·3のように，青線の両端にＹ端子を圧着した線を数本作成する．**電線の長さや圧着状態も採点されるので注意**する．

減点されない圧着法については後で解説する．

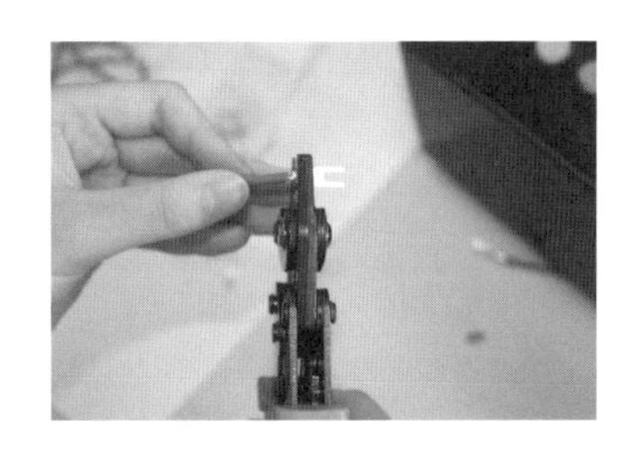

図1·3　電線にＹ端子を圧着

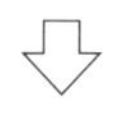

手順４　配線作業を行う

作成したラダー図をもとにして配線作業を行い，タイムチャートの仕様どおり動作するか確認する．

減点されない配線法については後で解説する．

図1·4　配線作業

手順５　指示された仕様の配線を行う（当日指示される）

図1·1のタイムチャートに図1·5の黄ランプが追加されたタイムチャートが試験開始前に配布されるので，対応できるようにしておく．

事前に出題されそうな数種類の問題は，後で解説するので練習しておく．

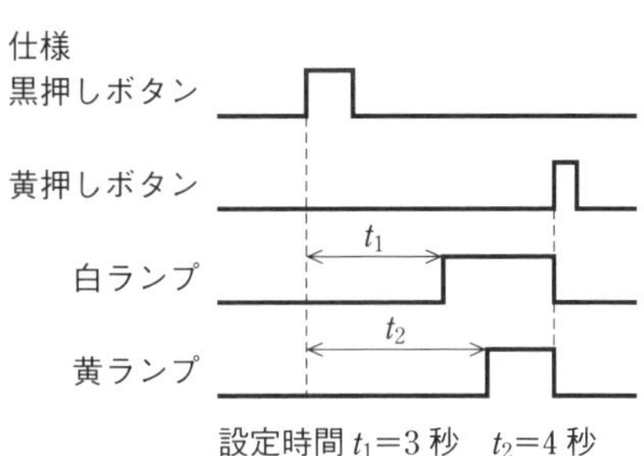

図1·5　黄ランプ回路の追加例

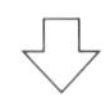

手順６　ラダー図を追加する

追加された黄ランプのタイムチャートをもとにして，今まで作成したラダー図に追加する．図の太線は，追加された配線を示す．

図1·5は試験前に配布されるので最初から図1·6のラダー図に変換してもよいが，初心の方は手順２～４で白ランプの動作を確認した後に，黄ランプ回路に進めたほうがよい．

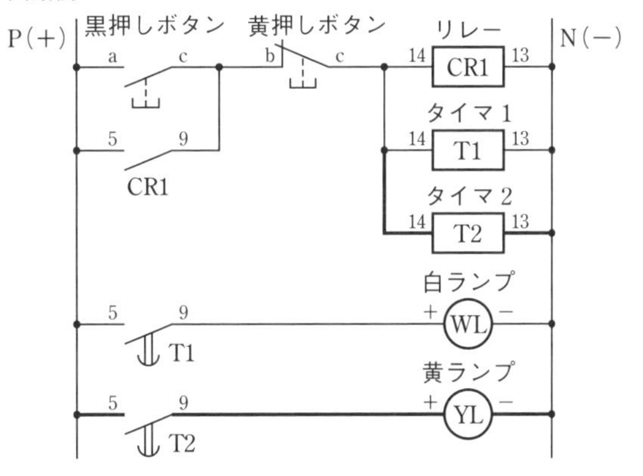

図1·6　ラダー図の追加

手順7　**配線を追加する**

追加したラダー図をもとにして，再配線を行う．そして，タイムチャートの仕様どおりに動作するか確認する．

正常に動作した場合は，手を上げて係員に合図する．合図した後に，検定委員が動作確認および採点を行い，**課題1は完了する**．

図1･7　配線の追加

1-1-2　課題2　有接点シーケンス回路の点検・修復作業

課題2は標準時間の30分までに完成させること．それ以降は減点され，打ち切り時間の50分で作業中止となる．課題2の試験の概要を次に示す．

手順1　**リレーとタイマの良否判定を行う**

リレー4個とタイマ2個が配布される．そのうち，不良品のリレーとタイマが各1個ずつあるので，チェック用ソケットに挿入し，テスタを用いて，リレーとタイマ6個をそれぞれ故障診断し点検表（マークシート）に良否および不良原因を記入する．

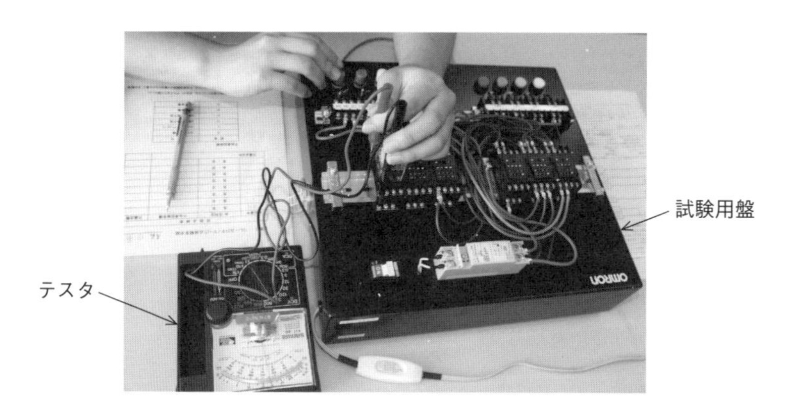

図1･8　良否判定の作業例

手順2　**不良箇所の修復を行う**

① 図1･9は，**事前に公開**されているので，ラダー図を理解しておくこと．

② 良否判定で使用した，**良品**のリレー3個とタイマ1個をソケットに差し込む．

③ 試験内容は，図1･9のラダー図から事前に配線（不良配線を含む）された試験用盤が準備されており，未配線および導通不良（断線）をテスタを用いて発見し，次の④で作成した白線で修復する試験である（図1･8）．

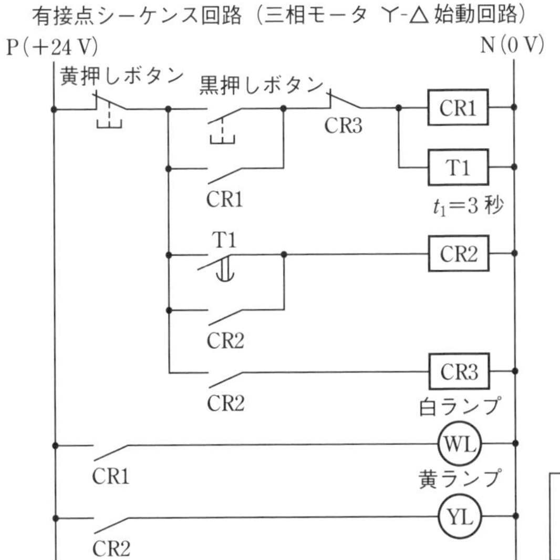

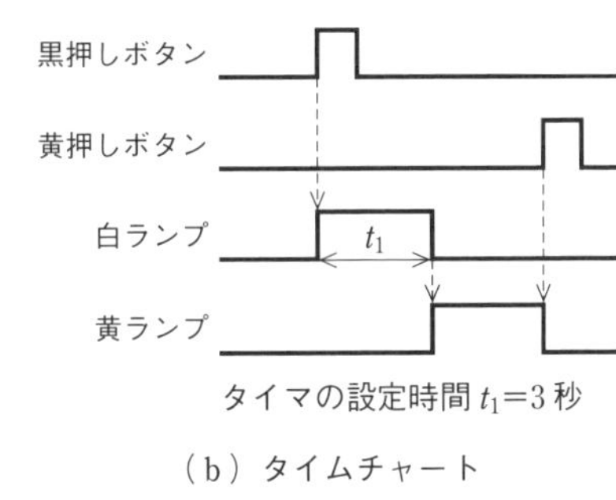

（b）タイムチャート

CR：リレー，T：タイマ
WL：白ランプ，YL：黄ランプ
PBS：押しボタンスイッチ

（a）ラダー図

図 1･9　課題 2 のラダー図とタイムチャート例（事前公開）

④　不良箇所は，**未配線が 1 か所と断配線が 1 か所（断線）**あり，Y 端子を取り付けた白線を 2 本作成し，修復する．

⑤　修復した後に，タイムチャートどおりに動作するか確認する．正常に動作した場合は，工具とゴミなどを片づけて整理整頓してから，係員に合図する．整理・整頓しないと減点される（次頁参照）．

図 1･10　修復作業例

⑥　検定委員が動作確認および採点（次頁参照）を行い，試験は終了する．

[採点項目]

試験中および試験終了後に下記の項目を技能検定委員が採点する．

採点項目	おもな採点ポイント
工　具	指定された仕様・規格の工具を用いて，正しく使用できているかなど（指定されたもの以外は使用できないことがある）
安全および作業態度	安全に配慮して作業を行っているか（活線作業など） 作業終了後，整理整頓されているか　など
仕様動作	仕様どおりに動作するか　など
作業時間	所定の時間内に作業を終えたか　など （標準時間を超えた場合，超過時間に応じて減点される）
回路点検	不具合の箇所を正しく特定できているか　など
回路組立	配線は適切に行われているか 圧着は適切に行われているか　など

1-2 リレーシーケンスの基礎知識

3級の実技試験は，リレーとタイマを使用した試験なので，ここではリレーなどの構造およびリレーとタイマの基本回路について学習する．リレー，タイマ，シーケンサの詳細は姉妹書の「**やさしいリレーとシーケンサ**」で学習してほしい．

1-2-1 押しボタンスイッチの構造と接点

シーケンス制御で用いるスイッチやリレーなどの接点は，**新JISではメーク接点，ブレーク接点などを用いるが，試験では旧JISのa接点，b接点などを用いているので，本書では旧JISを用いることにする．**

1. 押しボタンスイッチの構造

図1·11は試験用盤に用いられているスイッチの構造である．各端子はNC，NO，COMで表すが，試験用盤の端子台はa，b，cで表示されている．

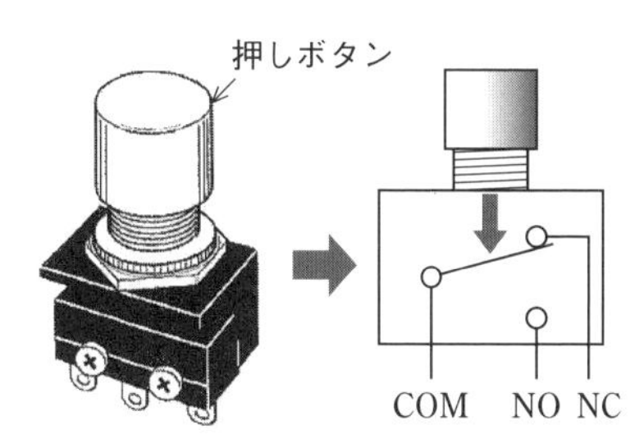

NC：ノーマリークローズ（常時閉）
　　手で押すと回路が開く
NO：ノーマリーオープン（常時開）
　　手で押すと回路が閉じる
COM：コモン（共通）
　　NOとNCに共通に使用される

図1·11　スイッチの構造

図1·12に各スイッチの図記号を示す．ラダー図を書くときに**図記号と端子記号を記入するので覚えておく**．

a接点：スイッチを押すと接点が閉じ，手を放すと接点が開く．

b接点：スイッチを押すと接点が開き，手を放すと接点が閉じる．

c接点：スイッチを押すと，aとcが閉じ，手を放すとbとcが閉じる．

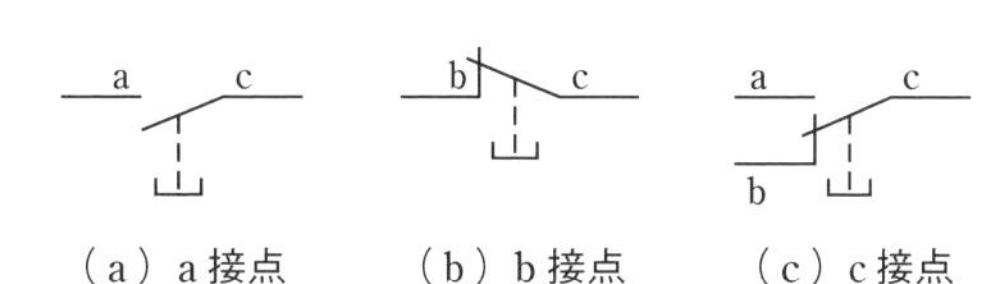

図1·12　接点の図記号と端子記号

1-2-2 図記号と文字記号

シーケンス制御で用いられる図や記号は，日本産業規格（JIS）で定められている．ラダー図や文字記号などは「シーケンス制御用展開接続図」（旧JIS C 0401），図記号は「電気用図記号」（JIS C 0617-7）に記載されている．リレーシーケンスで主に用いられている図記号と文字記号を表1·2に示す．また，表中の（　）内の文字記号は技能検定試験に用いられている記号で，JISでは定められていない．

表1･2　図記号と文字記号

(JIS C 0617-7)

名　称	図記号	文字記号 (JIS記号)	文字記号 (技能検定用)	機器の例
押しボタンスイッチ a接点		BS	PBS	
b接点				
継電器(リレー)のコイル		R	CR	
継電器(リレー)の接点 a接点				
b接点				
限時動作瞬時復帰タイマ a接点		TLR	T	
b接点				

注：リレーとタイマのコイルの正式な図記号は縦長であるが，技能検定試験では横長になっているため，本書では技能検定試験の図記号に統一した．また，**ランプの図記号と文字記号も技能検定試験の記号に統一した．**

	JISの図記号	技能検定用の図記号
リレーとタイマのコイル部	R	CR
白ランプ	WH	WL
黄ランプ	YE	YL

1-2-3 リレーの構造

図1･13は，4極のリレーとリレーのソケットの端子番号である．技能試験には直流24 Vのリレーが用いられるので，図(b)の14番と13番に電圧を加えると，コイルに電流が流れリレーが動作する．なお，**極性がある場合は14番を+側に接続する．また，接点は接続方法により，a接点やb接点として利用できる．**

Point

・端子番号を覚えること.
・a 接点として利用するには 5 と 9, 6 と 10 などに接続する.

5 9　6 10　7 11　8 12

・b 接点として利用するには 1 と 9, 2 と 10 などに接続する.

1 9　2 10　3 11　4 12

（a）4 極のリレーとソケット

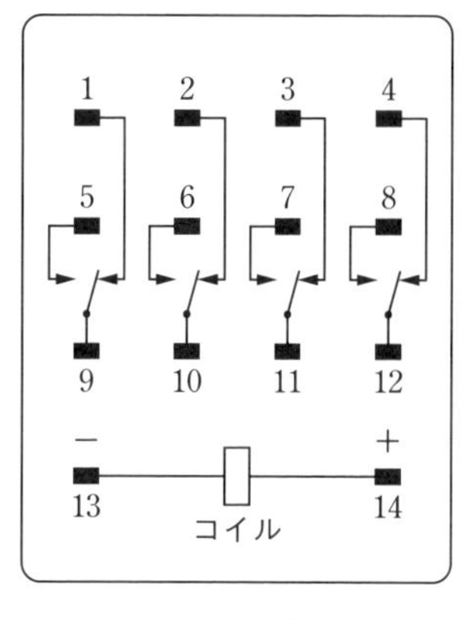

（b）リレーの端子番号

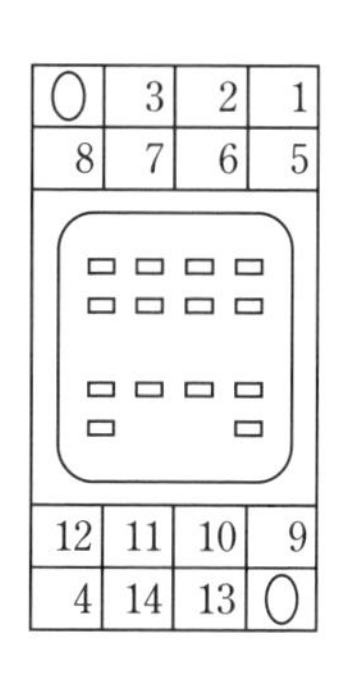

（c）ソケットの端子番号

図 1･13　リレーとソケットの端子番号

1-2-4 リレーとタイマの基本回路

1. タイムチャート

タイムチャートは, 縦軸に各機器の動作状態を示し, 横軸に時間を表した図で, 各機器の時間ごとの動作状態を理解するのに便利である. 図 1･14 は, 押しボタンスイッチとランプのタイムチャートである.

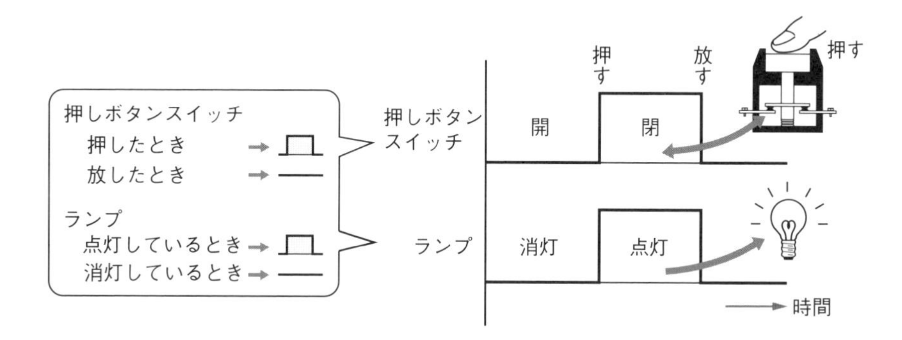

図 1･14　タイムチャート

2. 押しボタンスイッチとリレーのコイル

図1･15は，押しボタンスイッチのPBS-黒を押すと，リレーのコイルCRに電流が流れて励磁される回路である．この回路のラダー図とタイムチャートおよび配線図を下図に示す．

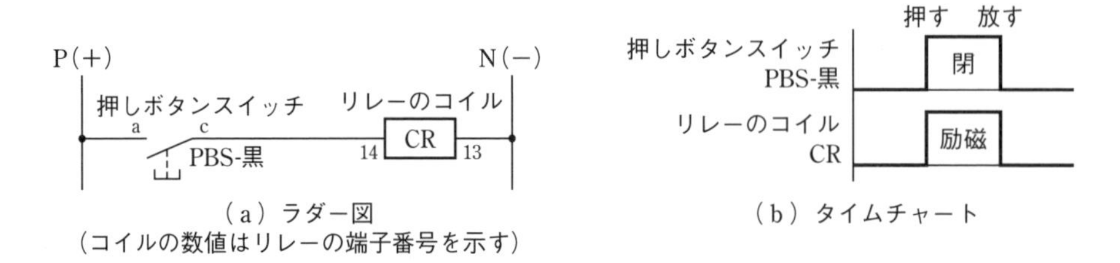

（a）ラダー図
（コイルの数値はリレーの端子番号を示す）

（b）タイムチャート

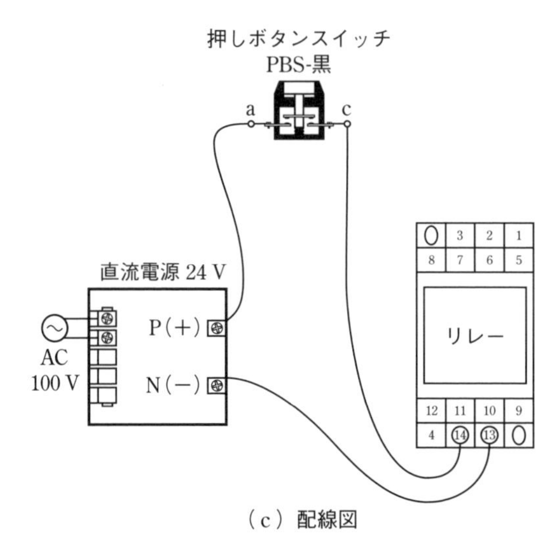

（c）配線図

図1･15　スイッチとリレーのコイル部

例題 1

図1･16のラダー図は，スイッチPBS-黒を押すと，リレーのコイルCRに電流が流れて励磁され，リレーCRのa接点が閉じ，白ランプWLが点灯するON回路である．この回路のタイムチャートと配線図を完成させなさい．試験装置があれば，実際に配線せよ．

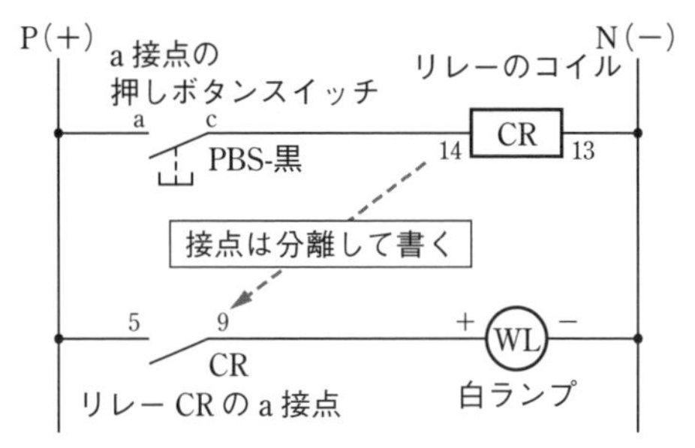

＊コイルと接点の数値はリレーの端子番号を示す

図1･16　ON回路のラダー図

例題1の解説

タイムチャートと配線図を下記に示す.

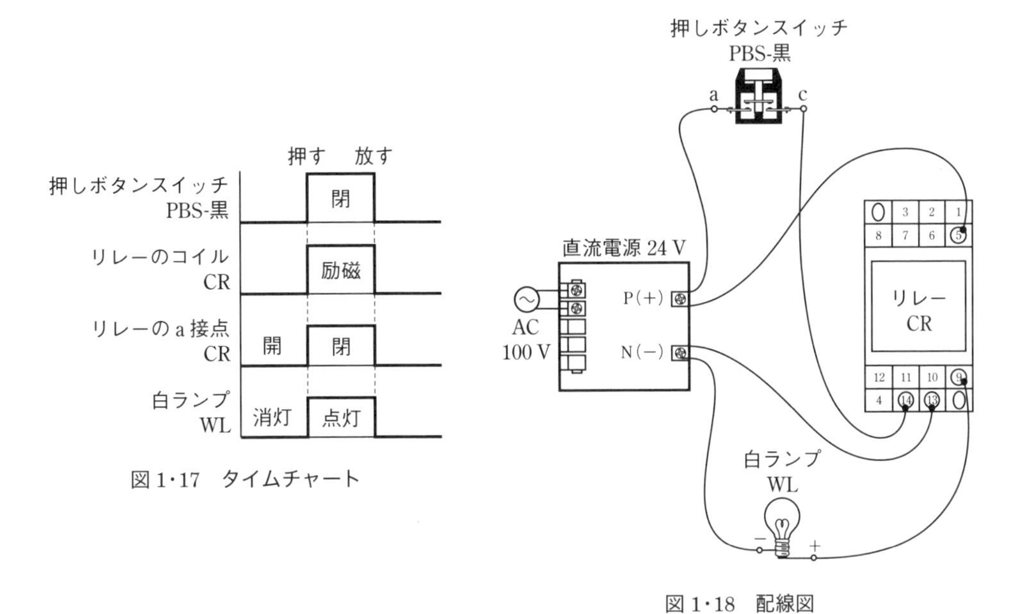

図1·17 タイムチャート

図1·18 配線図

問題1

例題1の図1·16は，スイッチPBS-黒を押している間ランプが点灯し，スイッチを放せば消灯する．その回路に図1·19のように，同じリレーのa接点（6と10）を1つ追加して，スイッチPBS-黒を一度押すと，ランプWLはどのようになるか説明しなさい．また，タイムチャートを完成させなさい．

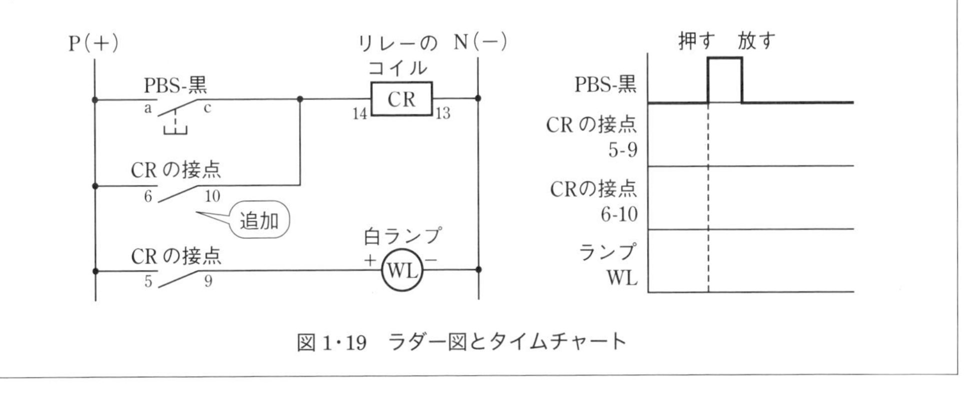

図1·19 ラダー図とタイムチャート

解答▶ p.48

例題2

問題1の回路では，ランプが点灯すると消すことができない．そこで，問題1の回路にb接点の押しボタンスイッチPBS-黄を追加し，PBS-黄を押す（接点は開く）と消灯するラダー図を完成せよ．また，タイムチャートも書きなさい．さらに，試験用盤があれば，配線図のように接続し動作を確認するとよい．

例題2の解説

タイムチャートのように，点灯用スイッチPBS-黒を一度押し，放してもランプは点灯し続け，消灯用スイッチPBS-黄を押すと接点が開くのでランプは消灯する．このような回路を**自己保持回路**といい，自動制御では最も基本となる回路である．

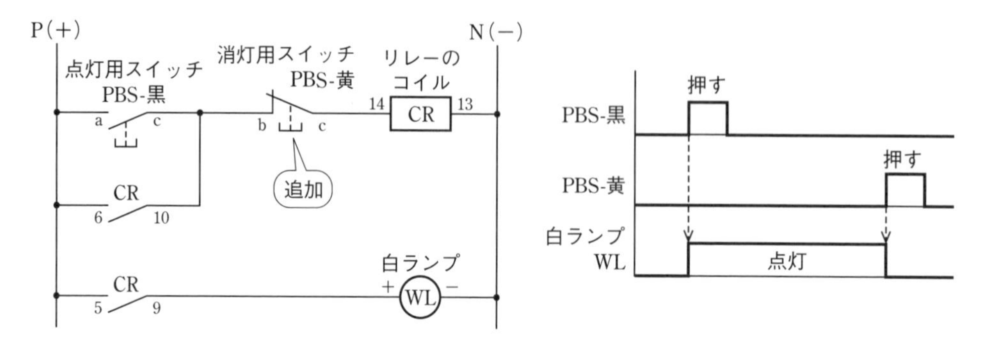

図1･20　ラダー図とタイムチャート

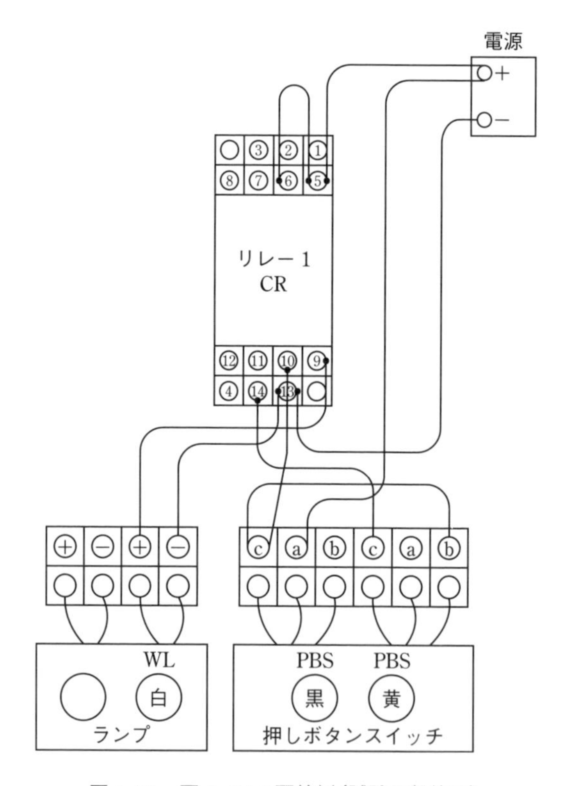

図1･21　図1･20の配線例（試験用盤使用）

3. タイマ回路

図1･22は，オンディレータイマの図記号とタイムチャートを示す．タイマの設定時間tを3秒にした場合，コイルTに電源オンするとタイマのa接点とb接点は，図のように設定時間後（3秒）に遅れて動作する．配線する場合は，図1･15のリレーをタイマに差し換え，設定時間を3秒にすれば動作を確認できる．

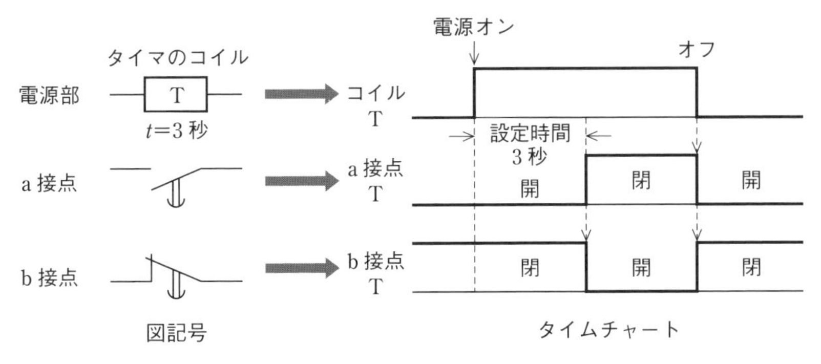

図 1･22　オンディレータイマのタイムチャート

例題 3

図 1･23 のラダー図は，スイッチ PBS-黒を押し続けると，タイマのコイル T に電流が流れて励磁され，タイマの a 接点 T が 3 秒後に閉じて白ランプ WL が点灯し，スイッチを放すと消灯する回路である．この回路のタイムチャートと配線図を完成させなさい．試験装置があれば，実際に配線し動作確認をせよ．

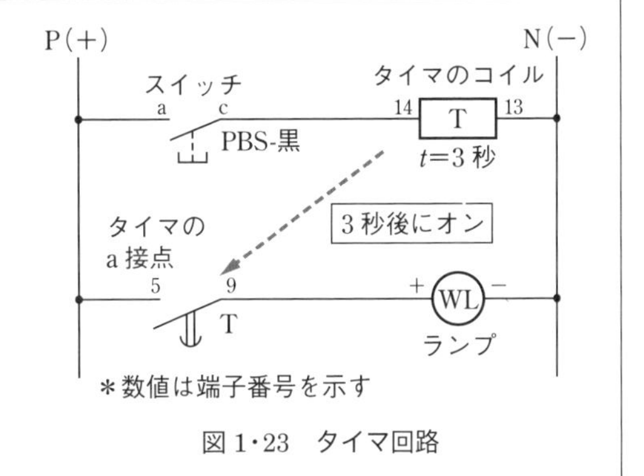

図 1･23　タイマ回路

例題 3 の解説

タイムチャートと配線図を図 1･24 に示す．

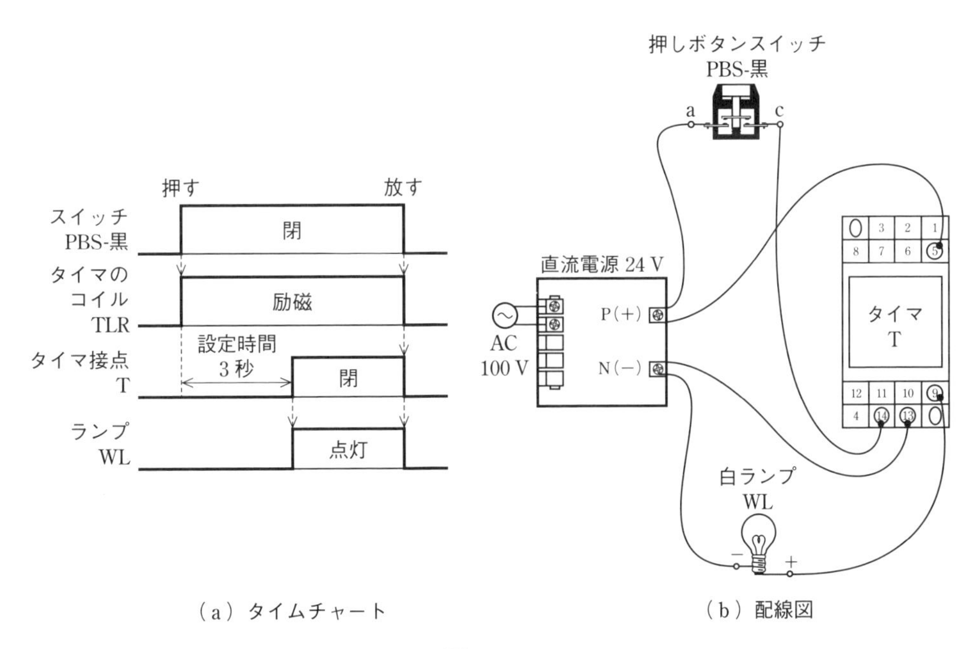

（a）タイムチャート　（b）配線図

図 1･24

問題 2

①と②のタイムチャートのように動作するラダー図を完成させなさい．また，リレーとタイマの端子番号も記入しなさい．

①

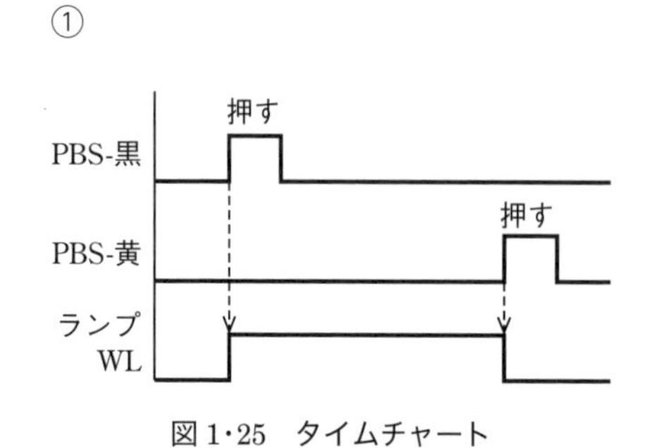

図 1·25　タイムチャート

②

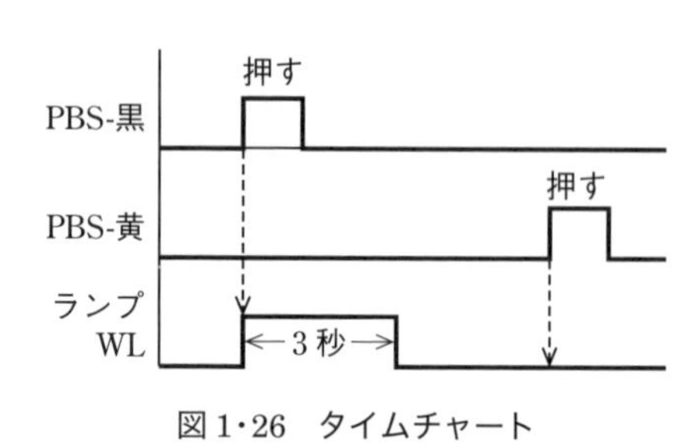

図 1·26　タイムチャート

①のラダー図

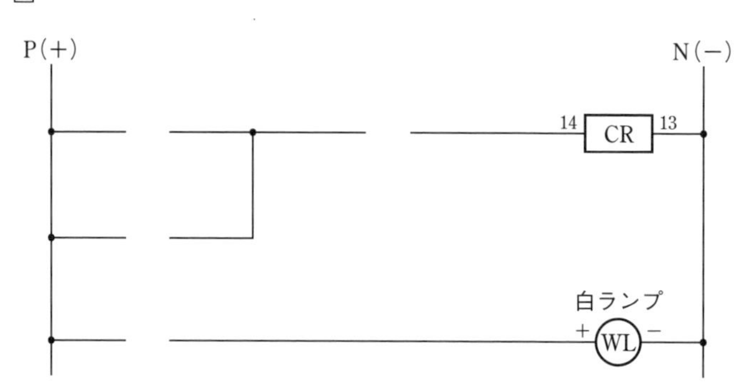

図 1·27　ラダー図

②のラダー図（ヒント：白ランプ回路にリレー接点とタイマ b 接点を接続すればよい）

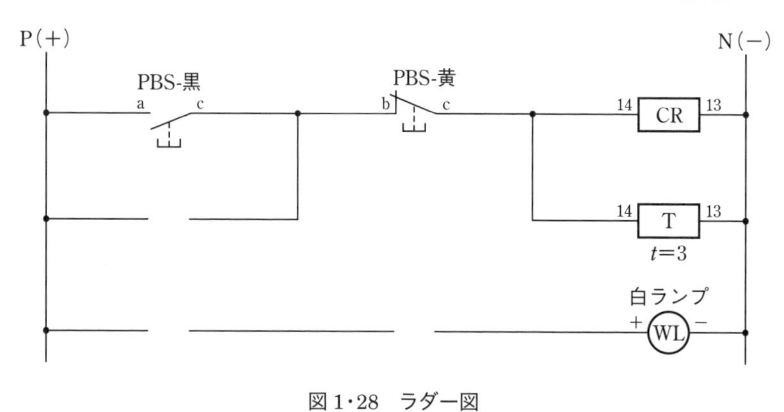

図 1·28　ラダー図

解答▶ p.48

問題 3

図1・29のタイムチャートのように動作するラダー図を完成させなさい．また，リレーとタイマの端子番号も記入しなさい．さらに，試験用盤があれば配線をして，動作を確認しなさい．

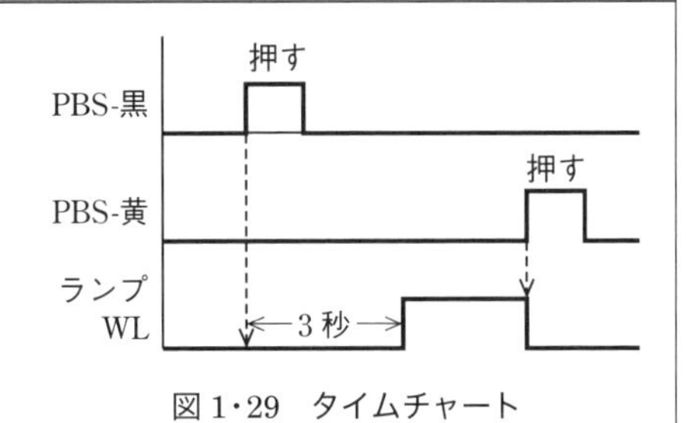

図1・29　タイムチャート

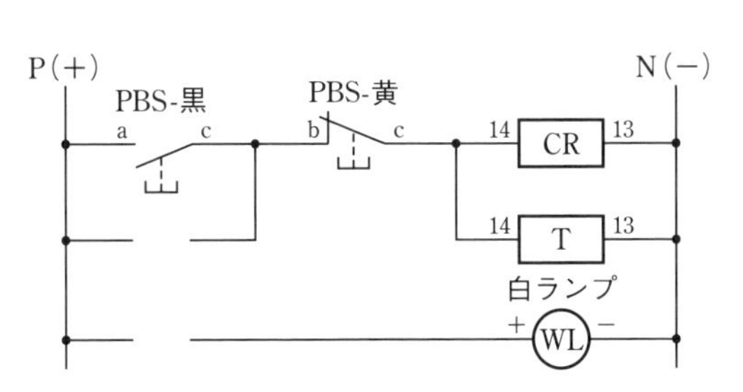

図1・30　ラダー図

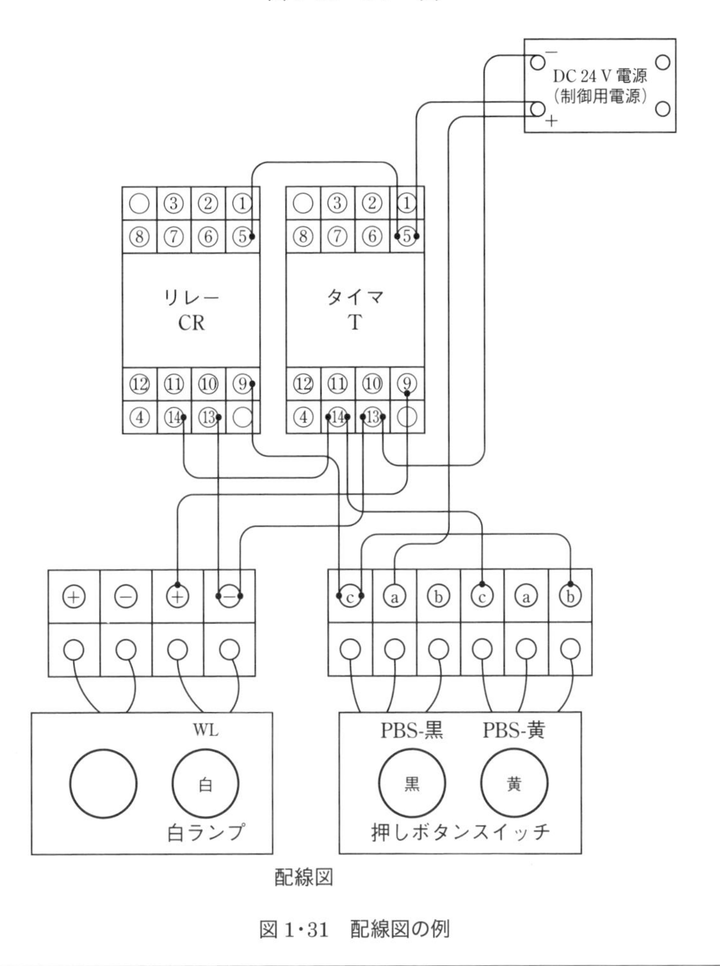

図1・31　配線図の例

解答▶ p.49

問題 4

図 1･32 のタイムチャートのように動作するラダー図を完成させなさい．また，リレーとタイマの端子番号も記入しなさい（ヒント：リレーの自己保持回路とタイマ回路を利用する）．

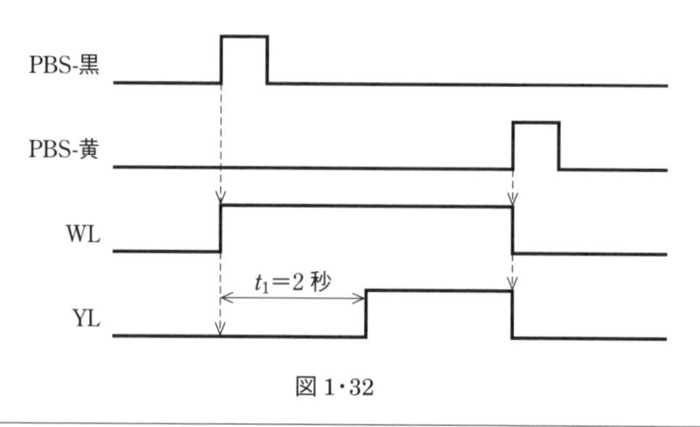

図 1･32

問題 4 のヒント

まず，白ランプ WL が動作するラダー図を書いてから，黄ランプ YL が動作する図を追加すればよい．

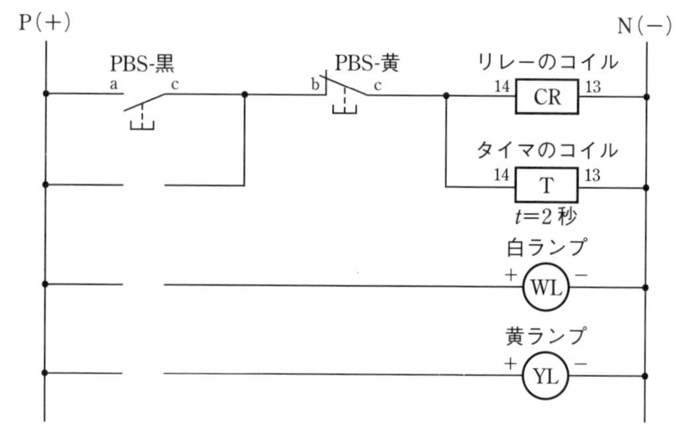

図 1･33

Point

- 3 級技能検定の実技試験では，課題 1 として白ランプ WL のタイムチャートが事前に公表され，黄ランプ YL のタイムチャートは，試験当日出題されるので，ラダー図が書けるように学習しておくこと．
- 配線作業時に各機器の端子番号が必要になるので図に記入すること．

解答▶ p.49

例題 4

図 1・34 のタイムチャートのように動作するラダー図を完成させなさい．また，リレーとタイマの端子番号も記入しなさい（ヒント：リレーの自己保持回路とタイマを 2 個使用する）．

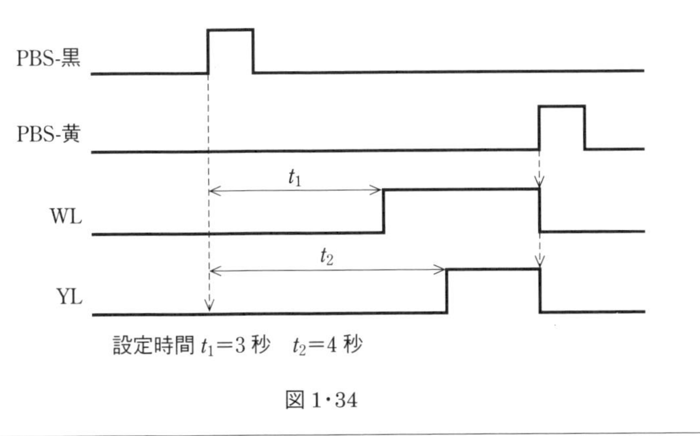

図 1・34

例題 4 の解説

タイマ 1 にタイマ 2 を並列に接続すればよい．このタイムチャートは，出題頻度が高いので，回路をよく理解し，ラダー図が書けるようにしておくこと．

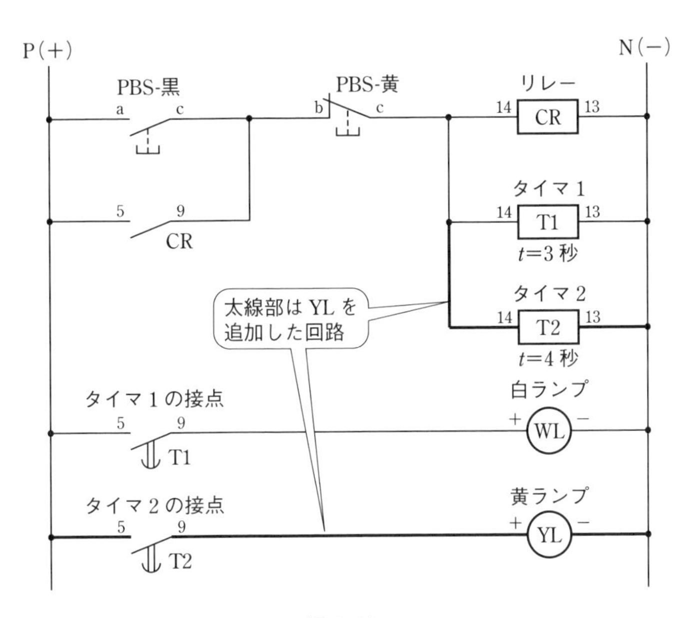

図 1・35

問題 5

下記に示す各タイムチャートのラダー図を書きなさい．また，リレーとタイマの端子番号も記入しなさい（ヒント：WL のラダー図を作成後，YL のラダー図を書く）．

①

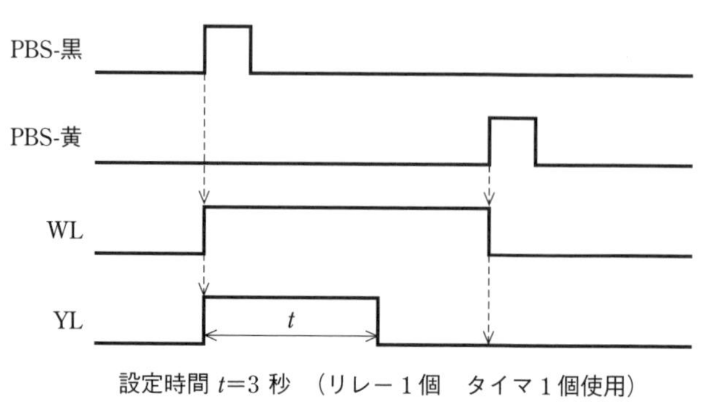

設定時間 t=3 秒　（リレー 1 個　タイマ 1 個使用）

図 1・36

②

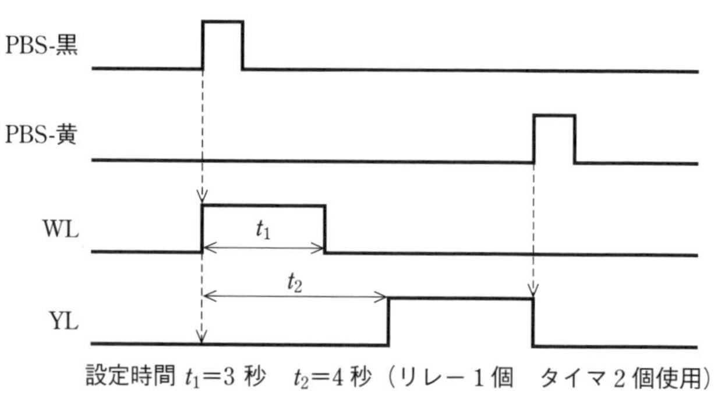

設定時間 t_1=3 秒　t_2=4 秒（リレー 1 個　タイマ 2 個使用）

図 1・37

③

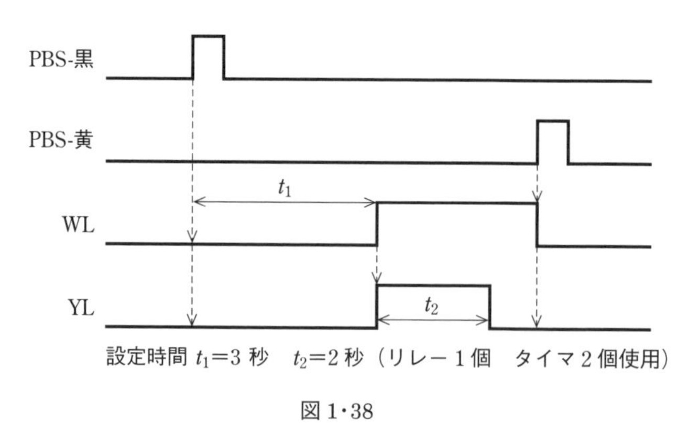

設定時間 t_1=3 秒　t_2=2 秒（リレー 1 個　タイマ 2 個使用）

図 1・38

④

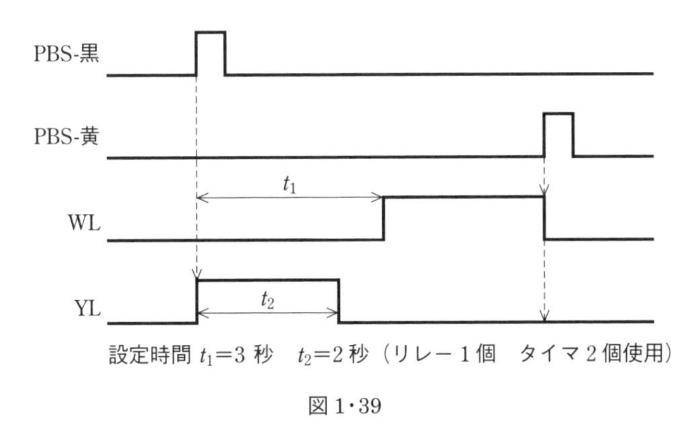

図 1・39

⑤

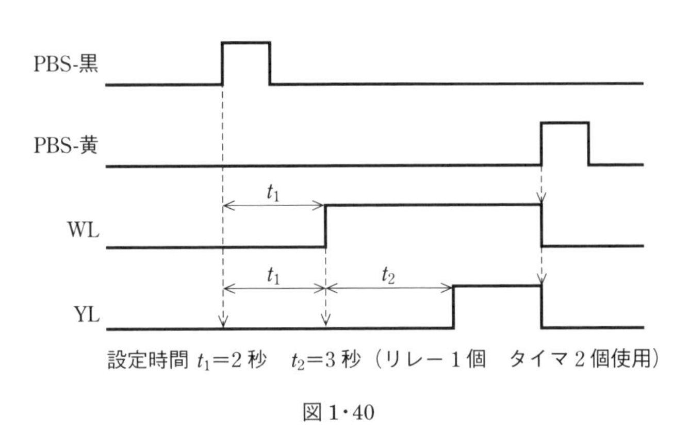

図 1・40

⑥

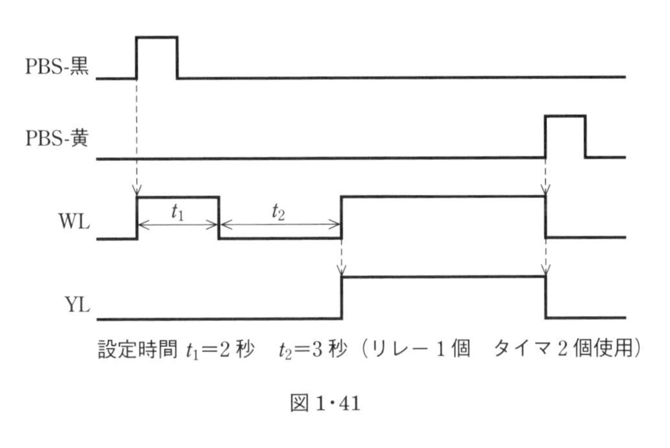

図 1・41

⑦

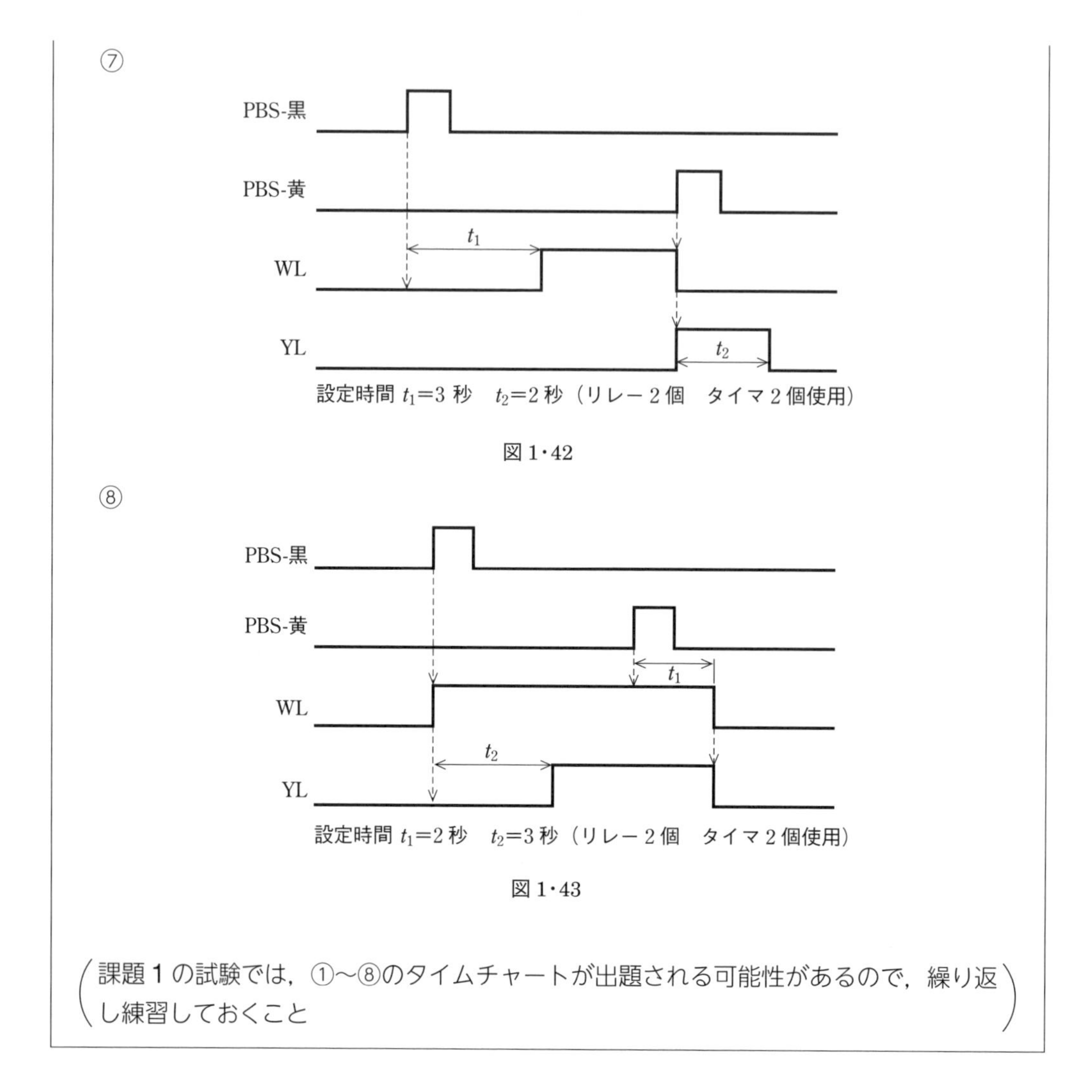

図 1・42

⑧

図 1・43

（課題 1 の試験では，①～⑧のタイムチャートが出題される可能性があるので，繰り返し練習しておくこと）

1-3 配線用電線の作成

実技試験では，電線にY端子を圧着し配線作業を行う．そこで，適切な圧着方法について説明する．

Point
① 電線作成も試験時間に含まれるので，効率的で減点されない圧着を行うこと．
② 試験用盤，工具，回路計，支給材料は，作業がしやすい配置に置くこと．

1-3-1 圧着作業の練習と注意点

1. 工具と材料の準備

受検者が持参する工具と練習用材料を準備する（図1·44（a）参照）．

持参工具と材料
・プラスドライバ（2番）
・ワイヤストリッパ（ゲージ付きがあれば便利）
・圧着ペンチ（ラチェット機能付）
・ニッパ
・KIV線青色（0.75 mm^2　8 m）
・圧着端子（1.25 mm^2　Y型裸圧着端子　100個入）

2. Y端子の圧着方法

Y端子を電線に圧着するには，図1·44のように適切に行う．

圧着端子取付のポイント
・電線の外装（被覆）を6～7 mmワイヤストリッパではぎ取り，図bのように適切に処理する．心線が，圧着部分から出すぎたり，短くしたりしない．
・圧着端子の中央に圧着する（図c）．
・1つのY端子には1本の電線しか圧着してはいけない．

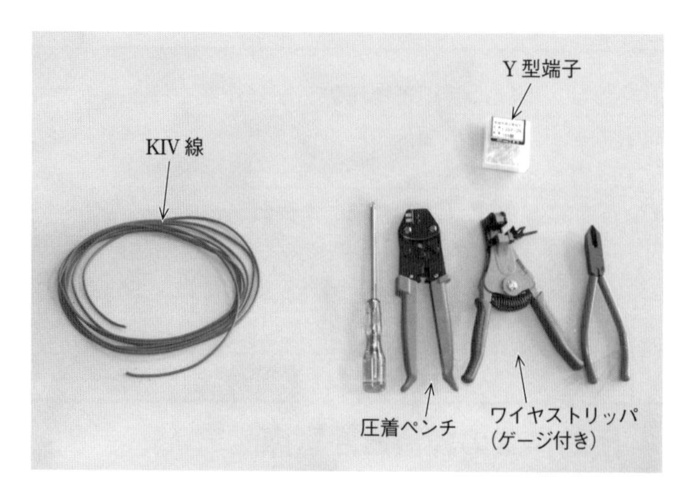

（a）持参工具と材料

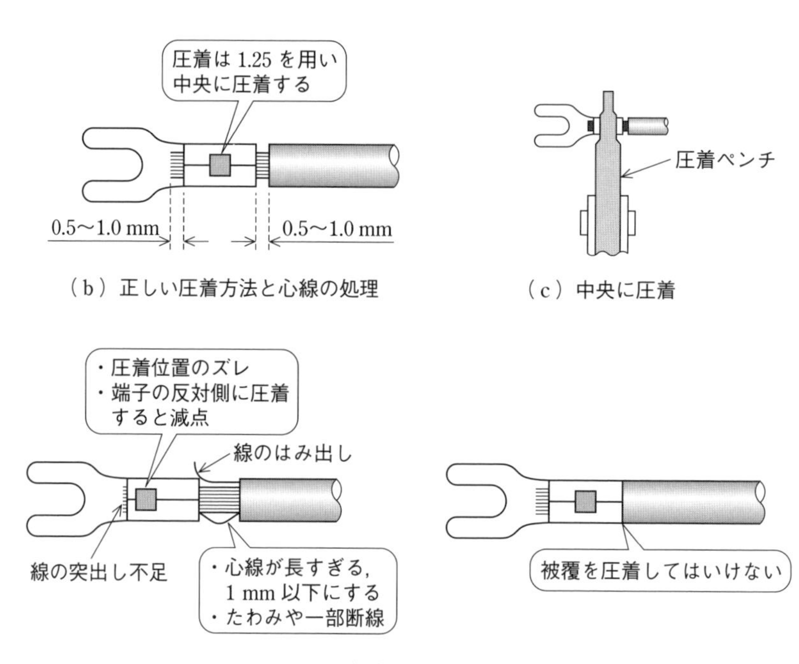

（b）正しい圧着方法と心線の処理

（c）中央に圧着

（d）減点対象

図 1･44　圧着端子の取付と減点対象

3 圧着練習

図1･44の注意点を確認してから，電線にY端子を圧着する練習を行う．

Point ・作業時間を短縮するには，工具を持ち換える回数を減らせばよいので，ニッパの作業，ワイヤストリッパの作業，圧着の作業など，同じ工具の作業が終了してから，次の工具の作業を行うようにすればよい．

図1･45に示す順序で，Y端子の正しい圧着練習を行うこと．

① ニッパの作業
端子台幅10 cmをゲージにして電線10 cmを3本ニッパで切断する．

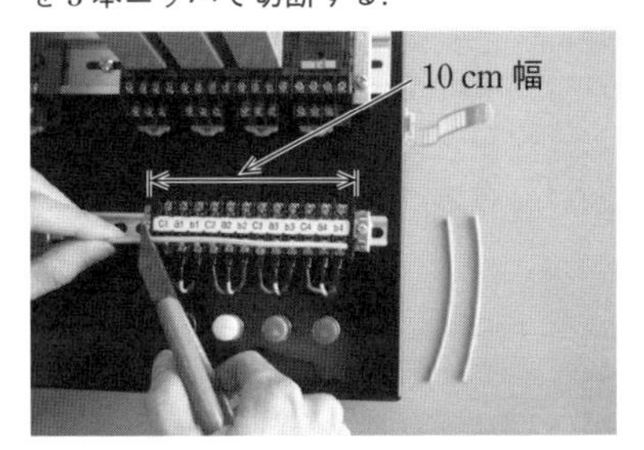

② ワイヤストリッパの作業
電線3本の被覆の両端を6〜7 mmはぎ取る．

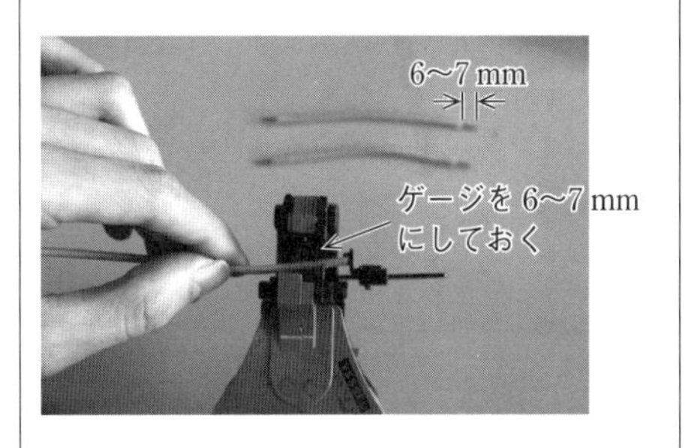

③ 圧着の作業
Y端子を圧着に軽く挟み，心線をよじって，1.25の圧着部に入れる．

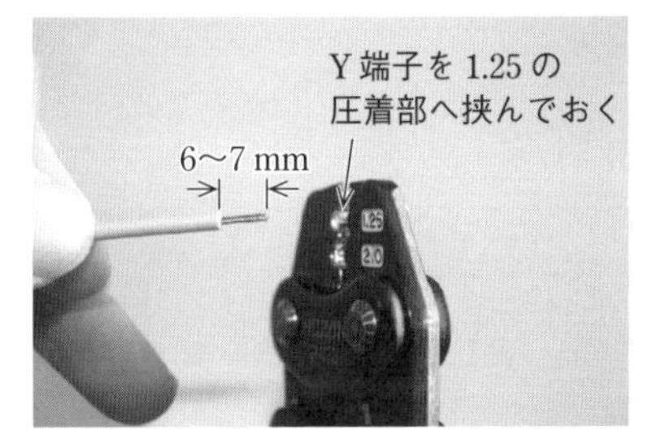

中心を圧着する（1.25で圧着）．
同様に線の両端にY端子を圧着したものを3本作成する．

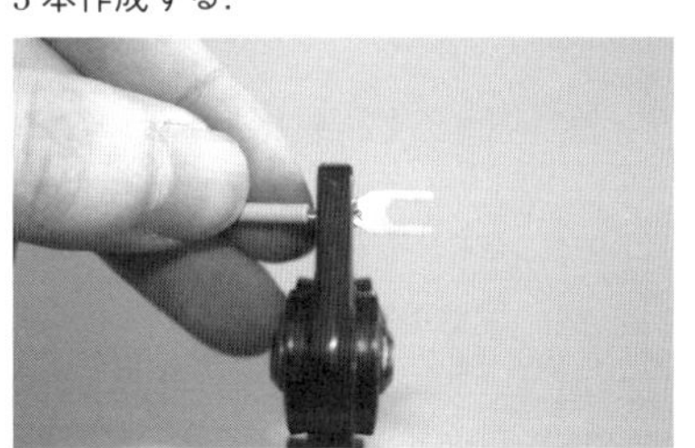

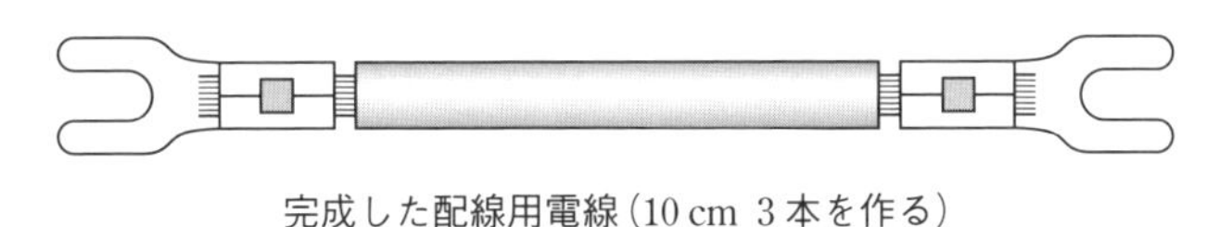

完成した配線用電線（10 cm 3本を作る）

図1･45 圧着等の手順

1-4　実技試験について

実技試験は，課題1と課題2の試験がある．ここでは，試験問題の作業手順やポイントおよび注意点について説明する．実技試験は，課題1の一部が下記のように事前公開されている．（下記は抜粋資料で，詳細は日本プラントメンテナンス協会のホームページの事前公開用資料を参照すること）

1-4-1　事前公開資料（抜粋）

電気系保全作業
3級 実技試験の概要

1. 試験時間

課題番号	試験時間	
	標準時間	打ち切り時間
課題1	50分	60分（標準時間50分＋10分）
課題2	30分	50分（標準時間30分＋20分）

2. 機材・支給材料（試験会場に準備されているもの）

機材・電源	支給材料	備　品
・試験用盤 ・リレー ・タイマ ・コンセント	・KIV線青色（0.75 mm^2，8 m，課題1用） ・KIV線白色（0.75 mm^2，1 m，課題2用） ・圧着端子（1.25 mm^2，Y型裸圧着端子，100個，絶縁処理なし）	・紙トレイ（配線クズ入れ） ・受検番号シール（試験用盤への貼付用）

3. 受検者が持参するもの

使用工具	筆記用具等
・プラスドライバ（2番の規格，電動式や貫通タイプは使用不可） ・ニッパ ・ワイヤストリッパ※1 ・圧着ペンチ（裸圧着端子用，ラチェット機能付き） ・回路計（ヒューズ・電池交換用工具を使用する場合は許可を得て使用すること）	・受検票（写真（3×4 cm）を貼付） ・HBかBの鉛筆またはシャープペンシル（解答用紙（マークシート）への記入用） ・消しゴム ・マーキングペンまたはボールペン※2（作業中のチェック用） ・腕時計（スマートウォッチ等ウェアラブル端末は不可）

4. 採点項目

試験中および試験終了後に下記の項目を技能検定委員が採点します.

試験当日は，技能検定委員は合否の判定を行いません.

採点項目	おもな採点ポイント
工　具	指定された仕様・規格の工具を用いて，正しく使用できているか　など (指定されたもの以外は，使用できないことがあります)
安全および作業態度	安全に配慮して作業を行っているか (活線作業など) 作業終了後，整理整頓されているか　など
仕様動作	仕様どおりに動作するか　など
作業時間	所定の時間内に作業を終えたか　など (標準時間を超えた場合，超過時間に応じて減点されます)
回路点検	不具合の箇所を正しく特定できているか　など
回路組立	配線は適切に行われているか 圧着は適切に行われているか　など

5. 注意事項

□ 服装

・作業時の服装・身なりなどは，作業に支障のないものとしてください.

・試験中は，腕時計を含むアクセサリー類は身体に装着できません．なお，腕時計は，机上に置くことができます.

□ 機材・支給材料（試験会場に準備されているもの）

・試験会場で準備されている機材・支給材料は持ち帰りできません.

□ 受検者が持参するもの

・「3. 受検者が持参するもの」を参照して，必要なものを持参してください.

・試験開始の前に，持参した工具が，指定された仕様・規格であるか，技能検定委員が確認します.

□ 試験問題

・試験会場で配布される試験問題は，持ち帰ることはできません.

□ 集合時間～試験

・集合時間以降の途中入室，退室はできません.

・試験会場では，技能検定委員および係員の指示に従ってください.

□ 動作確認～採点

・挙手をした後は，技能検定委員の指示する作業（電源の ON-OFF，試験用盤の押しボタンスイッチの操作）以外はできません.

・配線の修正，リレー・タイマの抜き差し，タイマの設定変更などの作業はできません.

・受検者自身で動作の確認が必要な場合は，挙手する前に行ってください.

※1　ゲージ付きがあればはやい.

※2　黒はラダー図用，赤は配線チェックに使用するとよい．文字を消すことができるボールペンが便利.

1-5　課題 1 の施工例

課題 1 を施工する際の準備・手順・作業例について説明する．

1-5-1　事前準備と注意点

開始前のポイント
①　作業時の服装は，作業に支障のないものにする．
②　指定された持参工具以外は机上に置かない．荷物等は床に置く．
③　工具・材料等は効率的に配置し整理整頓しておく．工具の貸借りをしない．
④　試験用盤や部品などは，取扱いに注意し，損傷などを与えない．
⑤　事前公開された課題 1 のタイムチャートおよび試験当日に指示された黄ランプのタイムチャートのラダー図が書けるように p.18 の問題 5 をすべて解いておくこと．

試験用盤や工具，支給材料（KIV 線青色約 6 m，リレー 2 個，タイマ 2 個，圧着端子），回路計などを準備し，図 1·46 のように作業がしやすいように配置する．

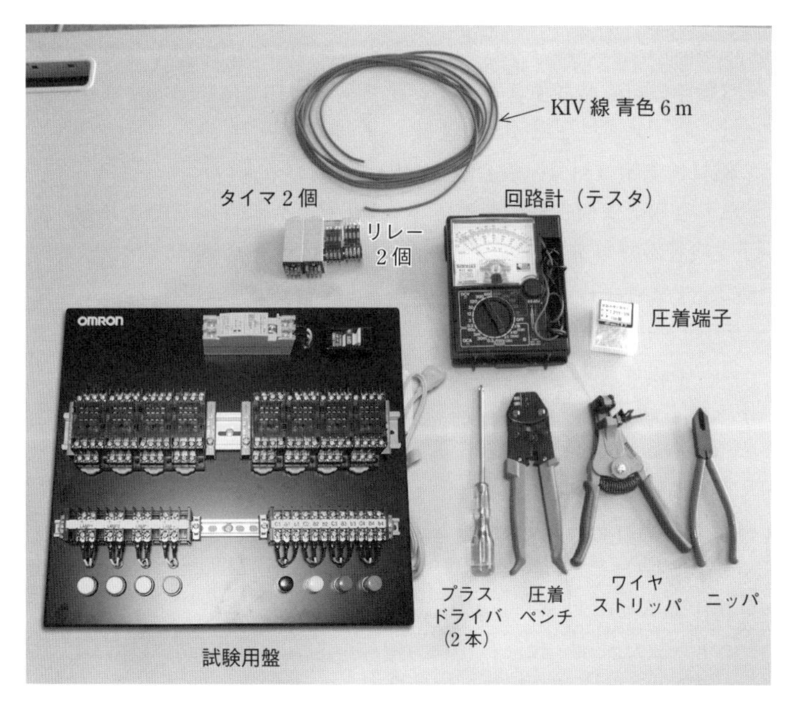

図 1·46　持参工具と試験用盤の準備

配線作業上のポイント
・配線中およびリレーやタイマをソケットに抜き差しする場合は，電源を切っておかないと大幅に減点される．
・圧着端子を端子台やソケットに接続するとき，緩まないようにしっかり止める．
・電線の長さが適切で，長すぎたり短すぎたりしない．
・電線は，ソケットやリレーなどの部品の上を通さない．

図1･47は，リレーとタイマのソケットで番号の配置は同じである．電源の＋は14，－は13に接続すればよい．

① a接点で使用する場合
5-9，6-10，7-11，8-12を用いる．

② b接点で使用する場合
1-9，2-10，3-11，4-12を用いる．

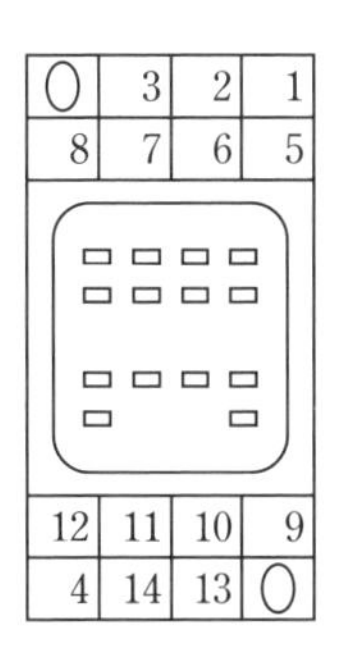

図1･47 リレーとタイマのソケット

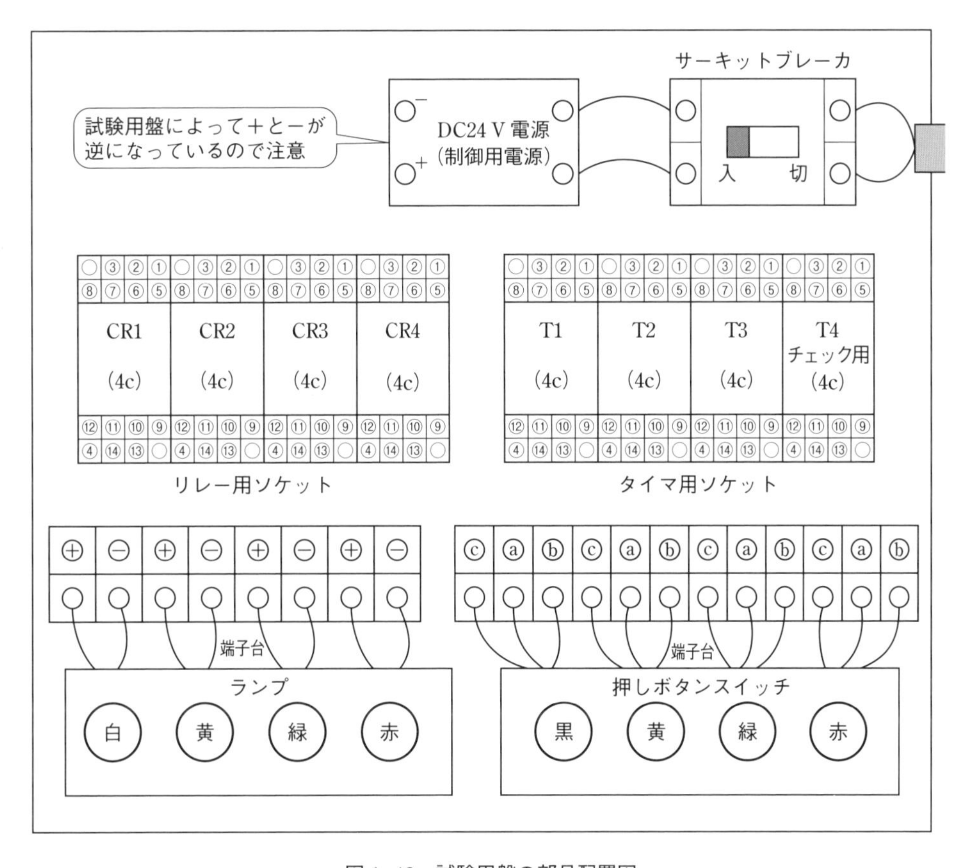

図1･48 試験用盤の部品配置図

1-5-2 課題1の手順

Point ・実技試験は100点満点で，回路組立，圧着端子，仕様動作，作業態度，作業時間などについて減点される．合格は60点以上である．

施工手順は図1･49のように行うと効率がよい．

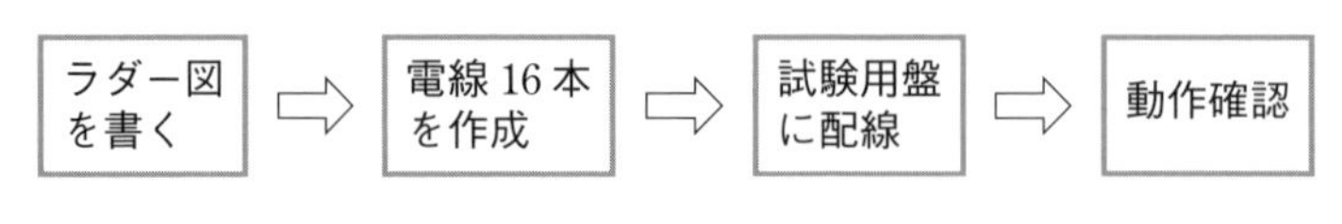

図1･49

1-5-3 課題1の作業例

下記は，事前公開された課題1の試験問題に，当日指示される黄ランプのタイムチャートを想定して追加した問題である．

課題1　有接点シーケンスによる回路組立作業

試験問題

下記に示す条件に基づき，試験用盤にリレーとタイマを用いて，入力2点および出力2点の配線を行い，回路を完成させた後，作動させなさい．

○条件

・タイムチャートの始まりと終わりは，論理「0」とする

・配線は適切な長さとし，圧着端子を使用してねじ止めをすること

・不必要な配線を行わないこと

○仕様（タイムチャート）

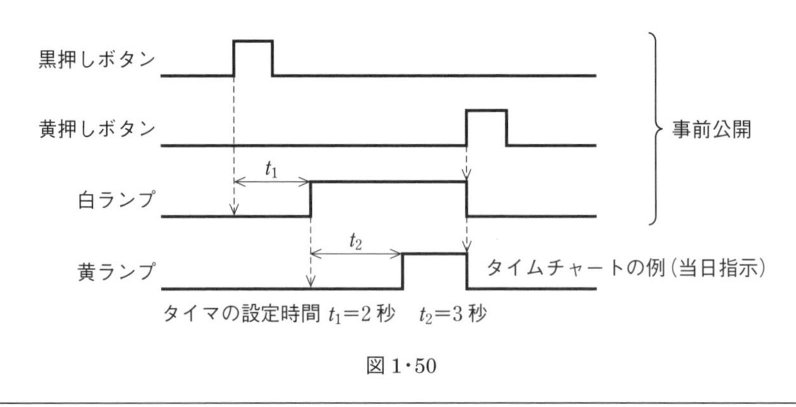

図1･50

支給材料，工具等の準備をした後，手順にしたがって，課題1を開始する．

手順 1　ラダー図を書く（ここから試験開始で所要時間を計測する）

Point

・当日指示されたタイムチャート（図1･50）を図1･51のラダー図に変換してから，動作確認をして課題1を完了してもよいが，初心の方は事前公開されたタイムチャートのラダー図を書き動作確認をして，その後，当日指示された黄ランプのタイムチャートのラダー図を追加して書き，動作確認をした方がよい．

・配線ミスを防ぐためにリレーやタイマの端子番号をラダー図に記入する．

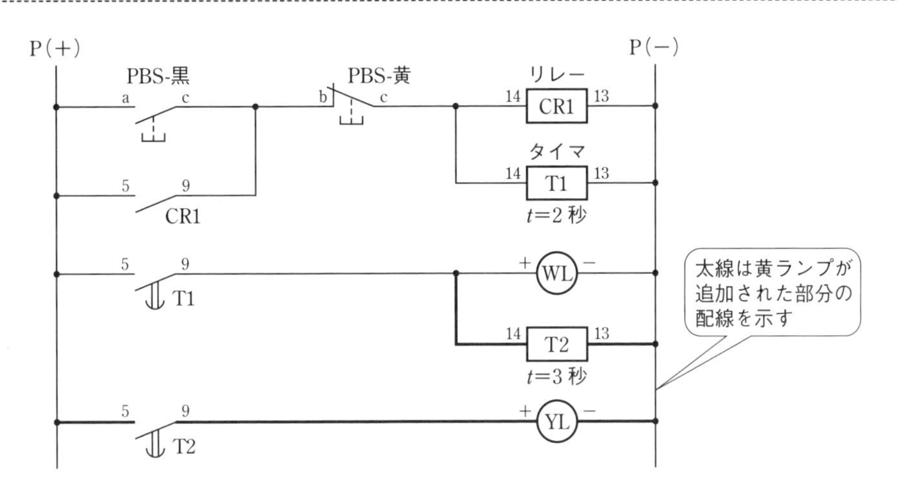

図1･51　課題1のラダー図

手順 2　配線用電線16本を作成する

Point

・圧着端子の加工や接続方法が適切でないと減点対象となる．

・課題1で使用する電線は約16本である．作業時間を短縮させるため，電線16本を先に作成してから配線する（例：32 cm 5本，25 cm 6本，10 cm 5本の合計16本．ただし，配線方法により異なるので注意）．

定規は持参できないため，試験盤の寸法（横32 cm，縦28 cm，端子台10 cm）を目安にして，図1･52のように32 cm 5本，25 cm 6本，10 cm 5本を切断する．次にY端子を両側に圧着し，図1･53のように同じ長さの線をまとめておく．

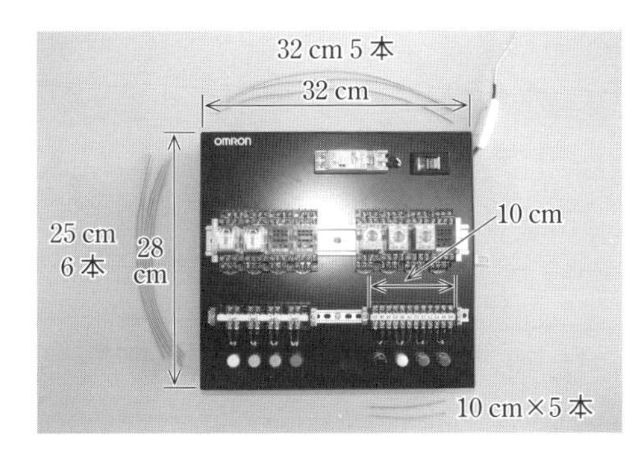

図1･52　電線16本作成

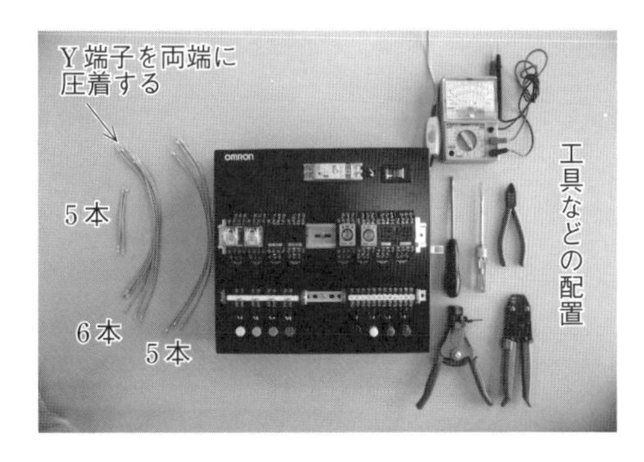

図1･53　材料・工具等の配置

手順3　**試験用盤に配線する**

配線中は，電源を切っておく．圧着端子を端子台やソケットに接続するときは，緩まないようにしっかり止める．下記の順番で配線作業を行うとよい．

> **Point**
> 作業1：電源の－側をすべて配線する．リレーとタイマの13番と14番は最下部にあるので先に配線した方がよい（3級は必要ないが1・2級受検は必要）．
> 作業2：残りの配線を行う．リレーとタイマの14番およびランプの＋から中間のわたり線を配線し，最後に電源の＋側を配線する．

作業1　電源のマイナス側をすべて配線する

図1·54の①～⑤の順番に配線する．ソケットの13番のように，**2本一緒に端子に接続する場合は，背面合わせ**にする．また，接続した線は図1·54のように赤のボールペンなどで，マークしながら配線すればミスを防ぐことができる．

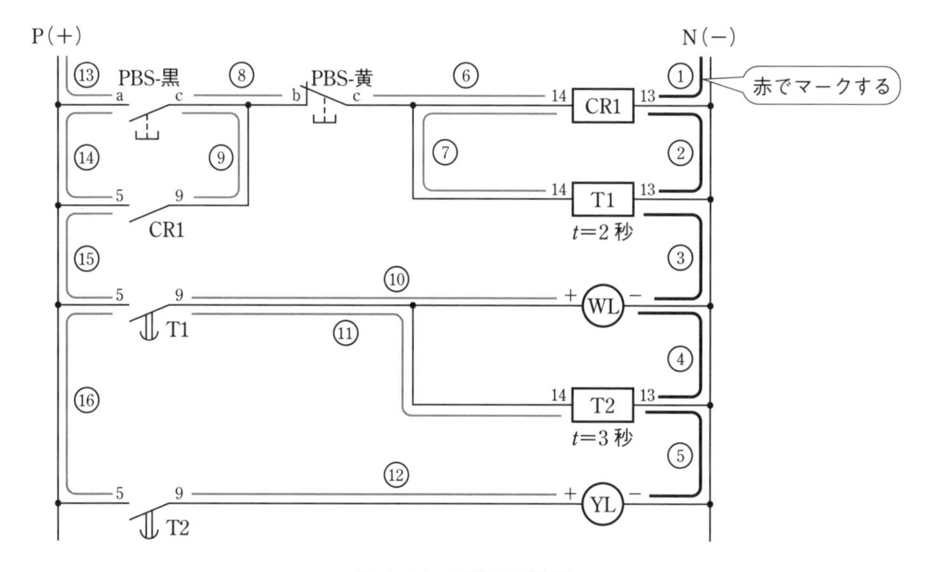

図1·54　配線の順番例

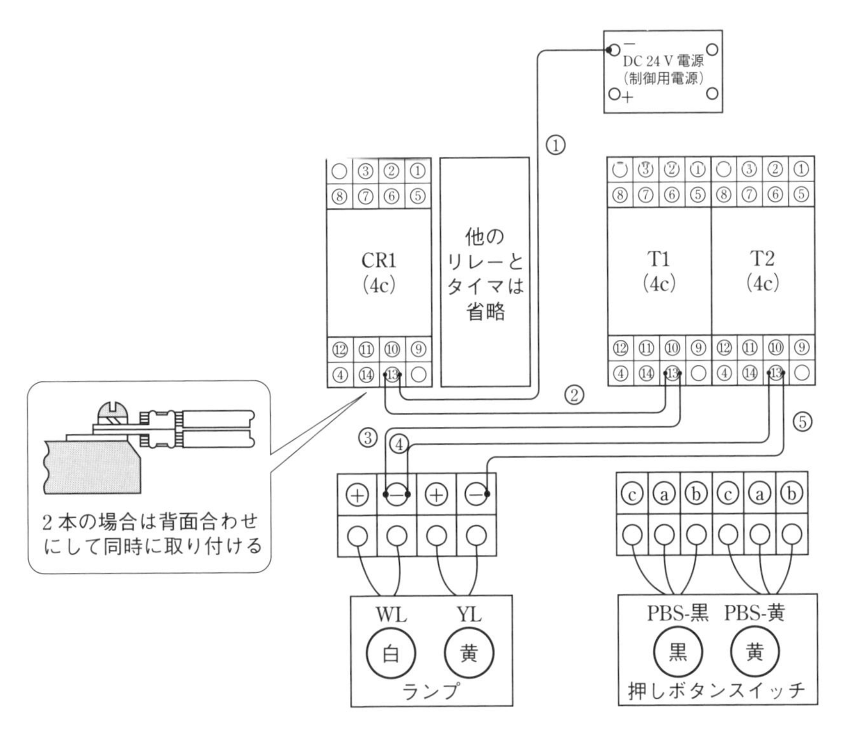

図 1･55　一側 (①〜⑤) の配線例 (他のソケット等は省略)

作業 2　リレーとタイマの 14 番およびランプの＋から中間のわたり線を配線し，最後に電源の＋側を配線する（⑥〜⑯の順番に配線し，赤でマークするとよい）.

Point
- 残りの配線の順番は一例である．各自がやりやすい方法で行ってもよい.
- 配線済みの線を赤でラダー図にマークしながら，残りの配線を完成させる.
- 図 1･56 と 1･57 は，配線上の注意点と減点対象を示す.

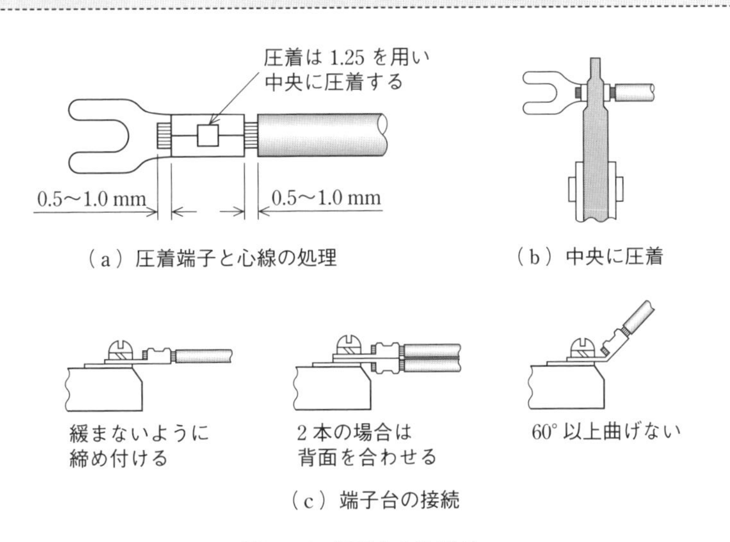

図 1･56　配線上の注意点

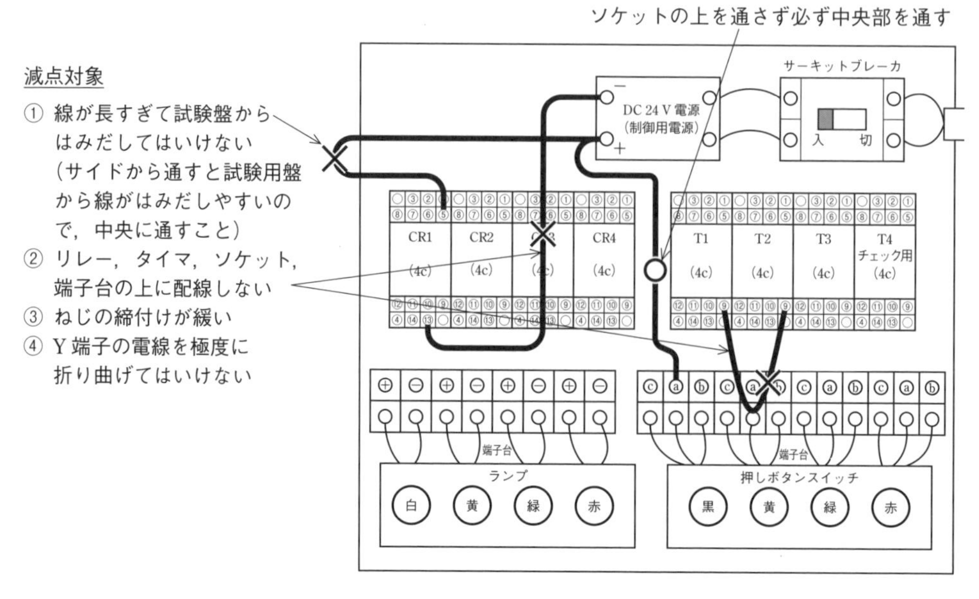

図 1·57　減点対象

［配線終了後のポイント］

① 配線完成後，配線した回路がショートしていないかを確認する（電源をオフにして，＋と－に回路計を接続し，テスタの指針が 0 Ω でないことを確認する）.

② 電源を入れてタイムチャートどおりに動作するかを確認する.

③ 動作が正常ならば挙手をして検定委員に連絡する．また，練習時は，所要時間を測定する（40 分以内に完成できるよう繰り返し練習すること）.

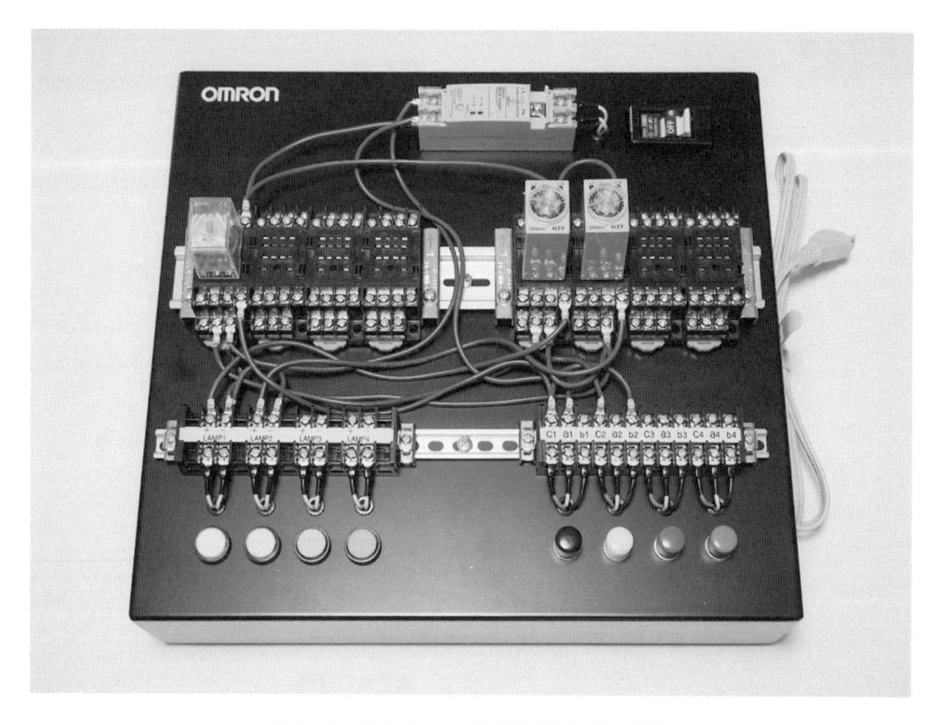

図 1·58　課題 1 の完成図例（前見返し参照）

④　配線上の注意点（減点対象）

・電線はソケットや端子台の上部を横切らない．
・電線は，リレーとタイマのソケット間（中央部）を通し，束ねておく．
・試験用盤から電線がはみ出さない．
・ゴミは紙トレイに入れ，工具は整理整頓する（ゴミ処理と整理整頓をしないと減点される）．

問題 6

下記に示すタイムチャートは，1 章の問題 5 の②③④である．まず，②のラダー図を書き，試験用盤を用いて配線作業を行い，動作を確認しなさい．

ラダー図には，図記号と端子番号を記入せよ．なお，配線の順番は，「1 － 5 課題 1 の施工例」を参照し記入すること．試験の標準時間は 50 分だが，完成の目標時間を 40 分とする．40 分以内に完成したら，次の問題 5 の③と④も同様に実施すること（解答例は，問題 5 の解答②③④のラダー図を参照せよ）．

問題 5 の②

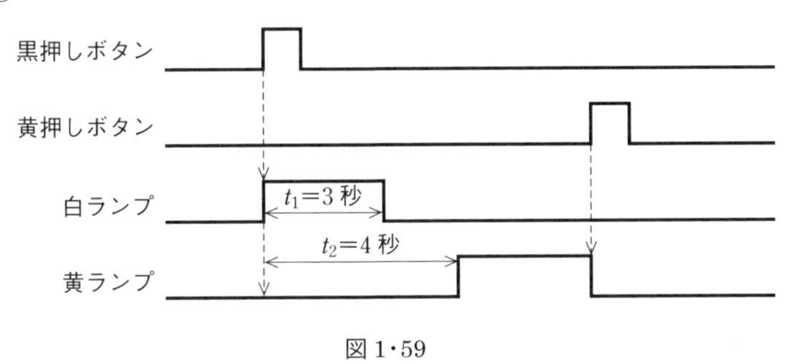

図 1･59

問題 5 の③

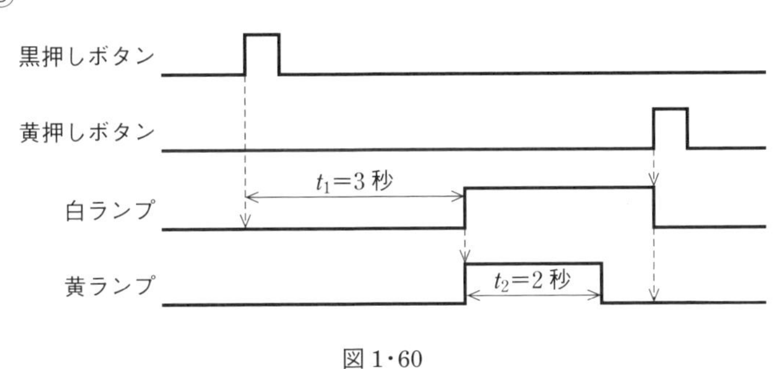

図 1･60

問題 5 の④

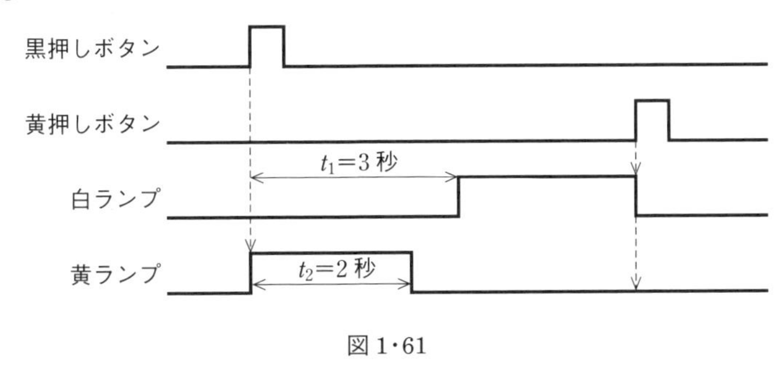

図 1･61

1-6 課題2の事前練習

1-6-1 リレー・タイマの故障内容と事前練習

課題2の試験には，リレーとタイマ内部の不良箇所を発見する故障診断があるので，それらの発見方法について事前に練習する．

1. 故障の種類

［故障診断のポイント］

① テスタの使用方法を学んでおく．

② 3級では，**リレー4個とタイマ2個**が支給され，**不良品が各1個ずつ**ある．

③ リレーとタイマの不良箇所は，a接点接触不良，b接点接触不良，a接点溶着，b接点溶着，コイルの断線またはレアショート（短絡）がある．

ソケットにリレーなどを挿入し，電源がOFFとONのときのa接点とb接点の状態をテスタで測定し故障診断を行う．判別のポイントを表1･3に示す．

表1･3 リレーとタイマの故障診断判別表

故障の種類	電源OFF	電源ON	判別のポイント
a接点の c−a端子間が 接触不良	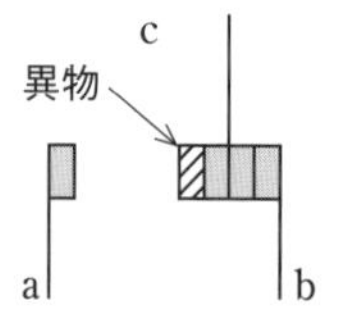 c 異物 a b	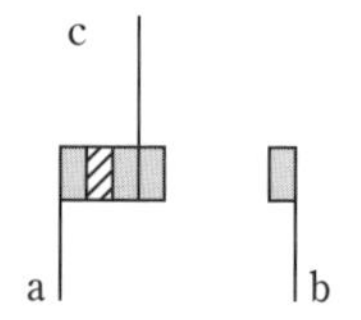 c a b	・c−a端子間に異物が挟まり常に非導通（テスタが動作しない状態）となる． ・c−b端子間は正常に動作し接点間がONからOFFになる．
b接点の c−b端子間が 接触不良	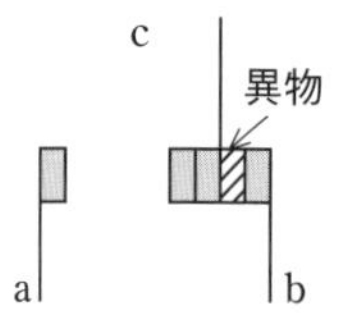 c 異物 a b	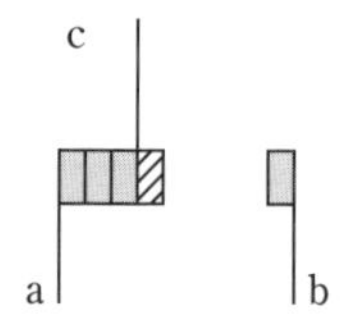 c a b	・c−a端子間は正常に動作し接点間がOFFからONになる． ・c−b端子間に異物が挟まり常に非導通（テスタが動作しない状態）となる．
a接点の c−a端子間が 溶着	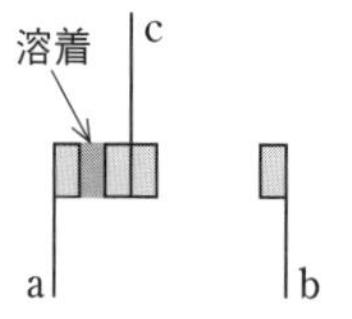 溶着 c a b	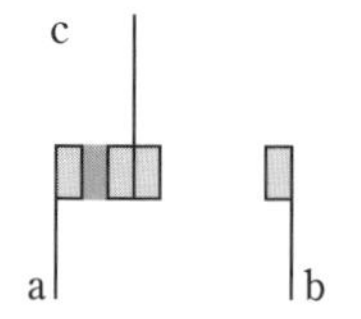 c a b	・c−a端子間が溶着状態で常に導通（テスタの指針が大きく振れて0Ω）になる． ・c−b端子間は常に非道通（テスタ不動作）になる．
b接点の c−b端子間が 溶着	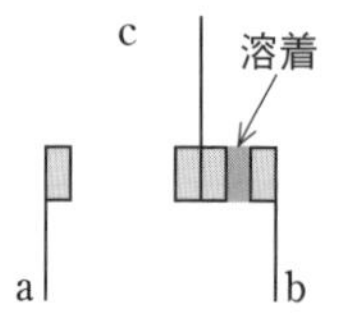 c 溶着 a b	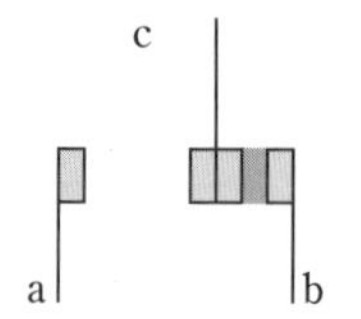 c a b	・c−a端子間は常に非道通（テスタ不動作）になる． ・c−b端子間が接着状態で常に導通（テスタの指針が大きく振れて0Ω）になる．
コイルの断線とレアショート（3級では出題されていない）	電源をOFFにして，リレーとタイマのコイル部である13と14の端子間をテスタで測定する． ・正常な場合は1kΩ程度となる．・断線の場合はテスタの指針が振れない． ・レアショート（短絡）の場合はテスタの指針が大きく振れて0Ωになる．		

2. テスタのゼロ調整

Point
- テスタのゼロ調整の順番は，①抵抗レンジを100Ωに設定する．②テスタの測定端子を短絡する．③ゼロ調整用つまみを回し指針を0Ωにする．
- 故障診断では，ソケットのa接点とb接点の端子番号を覚えておくこと．

テスタのゼロ調整は，図1･62の①②③の順番で行う．

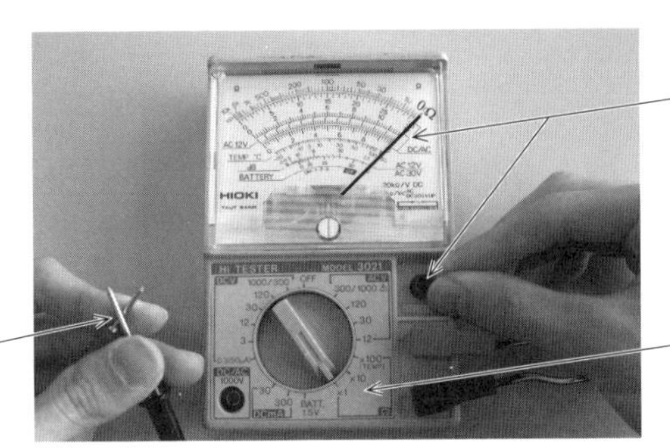

図1･62　テスタのゼロ調整の順番

3. 課題2の練習で使用する不良品機材の作成例（市販品あり）

下記①～④の各不良品，リレー4個とタイマ4個を事前に作成しておく．

① a接点の接触不良品例：リレーとタイマを分解し6番の接点に絶縁物を接着
② b接点の接触不良品例：リレーとタイマを分解し3番の接点に絶縁物を接着
③ a接点の溶着不良品例：リレーとタイマを分解し5番と9番のリード線をはんだで接着
④ b接点の溶着不良品例：リレーとタイマを分解し4番と12番のリード線をはんだで接着
⑤ 断線した線：心線を切断した導通のない線を15cm程度2本作成しておく．
⑥ コイルの断線とレアショート：3級では，今まで出題されていないので不要．

［参考］

リレーのa接点とb接点の端子番号を示す．

（a接点で使用する場合）
5-9，6-10，7-11，8-12を用いる．

（b接点で使用する場合）
1-9，2-10，3-11，4-12を用いる．

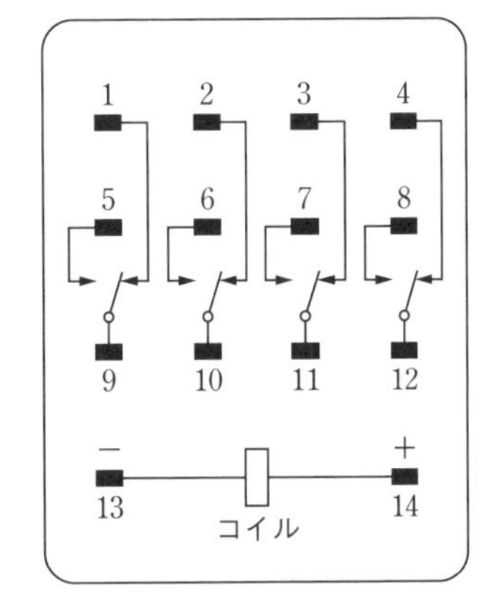

図1･63　電源OFFのときのリレー内部

4. リレーとタイマの良否判定練習

次の手順でリレーの良否判定を実施する（リレーなどを差し替えるときは，ブレーカをOFFにすること）．

［手順］

① チェック用ソケットの回路を配線する．

・図1･64の回路を試験用盤に配線すると図1･65のようになる．電線は課題1で作成した線を利用する（課題2の試験では，黄色い線で配線されている）．

P（＋24 V）　N（0 V）　PBS-赤　a　c　14　T4　13

図1･64　チェック用回路

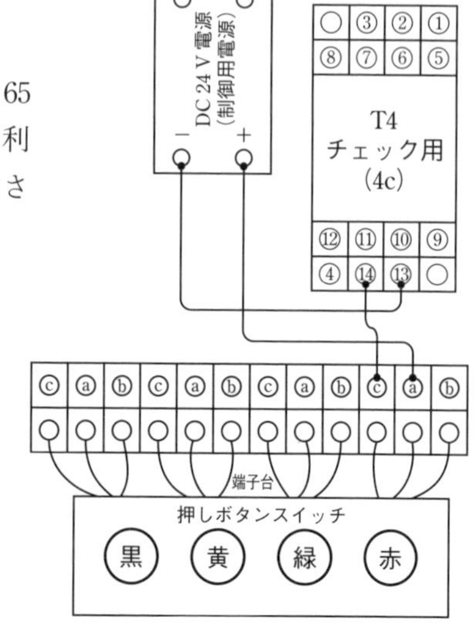

図1･65　試験用盤の配線

② リレー・タイマの点検では，コイル端子間のレアショートの確認をするように指示されているので，ソケットに入れる前に，必ずテスタで図1･63の13番と14番の抵抗値（1 kΩ程度）を測定し，レアショート（0 Ω）していないか確認する．

③ リレーをチェック用のソケットに差し込む．

④ 電源をONにする．

⑤ **リレーの9と5のa接点をチェックする．**

・右手でテスタ測定端子を9番のc端子に固定する．

・左手でテスタ測定端子を5番のa端子に接触する．

・9と5はa接点なので赤スイッチを右手の手首で押すと接点が閉じ，テスタの指針が大きく振れて0 Ωになれば正常．

・スイッチを放すと接点が開き，テスタの指針が左側に戻れば正常．正常でない場合は，表1･2を参照する．

・チェックの様子は，図1･67の写真を参照する．

○	3	2	1	← b端子
8	7	6	5	← a端子
12	11	10	9	← c端子
4	14	13	○	

図1･66　チェック用ソケット

⑥ **リレーの9と1のb接点をチェックする．**

・右手でテスタ測定端子を9番のc端子に固定する．

・左手でテスタ測定端子を1番のb端子に接触する．

・9と1はb接点なので赤スイッチを右手首で押すと接点が開き，テスタの指針が左側ならば正常．スイッチを放すと接点が閉じ，テスタの指針が大きく振れ0 Ωになれば正常．正常でない場合は，表1･2を参照する

⑦　**同様に同じリレーの他極の a 接点と b 接点の良否判定を行う.**

・10-6 間（a 接点），10-2 間（b 接点）

・11-7 間（a 接点），11-3 間（b 接点）

・12-8 間（a 接点），12-4 間（b 接点）

を測定する.

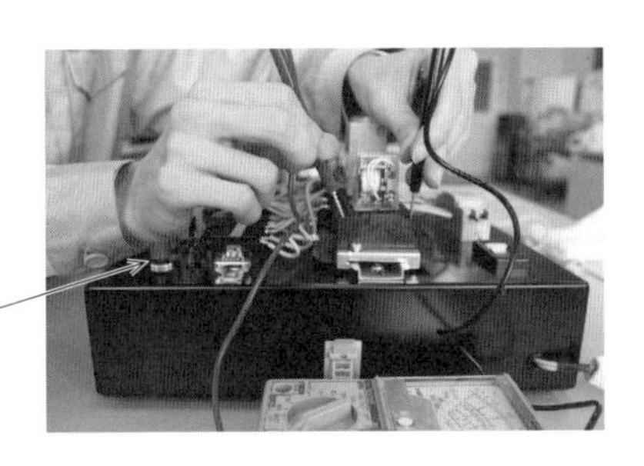

図 1･67　端子台の 9 と 5 の a 接点を良否判定

⑧　**その他のリレーとタイマも同様に良否判定の練習を行う.**

・タイマを診断するときは，タイマの頭部にある**遅延時間を 0.5 秒に設定**すると，リレーと同じように早く測定することができる.

問題7

正常なリレー3個と不良品のリレー1個および正常なタイマ1個と不良品のタイマ1個を準備し良否判定を行う．そして，表1·4の良・否判定欄に○印，不良原因解答欄に語群の記号を記入しなさい（解答はないので，各自で確認する）．

Point リレー1個とタイマ1個の故障がわかればその他のリレー等は測定しなくてもよいが，自己判断が間違っていることもあるので，すべて測定した方がよい．

表1·4　リレーおよびタイマの点検解答用紙
（試験では，マークシートで解答する）

回路点検表			
部品番号	良・否判定	不良原因解答欄	
（例）CR1	良・㊍	ウ	
	良・否		
	良・否		
	良・否		
	良・否		
	良・否		
	良・否		
	良・否		
※減点合計			

不良原因語群

記　号	語　句
ア	コイルの断線
イ	コイルのレアショート
ウ	a接点接触不良
エ	b接点接触不良
オ	a接点溶着
カ	b接点溶着

1-6-2 シーケンス回路の点検および修復作業の事前練習

課題2の2つ目の試験は，「有接点シーケンス回路の点検および修復作業」がある．ここでは，それらの点検および修復作業の事前練習を行う．

1. 点検と修復作業について

Point

① 事前公開された資料に課題2の回路図とタイムチャートが示されている．この回路は，数年間同じ回路が使用されている．

② 試験では，試験用盤にあらかじめ回路図の配線が施されているが，**未配線1か所，導通不良（断線）1か所の不具合があり，正常に動作しない．**

③ テスタなどで未配線と導通不良（断線）を点検して，修復作業を行い，タイムチャートどおりに動作させれば試験終了である．

2. 練習前の試験用盤の準備（下記の手順で準備する）

① 図1·68の回路を事前に試験用盤に青線で配線しタイムチャートどおり動作させる．

② 断線した青線3本を事前に作成しておく．

③ タイムチャートどおりに動作したら，練習者以外の人が，図1·68のA1，A2，A3のいずれか1本の線を断線した線と取り替える．さらに，B1，B2，B3のいずれか1本の線を取り外し準備を完了する．

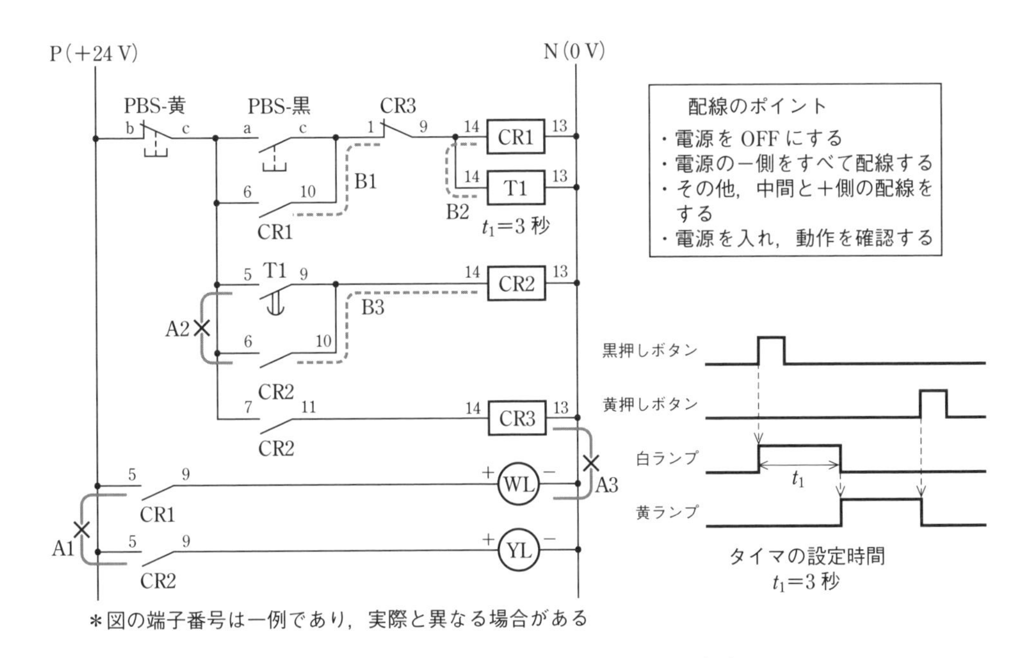

（a）回路図（ラダー図）　（b）タイムチャート

図1·68　有接点シーケンス回路とタイムチャート

3. 修復練習の手順

Point 導通不良（断線）1か所，未配線（線の取り外し）1か所の不具合があるので，テスタで点検する．不具合があれば，白線を適度な長さに切りY端子を圧着して修復し，タイムチャートどおりに動作するか確認する．

前ページの不具合がある試験用盤を使用して，下記手順で修復練習を行う．

[練習実施前の注意点]

① 電源をOFFにする

② テスタの抵抗レンジは×100 Ωにして，ゼロ調整をしておく．

③ リレー3個とタイマ1個は良品を使用する

④ 下記の手順で修復練習を行うと効率がよい

⑤ 左図の○印の番号は測定順である．測定しながら必ずスイッチと接点の端子番号を記入する．

手順1　テスタの測定端子を図1･70の電源の＋**端子①に固定**する．他の測定端子は②（PBS黄のb端子），③（CR1の5番），……，⑩の順番に各端子に当て測定する．正常ならば，テスタの**指針が0Ω**（導通状態）になるので，その都度確認する．

手順2　測定途中で，**指針が振れず∞Ω**になった場合，その端子に接続されている線が**断線している**ので，その線の**片方を外し**，**線の両端をテスタで測定**する．断線ならば，Y端子を圧着した白線を作成し，線を取り替えて修復する．

手順3　テスタの測定端子を図1･70の電源の－**端子⑪に固定**する．他のテスト棒を⑫（CR1の13番），⑬（T1の13番），……，⑰の順番に各端子に当てる．正常ならば，テスタの**指針が0Ω**（導通状態）になる．**∞Ωなら手順2**を実行する．

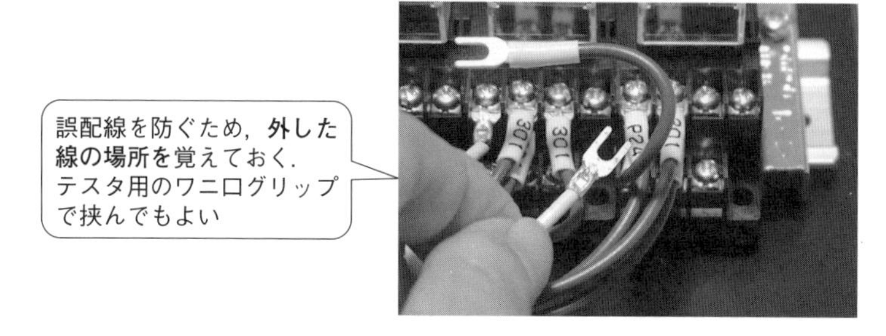

図1･69　断線の修復

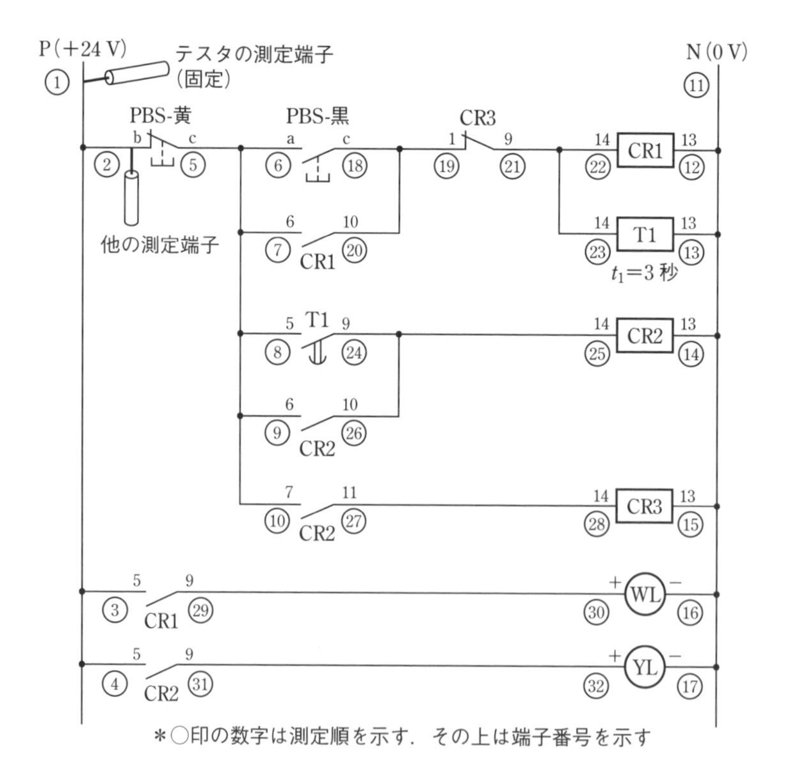

図1･70　不具合測定の順番例

手順4　テスト棒を図1･70の⑱（PBS-黒のc端子）に固定する．他のテスト棒を⑲（CR3の1番），⑳（CR1の10番），……，㉓（T1の14番）の順に各端子に当て，テスタの**指針が0Ω**（導通状態）になるか，その都度確認する．**指針が振れず∞Ω**になった場合，手順2に従って処置を行う．

手順5　固定するテスト棒と他のテスト棒を下記の順で測定し，不具合があれば手順1と手順2に従って処置を行う．

a. ㉔（T1の9番）を固定し，㉕㉖を測定する．

b. ㉗（CR2の11番）を固定し，㉘を測定する．

c. ㉙（CR1の9番）を固定し，㉚を測定する．

d. ㉛（CR2の9番）を固定し，㉜を測定する．

手順6　2か所の修復が完了後，電源をONにして，タイムチャートどおりに動作するか確認する．正常ならば，ゴミを処理し，工具などを整理する．そして，挙手をして検定委員を呼ぶ（整理整頓しないと減点）．

手順7　課題2の試験時間は，「リレーとタイマの良否判定」と「シーケンス回路の修復」をあわせて，標準時間は30分，打ち切り時間は50分である．両方あわせて，25分で完成できるように，繰り返し練習しておくことが重要である．

手順8　1つの修復作業が完成したら，再度，故障箇所（A部分とB部分）を変更した回路を他の人に組み入れてもらい，練習する．

図1･71は，有接点シーケンス回路の修復作業が完了した図である．

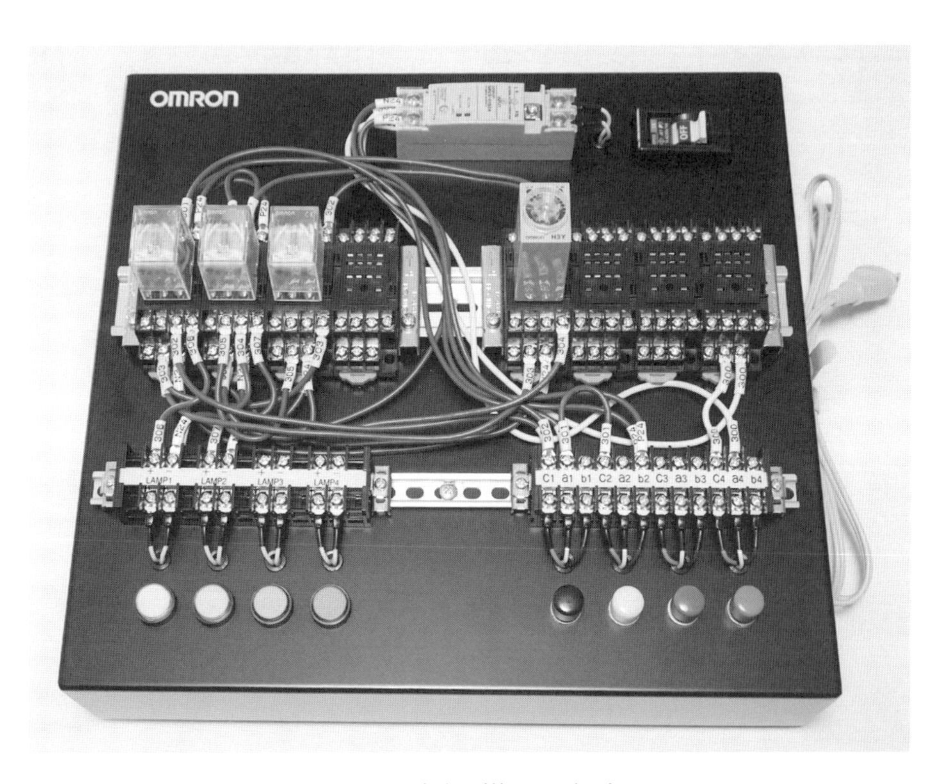

図1･71　完成図（前見返し参照）

1-7 課題2の施工例

1-7-1 課題2の手順と準備

Point

① 試験は，「リレー・タイマの点検」と「有接点シーケンス回路の点検および修復作業」の2種類の試験がある.

② 試験前は，図1・73のようにリレー・タイマ点検用と有接点シーケンス回路用（断線1か所と未配線1か所含む）の配線済みの試験用盤が準備されている.

③ 最初は，リレー・タイマの良否判定を行い，良品のリレーとタイマを用いて有接点シーケンス回路の修復を行う.

④ 課題2の試験時間は，標準時間は30分で，打ち切り時間は50分となっているが，30分以内に完成できるように繰り返し練習しておく.

課題2の手順は，図1・72のとおり行われる.

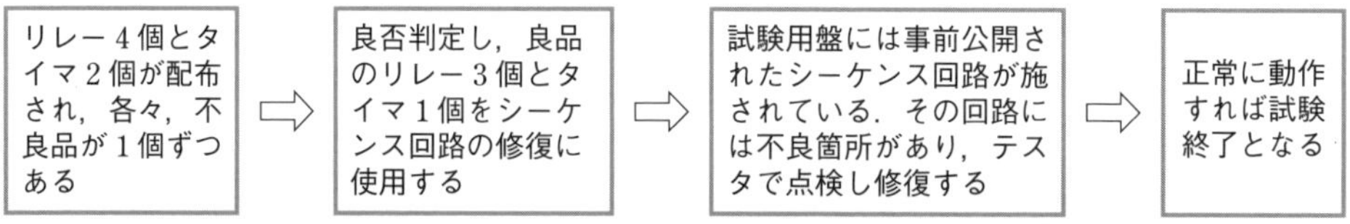

リレー4個とタイマ2個が配布され，各々，不良品が1個ずつある ⇨ 良否判定し，良品のリレー3個とタイマ1個をシーケンス回路の修復に使用する ⇨ 試験用盤には事前公開されたシーケンス回路が施されている．その回路には不良箇所があり，テスタで点検し修復する ⇨ 正常に動作すれば試験終了となる

図1・72

1. 機材の準備

下記の機材を事前に準備しておく.

① リレー4個，タイマ2個のうち，不良品を各1個ずつ入れたものを準備.

② チェック用とシーケンス回路（断線，未配線）の配線済み試験用盤を準備.

③ KIV線白色（0.75 mm^2　1 m），圧着端子，テスタ，工具類など（図1・73参照）

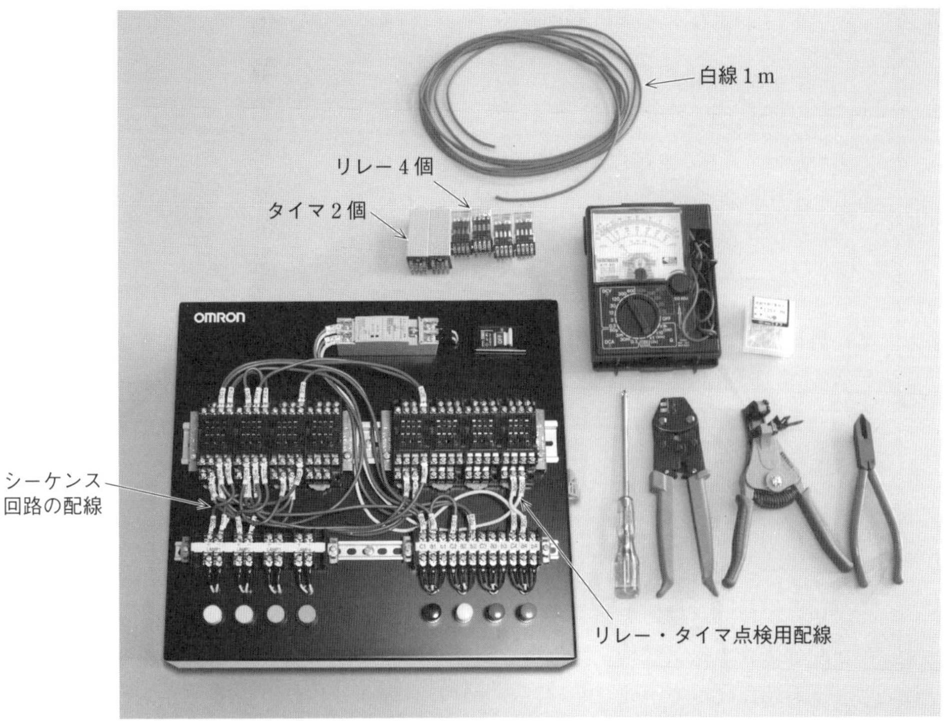

図 1･73　課題 2 の準備

1-7-2 課題 2 の試験開始

下記は，公開された課題 2 の試験問題である．
試験問題（「1-6　課題 2 の事前練習」を必ず実施しておくこと）

試験の解説と注意点

課題 2　リレー・タイマの点検，有接点シーケンス回路の点検および修復作業

① リレー・タイマの点検

与えられたリレー・タイマを回路計（テスタ）および試験用盤のチェック用ソケットを用いて点検し，良・不良の判定ならびに不良原因を解答用紙（マークシート）に記入しなさい．

○ 試験用盤のチェック用ソケットは，次のように配線されている．なお，チェック用回路は，黄色で配線している．

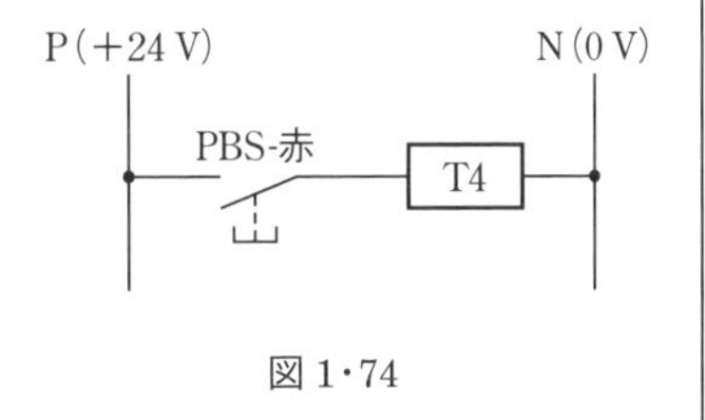

図 1･74

○リレーおよびタイマの不良原因

- コイルの断線
- コイルのレアショート
- メーク接点（a 接点）接触不良
- メーク接点（a 接点）溶着
- ブレーク接点（b 接点）接触不良
- ブレーク接点（b 接点）溶着

②　有接点シーケンス回路の点検および修復作業

図 1･75 の回路図（有接点シーケンス回路）を参考に試験用盤を点検し，不良箇所のみを修復しなさい．なお，修復作業は，下記に示す条件に従って行いなさい．

○条件

- リレー・タイマは，「**①リレー・タイマの点検**」の結果，良品と判定したものを使用すること
- ランプおよび押しボタンスイッチと端子台の間，チェック用回路の配線（黄色）には，異常はないものとする
- 配線済みの線（青色・黄色）を切断したり，強く引っ張らないこと
- 不適切な配線や不要な配線は取り外し，取り外した線は再利用せず，指示された線（白色）を新たに加工して配線し，修復した箇所が判るようにすること
- 配線は適切な長さとし，圧着端子を使用してねじ止めをすること
- 不必要な配線を行わないこと

○回路図（有接点シーケンス回路）

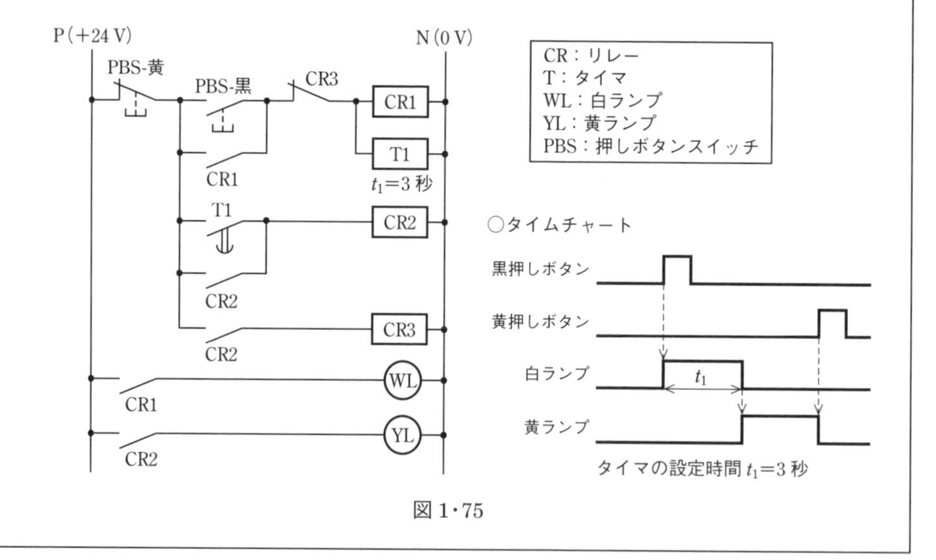

図 1･75

次の手順にしたがって，課題２の試験を開始する．

手順１　リレー・タイマの点検（ここから所要時間を測定する）

> **Point**
> ・リレー４個，タイマ２個を準備し，その中に不良品を各１個ずつ入れる．
> ・試験用盤にはチェック用の回路が配線されていて，リレーやタイマをソケットに入れて良否判定する．リレーなどの抜き差しは電源をOFFにする．

p.34の「1-6　課題２の事前練習」で行った順番で，リレーとタイマの良否判定を実施する．概略は下記のとおりである．

① テスタのゼロ調整を行う．
② リレーとタイマのすべてのコイル部（13番と14番）のレアショートを点検する．不良の場合は，テスタの指示が０Ωになる（３級の場合は未出題）．
③ リレーをチェック用ソケットに差し込み，電源を入れる．
④ リレーとタイマの不良箇所は，a接点接触不良，b接点接触不良，a接点溶着，b接点溶着などがあるので，各リレーとタイマの良否判定を行い，判定結果を表1·5の「リレー・タイマの点検解答用紙」に記入する（実際の試験では，マークシートに記入する）．
⑤ リレー１個とタイマ１個の不良品を判定する．

表1·5
課題２　リレー・タイマの点検解答用紙

回路点検表		
部品番号	良・否判定	不良原因
（例）CR1	良・(否)	ウ
	良・否	
	良・否	
	良・否	
	良・否	
	良・否	
	良・否	
	良・否	

不良原因語群

記　号	語　句
ア	コイルの断線
イ	コイルのレアショート
ウ	a接点接触不良
エ	b接点接触不良
オ	a接点溶着
カ	b接点溶着

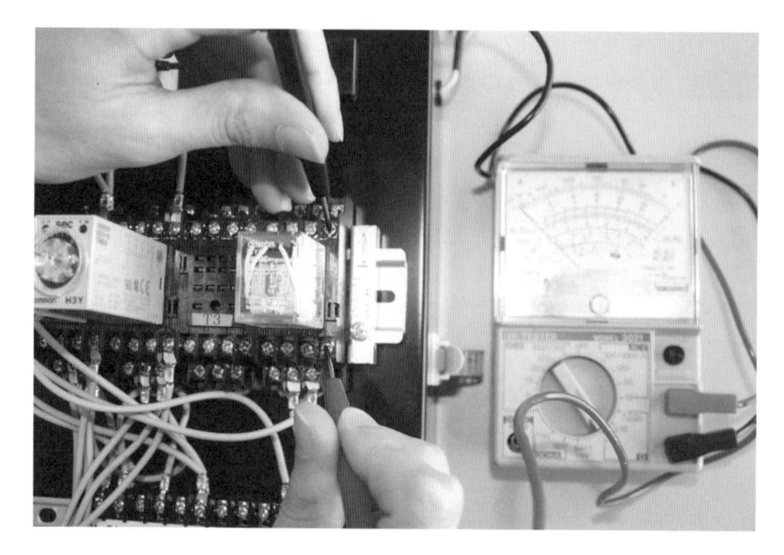

図1･76　リレーとタイマの点検

手順2　**有接点シーケンス回路の点検および修復作業**

Point
① 手順1で良否判定した，良品のリレー3個とタイマ1個を使用する．
② 事前公開された課題2の回路図とタイムチャートに示された，配線が試験用盤に準備されている．
③ テスタで点検して，修復を行いタイムチャート通りに動作すれば完成．

手順1が終了後，すぐ続けて下記の手順で作業を行う．p.38の「1-6-2　シーケンス回路の点検および修復作業の事前練習」で行った順番で実施する．概略は下記のとおりである．

① **電源はOFF**にしておく．ONの状態で点検してショートさせたり，リレーなどを抜き差しした場合は減点されるので注意する．
② 電源の＋側をテスタでチェックする．**正常ならばテスタの指針は0Ω，断配線や未配線があった場合は，テスタの指針は振れなくて∞Ω**になる（詳細は，p.39の修復練習の手順を参照）．
③ テスタでチェックしながら，図1･77の回路図にリレー，タイマ，スイッチ，ランプの**端子番号を記入**しておくと断配線や未配線が不明なときに役立つ．
④ 電源の－側をテスタでチェックする．**正常ならばテスタの指針は0Ω**になる．
⑤ 電源の＋側配線と－側配線は，**断線**（**導通不良でテスタの指針が振れない**）している場合があるので，発見したら白線を適度な長さに切りY端子を圧着して修復する．
⑥ その他の分岐部分の配線をテスタで点検する．この部分は**未配線**（**テスタの指針が振れない**）があるので，発見したら白線で修復する．
⑦ 断線と未配線の修復が完成したら，電源をONにして，タイムチャートどおりに動作するか確認する．
⑧ 正常に動作したら，ゴミを紙トレイにまとめて工具などを整理整頓する（減点対象）．
⑨ 挙手をして検定委員を呼ぶ．所要時間（30分以内を目標）を確認する．

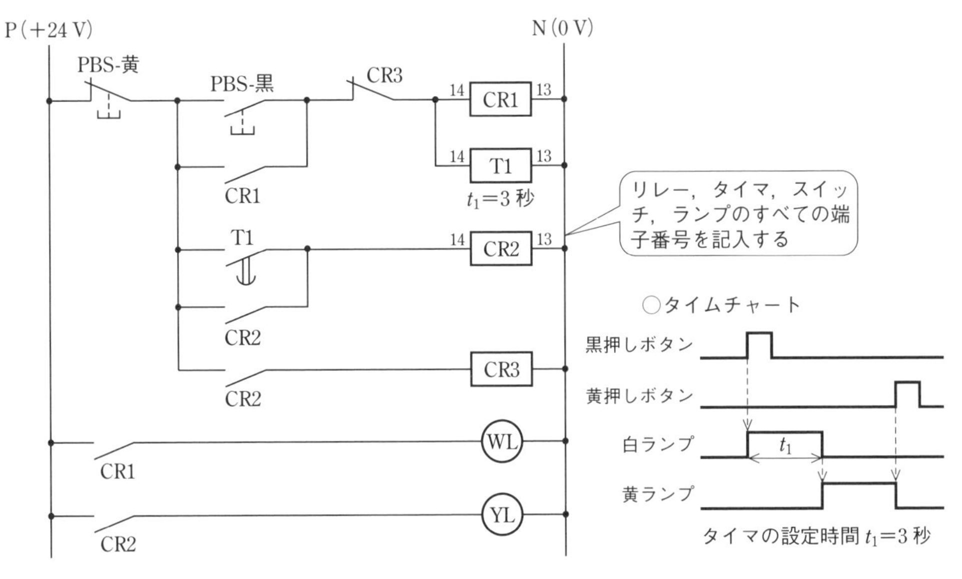

図1・77　回路図とタイムチャート（平成20年以降は同じ問題）

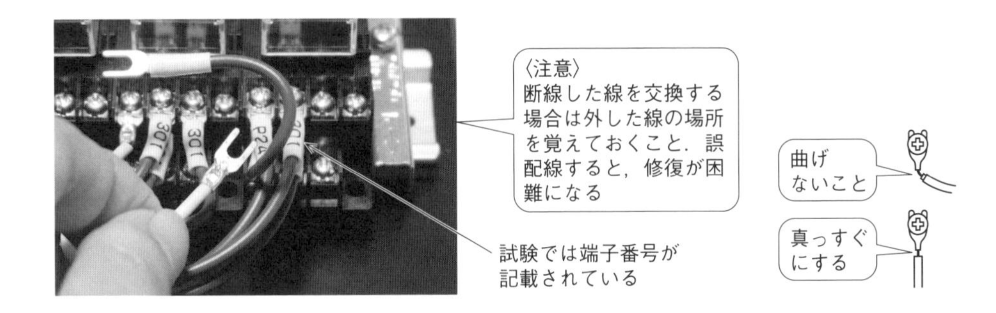

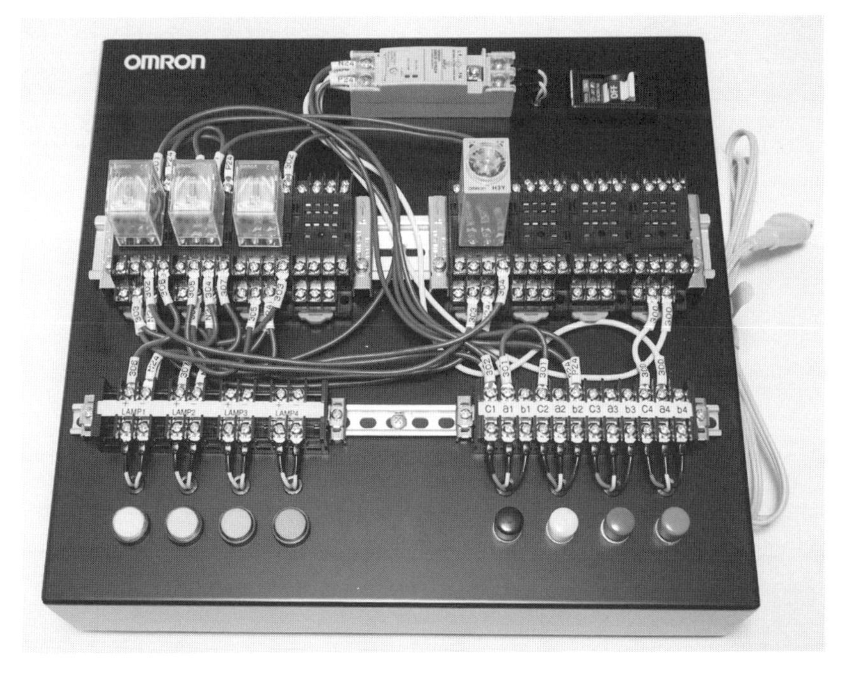

図1・78　課題2の完成図

1-8　3級実技問題の解答例

問　題　1

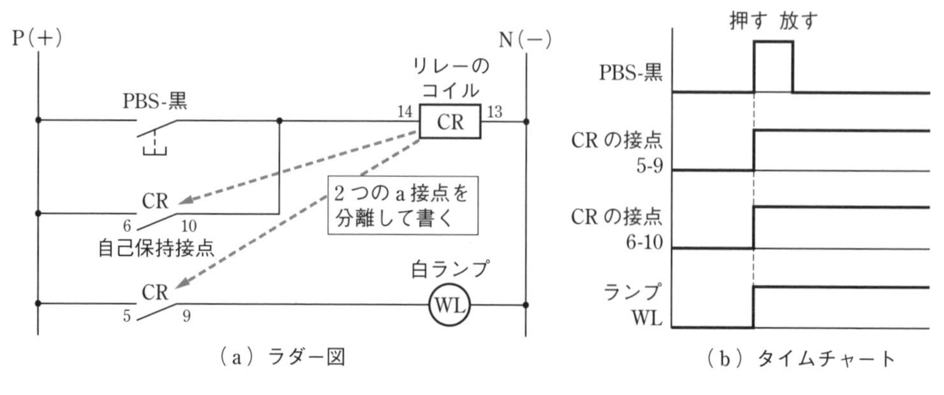

（a）ラダー図　（b）タイムチャート

図1・79

6と10の接点をPBS-黒のスイッチに並列に接続すると，スイッチを押すことによりCR接点が閉路し，スイッチを放してもコイルに電流が流れ続けるため，6と10のCR接点が閉じ続け，ランプWLも点灯し続ける．この接点を**自己保持接点**という．

問　題　2

①のラダー図

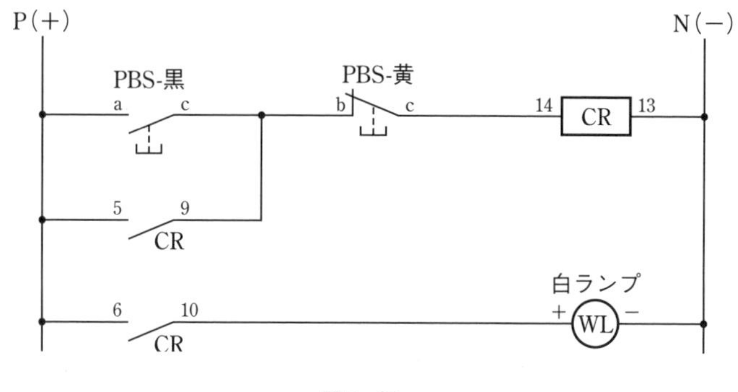

図1・80

②のラダー図

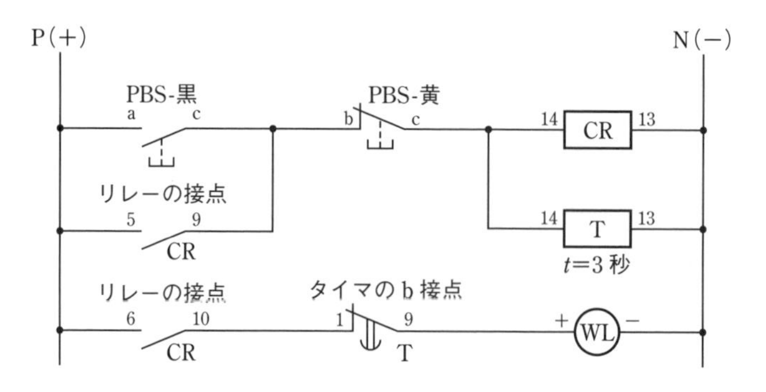

図1・81

問 題 3

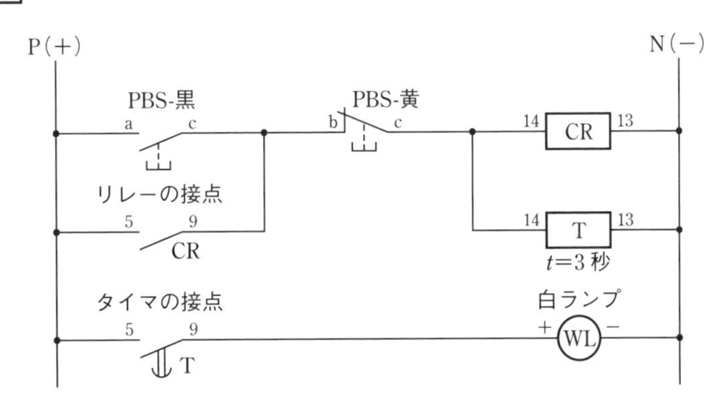

図 1・82

問 題 4

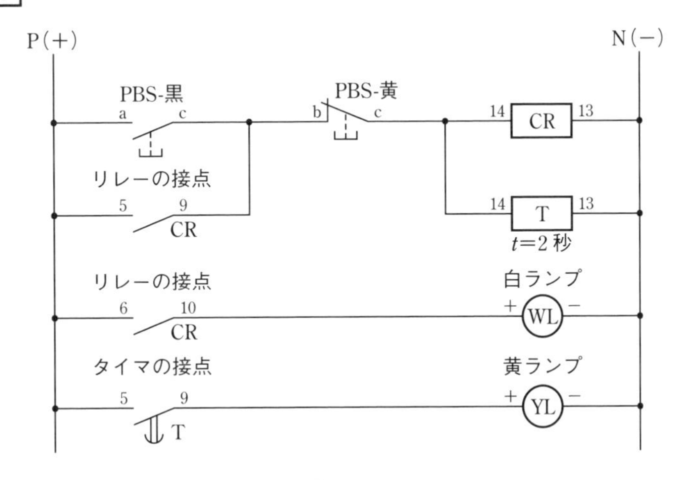

図 1・83

問 題 5

同じタイムチャートでもラダー図は数通りある．下記のラダー図は一例である（以後同様）．

①

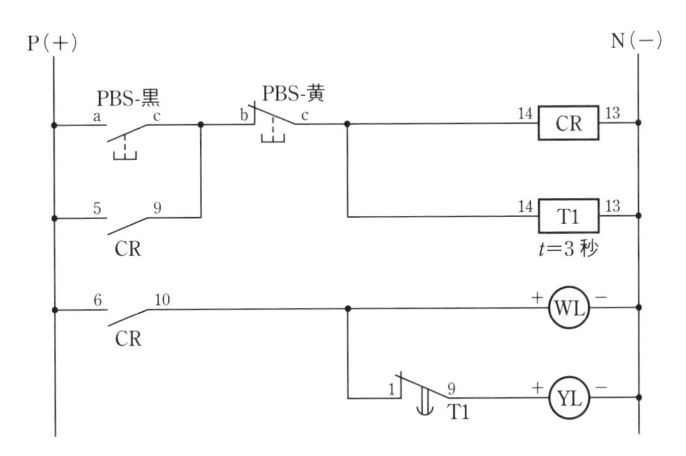

図 1・84

②

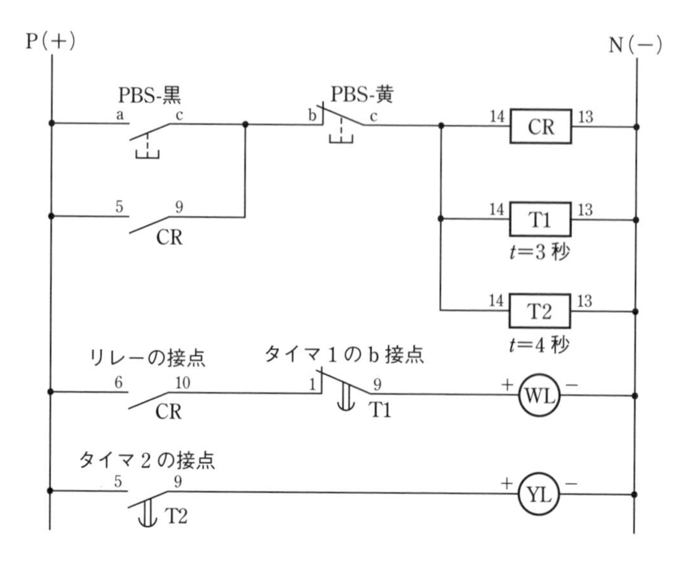
P(+)
N(−)
PBS-黒
a
c
PBS-黄
b
c
14
CR
13
5
9
CR
14
T1
13
t=3 秒
14
T2
13
t=4 秒
リレーの接点
タイマ 1 の b 接点
6
10
CR
1
9
T1
+
WL
−
タイマ 2 の接点
5
9
T2
+
YL
−

図 1・85

③

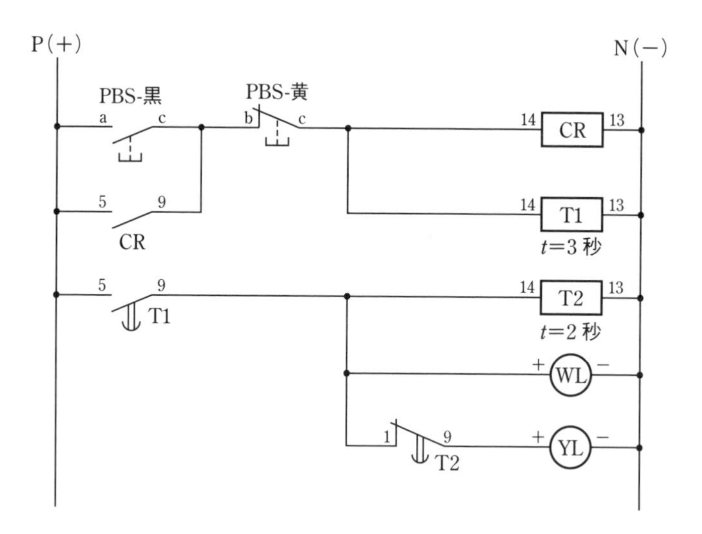
P(+)
N(−)
PBS-黒
a
c
PBS-黄
b
c
14
CR
13
5
9
CR
14
T1
13
t=3 秒
5
9
T1
14
T2
13
t=2 秒
+
WL
−
1
9
T2
+
YL
−

図 1・86

④

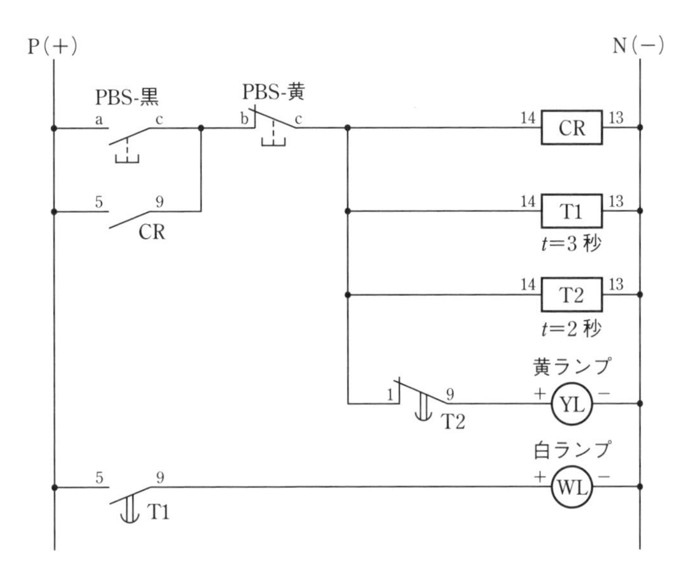
P(+)
N(−)
PBS-黒
a
c
PBS-黄
b
c
14
CR
13
5
9
CR
14
T1
13
t=3 秒
14
T2
13
t=2 秒
黄ランプ
1
9
T2
+
YL
−
白ランプ
5
9
T1
+
WL
−

図 1・87

⑤

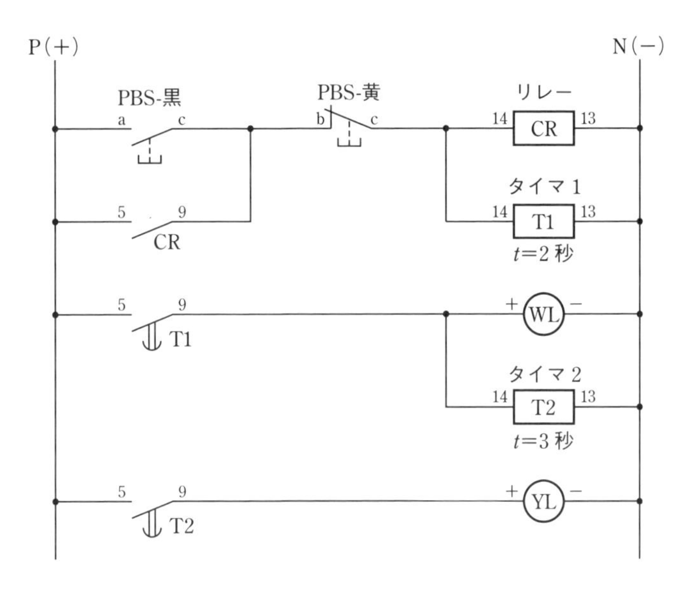
P(+)
N(−)
PBS-黒
a
c
PBS-黄
b
c
リレー
14
CR
13
5
9
CR
タイマ 1
14
T1
13
t=2 秒
5
9
T1
+
WL
−
タイマ 2
14
T2
13
t=3 秒
5
9
T2
+
YL
−

図 1・88

⑥

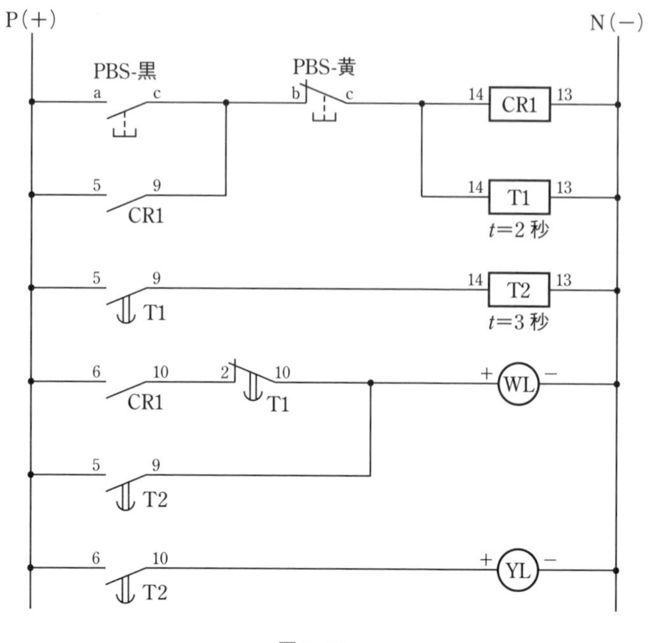
P(+)
N(−)
PBS-黒
a
c
PBS-黄
b
c
14
CR1
13
5
9
CR1
14
T1
13
t=2 秒
5
9
T1
14
T2
13
t=3 秒
6
10
CR1
2
10
T1
+
WL
−
5
9
T2
6
10
T2
+
YL
−

図 1・89

⑦

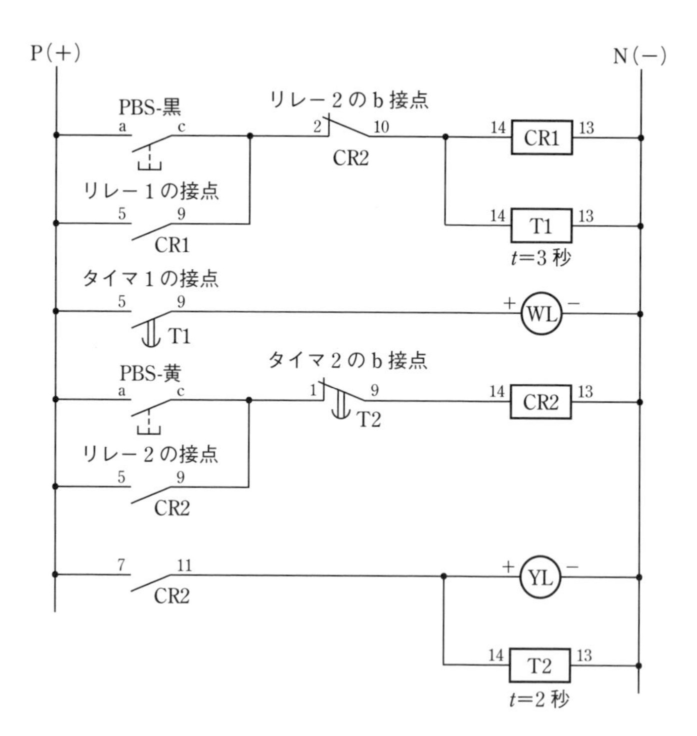
P(+)
N(−)
PBS-黒
a
c
リレー 2 の b 接点
2
10
CR2
14
CR1
13
リレー 1 の接点
5
9
CR1
14
T1
13
t=3 秒
タイマ 1 の接点
5
9
T1
+
WL
−
PBS-黄
a
c
タイマ 2 の b 接点
1
9
T2
14
CR2
13
リレー 2 の接点
5
9
CR2
7
11
CR2
+
YL
−
14
T2
13
t=2 秒

図 1・90

⑧

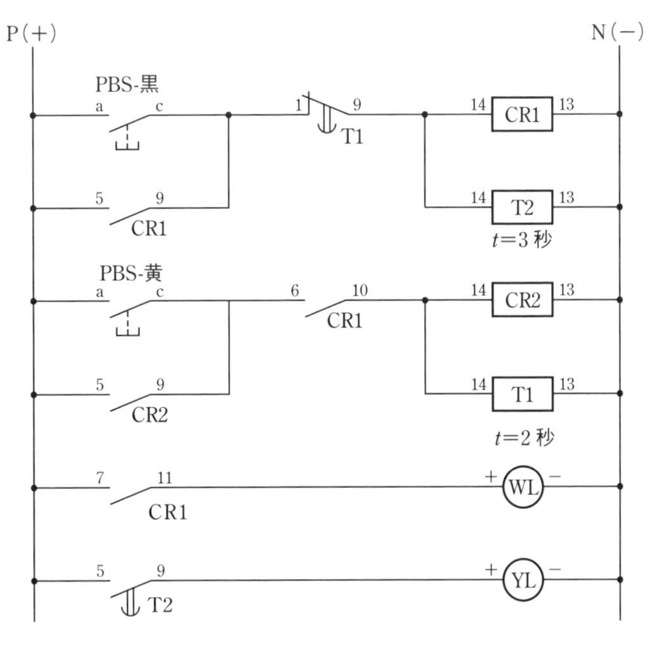

図1・91

問　題　6

問題5の②③④の解答を参照せよ．

問　題　7

リレーとタイマに部品番号CR1，CR2，CR3，T1，T2と記入して，各自で良否判定を行うこと．

2章 3級学科試験

3級の学科試験は，全国一斉に実施され機械系や電気系の知識および品質管理や安全衛生などから出題される．

毎年同じ問題や類似問題が出題されるので，本書の問題をすべて解答できるようにしておくことが重要である．

2-1 学科試験の概要

学科試験は広範囲にわたって出題される．3級は基礎的な問題が出題される．試験概要と試験科目は下記の通りである．

2-1-1 学科試験の概要

1～3級の学科試験は全国で統一した日に実施されている．3級の試験は，2021年度から年2回実施されるようになった．

表2･1　学科試験の内容（機械保全・電気系保全作業）

内　容	3級学科試験	1級・2級学科試験
試験日	3級　1回目：6月の日曜日 　　　2回目：1月の日曜日	1級　1月の日曜日 2級　12月の日曜日
出題形式	真偽法（○×式）	真偽法と四肢択一法
出題数	30問	50問
試験時間	60分	100分
合格点	100点満点で学科試験は65点以上で合格となっている．したがって3級は30問中20問以上正解すればよい．	

表2･2より，合格率は学科が約84％，実技が約57％で全体の合格率は約51％となっている．

表2･2　3級の合格率〔％〕

	2022年	2021年	2019年	平均合格率
学科	91.1	88.0	74.1	84.4
実技	57.9	59.3	53.2	56.8
合格率	54.2	54.5	45.6	51.4

2-1-2 3級の試験科目と範囲（電気系保全作業）

1 機械一般
機械の種類および用途
2 電気一般
電気用語，電気機械器具の使用法
3 機械保全法一般
機械の保全計画，機械の履歴，機械の異常時の対応，品質管理
4 材料一般
金属材料の種類等，金属材料の熱処理
5 安全衛生
安全衛生に関する詳細な知識
（1～5までは機械保全の共通科目で電気系保全作業は下記の通り）

6 電気系保全法
電気機器，電子機器，電気および磁気の作用，電子とその作用，電気回路，電子回路，機械の電気部分の点検，機械の電気部分に生ずる欠陥の種類，原因および発見方法，配線および結線ならびにそれらの試験方法，半導体材料，導電材料，抵抗材料，磁気材料および絶縁材料の種類，性質および用途，機械の主要構成要素の種類，形状および用途，日本産業規格に定める図示法，材料記号，電気用図記号，シーケンス制御用展開接続図およびはめあい方式

2-2　これだけは覚えよう

3級の学科試験は，毎年同じ問題や類似問題が多く出題されているので，下記の重要事項をしっかり覚えておく必要がある．

Point
① 過去10年間の3級の試験問題を分析すると30問中，20～24問は類似問題である．したがって，過去問題を繰り返し解くことが重要である．
② 下記の重要事項は，出題頻度が高い問題を精選したので，すべて覚えてから過去の問題に取り組むこと．また，出題頻度が高いものを各項目の後に★印で示した．

2-2-1　重要事項

文章途中の太文字は，よく出題される内容を示す．★は重要項目，★★は最重要項目を示す．

01 **旋盤**は，工作物を主軸に取り付け，工作物を回転させながら加工を行う工作機械である．
ボール盤は，リーマ通しやねじ立てなどの穴あけをする工作機械である．
フライス盤は，平面削りや溝削りなどの加工を行う工作機械である．

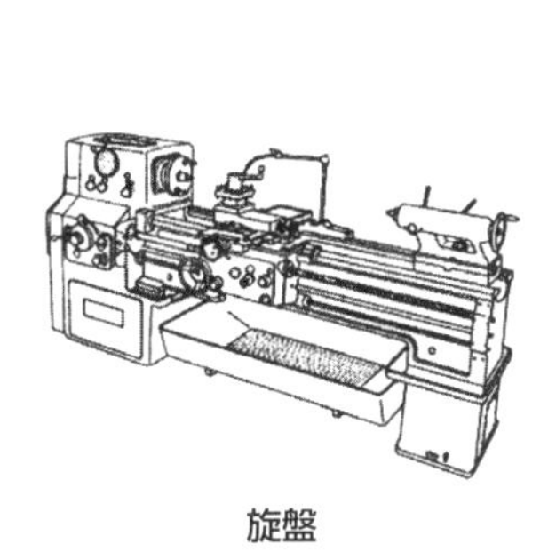

旋盤　　ボール盤

02 下図に示す回路に流れる電流 I は，4 A である．　★★

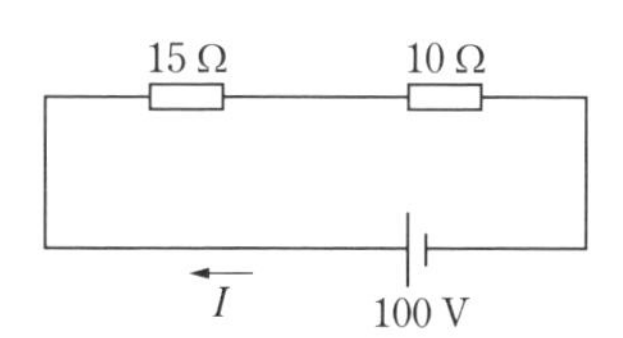

合成抵抗 R を求める．$R=15+10=25\ \Omega$

電流 I は，$I=\dfrac{V}{R}=\dfrac{100}{25}=4\ \text{A}$

03　**事後保全**とは，設備に故障が発見された段階で，その故障を取り除く保全活動である．

04　**予防保全**は，設備の劣化を防ぐための予防措置で，一定周期で点検・整備するものと，劣化の進行を定量的に測定し，予知・予測をするものがある．

05　**保全記録**とは，整備の記録のことであり，故障の記録，日常点検表，定期検査記録，改良保全記録，保全報告書，分析記録表などがある．★★

06　**保全計画**には，1年計画や数年に1度の計画があり，定期修理計画，定期点検計画，検査計画，改善保全計画などがある．

07　**管理サイクル**とは，仕事などを計画どおりに達成するサイクルのことで，
Plan（計画）→ Do（実行）→ Check（点検・診断）→ Action（修正・改善）
を繰り返し回して目的を達成することである．PDCAと覚えるとよい．★

08　**特性要因図**は，結果と原因を系統的に表した図で，品質管理や課題解決の向上・原因究明などに用いる．★★

09　**パレート図**は，故障や欠陥などの発生頻度の多い順に並べた図で，設備故障の低減活動の優先付けをするときなどに用いる．★

10　**散布図**は，2つの項目の相関関係を表した図で，ばらつき具合を判断するのに用いる．

11　**ヒストグラム**は，データを区間ごとに区切り，数値の度数分布を柱状グラフにしたもので，品質管理や分析に用いる．

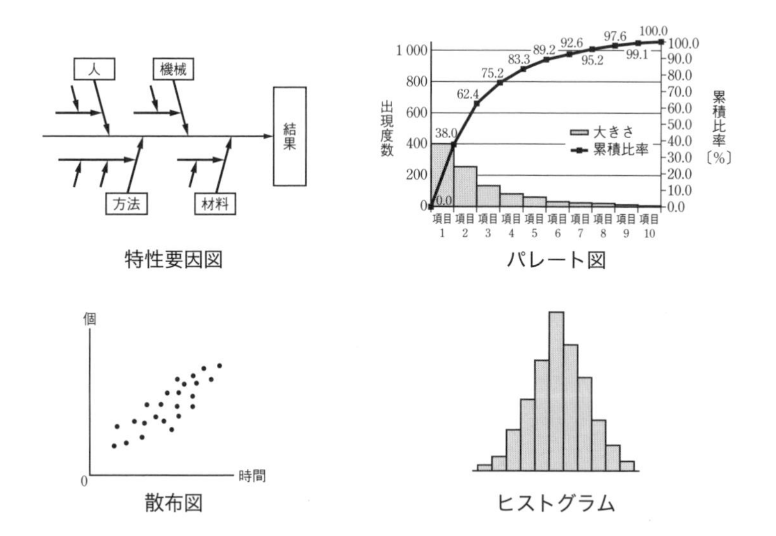

特性要因図

パレート図

散布図

ヒストグラム

12　**5S**（整理・整頓・清掃・清潔・躾（しつけ））は職場環境改善の際に使用されるスローガンをいう．★★

整理：要るものと要らないものを区別して要らないものを処分すること
整頓：要るものを使いやすい場所にきちんと置くこと
清掃：身の回りのものや職場をきれいに掃除をして，いつでも使えるようにすること
清潔：整理・整頓・清掃を維持し，きれいな状態を保とうという気持ちにさせること
躾：職場のルールや規律を守り，習慣づけること

13　**故障メカニズム**とは，断線，折損など故障にいたる過程のことである．

14　**二次故障**は，他の設備の故障などによって引き起こされる故障である．

15　**バスタブ曲線**は，時間経過による機械や装置の故障率の変化を表すグラフである．

16　**設備履歴簿**には，設備の故障の内容や，修理に要した費用などの記録を残す．

17　**ステンレス鋼**は，クロムとニッケルを添加したもので軟らかく加工性がよい．また，非磁性体である．★★

18　**アルミニウム**は，銅より熱伝導率が小さい．

19　**ステッピングモータ**は，1パルス信号ごとに一定角度回転するモータである．★★

20　**フィードフォワード制御**とは，目標値，外乱などの情報に基づいて，操作量を決定する制御方式である．★★

21　**プログラマブルコントローラ（PLC）**とは，あらかじめプログラムで設定した手順に従って，機械装置などを自動制御する装置である．

22　**原子**は，一つの原子核と複数の電子により構成され，原子核は，陽子と中性子で構成される．

23　1秒間に1C（クーロン）の電荷 Q が通過すると，電流 I は ★

$$I = \frac{Q}{t} = \frac{1}{1} = 1\ \text{A（アンペア）}$$

となる．

24　抵抗を R，電圧を V とすると電流 I は ★

$$I = \frac{V}{R}$$

となり，抵抗に反比例し電圧に比例する．

25　消費電力 P が 100 W の電熱器を 1 時間使用したときの電力量 W は 360 kJ である．

$W = Pt = 100 \times 1 \times 3\,600$ 秒 $= 360\,000\ \text{J} = 360\ \text{kJ}$ ★

26　10 V の電圧で 10 A の電流が流れたときの電力 P の求め方は次の通りである．

$P = VI = 10 \times 10 = 100\ \text{W}$

27　**論理回路**の代表的な論理式を下記に示す．★★

・**AND → A・B**　　・**NAND →** $\overline{A \cdot B}$

・**OR → A＋B**　　・**NOR →** $\overline{A + B}$

28　日本産業規格（JIS）の電気用図記号

力率計　電力計　電力量計

押しボタンスイッチ（自動復帰メーク接点）

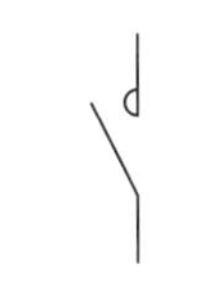

電磁接触器（メーク接点）

リミットスイッチ（メーク接点）

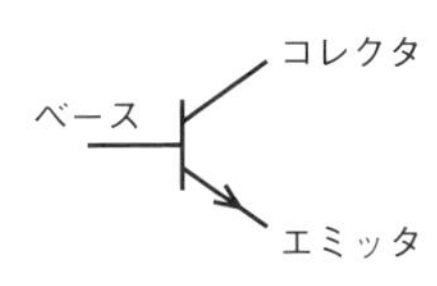

NPN 型トランジスタ

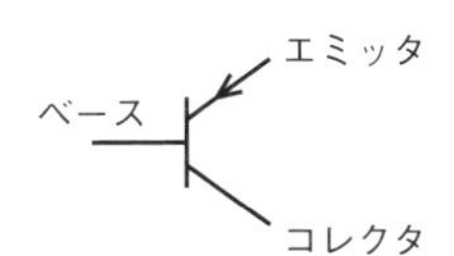

PNP 型トランジスタ

チャレンジ

学科試験の最新問題は，日本プラントメンテナンス協会のホームページにて過去3年分の試験問題および正解を公表しているので，挑戦してみよう．

https://www.kikaihozenshi.jp/

2-3 練習問題

Point
① 30 問中 20 問以上正解で合格となる.
② 練習問題は 100 点取れるまで繰返し解いて覚えること.
③ 左右のページを A4 または B4 に数枚コピーして問題を解くとよい.

2-3-1 練習問題 1　2021 年第 2 回

番号	問　題
01	旋盤とは，工作物を主軸に取り付け，工作物を回転させながら加工を行う工作機械である.
02	下図に示す工作機械は，フライス盤である. 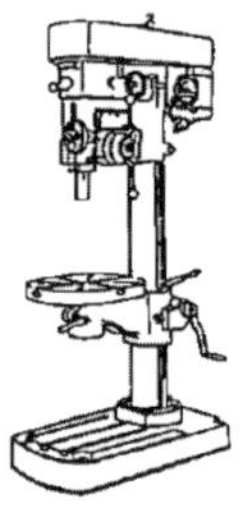
03	下図に示す回路に流れる電流 I は，0.25 A である. 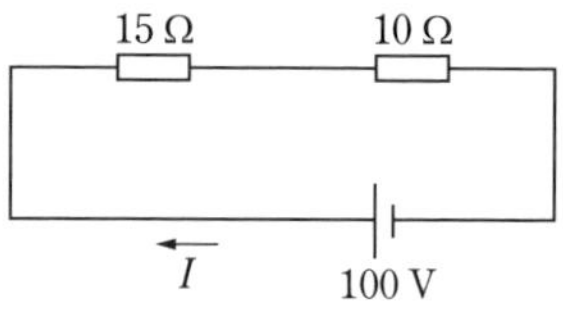
04	消費電力 100 W の電熱器を 1 時間使用したときの電力量は，360 kJ である.
05	事後保全は，計画的に設備を停止して，分解・点検・整備をする保全方式である.
06	予防保全には，劣化を防ぐ活動，劣化を測定する活動，劣化を回復する活動の 3 つがある.
07	故障メカニズムとは，断線，折損など故障にいたる過程のことである.
08	設備履歴簿には，設備の故障の内容や，修理に要した費用などの記録を残す.
09	パレート図は，設備故障の低減活動の優先付けをするときなどに用いられる.
10	特性要因図とは，特性（結果）に対して，その要因を体系付けられるように図で表現したものである.
11	S20C の炭素含有量は，約 0.2 %である.
12	金属の熱処理は，加熱温度や冷却速度などを調節することにより，性質を改良する加工方法である.

13	労働災害とは，火災や地震など，設備の損傷原因となる災害のことである．
14	5S における整頓とは，必要なものを必要なときにすぐに使用できるように，決められた場所に準備しておくことである．
15	ボール盤作業では，必ず手袋を装着する．
16	サーボモータに適した制御は，オープンループ方式である．
17	インバータは，直流を交流に変換することができる．
18	コンデンサの合成静電容量を大きくするには，コンデンサを並列に接続する．
19	フィードフォワード制御とは，目標値，外乱などの情報に基づいて，操作量を決定する制御方式である．
20	ファラデーの電磁誘導の法則によると，コイルの巻数を多くすると起電力は小さくなる．
21	原子核は，電子全体と同じ量の負の電気量をもつ．
22	1 V の電圧で 1 A の電流が流れたとき，電力は 1 W である．
23	入力を A，B とした場合，論理回路における「OR」は「A＋B」である．
24	一般的にコンデンサの静電容量は，オシロスコープで測定する．
25	高調波とは，基本波の整数倍の周波数をもつ正弦波である．
26	短絡とは，2 つの相，または 3 つの相の線間が負荷を通さずに接触した状態である．
27	抵抗器のカラーコードは，抵抗値や許容差などを表す．
28	塩化ビニル樹脂は，絶縁材料である．
29	日本産業規格において，下図は，NPN 型トランジスタの電気用図記号である．
30	日本産業規格において，下図は，「電力計」の電気用図記号である。 Wh

練習問題 1　解答欄

番号	1	2	3	4	5	6	7	8	9	10
解答										

番号	11	12	13	14	15	16	17	18	19	20
解答										

番号	21	22	23	24	25	26	27	28	29	30
解答										

$$得点 = \frac{正解数}{30} \times 100 = \frac{\square}{30} \times 100 =$$

得　点

2-3-2 練習問題 2　2022 年第 1 回

番号	問　題
1	下図に示す工作機械は，フライス盤である．
2	旋盤とは，工作物を主軸に取り付け，工作物を回転させながら加工を行う工作機械である．
3	下図に示す回路の電圧 V は，1.5 V である．
4	2 極と 4 極の三相誘導電動機を同じ電源で使用する場合，4 極の回転数は 2 極の回転数の 2 倍になる．
5	事後保全とは，設備に故障が発見された段階で，その故障を取り除く保全活動である．
6	故障モードの例として，給油や増締めなどが挙げられる．
7	二次故障は，他の設備の故障などによって，間接的に引き起こされた故障である．
8	設備履歴簿には，設備の故障の内容や，修理に要した費用などの記録を残す．
9	品質管理において，下記に示す図は，特性要因図である．
10	正規分布の形は，中心線の左右で面積の等しい長方形である．
11	アルミニウムは，銅より熱伝導率が高い．
12	ステンレス鋼は，鉄鋼にニッケルやクロムなどを加えたものである．
13	金属の熱処理は，加熱温度や冷却速度などを調節することにより，性質を改良する加工方法である．
14	労働災害とは，労働者の就業に係る建設物や設備などにより，または作業行動その他の業務に起因して，労働者が負傷し，疾病にかかり，または死亡することをいう．
15	5S における整頓とは，必要なものを必要なときにすぐに使用できるように，決められた場所に準備しておくことである．

16	ステッピングモータとは，1 パルス信号ごとに一定角度回転するモータである.
17	電磁開閉器は，電磁接触器に熱動過負荷継電器を加えたものである.
18	フィードフォワード制御とは，目標値，外乱などの情報に基づいて，操作量を決定する制御方式である.
19	変位センサの 1 つとして，熱電対が挙げられる.
20	ファラデーの電磁誘導の法則によると，コイルの巻数を多くすると誘導起電力は小さくなる.
21	1 V の電圧で 1 A の電流が流れたとき，電力は 1 W である.
22	消費電力 100 W の電熱器を 1 時間使用したときの消費電力量は，360 kJ である.
23	入力を A，B とした場合，論理回路における「OR」は「A・B」である.
24	アナログ式回路計（テスタ）で電圧・電流を測定する際は，最小測定レンジから順次上位に切り替えて測定する.
25	オシロスコープは，電圧の時間的変化を測定する計測器である.
26	地絡とは，2 つの相，または 3 つの相の線間が負荷を通さずに接触した状態のことである.
27	圧着端子に記されている「2－6」は，2 mm^2 の電線を用いて，6 mm のねじで取り付けることを意味する.
28	塩化ビニル樹脂は，絶縁材料である.
29	日本産業規格（JIS）によれば，下図は「リミットスイッチにおけるメーク接点」の電気用図記号である.
30	日本産業規格（JIS）によれば，下図は「接地」の電気用図記号である.

練習問題 2　解答欄

番号	1	2	3	4	5	6	7	8	9	10
解答										

番号	11	12	13	14	15	16	17	18	19	20
解答										

番号	21	22	23	24	25	26	27	28	29	30
解答										

$$得点 = \frac{正解数}{30} \times 100 = \frac{\square}{30} \times 100 =$$

得　点

2-3-3 練習問題 3　2022年第2回

番号	問　題
1	下図に示す工作機械は，ボール盤である．
2	フライス盤とは，平面削りや溝削りなどの加工を行う工作機械である．
3	下図に示す回路の電圧 V は，15 V である． 20 Ω　10 Ω　0.5 A　V
4	三相誘導電動機は，3本の電源線のうち，いずれかの2本の接続を入れ替えると回転方向が逆になる．
5	事後保全は，計画的に設備を停止して，分解・点検・整備をする保全方式である．
6	バスタブ曲線は，時間経過による機械や装置の故障率の変化を表すグラフである．
7	二次故障は，他の設備の故障などによって，引き起こされる故障である．
8	設備履歴簿には，設備の故障の内容や，修理に要した費用などの記録を残す．
9	品質管理において，下記に示す図は，特性要因図である． 人　機械　結果　方法　材料
10	作業標準書とは，作業者が作業にかかった時間を，作業のたびに記入するものである．
11	アルミニウムは，銅より熱伝導率が高い．
12	合金鋼は，鉄に炭素と合金元素を加えたものである．
13	鋼の熱処理の例として，塗装やめっきなどが挙げられる．
14	労働災害とは，労働者の就業に係る建設物や設備などにより，または作業行動その他の業務に起因して，労働者が負傷し，疾病にかかり，または死亡することをいう．
15	5Sにおける整理とは，必要なものを必要なときにすぐに使用できるように，決められた場所に準備しておくことである．
16	ステッピングモータとは，1パルス信号ごとに一定角度回転するモータである．
17	変圧器は，電動機の過負荷や拘束状態の大電流による焼損を防止するために使用される．
18	フィードフォワード制御とは，目標値，外乱などの情報に基づいて，操作量を決定する制御方式である．

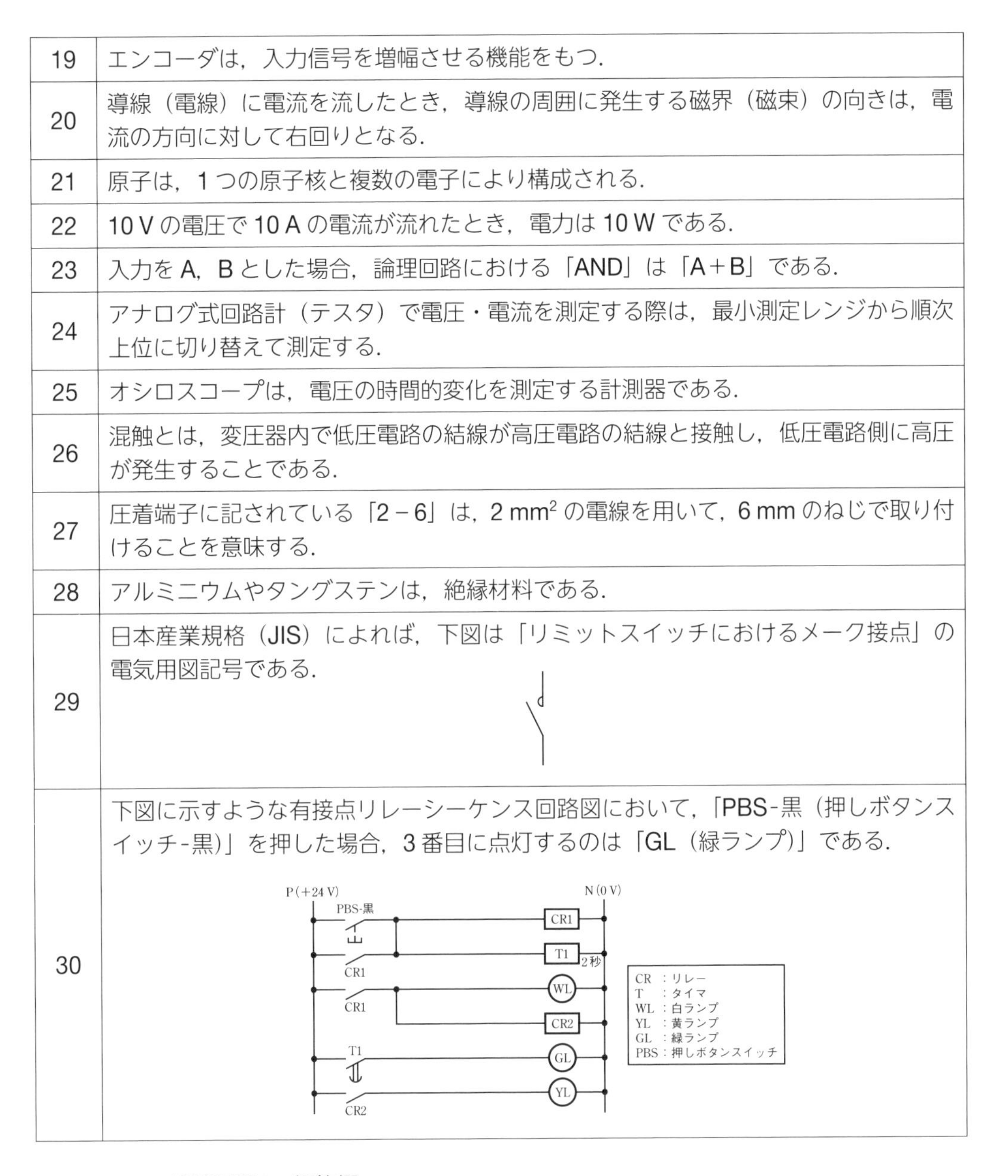

19	エンコーダは，入力信号を増幅させる機能をもつ.
20	導線（電線）に電流を流したとき，導線の周囲に発生する磁界（磁束）の向きは，電流の方向に対して右回りとなる.
21	原子は，1 つの原子核と複数の電子により構成される.
22	10 V の電圧で 10 A の電流が流れたとき，電力は 10 W である.
23	入力を A，B とした場合，論理回路における「AND」は「A＋B」である.
24	アナログ式回路計（テスタ）で電圧・電流を測定する際は，最小測定レンジから順次上位に切り替えて測定する.
25	オシロスコープは，電圧の時間的変化を測定する計測器である.
26	混触とは，変圧器内で低圧電路の結線が高圧電路の結線と接触し，低圧電路側に高圧が発生することである.
27	圧着端子に記されている「2－6」は，2 mm^2 の電線を用いて，6 mm のねじで取り付けることを意味する.
28	アルミニウムやタングステンは，絶縁材料である.
29	日本産業規格（JIS）によれば，下図は「リミットスイッチにおけるメーク接点」の電気用図記号である.
30	下図に示すような有接点リレーシーケンス回路図において，「PBS-黒（押しボタンスイッチ-黒)」を押した場合，3 番目に点灯するのは「GL（緑ランプ)」である.

練習問題 3　解答欄

番号	1	2	3	4	5	6	7	8	9	10
解答										

番号	11	12	13	14	15	16	17	18	19	20
解答										

番号	21	22	23	24	25	26	27	28	29	30
解答										

$$得点＝\frac{正解数}{30}\times 100＝\frac{\boxed{}}{30}\times 100＝$$

得　点

2-3-4 練習問題 4　　2023 年第 1 回

番号	問　題
1	下図に示す工作機械は，旋盤である．
2	ボール盤とは，平面削りや溝削りなどの加工を行う工作機械である．
3	下図に示す回路に流れる電流 I は，4 A である． 15 Ω　10 Ω I　100 V
4	三相誘導電動機は，3 本の電源線のうち，いずれかの 2 本の接続を入れ替えても，電動機の回転方向は変わらない．
5	事後保全は，計画的に設備を停止して，分解・点検・整備をする保全方式である．
6	故障メカニズムとは，断線，折損など故障にいたる過程のことである．
7	バスタブ曲線は，設備の運転時間と生産量の関係を表すグラフである．
8	なぜなぜ分析は，発生した現象を起点として，その現象がなぜ起きたのかを繰り返し調査していくことで，対策を立てる手法である．
9	下図に示すグラフは，散布図である． 個 0　時間
10	作業標準書とは，作業者が作業にかかった時間を，作業のたびに記入するものである．
11	アルミニウムは，銅より熱伝導率が小さい．
12	ステンレス鋼は，鉄にニッケルやクロムなどを加えたものである．
13	金属の熱処理は，加熱温度や冷却速度などを調節することにより，性質や金属組織を改良する加工方法である．
14	ボール盤作業では，必ず手袋を装着する．
15	5S における整頓とは，必要なものがすぐに取り出せるように，置き場所，置き方を決め，表示を確実に行うことである．

16	ブラシレスモータとは，整流子で界磁方向を切り替えるモータである．
17	変圧器は，電動機の過負荷や拘束状態の大電流による焼損を防止するために使用される．
18	フィードフォワード制御とは，目標値，外乱などの情報に基づいて，操作量を決定する制御方式である．
19	プログラマブルコントローラ（PLC）とは，あらかじめプログラムで設定した手順に従って，機械装置などを自動制御する装置である．
20	導線（電線）に電流を流したとき，導線の周囲に発生する磁界（磁束）の向きは，電流の方向に対して右回りとなる．
21	原子核は，陽子と中性子で構成される．
22	消費電力 100 W の電熱器を 1 時間使用したときの消費電力量は，100 kJ である．
23	論理回路において，入力を A，B とした場合，「NOR」は「A・B」である．
24	検電器は，電路の通電状態を確認する際に用いられる．
25	クランプメータは電流値を測定できる．
26	地絡とは，2 つの相，または 3 つの相の線間が負荷を通さずに接触した状態のことである．
27	圧着端子に記されている「2－6」は，6 mm² の電線を用いて，2 mm のねじで取り付けることを意味する．
28	アルミニウムや銅は導電材料である．
29	JIS において，下図はリミットスイッチにおけるメーク接点の電気用図記号である．
30	JIS において，下図は PNP 型トランジスタの電気用図記号である．

練習問題 4　解答欄

番号	1	2	3	4	5	6	7	8	9	10
解答										

番号	11	12	13	14	15	16	17	18	19	20
解答										

番号	21	22	23	24	25	26	27	28	29	30
解答										

$$得点 = \frac{正解数}{30} \times 100 = \frac{\square}{30} \times 100 =$$

得　点

2-4　解答・解説

3級学科試験　練習問題1の解答と解説

1　○　**旋盤**は，工作物を主軸に取り付け，これを回転させ切削加工を行う工作機械をいう．円筒の外径やねじ加工以外に端面の平面加工もできる．

2　×　図は**卓上ボール盤**で，リーマ通しやねじ立てなどの穴あけ作業ができる．フライス盤は刃物を回転させて金属などを切削する工作機械をいう．

3　×　合成抵抗 R を求めると，$R = 15 + 10 = 25\,\Omega$

電圧は100Vであるから，電流 I は，$I = \dfrac{V}{R} = \dfrac{100}{25} = \mathbf{4\,A}$

4　○　消費電力 P が100Wの電熱器を1時間使用したときの電力量 W は

$$\boldsymbol{W} = \boldsymbol{Pt} = 100 \times 1 \times 3\,600\,\text{秒} = 360\,000\,\text{J} = \mathbf{360\,kJ}$$

5　×　**事後保全**とは，設備や機器に問題が発生してから補修・交換を行う保全活動をいう．計画的に設備を停止して，分解・点検・整備をするのは**保全計画**のことである．

6　○　**予防保全**は設備の劣化を防ぐための予防措置で，一定周期で点検・整備するものと，劣化の進行を定量的に測定し，予知・予測・回復する3つの活動がある．

7　○　**故障メカニズム**は動作不能，断線，折損など，故障にいたる過程のことをいう．

8　○　**設備履歴簿**は設備の故障内容や，修理に要した費用などを記録し，設備の故障分析や改修・更新の判断材料とする．

9　○　**パレート図**は棒グラフと折れ線グラフを組み合わせたグラフで，不適合などの項目とその割合を視覚的に把握することができる図である．

10　○　**特性要因図**は欠陥などの要因を体系的に表し，要因の低減などに使用されている．「魚の骨図」とも呼ばれている．

11　○　**S20C**の炭素含有量は，0.18～0.23％で約0.2％である．

12　○　**熱処理**とは，金属を加熱し冷却することで素材の特性を変化させ，硬さや粘りを持たせる処理方法で，焼入れ・焼き戻し・焼きなまし・焼きならしがある．

13　×　**労働災害**とは,「勤務中の病気やケガ」「通勤中の交通事故」「業務中の死亡事故」などの災害をいう．

14　○　**5S**とは，整理・整頓・清掃・清潔・躾(しつけ)のことをいう．整頓とは，使いやすく並べて必要なときにすぐ使用でき，決められた場所に準備しておくことをいう．

15　×　手袋は作業時に切り傷などのケガ防止のために着用するが，旋盤やボール盤などの工作機械では，巻き込まれ防止のため基本的には手袋は使用しない．

16　×　**サーボモータ**は回転角度や回転速度などをフィードバックして制御するので，クローズド・ループ方式である．ステッピングモータはオープンループ方式である．

17　○　**インバータ回路**は直流から交流に変換する回路で，コンバータは交流から直流に変換する回路をいう．

18　○　コンデンサの合成静電容量は，コンデンサを並列に接続すると大きくなる．式は，$\boldsymbol{C} = \boldsymbol{C_1} + \boldsymbol{C_2}$……で表される．

また，コンデンサを直列にすれば小さくなる．

19 ○ **フィードフォワード制御**は，制御を乱す外乱を事前に予測または検知して制御量を変化させる制御をいう．

20 × **ファラデーの電磁誘導の法則**では，起電力はコイルの巻数に比例する．

21 × **原子核**は正の電荷をもつ陽子と電荷をもたない中性子とでできている．そして，その周りを回っているのが負の電荷をもつ電子である．したがって，原子核は負の電気量をもたない．

22 ○ 電力 P の式は，$\boldsymbol{P = VI} = 1 \times 1 = \mathbf{1\ W}$

23 ○ 論理回路における **OR** は「**A + B**」，**AND** は「**A・B**」である．

24 × コンデンサの静電容量はテスタや **LCR メータ**などで測定する．

25 ○ **高調波**とは，交流の基本波に対する整数倍の周波数成分をもつ波形のことで，基本波の 3 倍の周波数をもつ正弦波成分を第 3 次高調波と呼ぶ．

26 ○ **短絡**とは，電位差のある 2 つ以上の点を非常に小さい抵抗値の導体で接続することをいう．一般的にはショートといい，大電流が流れる．

27 ○ **カラーコード**は，抵抗値，乗数，許容差（誤差）を色で表したものである．

28 ○ **塩化ビニル樹脂**は絶縁材料で，アルミニウム，銅，タングステンは導電材料である．

29 × 図は **PNP 型**トランジスタである．

30 × 図は**電力量計**である．

練習問題 1 の解答

番号	1	2	3	4	5	6	7	8	9	10
解答	○	×	×	○	×	○	○	○	○	○

番号	11	12	13	14	15	16	17	18	19	20
解答	○	○	×	○	×	×	○	○	○	×

番号	21	22	23	24	25	26	27	28	29	30
解答	×	○	○	×	○	○	○	○	×	×

3級学科試験　練習問題2の解答と解説

1　×　図は**卓上ボール盤**で，リーマ通しやねじ立てなどの穴あけ作業ができる．

2　○　**旋盤**は，工作物を主軸に取り付け，これを回転させ切削加工を行う工作機械をいう．

3　×　合成抵抗 R を求めると，$R = 20 + 10 = 30\ \Omega$
電流 I は 0.5 A なので，電圧 V は，$\boldsymbol{V = IR} = 0.5 \times 30 = \mathbf{15\ V}$

4　×　回転数 N，周波数 f，極数 P の関係式は，$\boldsymbol{N = \frac{120f}{P}}$ である．回転数と極数は反比例するので，$\frac{2}{4} = \boldsymbol{\frac{1}{2}}$ **倍**となる．

5　○　**事後保全**とは，設備や機器に問題が発生してから補修・交換を行う保全活動をいう．

6　×　**故障モード**とは，摩耗・断線・劣化などによって製品が故障することをいう．

7　○　**二次故障**は，他の設備などによって引き起こされる故障をいう．

8　○　**設備履歴簿**は，設備の故障内容や修理に要した費用などを記録し，設備の故障分析や改修・更新の判断材料とする．

9　○　**特性要因図**は欠陥などの要因を体系的に表し，要因の低減などに使用されている．図のような「魚の骨図」とも呼ばれている．

10　×　**正規分布**は平均を中心に左右対称で，ベル（釣鐘）のような形をしている．

11　×　アルミニウムは銅より熱伝導率が小さい．

12　○　**ステンレス鋼**はクロムとニッケルを添加したもので軟らかく加工性がよい．また，非磁性体である．

13　○　**熱処理**とは，金属を加熱し冷却することで素材の特性を変化させ，硬さや粘りをもたせる処理方法で，焼入れ・焼き戻し・焼きなまし・焼きならしがある．

14　○　**労働災害**とは，「勤務中の病気やケガ」「通勤中の交通事故」「業務中の死亡事故」などの災害をいう．

15　○　**5S**とは，整理・整頓・清掃・清潔・躾のことをいう．**整頓**とは，使いやすく並べて必要なときにすぐ使用でき，決められた場所に準備しておくことをいう．

16　○　**ステッピングモータ**は1パルス信号ごとに一定角度回転するモータで，オープンループ制御方式である．

17　○　**電磁開閉器**は，電路を開閉する電磁接触器と過負荷により回路を遮断するサーマルリレーなどを組み合わせた開閉器をいう．

18　○　**フィードフォワード制御**は，制御を乱す外乱を事前に予測または検知して制御量を変化させる制御をいう．

19　×　変位センサは対象物までの距離を測定するセンサで，対象物の高さ，幅，厚みなどの寸法を計測できる．熱電対は高温測定などに使用されている．

20　×　**ファラデーの電磁誘導の法則**では，起電力はコイルの巻数に比例する．

21　○　電力 P の式は，$\boldsymbol{P = VI} = 1 \times 1 = \mathbf{1\ W}$

22　○　消費電力 P が 100 W の電熱器を1時間使用したときの消費電力量 W は

$$\boldsymbol{W = Pt} = 100 \times 1 \times 3\,600\ \text{秒} = 360\,000\ \text{J} = \mathbf{360\ kJ}$$

23 × 論理回路における **OR** は「**A + B**」，**AND** は「**A・B**」である．

24 × テスタで電圧・電流を測定する場合，最小測定レンジで測定するとメータが振り切れて故障するので，最大測定レンジから測定する．

25 ○ **オシロスコープ**は，電圧などの時間的変化の早い繰り返し現象の観測に適する計器である．

26 × **地絡**とは，絶縁不良のために大地に流れてしまう電流のことである．題意は短絡のことで，2 つ以上の相の線間が接触した状態をいう．

27 ○ 「2－6」は 2 mm² の電線を 6 mm のねじで取り付けることをいう．

28 ○ **塩化ビニル樹脂**は絶縁材料で，アルミニウム，銅，タングステンは導電材料である．

29 × 図は**電磁接触器**のメーク接点である．リミットスイッチは移動する機械各部の位置やコンベア上を搬送されているワークの位置などを検出するスイッチで，図記号は下図である．

リミットスイッチ
（メーク接点）

30 ○ **接地**の電気用図記号である．

練習問題 2 の解答

番号	1	2	3	4	5	6	7	8	9	10
解答	×	○	×	×	○	×	○	○	○	×

番号	11	12	13	14	15	16	17	18	19	20
解答	×	○	○	○	○	○	○	○	×	×

番号	21	22	23	24	25	26	27	28	29	30
解答	○	○	×	×	○	×	○	○	×	○

3級学科試験　練習問題3の解答と解説

1　×　図は**旋盤**で，工作物を主軸に取り付け，これを回転させ切削加工を行う工作機械である．

2　○　**フライス盤**とは，回転する主軸にフライスという刃物を取り付け，バイスなどに固定された素材の平面削りや溝削りなどの加工を行う工作機械をいう．

3　○　合成抵抗 R を求めると，$R = 20 + 10 = 30\ \Omega$
電流 I は 0.5 A なので，電圧 V は，$V = \boldsymbol{IR} = 0.5 \times 30 = \mathbf{15\ V}$

4　○　三相誘導電動機は，3本の配線のうち，いずれかの2本の接続を入れ替えると回転方向が逆になる．

5　×　**事後保全**とは，設備や機器に問題が発生してから補修・交換を行う保全活動をいう．計画的に設備を停止して，分解・点検・整備をするのは保全計画のことである．

6　○　**バスタブ曲線**は，機器や部品などの故障の発生率と時間の経過との関係を図示したもので，初期故障・偶発故障・摩擦故障に分類される．

7　○　**二次故障**とは，他の部分の故障が原因となって発生する故障をいう．

8　○　**設備履歴簿**は設備運転記録，設備点検，機械の故障および補修記録，設備の取得金額などの内容を記録し，設備の故障分析や改修・更新の判断材料にする．

9　○　**特性要因図**は欠陥などの要因を体系的に表し，要因の低減などに使用されている．図のような「魚の骨図」とも呼ばれている．

10　×　**作業標準書**とは，仕事を構成する単位作業の進め方に関する文章のことをいう．作業指示書，作業手順書などという場合もある．

11　×　**アルミニウム**は銅より熱伝導率が小さい．

12　○　**合金鋼**とは，炭素鋼に一つまたは数種の合金元素を加えたものをいう．

13　×　鋼の**熱処理**の例として，「焼なまし」「焼ならし」「焼入れ」「焼戻し」があり，鉄鋼材を硬くしたり軟らかくしたりすることができる．

14　○　**労働災害**とは，「勤務中の病気やケガ」「通勤中の交通事故」「業務中の死亡事故」などの災害をいう．

15　×　5Sとは，整理・整頓・清掃・清潔・躾のことをいう．**整理**とは，要るものと要らないものを区別して，要らないものを処分することをいう．

16　○　**ステッピングモータ**は1パルス信号ごとに一定角度回転するモータで，オープンループ制御方式である．

17　×　**変圧器**は電気を利用に応じた電圧に変えるための機器である．

18　○　**フィードフォワード制御**とは，制御を乱す外乱を事前に予測または検知して制御量を変化させる制御をいう．

19　×　**エンコーダ**とは，回転角や直線変位を検出するセンサのことである．入力信号を増幅するのは増幅器である．

20　○　**右ねじの法則**のことで，導線（電線）に電流を流したとき，導線の周囲に発生する磁界（磁束）の向きは電流の方向に対して右回りとなる．

21　○　**原子**は1つの原子核と複数の電子により構成される．

22　×　電力 P の式は，$\boldsymbol{P} = \boldsymbol{VI} = 10 \times 10 = \mathbf{100\ W}$

23　×　論理回路における **AND** は「**A・B**」で，**OR** は「**A＋B**」である．

24 × **テスタ**で電圧・電流を測定する場合，最小測定レンジで測定するとメータが振り切れて故障するので，最大測定レンジから測定する．

25 ○ **オシロスコープ**は，電圧などの時間的変化の早い繰り返し現象の観測に適する計器である．

26 ○ 変圧器内には高圧回路と低圧回路があり，通常は絶縁されているが，何らかの理由により，高圧回路と低圧回路が接触することを混触という．

27 ○ 「**2－6**」は 2 mm^2 の電線を 6 mm のねじで取り付けることをいう．

28 × **アルミニウム**，**銅**，タングステンは導電材料で，塩化ビニル樹脂などは絶縁材料である．

29 × 図は**電磁接触器のメーク接点**である．リミットスイッチは移動する機械各部の位置やコンベア上を搬送されているワークの位置などを検出するスイッチで，図記号は下図である．

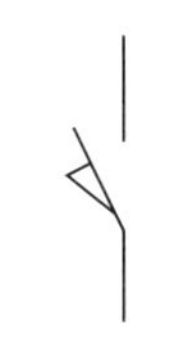

リミットスイッチ
（メーク接点）

30 ○ PBS-黒を押すと，白ランプ（WL）と黄ランプ（YL）が同時に点灯し，2 秒後に緑ランプ（GL）が点灯する．

練習問題 3 の解答

番号	1	2	3	4	5	6	7	8	9	10
解答	×	○	○	○	×	○	○	○	○	×

番号	11	12	13	14	15	16	17	18	19	20
解答	×	○	×	○	×	○	×	○	×	○

番号	21	22	23	24	25	26	27	28	29	30
解答	○	×	×	×	○	○	○	×	×	○

3級学科試験　練習問題4の解答と解説

1　○　図は**旋盤**で，工作物を主軸に取り付け，これを回転させ切削加工を行う工作機械である．

2　×　**ボール盤**は，リーマ通しやねじ立てなどの穴あけ作業をする工作機械である．平面削りや溝削りなどの加工を行う工作機械はフライス盤である．

3　○　合成抵抗 R を求めると，$R = 15 + 10 = 25\,\Omega$

電圧は 100 V であるから，電流 I は，$I = \dfrac{V}{R} = \dfrac{100}{25} = \mathbf{4\,A}$

4　×　三相誘導電動機は，3本の配線のうち，いずれかの2本の接続を入れ替えると回転方向が逆になる．

5　×　**事後保全**とは，設備や機器に問題が発生してから補修・交換を行う保全活動をいう．計画的に設備を停止して，分解・点検・整備をするのは保全計画のことである．

6　○　**故障メカニズム**は，動作不能，断線，折損など，故障にいたる過程のことをいう．

7　×　**バスタブ曲線**は，機器や部品などの故障の発生率と時間の経過との関係を図示したものである．設備の運転時間と生産量の関係を表すグラフは，管理図などがある．

8　○　**なぜなぜ分析**は問題解決や原因究明の手法であり，問題の根本原因を明らかにするために「なぜ」という質問を繰り返し行う方法をいう．

9　○　**散布図**は，2つの変数の間の関係を見るために，縦軸と横軸に目盛りを設けてデータを打点（プロット）した図で，2つの変数にはどのような関係があるかを求めるときに用いる．

10　×　**作業標準書**とは，仕事を構成する単位作業の進め方に関する文章のことをいう．作業指示書，作業手順書などという場合もある．

11　○　**アルミニウム**は銅より熱伝導率が小さい．

12　○　**ステンレス鋼**は，鉄鋼にクロム（Cr）やニッケル（Ni）を加えて金属の性質を改善したものである．

13　○　**熱処理**とは，金属を加熱し冷却することで素材の特性を変化させ，硬さや粘りをもたせる処理方法で，焼入れ・焼き戻し・焼きなまし・焼きならしがある．

14　×　手袋は作業時に切り傷などのケガ防止のために着用するが，旋盤やボール盤などの工作機械では，巻き込まれ防止のため基本的には手袋は使用しない．

15　○　**5S**とは，整理・整頓・清掃・清潔・躾のことをいう．**整頓**とは，使いやすく並べて必要なときにすぐ使用でき，決められた場所に準備しておくことをいう．

16　×　**ブラシレスモータ**は，ブラシと整流子をもたないモータのことをいう．

17　×　変圧器は，電気を利用に応じた電圧に変えるための機器をいう．

18　○　**フィードフォワード制御**は，制御を乱す外乱を事前に予測または検知して制御量を変化させる制御をいう．

19　○　**プログラマブルコントローラ**は，プログラムで定められた順序や条件などに従って設備や機械の動きを制御する装置をいう．

20 ○ **右ねじの法則**では，導線（電線）に電流を流したとき，導線の周囲に発生する磁界（磁束）の向きは電流の方向に対して右回りとなる．

21 ○ **原子**は1つの原子核と複数の電子により構成され，原子核は陽子と中性子で構成される．

22 × 消費電力 P が 100 W の電熱器を1時間使用したときの消費電力量 W は

$$\boldsymbol{W = Pt} = 100 \times 1 \times 3\,600 \text{ 秒} = 360\,000\ \mathrm{J} = \mathbf{360\ kJ}$$

23 × **NOR** は $\overline{\mathrm{A}+\mathrm{B}}$ である．

24 ○ **検電器**とは，電線に電気が通っているか通っていないかを確認する機器をいう．

25 ○ **クランプメータ**は，電線やケーブルに挟む（クランプ）だけで電流値を測定できる測定器をいう．

26 × **地絡**とは，絶縁不良のために大地に流れてしまう電流のことである．題意は短絡のことで，2つ以上の相の線間が接触した状態をいう．

27 × 「2－6」は 2 mm^2 の電線を 6 mm のねじで取り付けることをいう．

28 ○ **アルミニウム**，**銅**，タングステンは導電材料で，塩化ビニル樹脂などは絶縁材料である．

29 × 図は**電磁接触器のメーク接点**である．リミットスイッチは，移動する機械各部の位置やコンベア上を搬送されているワークの位置などを検出するスイッチで，図記号は下図である．

リミットスイッチ
（メーク接点）

30 ○ トランジスタには PNP 型と NPN 型があり，図は **PNP 型**である．

練習問題4の解答

番号	1	2	3	4	5	6	7	8	9	10
解答	○	×	○	×	×	○	×	○	○	×

番号	11	12	13	14	15	16	17	18	19	20
解答	○	○	○	×	○	×	×	○	○	○

番号	21	22	23	24	25	26	27	28	29	30
解答	○	×	×	○	○	×	×	○	×	○

3章 2級実技試験

2級の実技試験は，課題1ではPLC（プログラマブルロジックコントローラ）を使用するため，試験用盤との配線や制御に必要なラダープログラムをマスターする必要がある．また，課題2の配線修復作業ではタイムチャートが問題に提示されなくなり3級に比べて難易度が高くなる．

そのため，効率の良いプログラム方法や修復作業手順を習得し，時間内に課題をできるように流れを理解しておくことが重要である．

3-1 実技試験の概要

Point

2 級の試験は課題 1 と課題 2 の 2 つからなっている.

課題 1 ① 持参した PLC と試験用盤の間を作成した配線で接続する.
② PLC にプログラミングを行い，問題のタイムチャートどおりに動作させる.

課題 2 ① リレーおよびタイマの故障診断を行う.
② 良品と診断されたリレー・タイマを使用し，回路に組み込まれた不良箇所を点検し修復を行う.

試験には，以下のようなものを使用する.

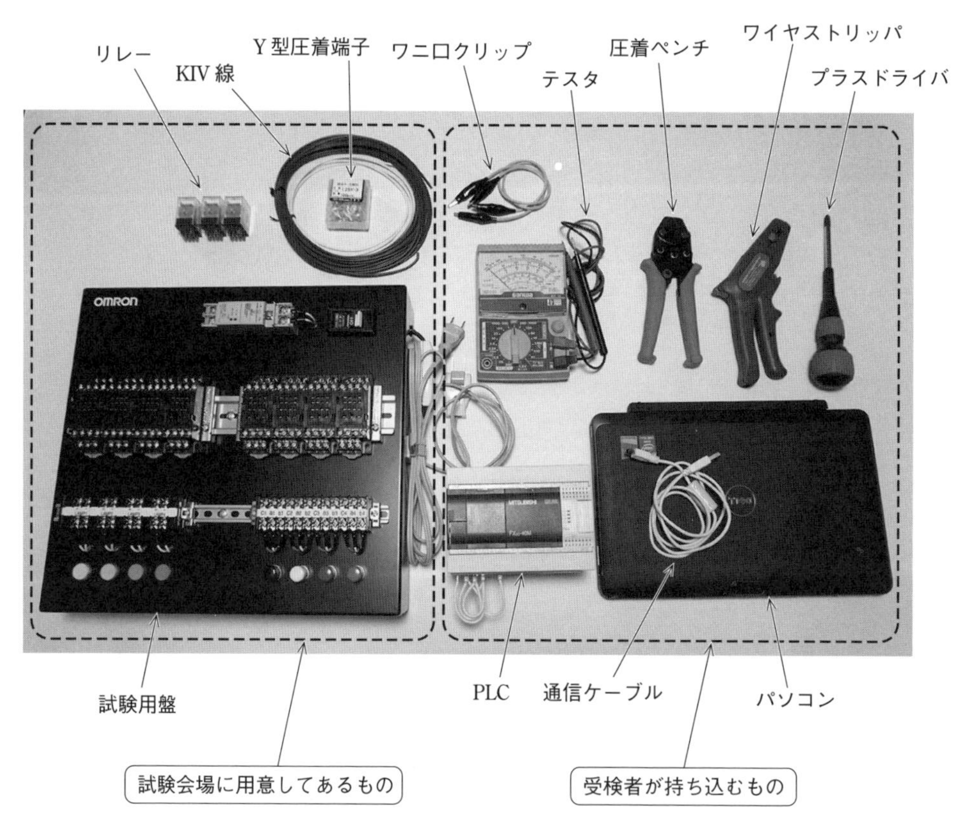

図 3･1 試験で使用する機材・工具など

課題 1　①　試験用盤と PLC，パソコン間を以下のように接続する．

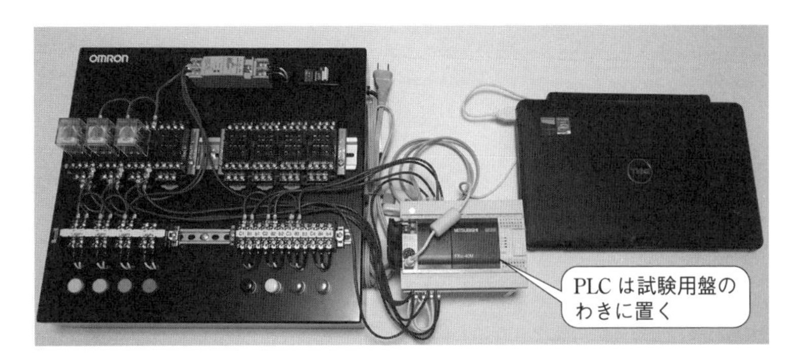

図 3･2　パソコン・PLC・試験用盤の接続（前見返し参照）

②　試験当日，次のような問題が指示される．このうち，すべての押しボタンと白色のタイムチャートは事前に公開される（仕様 1，仕様 2 の 2 つが事前に公開され，そのうちのどちらかが出題される）．

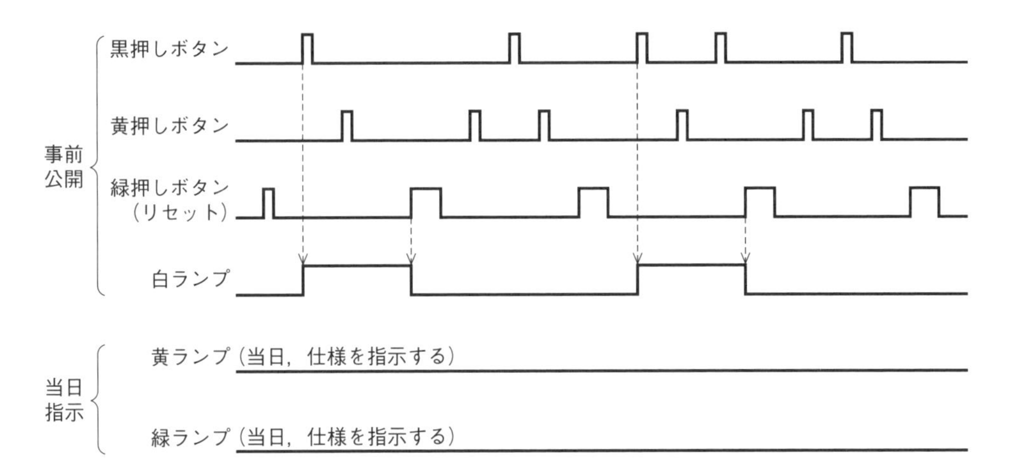

図 3･3　タイムチャートの例

課題 2　①　あらかじめ配線済みのチェック回路を使用し，テスタを利用してリレー・タイマ（各 4 個）の良否判定（故障診断）を行う．

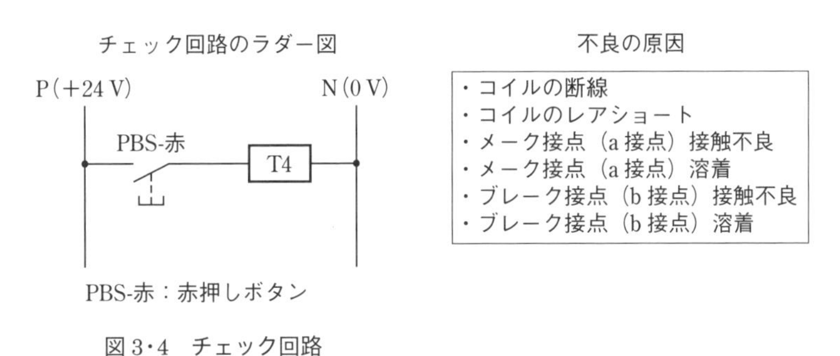

図 3･4　チェック回路

チェック回路は試験用盤の端に他の回路と異なる色（黄色）の電線で配線されている．

② 判定の結果，良品としたものをソケットに取り付け，回路の不良を修復する．

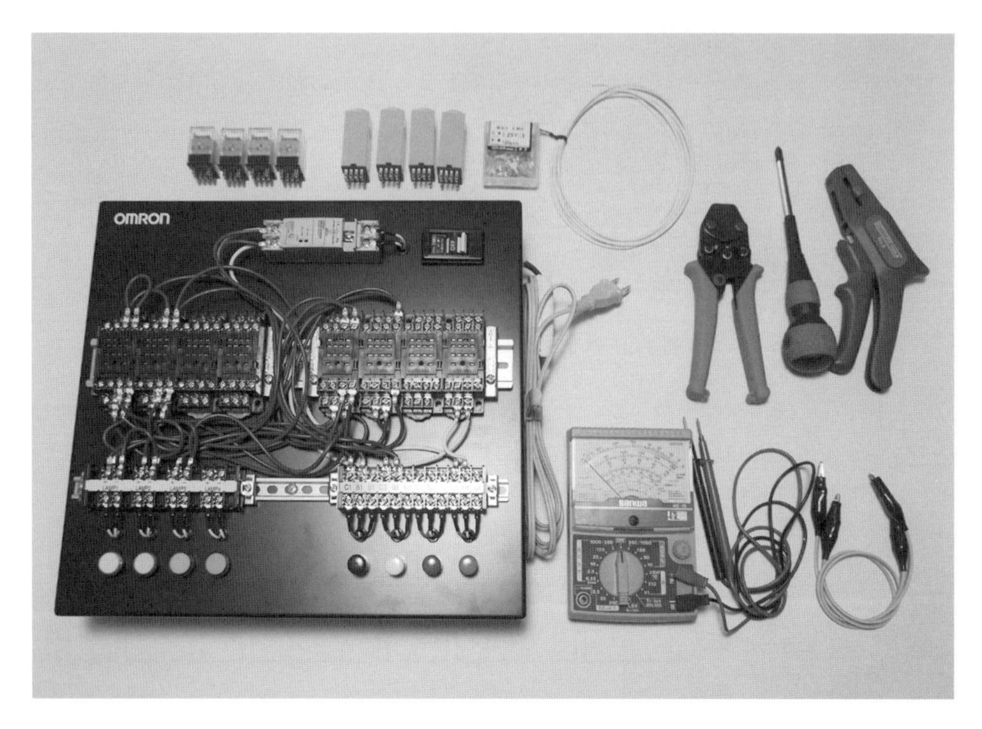

図3･5　課題2で使用する機材・工具（前見返し参照）

回路の不良は，級ごとに表3･1および3･2のように設定されている．

修復する際には，青色以外（白色）の線で新たに配線を作成し，修復箇所がわかるようにする．

表3･1　回路の不具合状況

	未配線	導通不良（断線）	誤接続
3級	1か所	1か所	－
2級	2か所	1か所	－
1級	1か所	1か所	1か所

表3･2　出題形式の違い

	ラダー図	タイムチャート
3級	あり	あり
2級	あり	なし
1級	なし	なし

3-2 PLCの基礎知識

3-2-1 使用環境

受検者が持ち込むPLCやプログラムソフトにより配線方法や命令が異なる．本書では，三菱電機製のPLC（FX3G）とプログラムソフト（GX Works2）を用いて解説する．読者の皆さんには，使用する環境に合わせて取扱説明書等で確認・対応していただきたい．

1. PLC（プログラマブルロジックコントローラ）

PLCは以下のようなものを選定するとよい．

① AC電源が内蔵されており，入出力にDC 24 Vが使用できるもの．

② 入出力に端子台を使用しているもの．

③ プログラムの書き込み速度が速いもの．

④ RUNとSTOPの切り替えスイッチがついているもの．

また，PLCと接続する電源ケーブルは以下のようなものにするとよい．

① 電源プラグに接地極がついていないもの（接地極がついている場合は，3極から2極にする変換プラグを用意しておく）．

② ケーブルの中間にスイッチがついているもの．

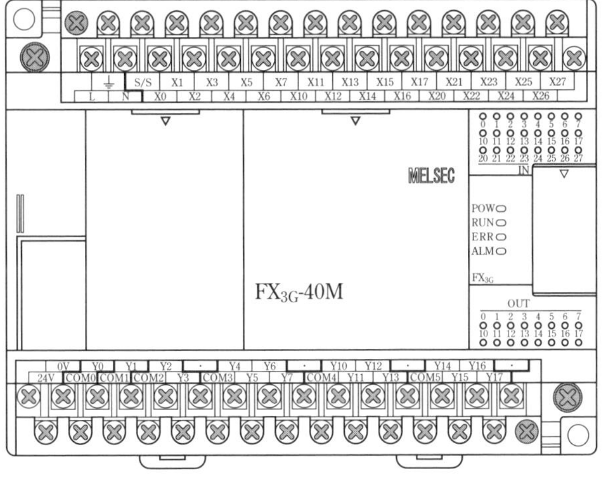

FX$_{3G}$-40M　※三菱電機製

入出力点数
　入力点数：24点（DC 24 V）
　出力点数：16点（リレー）
電源タイプ
　AC100～240 V　50/60 Hz
デバイス
　補助リレー：8,192点
　タイマ：320点
　カウンタ：235点
　データレジスタ：8,512点

（a）外　観

	⏚	S/S	X1	X3	X5	X7	X11	X13	X15	X17	X21	X23	X25	X27
L	N	X0	X2	X4	X6	X10	X12	X14	X16	X20	X22	X24	X26	

FX$_{3G}$-40MR/ES

	0V	Y0	Y1	Y2	・	Y4	Y6	・	Y10	Y12	・	Y14	Y16	・
24V	COM0	COM1	COM2	Y3	COM3	Y5	Y7	COM4	Y11	Y13	COM5	Y15	Y17	

（b）端　子

図3･6　PLCの外観と端子

※中間スイッチは，2つの極のうち片方しかON，OFFしないものもあるので，危険防止のため配線時はコンセントからプラグを抜くほうがよりよい．

ここでは，FX3G-40MR/ESを使用する．

もし，PLCと電源が一体となっていなかったり，入出力が端子台になっていない場合は，板に電源，PLC，端子台を固定したものを自作し持ち込むとよい．

2. PLC接続ケーブル

パソコンとPLCを接続するケーブルは，パソコンとPLCの端子に合わせたものを用意する必要がある．図3·7はパソコンとPLCの接続例で，ケーブルの途中に信号の変換器を使うものもある．

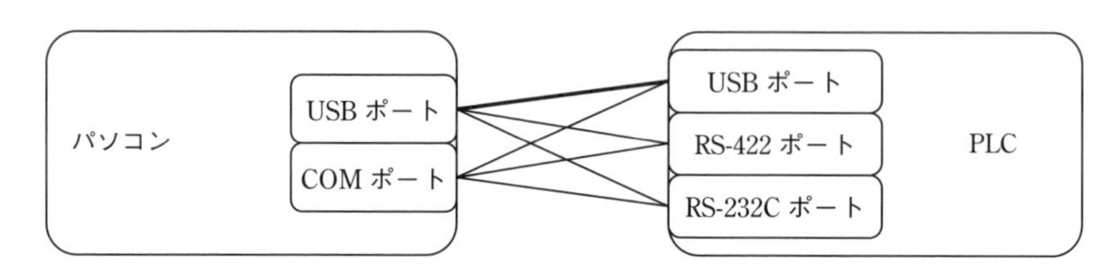

図3·7　パソコンとPLCの接続の例

今回は，パソコン側がUSB（A），PLC側がMini-USB（B）のケーブルを使用する．

図3·8　USBケーブル

最近では，LANケーブル（RJ-45）で接続できるものもある．

3. プログラミングソフト（ラダーソフト）

プログラミングソフトは，使用するPLCに対応したものを使用する．

今回は，GX Works2（三菱電機製）を使用する（Ver. 1.620W）．

3-2-2 プログラミングソフトの使用方法

1. ソフトウェアの起動画面

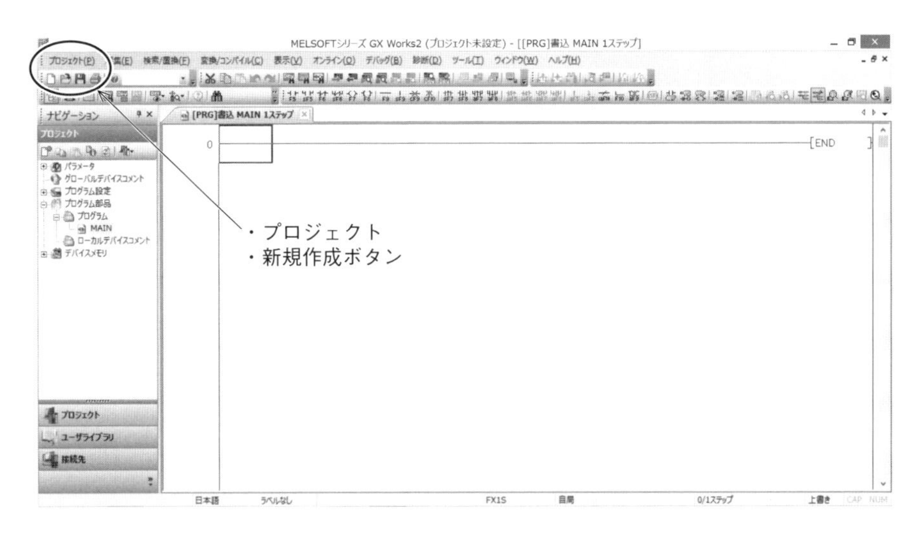

図3・9　プログラミングソフトの起動画面

2. 使用するPLCの設定

「プロジェクト（P）」-「新規作成（N）」の順にクリックし，使用するPLCの設定を行う．新規作成ボタン　で行ってもよい．

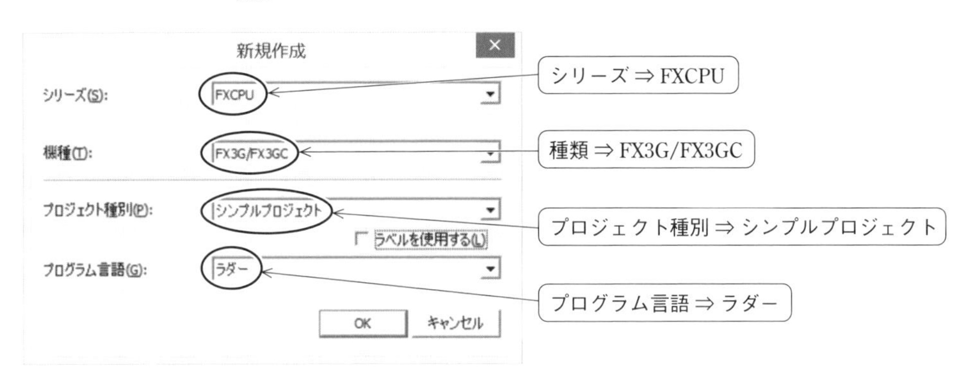

図3・10

3. 接続先の設定

パソコンとPLC間でデータ通信が行えるよう，以下の手順で接続先の設定を行う．

① 画面左下の接続先をクリックする（図3・11）．　接続先

② ①をするとConnection1と表示されるのでダブルクリックする（図3・11）．
Connection1

③ パソコン側I/FのシリアルUSBをダブルクリックする（図3・12）．

④ パソコン側I/Fシリアル詳細設定画面でUSBを選択しOKをクリックする（図3・13）．

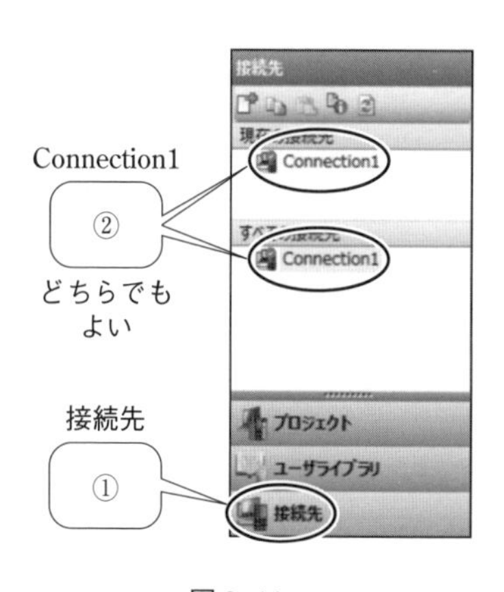

図 3・11

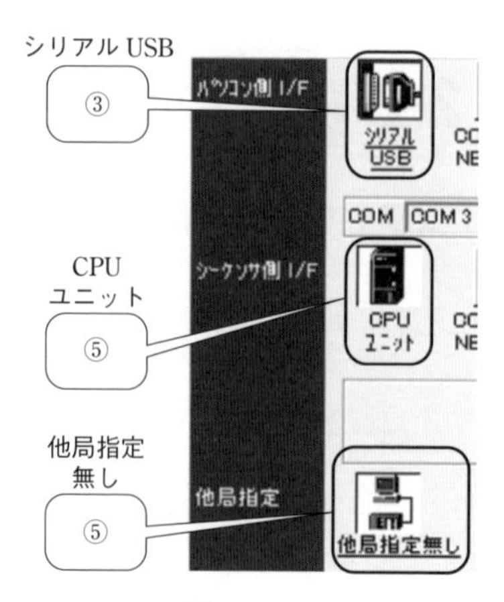

図 3・12

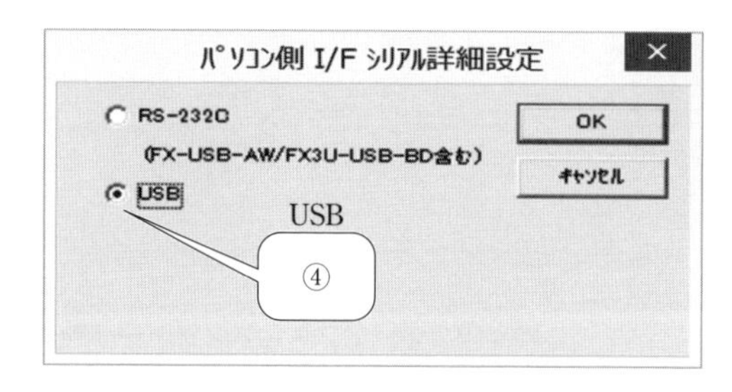

図 3・13

※ RS-232C ポートを使う場合は，COM ポートの番号や通信速度に注意する（COM ポートの番号はデバイスマネージャーで確認する）．

［USB-RS422 変換アダプタ（FX-USB-AW）を使用した場合の例］

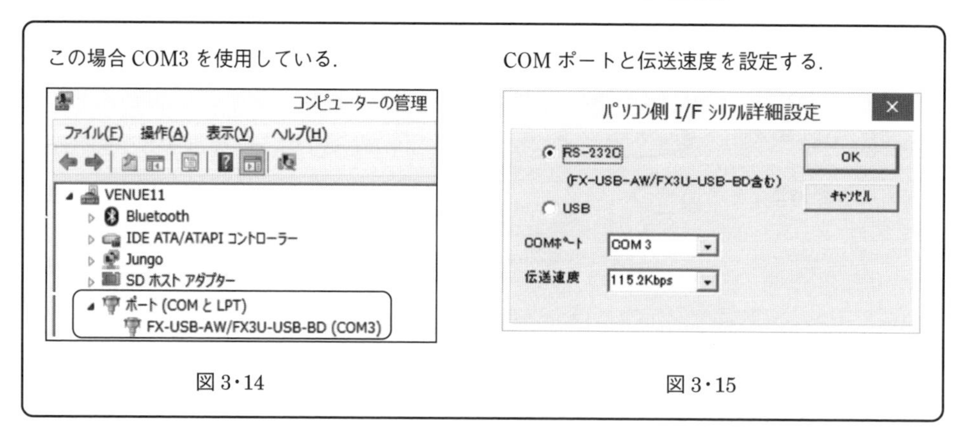

図 3・14

図 3・15

⑤　シーケンサ側 I/F が CPU ユニット，他局指定が他局指定無しになっていることを確認する．もし，異なっていたらダブルクリックして変更すること（図 3・13）．

⑥　通信テスト（T）をクリックし，パソコンと PLC が正しく通信できていることを確認する（図 3・17）．

⑦　OK ボタンをクリックする（図 3・16）．

⑧　OK ボタンをクリックする（図 3・17）．

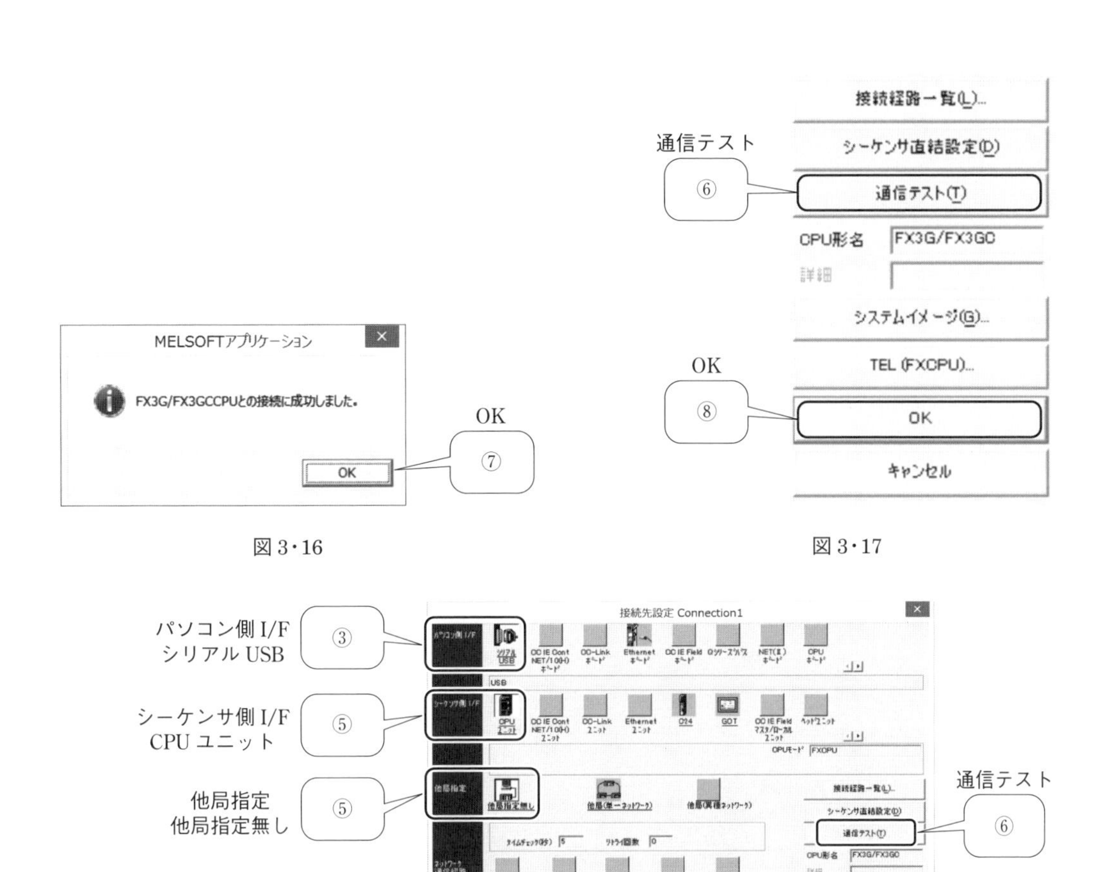

図3·16

図3·17

図3·18　接続先設定画面全体

エラーメッセージが表示されたときは，以下の項目を確認する．

① PLCの電源が入っているか．

② パソコンとPLCが接続されているか．

③ 接続先の設定は正しいか（RS-232Cポート等を使用の際は，デバイスマネージャーでCOMポートの番号を確認する．USB端子からの変換器を使用している場合など，接続する場所によりCOMの番号が変わるので注意すること）．

④ USBを使用する場合，USBでPLCを使用するためのドライバーが使用できるようになっているか（GX Works2と同時にパソコンへインストールされるが，そのままでは使用できるようになっていないので注意する）．

［USBドライバーのインストール先の例］

GX Works2をC：¥ProgramFiles(x86)¥MELSOFTにインストールした場合

C：¥ProgramFiles(x86)¥MELSOFT¥Easysocket¥USBDrivers

OSやインストールしているソフトの関係によりフォルダは異なるため，詳しくは取扱説明書を確認のこと．

4. プログラムの消去

課題1の開始時ならびに終了時に受検者が操作をし，PLC 内部のメモリクリアを技能検定委員に確認してもらう必要がある．

そのため，以下の手順でメモリのクリアを行う．

メニューバーにある「オンライン」⇒「PC メモリ操作」⇒「PC メモリクリア」と順番にクリックする（図 3･19）．

※このソフトでは，PLC のことを PC と表記している．

図 3･20 で実行をクリックすると，「メモリクリアを実行します．よろしいですか？」と画面に表示されるので，「はい」をクリックする．終了後は，「OK」，「閉じる」と順にクリックする．

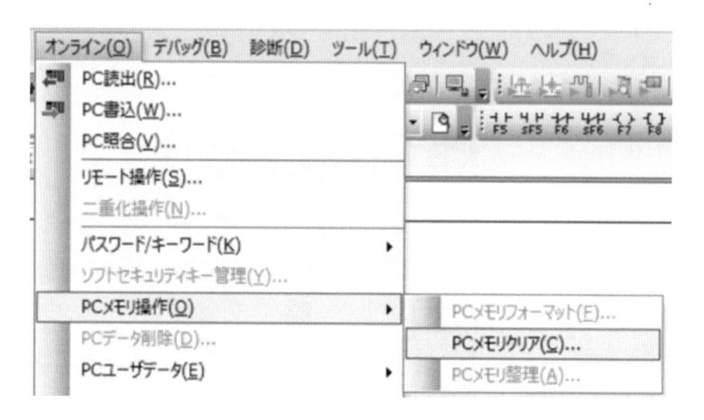

図 3･19

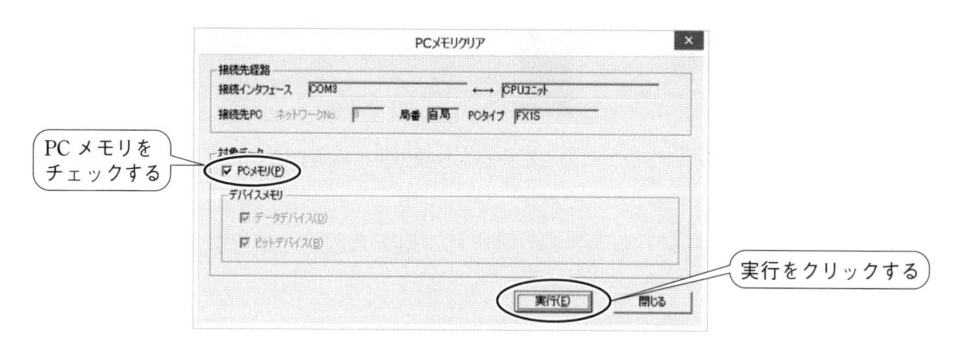

図 3･20

5. プログラムの転送

プログラムの作成・変換が完了したら，「オンライン」⇒「PC 書込」と順番にクリックする（図 3･21）．

オンラインデータ操作画面が表示されたら，「書込」になっていることを確認後，「パラメータ＋プログラム」をクリックし，続いて「実行」ボタンをクリックする（図 3･22）．

未変換（コンパイル）の状態で転送しようとするとエラー画面が表示される．

プログラムの転送画面からも PLC のメモリをクリアさせることができる．

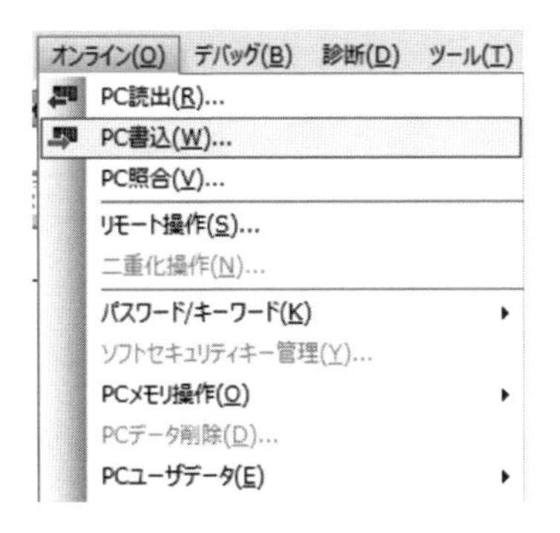

図 3・21

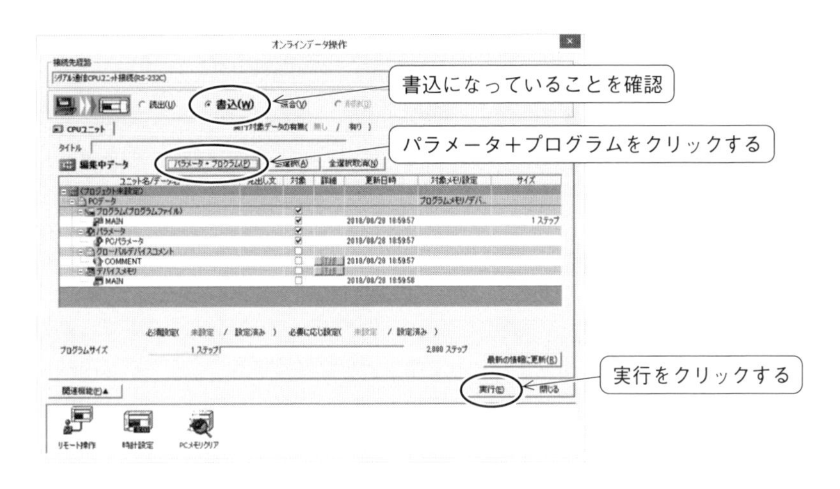

図 3・22

オンラインデータ操作画面（図 3・22）下方にある PC メモリクリアのアイコン（図 3・23）をダブルクリックすると図 3・20 の画面が表示される．

図 3・23

3-2-3　プログラミング方法

ここでは，検定試験に特化してプログラミングの説明を行う．基本となるラダープログラミングの学習については，姉妹書『やさしいリレーとシーケンサ』を参照願いたい．

1. 入力命令

表 3・3

	入力方法と表示画面		
	入力方法①	入力方法②	入力方法③
a 接点（メーク） X001	F5（ファンクションキー）を押し，X001 と入力する	ツールバーの F5 をクリックする	直接入力する ※LD（ロード） X001
	回路入力 × X001 OK 取消 ヘルプ		
b 接点（ブレーク） X001	F6（ファンクションキー）を押し，X001 と入力する	ツールバーの F6 をクリックする	直接入力する ※LDI（ロードインバース） X001
	回路入力 × X001 OK 取消 ヘルプ		
AND 命令 X002 X002	F5（ファンクションキー）を押し，X002 と入力する	ツールバーの F5 F6 をクリックする	直接入力する ※AND（アンド） X002 ※ANI（アンドインバース） X002
	回路入力 × X002 OK 取消 ヘルプ 回路入力 × X002 OK 取消 ヘルプ		
OR 命令 X002 X002	SHIFT+F5 もしくは F6（ファンクションキー）を押し，X002 と入力する	ツールバーの sF5 sF6 をクリックする	直接入力する ※OR（オア） X002 ※ORI（オアインバース） X002
	回路入力 × X002 OK 取消 ヘルプ 回路入力 × X002 OK 取消 ヘルプ		
パルス命令 X001 X002	SHIFT+F7 もしくは F8（ファンクションキー）を押し，X001（もしくは X002）と入力する	ツールバーの sF7 sF8 をクリックする	直接入力する ※LDP（ロードパルス） X001 ※LDF（ロードパルフ） X002
	回路入力 × X001 OK 取消 ヘルプ 回路入力 × X002 OK 取消 ヘルプ		

［ツールバーの表示］

入力方法②のボタンは，以下のようになっている．

図 3・24　ツールバー

2. 出力命令

表 3･4

	入力方法と表示画面		
	入力方法①	入力方法②	入力方法③
OUT 命令	F7（ファンクションキー）を押し，Y001 と入力する	ツールバーの F7 をクリックする	直接入力する ※OUT（アウト） Y001
-(Y001)-	 回路入力 -()- Y001 OK 取消 ヘルプ		
応用命令	F8（ファンクションキー）を押し，RST C1 と入力する	ツールバーの F8 をクリックする	直接入力する ※RST（リセット） C1
-[RST C1]-	 回路入力 -[]- RST C1 OK 取消 ヘルプ		

＊応用命令については，5 章（1 級）で詳しく解説する．

3. 線の作成と削除

表 3･5

	入力方法と表示画面		
	入力方法①	入力方法②	表示画面
横線入力 ―――	F9（ファンクションキー）を押し，必要な横線の数を入力する	ツールバーの F9 をクリックする	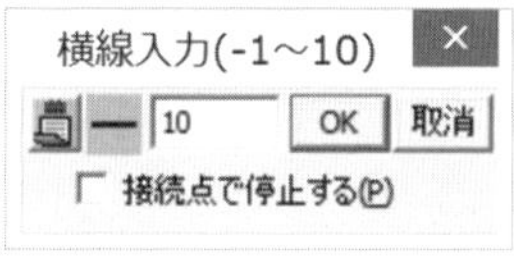 横線入力(-1～10) 10 OK 取消 接続点で停止する(P)
縦線入力 ｜	SHIFT＋F9（ファンクションキー）を押し，必要な縦線の数を入力する	ツールバーの sF9 をクリックする	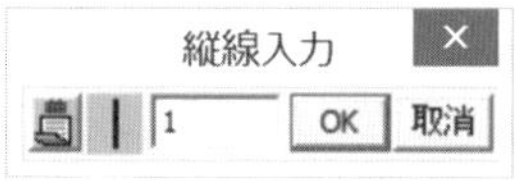 縦線入力 1 OK 取消
横線削除	Ctrl＋F9（ファンクションキー）を押し，削除する横線の数を入力する	ツールバーの cF9 をクリックする	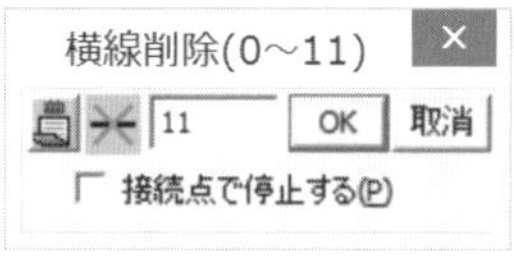 横線削除(0～11) 11 OK 取消 接続点で停止する(P)
縦線削除	Ctrl＋F10（ファンクションキー）を押し，削除する横線の数を入力する	ツールバーの cF10 をクリックする	 縦線削除 1 OK 取消

3-3 PLCによる回路組立て（課題1）

3-3-1 事前準備

1・2級の試験では，受検者が持ち込む環境ごとに必要な配線が異なる．

しかし，どのタイムチャートであっても配線は共通であるので，それぞれの使用環境に合わせて事前にしっかりと準備しておく必要がある．

1. 入出力機器の割付け

2級の試験では，入力3点・出力3点と決められているため，本書では表3･6のように入出力機器の割付けを行う．

表3･6

入力側		出力側	
試験用盤	PLC	試験用盤	PLC
黒ボタン	X1	白ランプ(WL)	Y1
黄ボタン	X2	黄ランプ(YL)	Y2
緑ボタン	X3	緑ランプ(GL)	Y3

2. PLCとの配線接続

はじめに，図3･25のようなPLCと入出力機器の接続図を作成する．

環境ごとに接続図が異なるため，読者は各自の環境に応じた接続図を用意されたい．

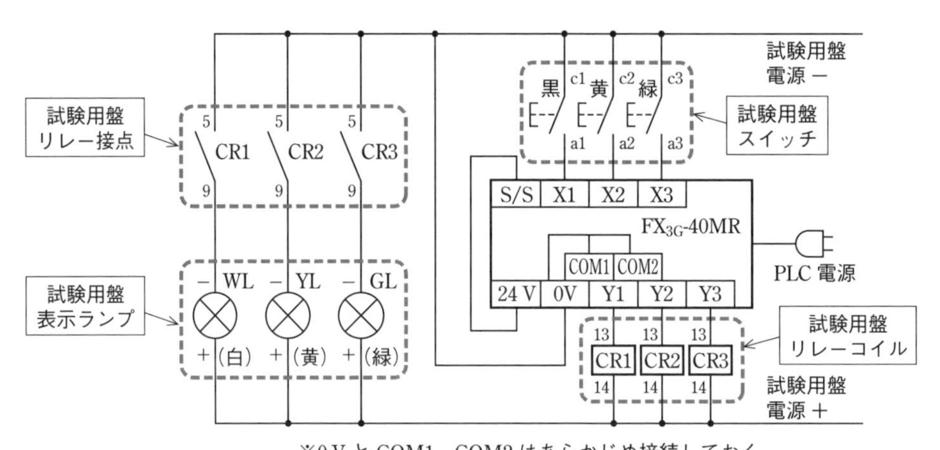

図3･25　PLCと試験用盤の配線

注意点

試験では，「試験用盤からPLCの電源を取ってはいけないこと」と「PLCからの出力は必ずリレーを経由してランプへ出力すること」が決められている．

3. 配線接続図の例

シーケンス図に基づいて作成した配線図を図3･26に示す．試験ではPLCを試験用盤の上に置いてはいけないため，実際にはp.79（図3･2）のように接続する．

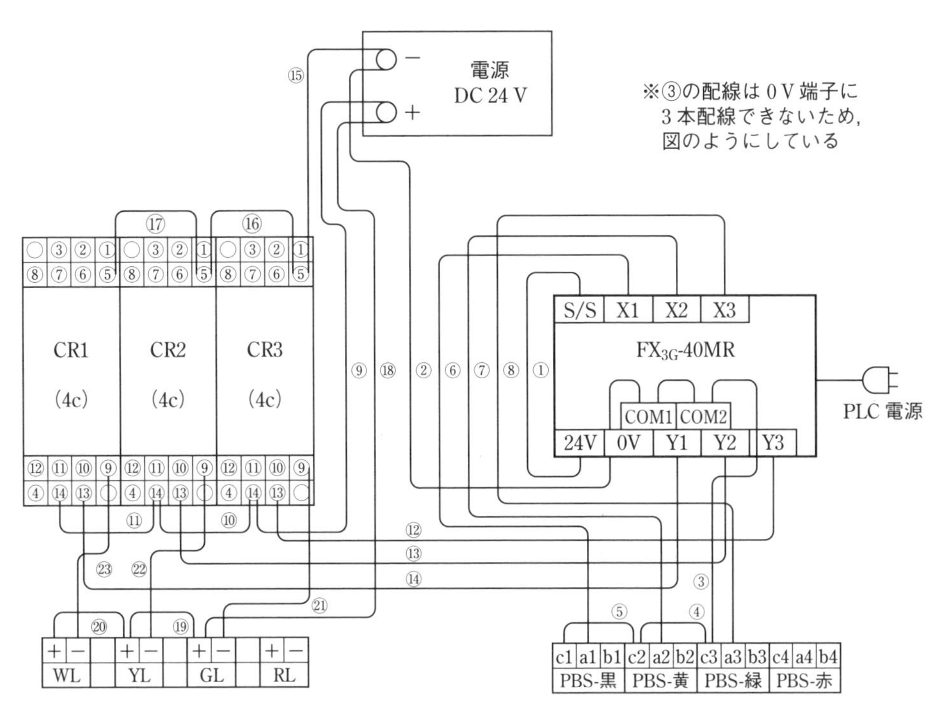

図3・26　配線完成図（2級のためCR4ソケットは省略している）

4. 配線作業を行う

配線完成図の例に従い，以下の順番で配線する．1か所の端子に2本の電線を配線するときには，背中面どうしを合わせた状態で同時に差し込むようにする．配線のつくりかたについては，3級（1-3）を参照のこと．

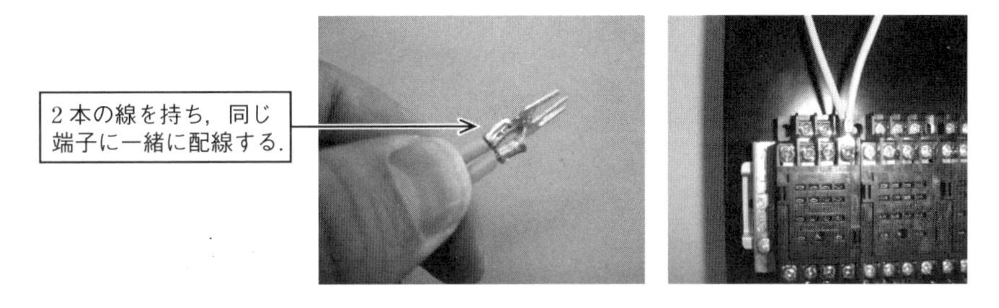

図3・27

また，配線を行う際には必ずPLCの電源をOFFにしておくこと．

練習の段階では，1つずつ電線の長さを確認しながら作成していってもよいが，試験本番では短時間で配線ができるよう，p.111の手順で作業を行うとよい．

① 1本目～8本目（スイッチ入力部）を接続する．

接続が終わった段階で，PLCの電源を入れ，試験用盤の電源を入れずにここまでの配線の動作確認をする．このとき，PLCはSTOP状態とする．黒・黄・緑の押しボタンスイッチを順番に押し，PLC本体のX1，X2，X3のモニタランプが正しく点灯することを確認する（確認後は電源を切ること）．

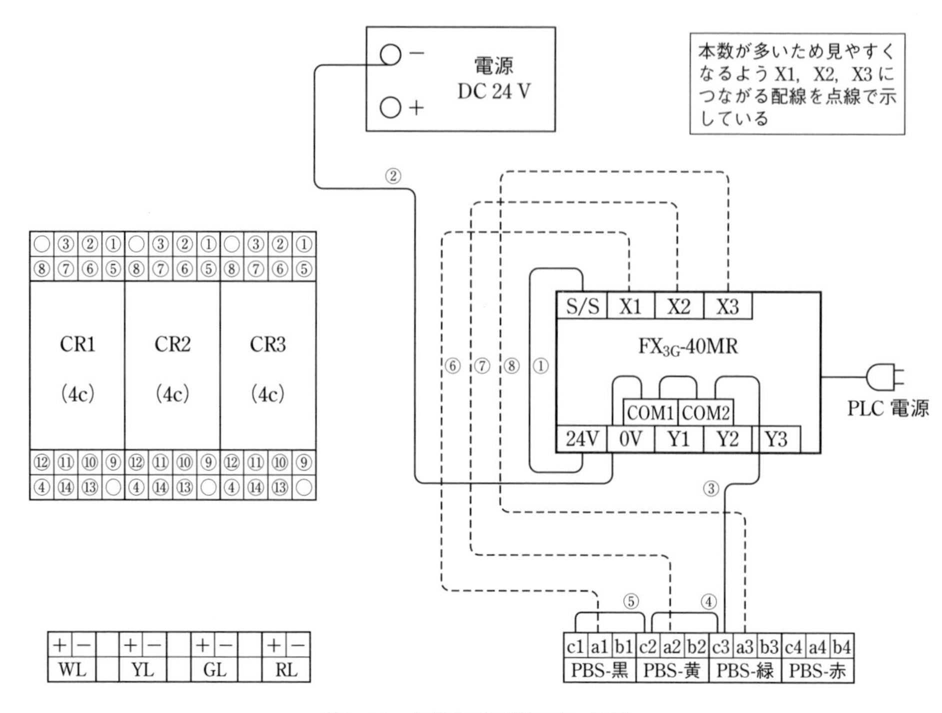

図3･28　試験用盤の配線（入力部）

試験本番では短時間で作業ができるよう，配線をまとめて行い最後に点検するとよいが，配線ミスをすると慌ててしまうので，自信のないときは1つずつ確認しながら進めるようにする．

② 9本目～14本目（リレーコイル部）を接続する．

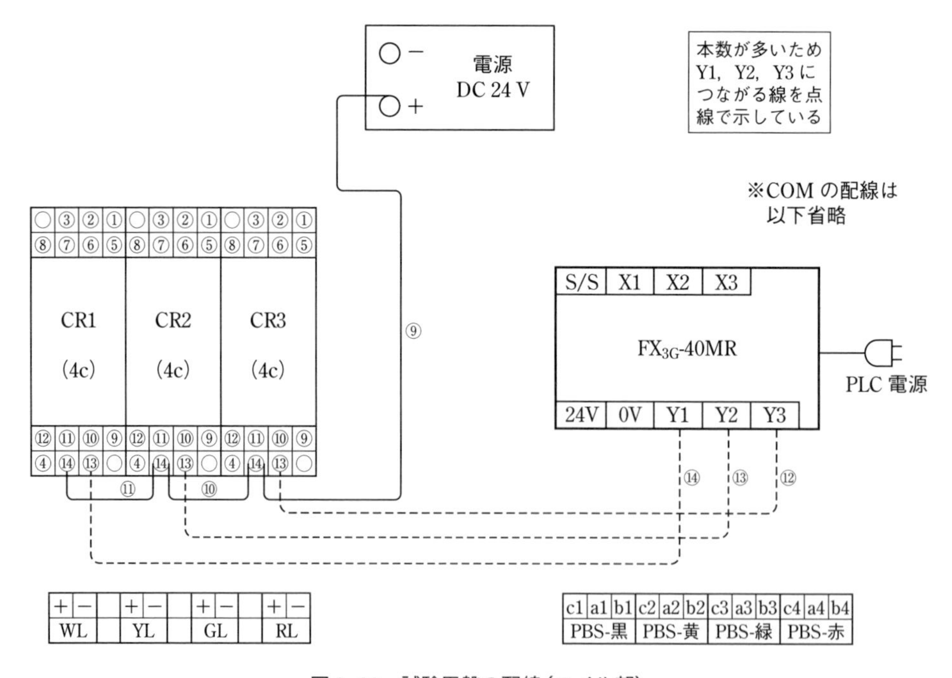

図3･29　試験用盤の配線（コイル部）

この段階でPLCの電源を入れ，以下のテストプログラムを転送する．

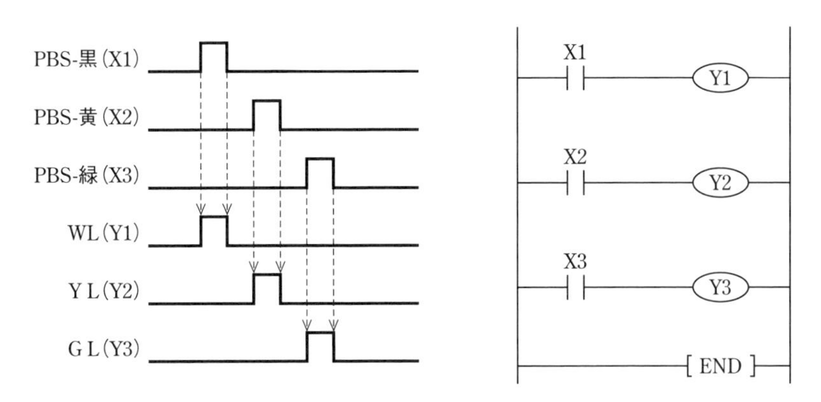

図3･30　テストプログラムのタイムチャートとラダー図

続いて，リレーソケットにリレーを差し込んだ後，試験用盤の電源を入れここまでの配線の動作確認をする．このときPLCはRUN状態にする．黒・黄・緑の押しボタンスイッチを順番に押し，CR1，CR2，CR3のリレーコイルが正しく動作していることを確認する（確認後はPLCと試験用盤の電源を切ること）．

試験で使用するリレーにはモニタランプがついていないので，接点部分を目視するかリレーに指をあて振動で動作を確認するとよい．

③　15本目～23本目（ランプ出力部）を接続する．

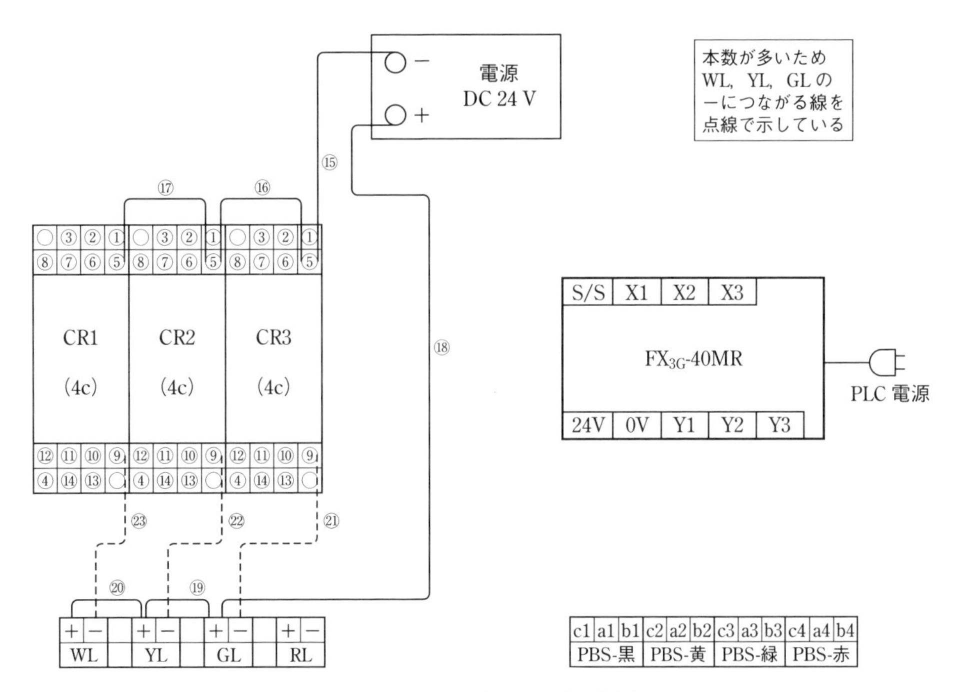

図3･31　試験用盤の配線（出力部）

リレーソケットにリレーが差し込まれていることを確認し，PLCと試験用盤の電源を入れてここまでの配線の動作確認をする．このときPLCはRUN状態にする．黒・黄・

緑の押しボタンスイッチ（PBS-黒，黄，緑）を順番に押し，白ランプ（WL），黄ランプ（YL），緑ランプ（GL）が正しく点灯することを確認する（確認後はPLCと試験用盤の電源を切ること）．

3-3-2 入出力の動作確認

前項にある押しボタンで動作確認を行う方法のほか，次のような確認方法がある．配線ミス等で思うように動作しないときに活用するとよい．

1. PLCのモニタ表示による動作確認

黒押しボタン→X1→Y1→白ランプのように点灯の経路を確認する．

黒押しボタンを押してX2のモニタランプが点灯するなど，押しボタンと入力があっていない場合，入力側の配線ミスが考えられる．

また，黒押しボタンを押してX1のモニタランプが点灯したのにY2のモニタランプが点灯してしまうなど，入力と出力があっていない場合，テスト用のプログラムが誤っていることが考えられる．

黒押しボタンを押して，Y1のモニタランプが点灯するのに黄ランプが点灯してしまうなど，PLCの出力表示は正しいのに試験用盤のランプ点灯が正しくない場合は，出力側の配線ミスが考えられる．

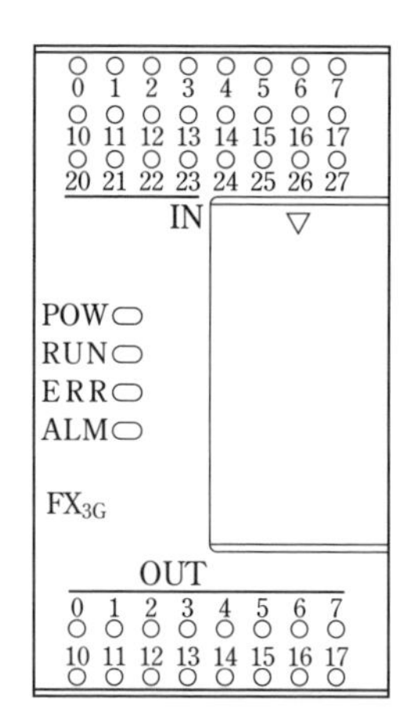

図3･32　PLCのモニタランプ

2. デバイステストによる確認

メニューバーの「オンライン」-「モニタ（M）」-「デバイス／バッファメモリ一括モニタ（B）」でデバイスモニタ画面を表示させる（図3･33）．

入力側をモニタするときには，デバイス名にX0と入力する．また，出力側をモニタするときには，デバイス名にY0と入力する．

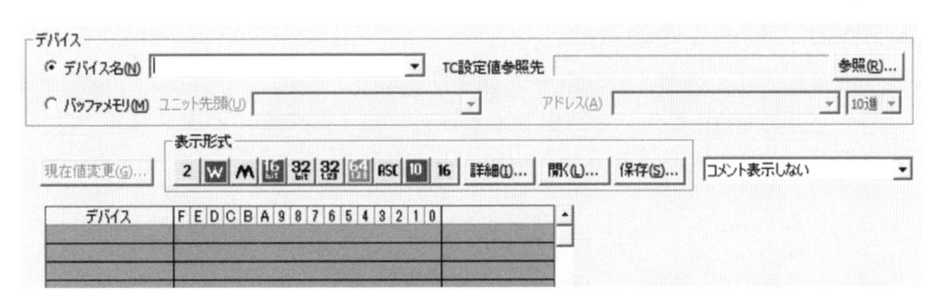

図 3･33　デバイスモニタ

[表示画面の見方]

デバイス欄に入力したデバイスを起点として左に 8 bit 分表示される（図 3･34）.

X000 の段は，左から X7，X6，X5，X4，X3，X2，X1，X0 の順にモニタしており，図 3･35 では X2 に入力がある場合を示している（図 3･35）.

デバイス	7	6	5	4	3	2	1	0
X000	X7	X6	X5	X4	X3	X2	X1	X0

各デバイスの状態を表示
入力あり：1　入力なし：0

図 3･34

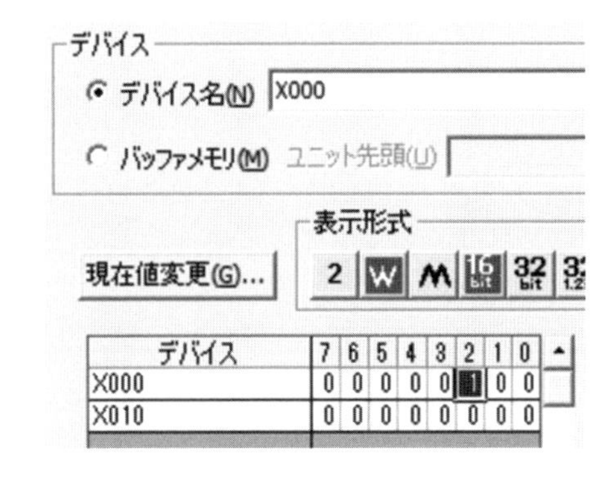

図 3･35　入力側のモニタ例

Y000 の段は，左から Y7，Y6，Y5，Y4，Y3，Y2，Y1，Y0 の順にモニタしており，図 3･36 では Y3 に出力がある場合を示している（図 3･36）.

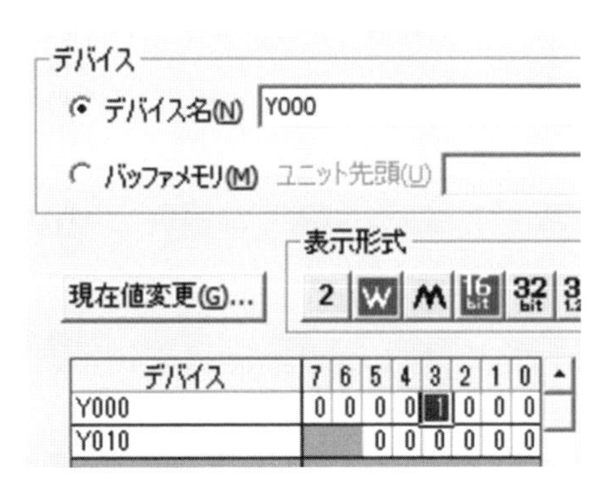

図 3･36　出力側のモニタ例

3. 強制出力による確認方法

2 の方法でデバイスを入力する画面を表示させる．

デバイスを Y0 とし，強制出力させたいデバイスのところをダブルクリックするか，選択したあとで現在値変更をクリックする（図 3･37）．

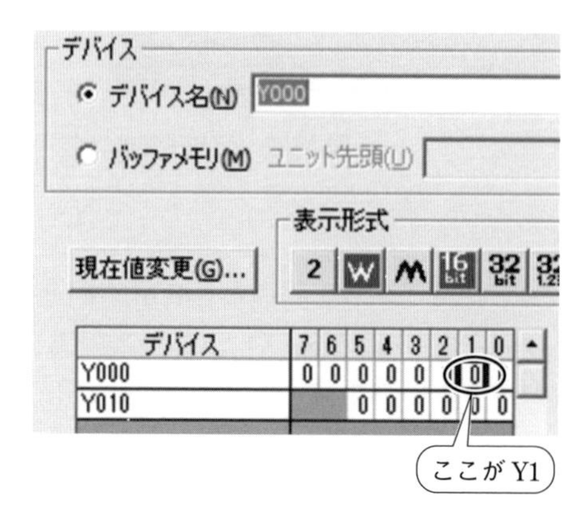

図 3･37

デバイス / ラベルのところへ選択した出力先が自動的に表示される（図 3･38）．

ON をクリックするとプログラムに関わらず強制的に出力させることができる（図 3･38）．

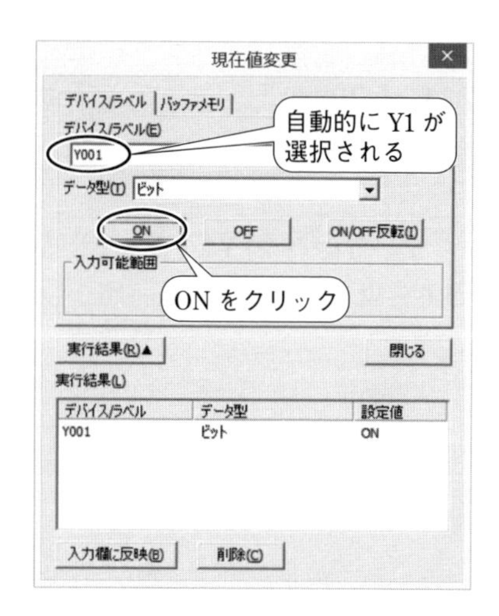

図 3･38

3-4 基本回路のプログラミング

3-4-1 基本プログラムの作成

課題1の試験では，与えられたタイムチャートどおりに動作するプログラムを作る必要がある．そのため，基本回路のプログラミングをマスターしておくこととタイムチャートの規則性を正しくつかむことがとても重要である．

ここでは，はじめに基本回路のプログラム方法を取り上げ，その後，実際に試験に出題されるパターンでプログラムを学習できるようにした．

1. 自己保持回路

黒押しボタン（X1）を押すと，Y1の接点により白ランプ（Y1）を点灯し続ける．

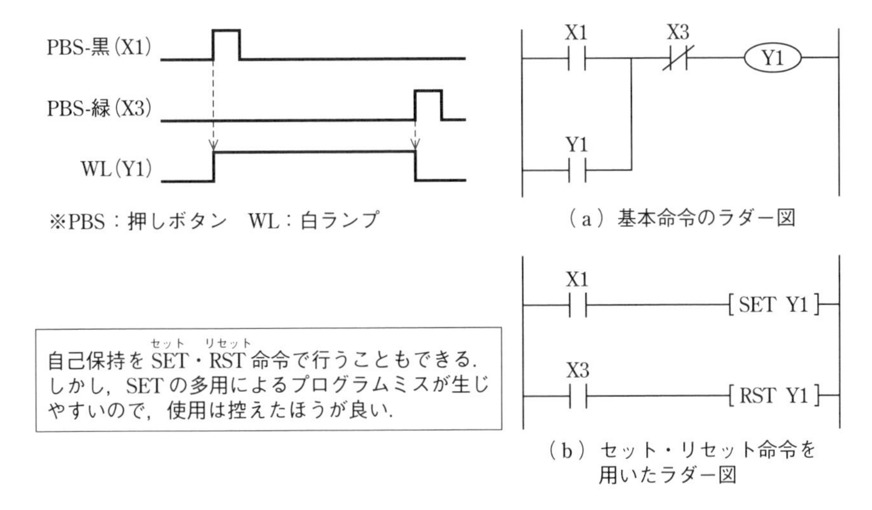

図3･39　自己保持回路のタイムチャートとラダー図

2. 自己保持回路（パルス入力）※立ち上がり微分（PLS（パルス）命令）

黒押しボタン（X1）を押すと，立ち上がりのタイミングで一瞬（1スキャン分）だけ入力がONする．

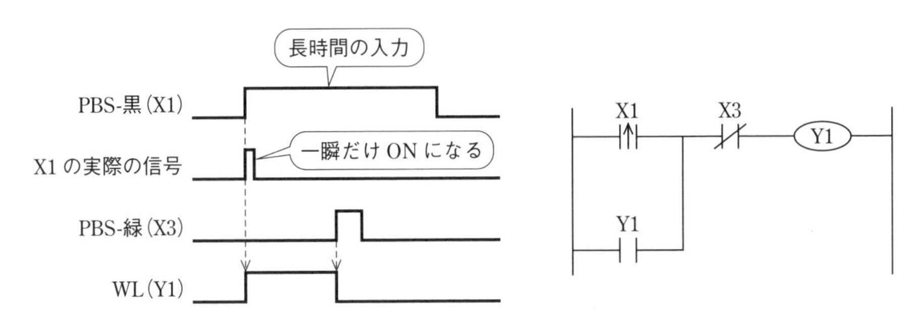

図3･40　自己保持回路のタイムチャートとラダー図

1と2の違いは，押しボタンを長時間押し続けたときに関係する．技能検定試験では，複雑なタイムチャートが出題されるため，入力をパルス化することにより対応するとよい．

［パルス入力のb接点］

パルス入力（図3･41ではX1）はa接点のみ使うことができるため，b接点で使用したいときには図3･41のように使うとよい．ただし，試験ではあまり使わない．

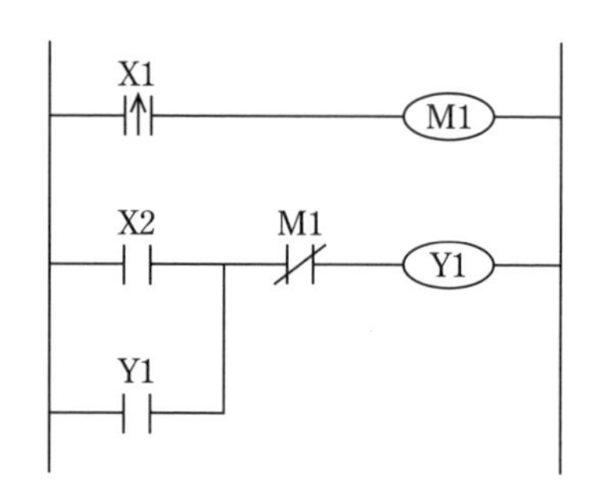

図3･41　パルス入力のb接点の例

3. 自己保持回路（パルス入力）※立ち下がり微分（PLF（パルフ）命令）

黒押しボタン（X1）を押すと，立ち下がりのタイミングで一瞬（1スキャン分）だけ入力がONする．

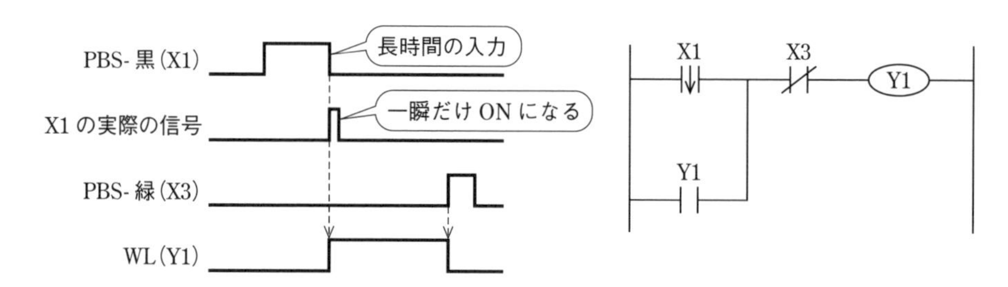

図3･42　自己保持回路のタイムチャートとラダー図

4. オルタネイト回路

黒押しボタン（X1）が押されるたびに出力状態が変化する（交互にON，OFFする）．

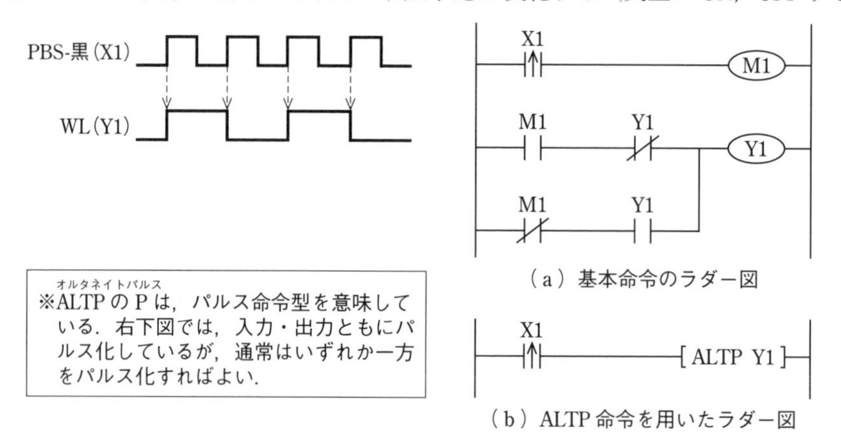

図3･43　オルタネイト回路のタイムチャートとラダー図

5. タイマ回路Ⅰ（フリッカ・ON スタート）

1・2 級の試験では，フリッカと呼ばれる点滅回路がよく出題されている．Ⅰ～Ⅲのパターンについて，組み方や動作の違いをよく確認しておくこと．

黒押しボタン（X1）を押すと白ランプ（Y1）が点灯，消灯の順で点滅する．

緑押しボタン（X3）を押すとランプが点灯中でもすぐに消灯する．

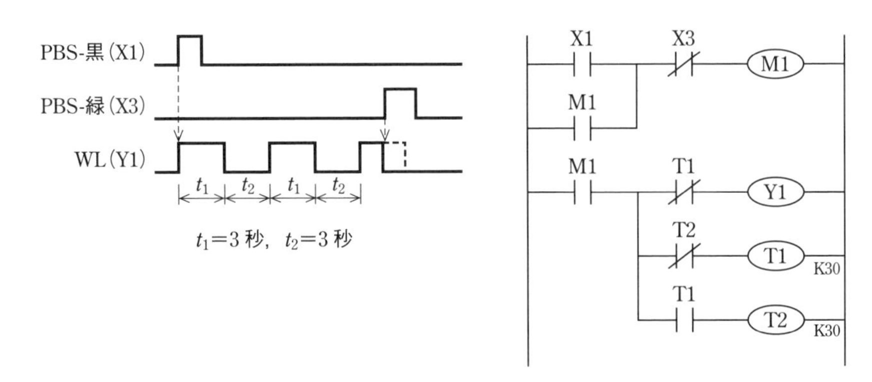

図 3・44　タイマ回路のタイムチャートとラダー図

6. タイマ回路Ⅱ（フリッカ・OFF スタート）

黒押しボタン（X1）を押すと白ランプ（Y1）が消灯，点灯の順で点滅する．

緑押しボタン（X3）を押すとランプが点灯中でもすぐに消灯する．

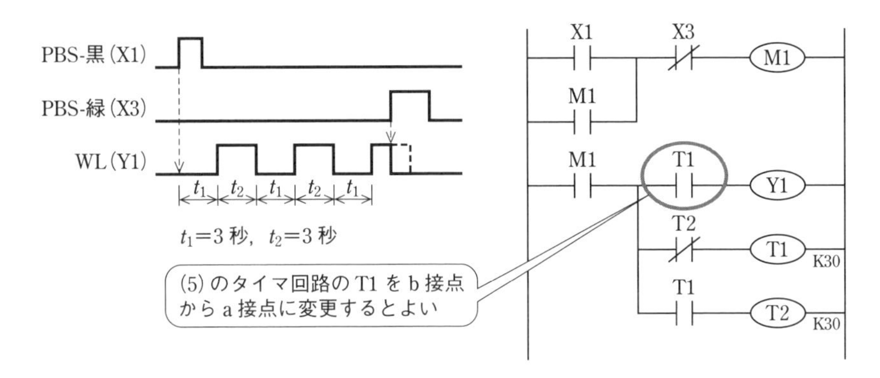

図 3・45　タイマ回路のタイムチャートとラダー図

7. タイマ回路Ⅲ（フリッカ・サイクル停止）

黒押しボタン（X1）を押すと白ランプ（Y1）が点灯，消灯の順で点滅する．

緑押しボタン（X3）を押すとランプの点灯が終わるタイミングで点滅が終了する．

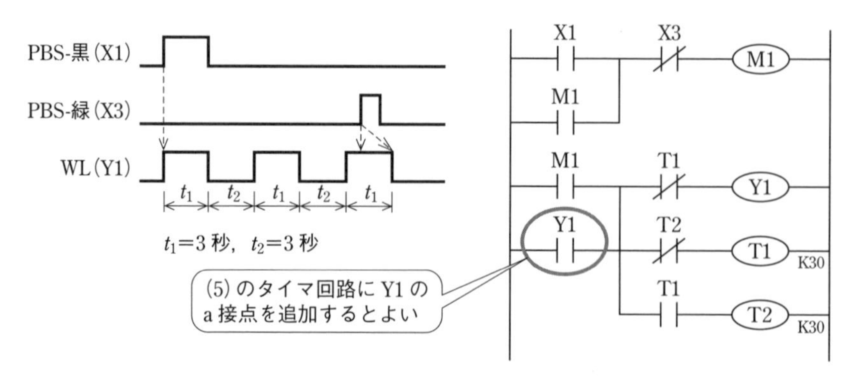

（a）タイマ回路のタイムチャートとラダー図

```
LD   X001   MPS          MPP          ※MPS  プッシュ
OR   M001   ANI  T001    AND  T1      ※MRD  リード
ANI  X003   OUT  Y001    OUT  T2      ※MPP  ポップ
OUT  M001   MRD               K30
LD   M001   ANI  T2      END
OR   Y001   OUT  T1
                 K30     END については以下省略
```

（b）ニーモニックのプログラム例

図3･46　タイマ回路のタイムチャートとラダー図，ニーモニックのプログラム

8. タイマ回路Ⅳ（タイマの直列使用）

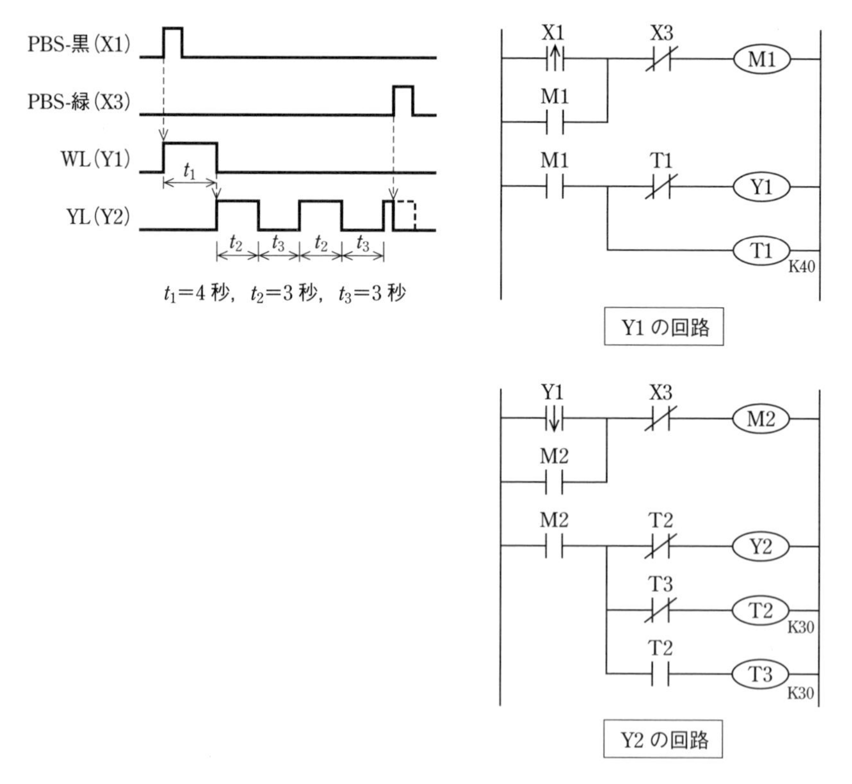

図3･47　タイマ回路のタイムチャートとラダー図

9. 先行優先（早押し）回路

黒ボタン（X1）が先に押されると白ランプ（Y1）が点灯し，黄ボタン（X2）が先に押されると黄ランプ（Y2）が点灯する回路．緑押しボタン（X3）が入力されるとすぐに消灯する．

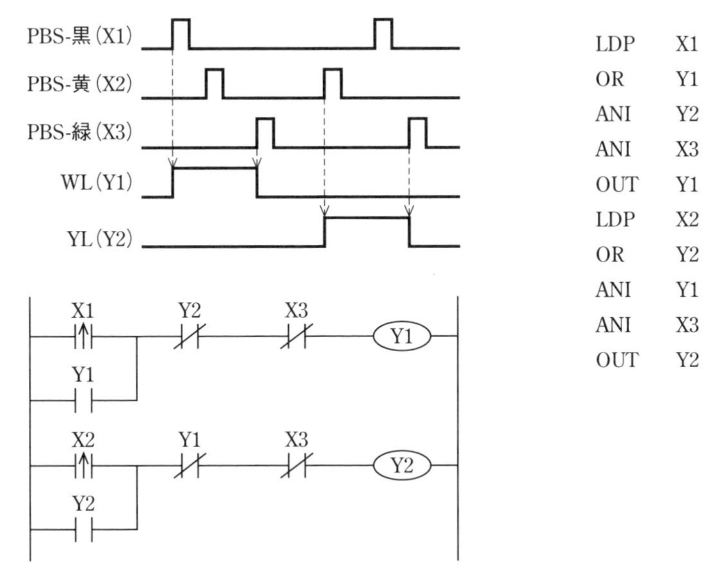

図 3･48　先行優先回路のタイムチャートとラダー図，ニーモニックのプログラム

10. タイマ回路V（オフディレィ）

黒押しボタン（X1）を押し終えて（放して）から t_1 秒後にランプが消灯する．

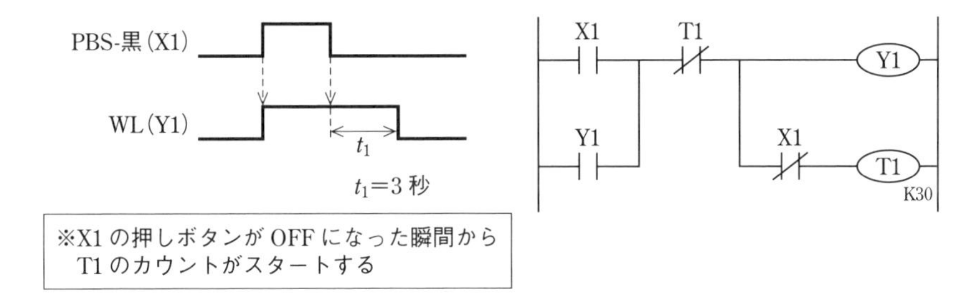

図 3･49　タイマ回路のタイムチャートとラダー図

11. カウンタ回路

黒押しボタン（X1）を押すたびにカウントし，規定回数になるとランプが点灯する．

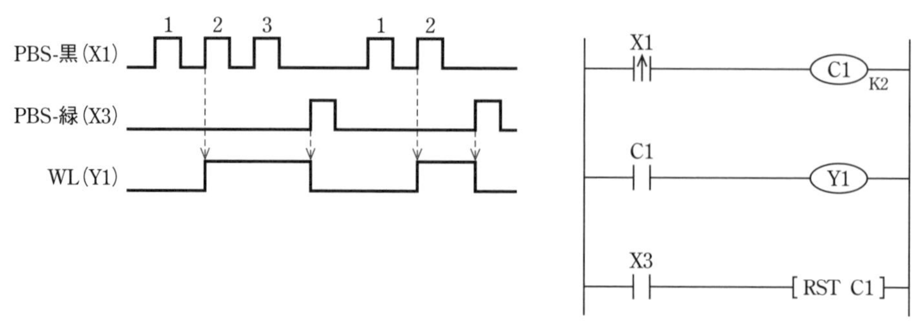

（a）基本命令のラダー図

右のようにデータレジスタ(D)を使用して上記のカウンタ回路と同じ動作の回路を作成することができる．データレジスタを使用したほうが複雑な回路に対応しやすい．本書では1級の問題においてデータレジスタを用いた回路を取り上げる．

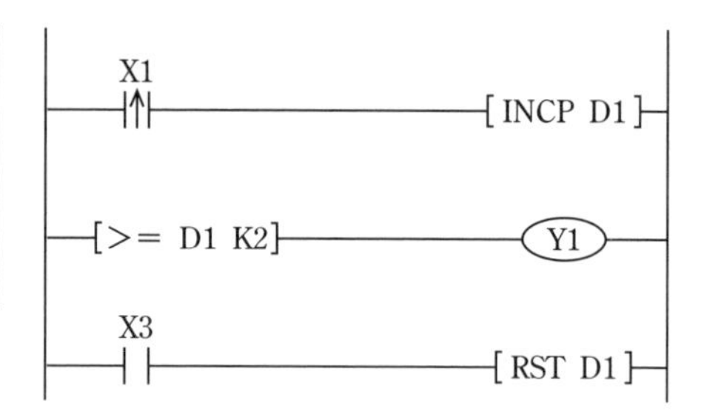

（b）INCP命令を用いたラダー図

図3·50　カウンタ回路のタイムチャートとラダー図

表3·7　基本プログラムのまとめ

命　令	読み方	用　途
SET	セット	動作保持（自己保持）
RST	リセット	動作保持解除
PLS	パルス	立ち上がり検出
PLF	パルフ	立ち下がり検出

表3·8　応用命令のまとめ

命　令	読み方	用　途
INCP	インクリメントパルス	加算（+1）
ALTP	オルタネイトパルス	交互出力（交番出力）

3-4-2 基本回路と出題パターンの例

3-4-1 の基本回路が実際の試験でどのように出題されているのか．基本回路の組合せで解説する．

1. AND 入力による点灯とリセットによる消灯（点灯条件：X1 と X2 の両方が入力，消灯条件：X3 が入力）

黒押しボタン（X1）を押し続けた状態で黄押しボタン（X2）を押すと，白ランプ（Y1）が自己保持により点灯する．また，緑押しボタン（X3）を押すとすぐに消灯（即断）する．

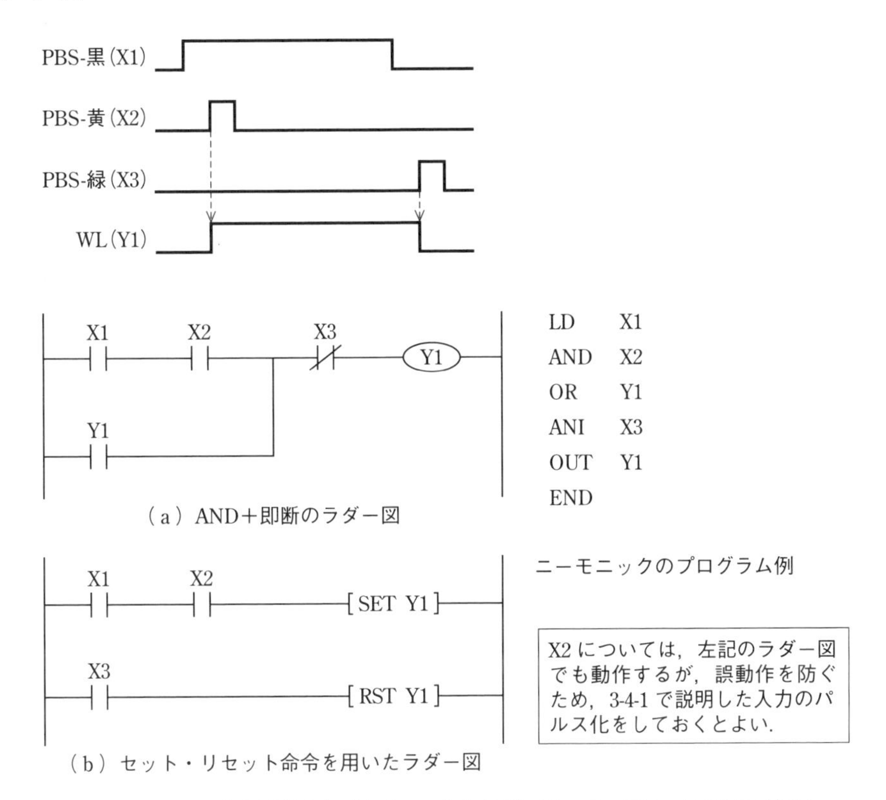

図 3・51 AND 入力回路のタイムチャートとラダー図，ニーモニックのプログラム

2. 押しボタンを指定した順番で点灯し，点灯時と異なる押しボタンで消灯（点灯条件：X2, X1 の順で入力，消灯条件：点灯したときと異なるボタンが入力）

黄押しボタン（X2），黒押しボタン（X1）の順に入力されたら白ランプ（Y1）が点灯する．また，点灯時（X1）と異なる色のボタン（X2）が入力されたら消灯する．

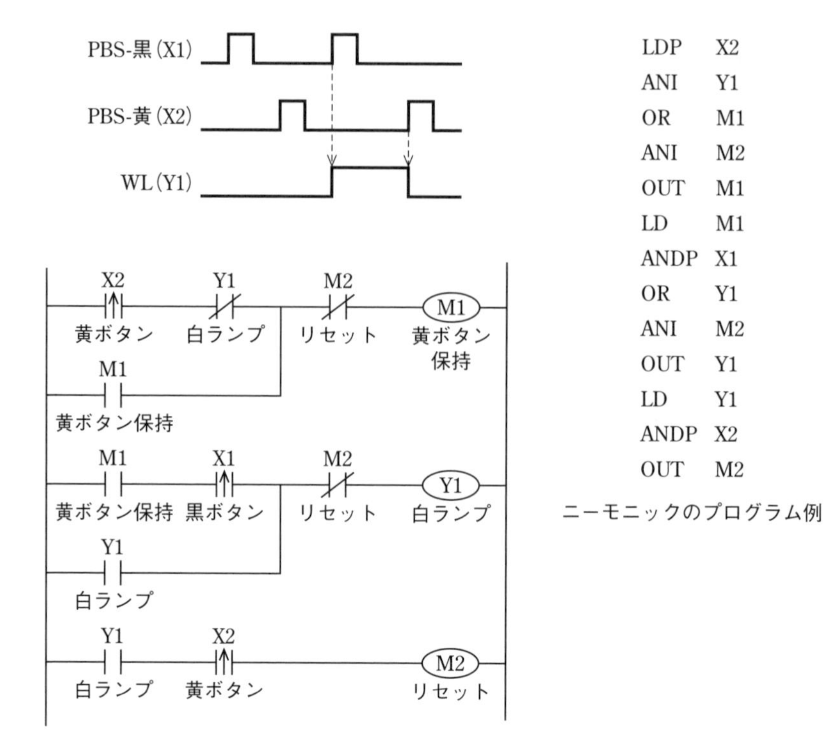

図 3･52　順番入力点灯＋他色消灯のタイムチャートとラダー図，ニーモニックのプログラム

3. 複数の入力による点灯と同色のボタンによる消灯（点灯条件：X1 もしくは X2 が入力，消灯条件：点灯と同じボタンが入力）

白ランプ（Y1）が消灯時に黒押しボタン（X1）もしくは黄押しボタン（X2）のいずれかが入力されれば白ランプ（Y1）が点灯する（ただし，X1 は立ち上がり，X2 は立ち下がり）．また，白ランプ（Y1）点灯時に点灯したときと異なるボタンが押され，その後点灯したときと同じボタンが押されたら消灯する．

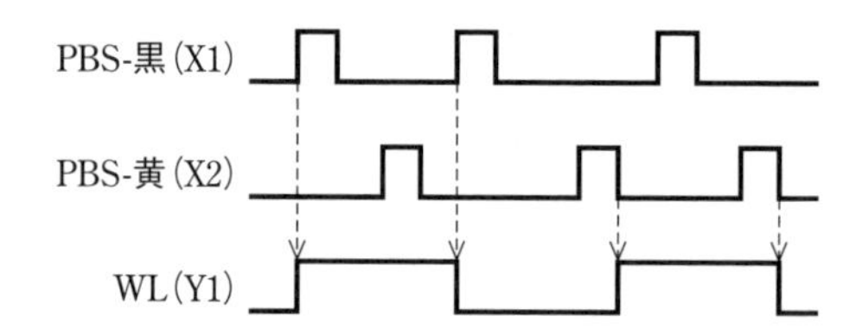

X1 は立ち上がり微分(PLS)，X2 は立ち下がり微分(PLF)を使用している．
試験では複雑なタイムチャートに対応する必要があるため，入力はパルス化したほうがよい．

図 3･53　複数入力＋同色消灯のタイムチャート

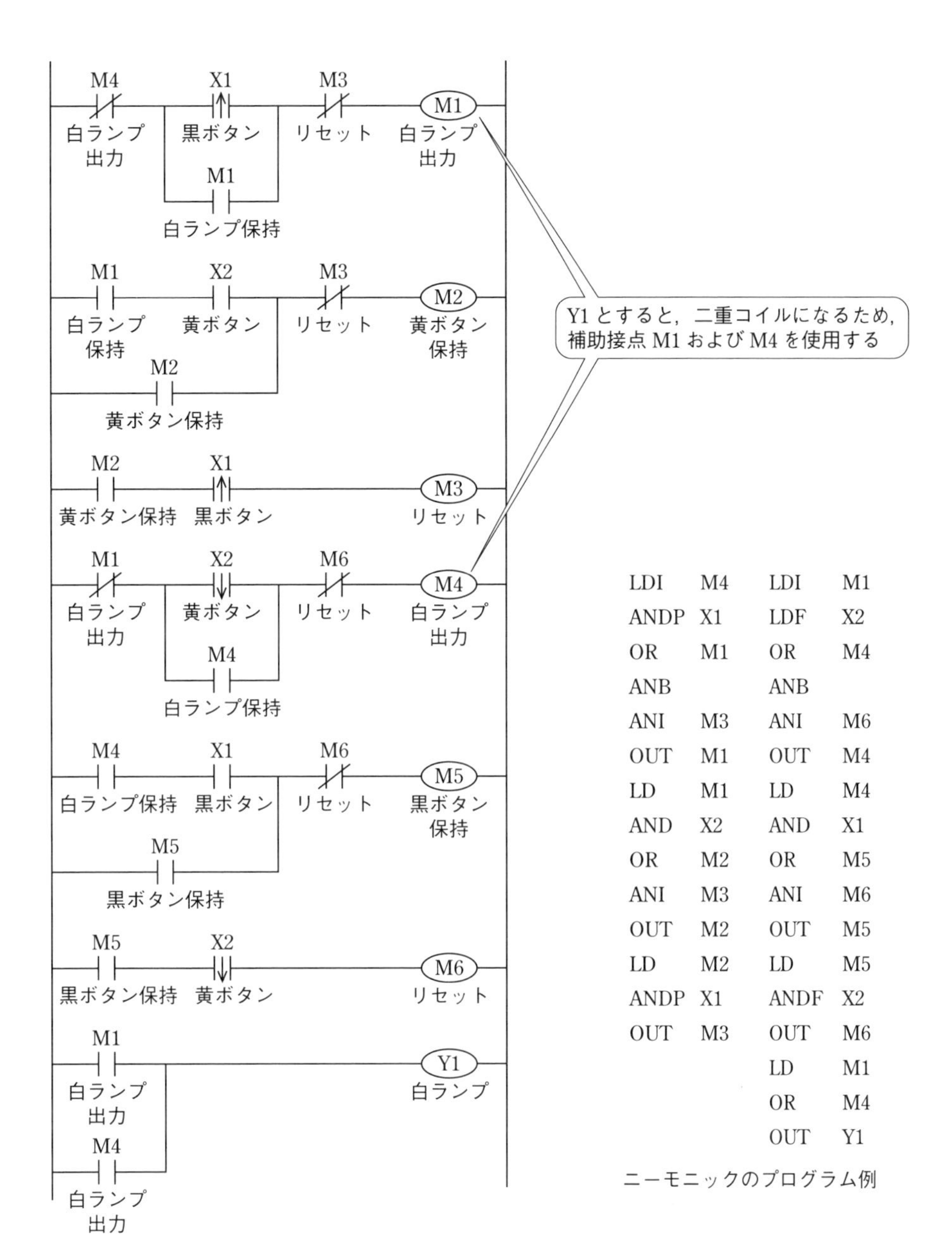

図3･54　複数入力点灯＋同色消灯のラダー図，ニーモニックのプログラム

3章 2級実技試験

4. 指定回数以上の入力による点灯と消灯の繰り返し（点灯条件：X1 が 2 回以上の偶数回入力，消灯条件：X1 が 2 回以上で奇数回入力）

黒押しボタン（X1）が2回入力されたら白ランプ（Y1）が点灯．その後は黒押しボタン（X1）を押すたびに点灯と消灯が繰り返される．

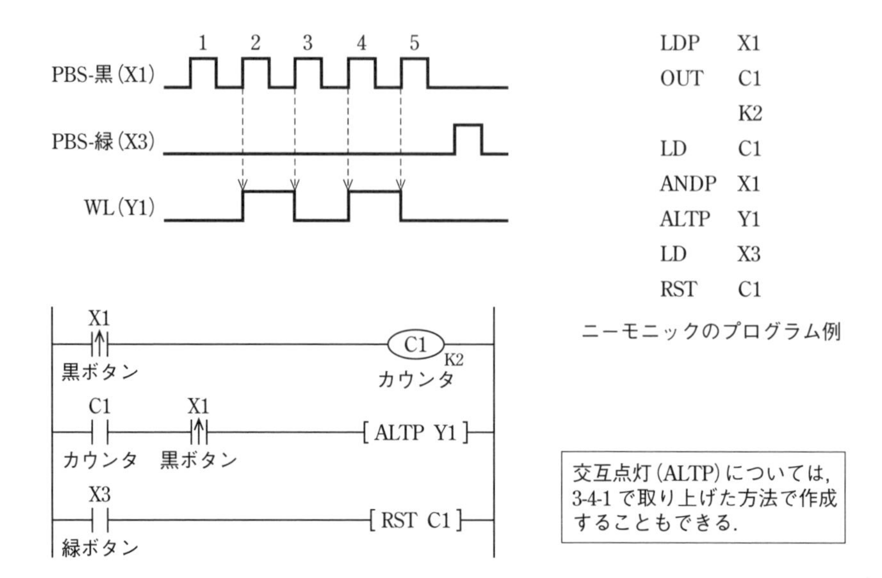

図 3･55　指定回数以上＋繰り返しのタイムチャートとラダー図，ニーモニックのプログラム

5. 複数入力による点灯と消灯の繰り返し

黒押しボタン（X1）もしくは黄押しボタン（X2）が入力されるたびに白ランプ（Y1）が点灯・消灯を繰り返す．

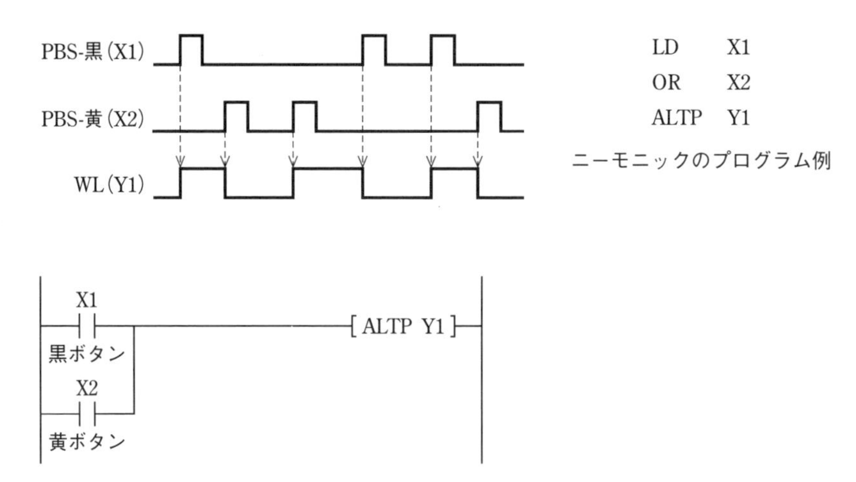

図 3･56　複数入力で繰り返し点灯のタイムチャートとラダー図，ニーモニックのプログラム

6. フリッカ（1）ON スタートとリセットボタンによる停止

黒押しボタン（X1）が入力されると，白ランプ（Y1）が点滅を繰り返す．緑押しボタン（X3）が入力されるとすぐに点滅を停止する．

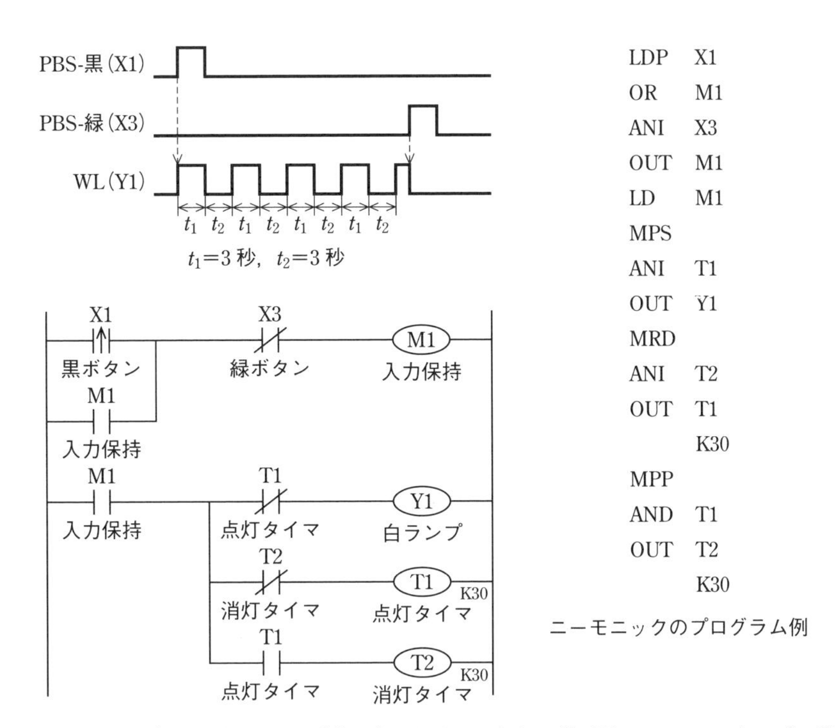

図3・57　フリッカ(ONスタート・即断)のタイムチャートとラダー図，ニーモニックのプログラム

7. フリッカ（2）ONスタートによる開始とサイクルによる停止

黒押しボタン（X1）が入力されると，白ランプ（Y1）が点滅を繰り返す．緑押しボタン（X3）が入力されるとそのサイクルが終了した時点で点滅を停止する．

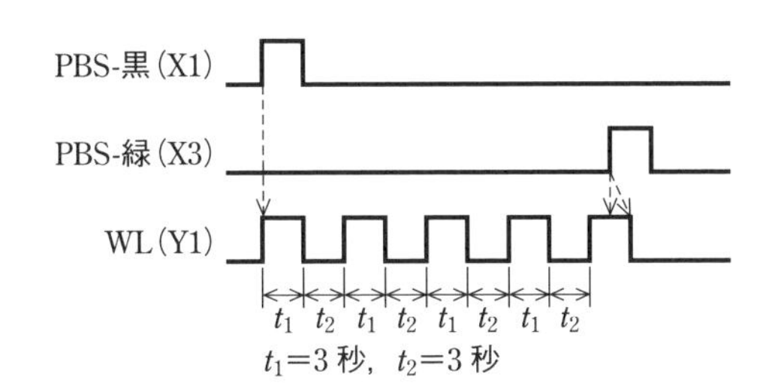

図3・58　フリッカ(ONスタート・サイクル停止)のタイムチャート

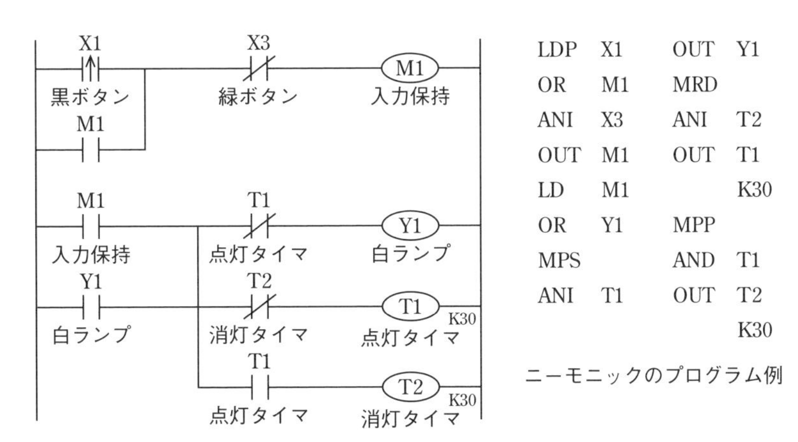

図3・59　フリッカ(ONスタート・サイクル停止)のラダー図，ニーモニックのプログラム

8. フリッカ（3）OFF スタートとリセットボタンによる停止

黒押しボタン（X1）が入力されると，白ランプ（Y1）が消灯からのタイミングで点滅を繰り返す．緑押しボタン（X3）が入力されるとすぐに点滅を停止する．

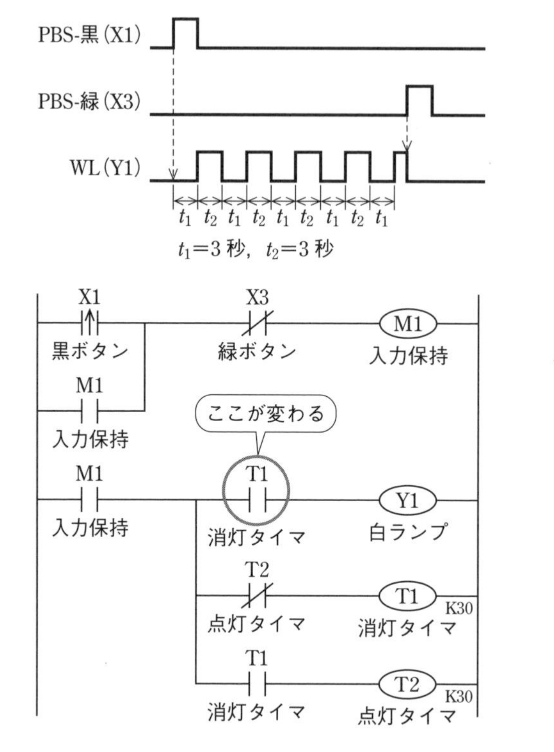

LDP	X1	OUT	Y1
OR	M1	MRD	
ANI	X3	ANI	T2
OUT	M1	OUT	T1
LD	M1		K30
MPS		MPP	
ANI	T1	AND	T1
		OUT	T2
			K30

ニーモニックのプログラム例

図 3･60　フリッカ（OFF スタート・即断）のタイムチャートとラダー図，ニーモニックのプログラム

3-4-3　ラダー図作成時の注意事項

1. プログラムの実行順序

命令はステップ番号の順に実行されるので，プログラム作成時は，次のような注意が必要である．

① 左から右の順に実行される．

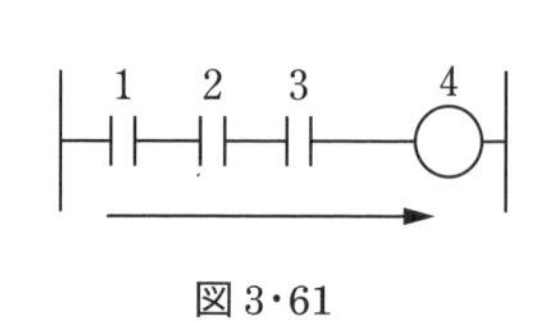

図 3･61

② 並列接続があるときは，上から先に実行する．

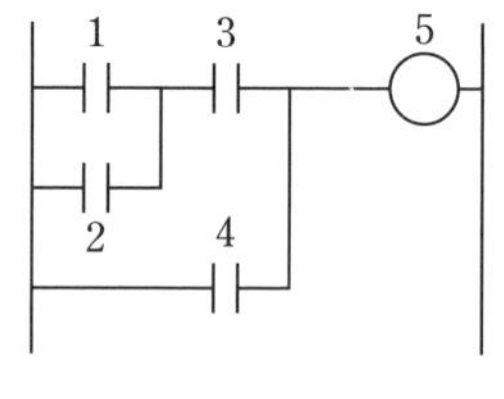

図 3･62

③ 右方向に分流があるときは，上のラインを実行してから下のラインを実行する．

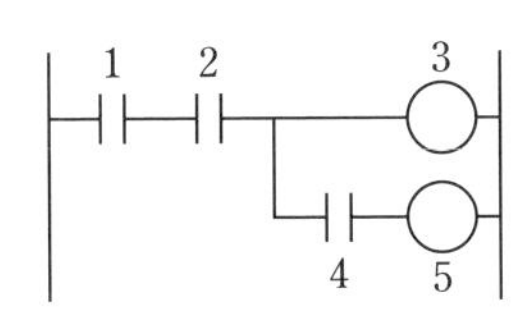

図 3･63

④ ②と③の組合せ．

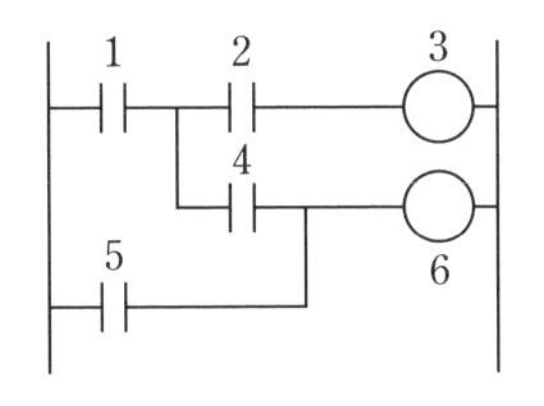

図 3･64

2. プログラム作成上の留意点

① プログラムの最後は，必ずEND命令を入れる．

② ANDまたはOR命令は続けて何個でも接続することができる．

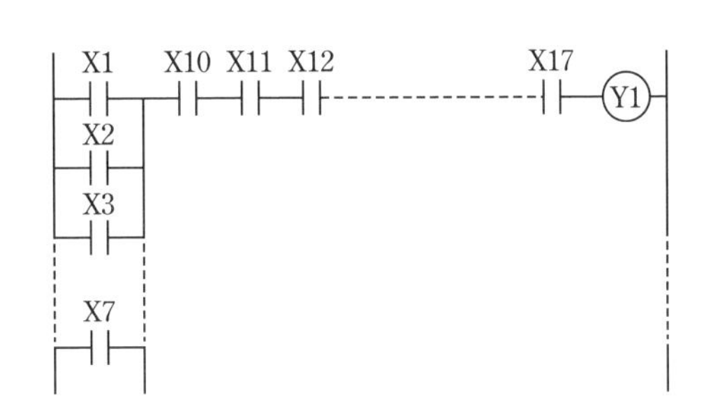

図 3･65

③ OUT命令は続けて何個でも接続することができる．

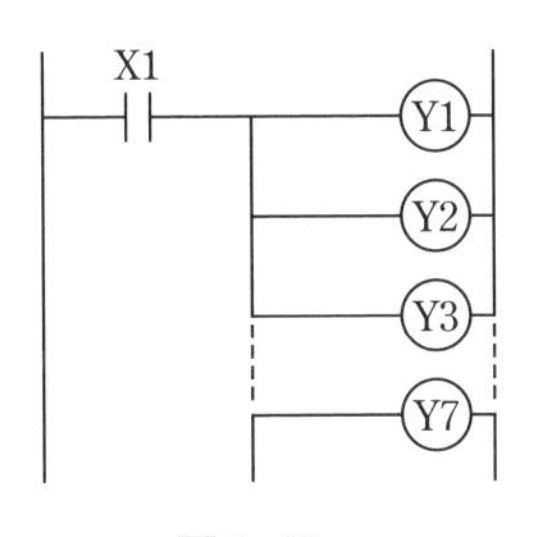

図 3･66

④ 出力リレーを接点として使用できる．

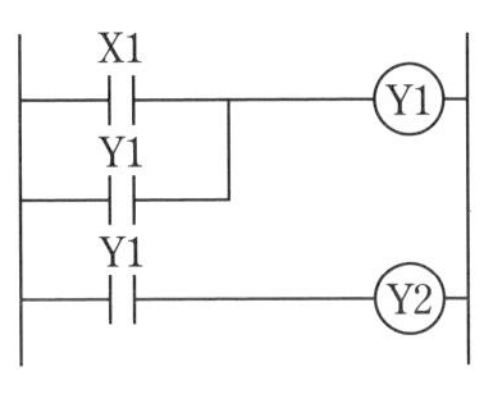

図 3･67

⑤ 入力接点をOUT命令で使用しても動作しない．

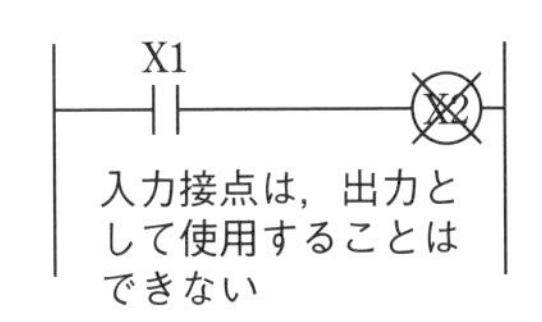

図 3･68

⑥ 橋渡し回路はプログラムできない．

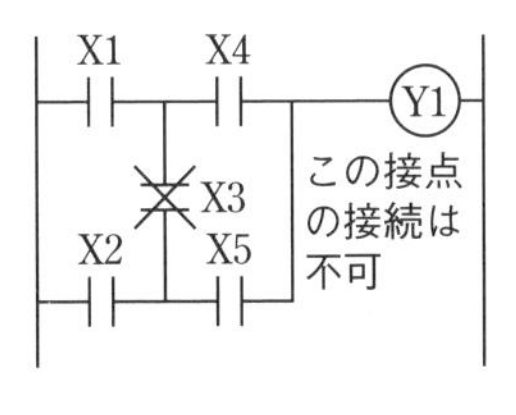

図 3･69

⑦　OUT命令を左側の母線に直接接続できない．

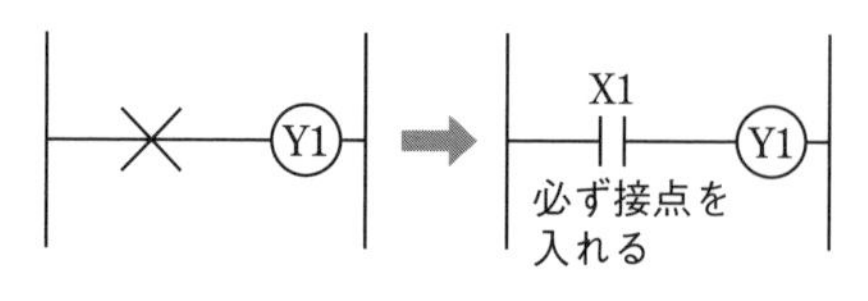

図3・70

⑧　コイル部の右側には接点を接続しない．

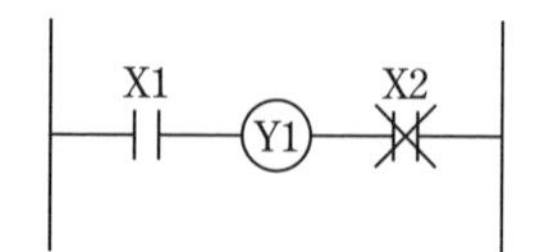

図3・71

⑨　同じ接点を何個でも使用することができる．

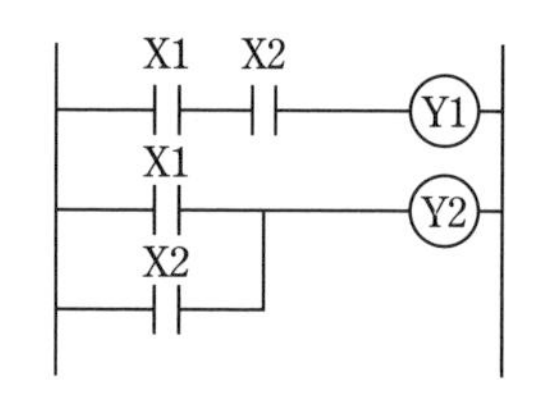

図3・72

⑩　コイル部の二重使用（二重コイル）はできない．

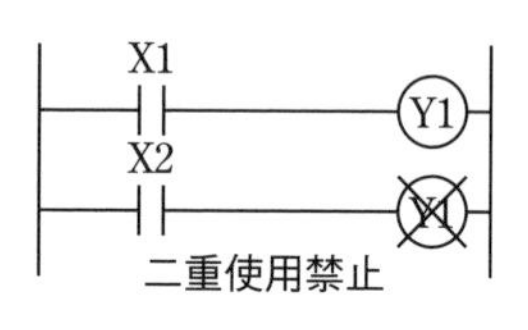

図3・73

3-5 課題 1 の問題と作業手順

3-5-1 課題 1 の時間配分

試験時の作業に要する時間配分例を表3·9および3·10に示す.

表 3·9 課題 1(配線〜白ランプ(事前公開部分)の作業時間)

順 序	時 間	累 計	作業内容
Step 1	3 分	3 分	電線の長さを 3 種類（長・中・短）に分け，必要本数切断する
Step 2	3 分	6 分	切断した電線の両端をワイヤストリッパでむく（このとき，被覆をはぎ取る長さに注意する）
Step 3	10 分	16 分	圧着ペンチを使用して，被覆をはぎ取った心線に Y 型圧着端子を圧着する
Step 4	2 分	18 分	配線を行う試験用盤，PLC，ソケットや端子台のねじを緩める
Step 5	6 分	24 分	各部品に電線を接続する．配線の順番は，p. 91 の配線番号どおりにするとよい
Step 6	3 分	27 分	テストプログラムで動作チェックを行い，配線ミスがないかを確認する（試験用盤の電源を入れ，受検者自身がボタン操作をして動作確認してよい）
Step 7	3 分	30 分	白ランプがタイムチャートどおりに点灯するよう，プログラムを作成し動作確認する

＊事前公開の問題をもとにここまでを 30 分以内で確実に終えるようにする.

表 3·10 課題 1(黄ランプ〜動作確認の作業時間)

順 序	時 間	累 計	作業内容
Step 8	15 分	45 分	黄ランプ，緑ランプがタイムチャートどおりに点灯するようプログラムを作成する
Step 9	5 分	50 分	白ランプ，黄ランプ，緑ランプがタイムチャートどおりに点灯しているか再度見直す

＊作業を終えたら机上を整理し，挙手をして技能検定委員に採点をしてもらう（採点時間は作業時間に含まない）．なお，一度採点をするとやり直しができないので注意すること．標準時間を経過しても無理に挙手をせず，最後までランプが点灯するよう努力する．

3-5-2 プログラムの作成

Point
① わかりやすいプログラムにする．他の人が見ても理解しやすいようにする．
② ラダープログラムは，要素ごとにまとめてブロック化しておく．

ブロック化する際は，白ランプ動作部，黄ランプ動作部，緑ランプ動作部，出力部に分けて行うとよい．ブロック化については，p.114 を参照.

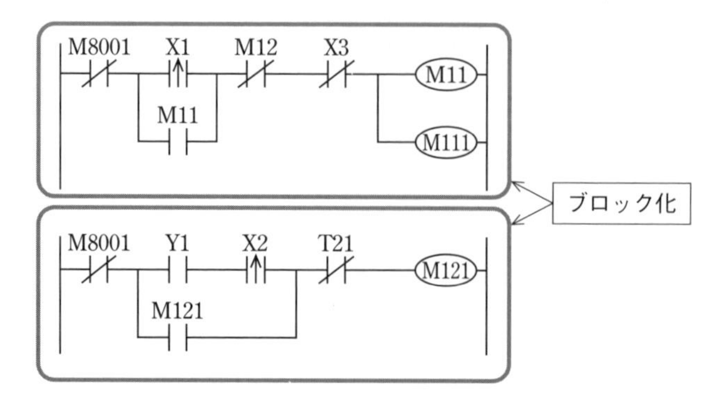

図 3・74　ブロック化の例

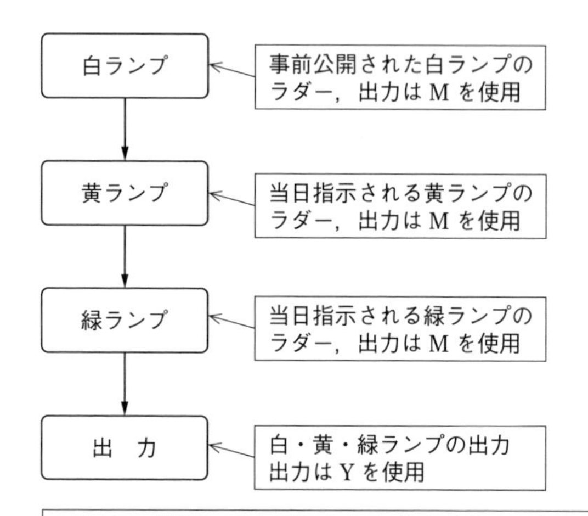

※各ランプ部分では，補助出力（M）を使用し，出力部分で M1 と M2 を Y1 として出力するというようにプログラムを作成する．

※各ブロックのラダーが少ない場合，出力を分けないほうがプログラムとしては少なくて済む．しかし，二重コイルを防ぐ意味やラダーが増えた場合にも対応できるように分けておくほうがよい（二重コイルについては，p. 105 および p. 110 を参照のこと）．

図 3・75　プログラムの骨格

3-5-3　課題 1：PLC による回路組立て作業　その 1

Point

① 課題 1 は，スイッチ（入力）3 点，ランプ（出力）3 点のタイムチャートが指示され，PLC と試験用盤の配線および PLC のプログラミングを行う．

② タイムチャートは，事前に 2 つの仕様（仕様 1，仕様 2）が公表され，そこにはスイッチ（入力）3 つと白ランプ（出力）のタイムチャートが示されている．

③ 試験当日は，事前公開された仕様 1 もしくは仕様 2 のいずれかに黄ランプ，緑ランプのタイムチャートが追加して出題される．

ここでは，令和 4 年度に事前公開されたタイムチャート（仕様 1）と予想した黄ランプ・緑ランプの模擬問題をもとに流れを説明する．

① 手順 1：事前にすべての押しボタンと白ランプのタイムチャートが公表される（仕様 1 および仕様 2）．

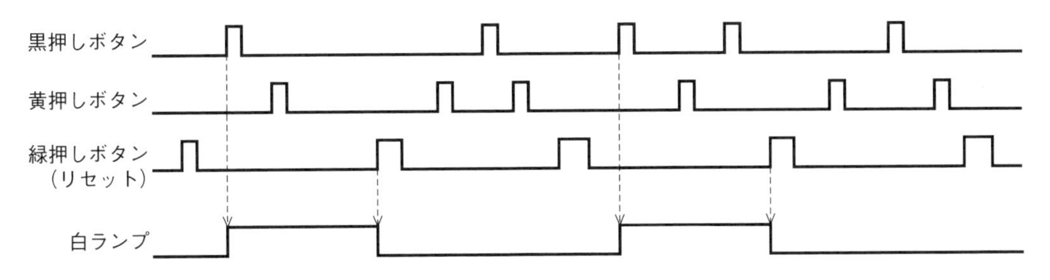

図 3・76　事前公開のタイムチャート例

② 手順 2：試験当日，仕様 1 か仕様 2 のいずれかに黄ランプと緑ランプのタイムチャートが追加される．

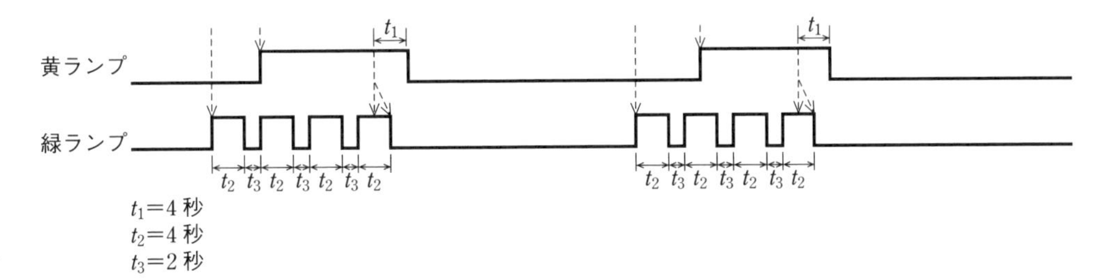

図 3・77　当日指示されるタイムチャート例

③ 手順 3：事前に受検者が準備した入出力の割付けを再度確認する（表 3・11）．

表 3・11

入力側		出力側	
試験用盤	PLC	試験用盤	PLC
黒ボタン	X1	白ランプ	Y1
黄ボタン	X2	黄ランプ	Y2
緑ボタン	X3	緑ランプ	Y3

④ 手順 4：Y 型圧着端子を圧着した電線を作成し，PLC と試験用盤の配線を行う（これはタイムチャートが仕様 1 でも仕様 2 でも変わらない）．

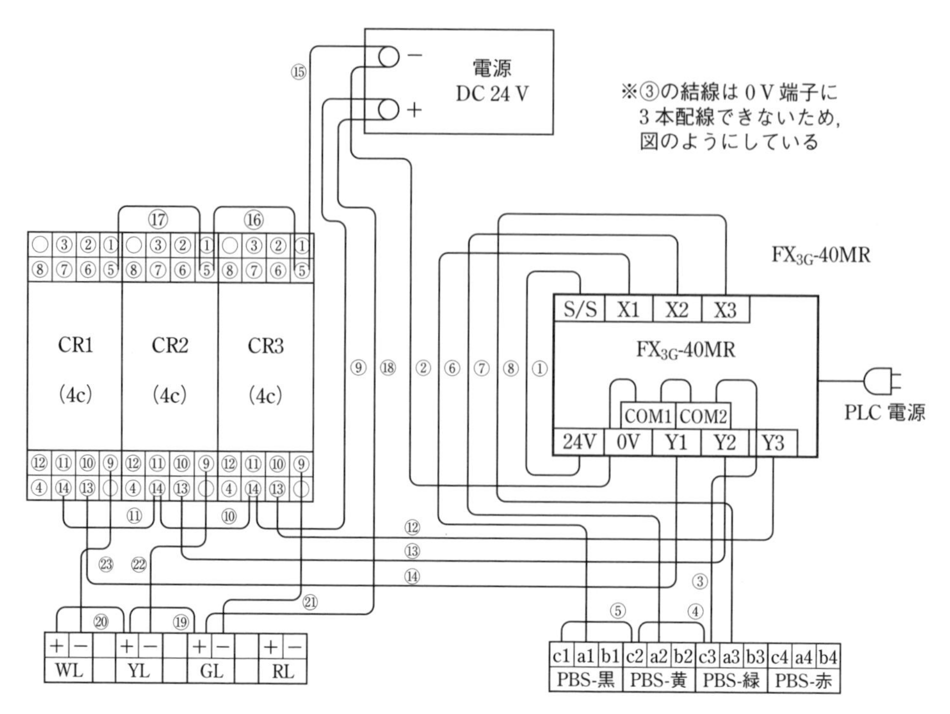

図3・78　試験用盤の配線図

⑤　手順5：テストプログラムを作成し，PLCと試験用盤の接続が正しく行われていることを確認する．

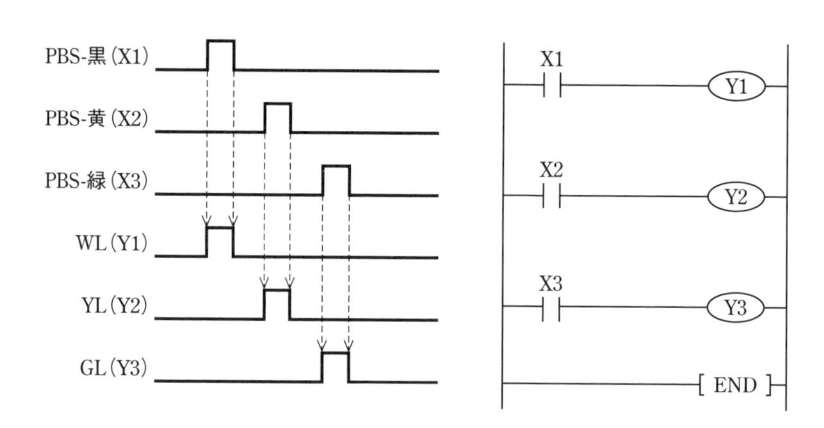

図3・79　テストプログラムのタイムチャートとラダー図

⑥　手順6：タイムチャートから白ランプのラダー図を作成する．

試験の際は，押しボタンと白ランプのタイムチャートが事前に公表されるため，事前にしっかりと練習をして臨むこと．

プログラムを行う際には，以下のことを心がける．

（要素：白ランプ動作部，黄ランプ動作部，緑ランプ動作部，ランプ出力部）

（ブロック化：三菱電機のラダーソフトでは，M8001というRUN中に常時導通するb接点を先頭に入れ，ラダー図を見やすくする．また，M8001というRUN中に常時非導通するa接点に変更するとそのブロックの動作を止めることができる．）

図3・80

この問題では，緑ボタン，黒ボタン，黄ボタンと順番に押したときに各ランプの動作が開始する．ここで先行優先回路を用いることにより，緑ボタン，黄ボタン，黒ボタンと押した場合に誤動作しないようにしている（図3・81）．

<白ランプ動作部>

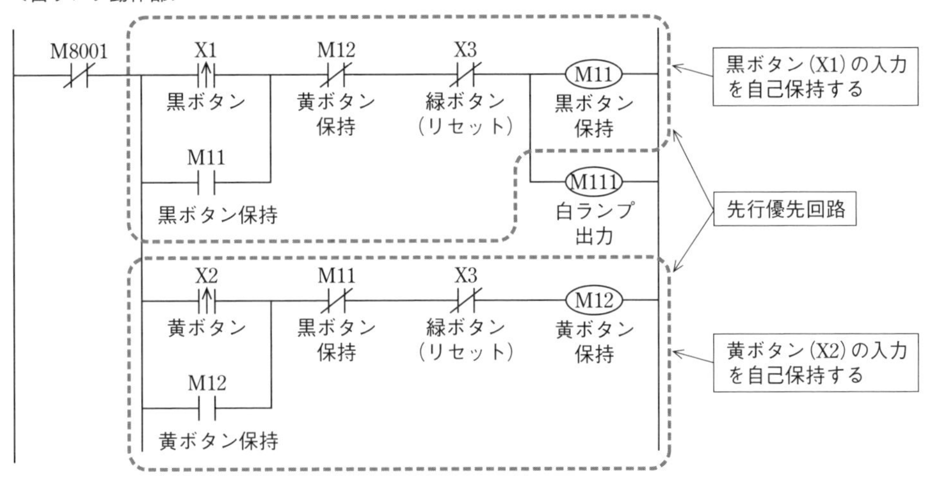

図3・81　白ランプのラダー図

白ランプは，緑ボタン，黒ボタンと順番に押したとき，黒ボタンを押したタイミングで点灯を開始する．

プログラムを行うときは，黄ボタンの自己保持（M12）が入力されていない状態で黒ボタン（X1）を押すというように細かく条件を設定して，誤動作を防止する．

黒ボタン（X1）と黄ボタン（X2）の先行優先（早押し）回路を作成し，緑ボタン，黄ボタン，黒ボタンと順番に押したとき，白ランプが点灯しないようにする．

接点番号（X1，Y1など）の番号は，表3・11のルールを原則として割り付けている．

白ランプへの出力については，M11のみを使用する，Y1を使用するなどの方法もあるが，ここでは黒ボタン（X1）の入力保持にM11を使用し，白ランプへの出力は難しいプログラムになったときの二重コイル防止を意識し，補助出力M111を使用している．

3-5-4 課題1：PLCによる回路組立て作業　その2

⑦　手順7：タイムチャートから黄ランプのラダー図を作成する．

黄ランプは，緑ボタン，黒ボタン，黄ボタンと順番に押したとき点灯を開始する．ま

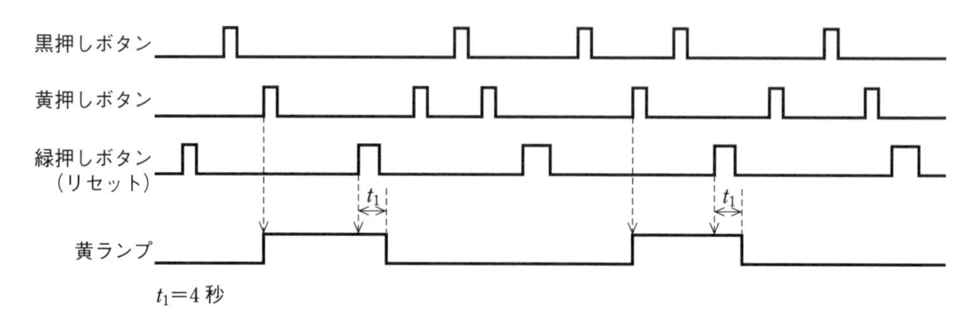

図3･82　黄ランプのタイムチャート

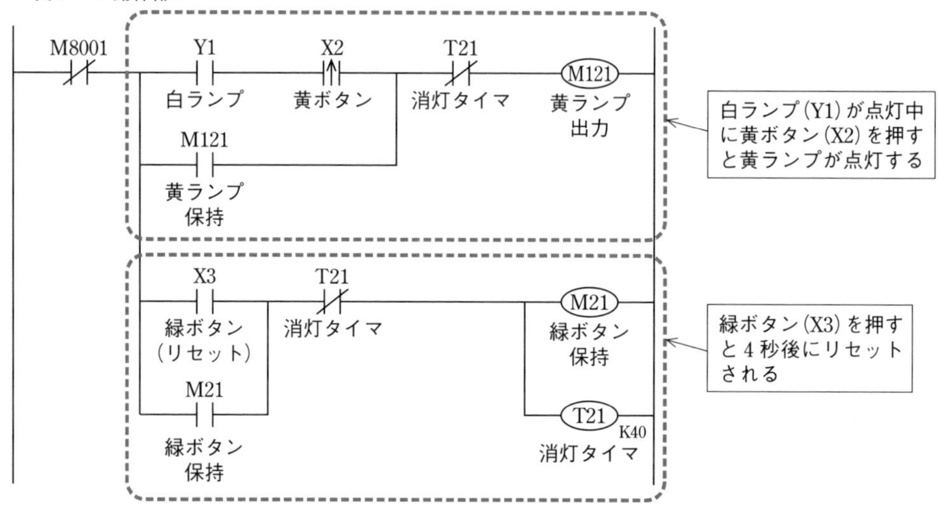

図3･83　黄ランプのラダー図

た，白ランプの点灯中に黄ボタンを押しても点灯が開始するため，ここでは後者の方法でプログラムする．

リセットについては，緑ボタンから指を離してもタイマがカウントを続けられるよう，緑ボタンの入力を自己保持させる（M21）（図3･83）

⑧　手順8：タイムチャートから緑ランプのラダー図を作成する．

緑ランプは，緑ボタン，黒ボタンと順番に押したとき，黒ボタンを押したタイミングで点滅（フリッカ）を開始する．また，白ランプと同じタイミングでスタートするため，ここでは後者の方法でプログラムする．

プログラムを行うときは，白ランプの消灯に影響を受けないよう，フリッカ保持（M31）を使用する．

フリッカについては，ここではONスタートでリセットボタンを押すとサイクル停止する回路である．

［注意事項］

この問題では，緑ボタン，黒ボタン，黄ボタンと順番に押したとき，ランプ各色のプログラムが別々に動作する．このとき，初心の方は複数のランプを1つの回路で動作させようとし，自分が望まないタイミングで点灯・消灯をさせてしまうことがある．面倒に思えてもきちんと分けてプログラムを作成するようにすること．

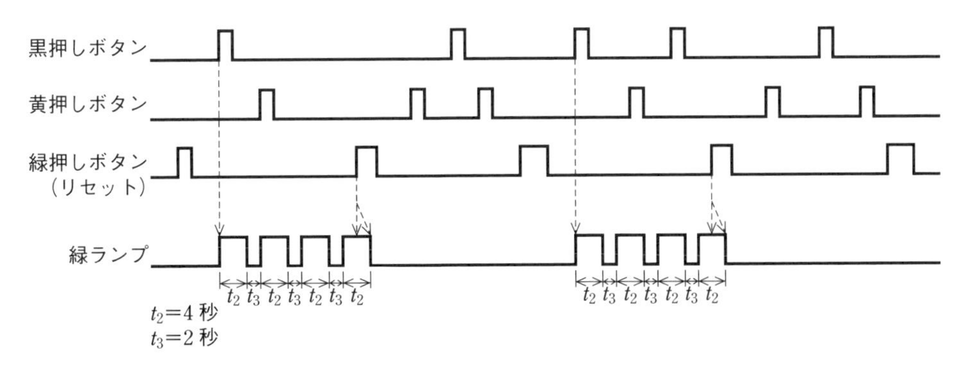

図 3･84　緑ランプのタイムチャート

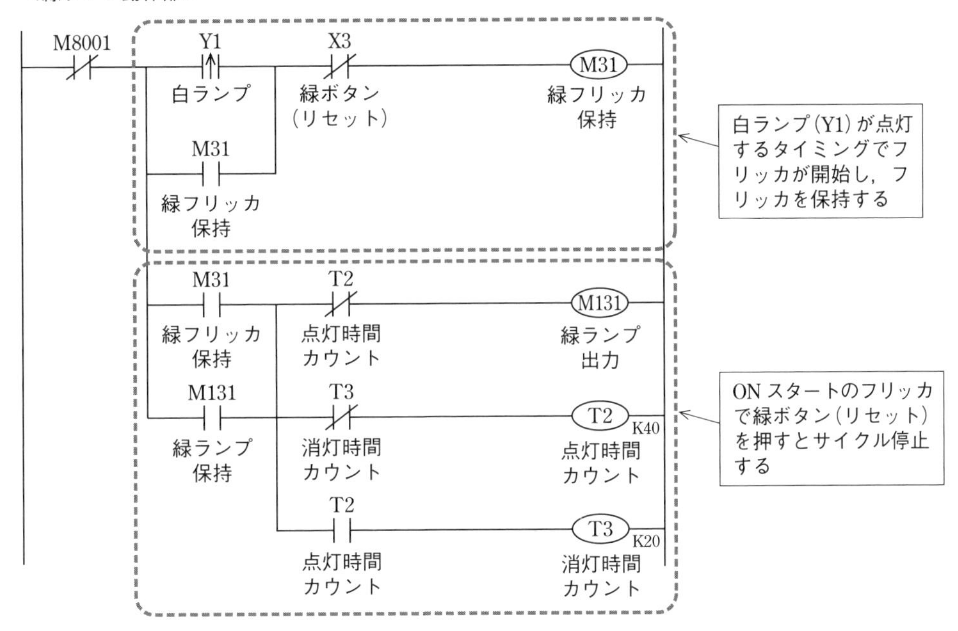

図 3･85　緑ランプのラダー図

⑨　手順 9：ランプ出力部のラダー図を作成する．

<ランプ出力部>

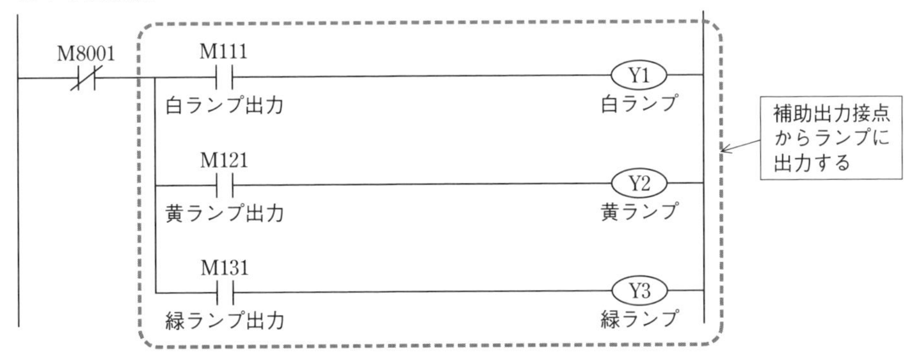

*ここでは END 命令を省略している．

図 3･86　出力回路のラダー図

⑩　手順10：実際の動作がタイムチャートと同じになっているか，試験用盤の電源を入れ，自分で動作確認を行う．

⑪　手順11：机上を整理し，挙手をして技能検定委員に採点をしてもらう．
※採点後はやり直しができないので，しっかりと確認をしておく．

3-5-5　練習方法

①　白ランプについては，仕様1・仕様2のどちらが指示されてもいいように繰り返し練習をしておくこと．

②　黄ランプ・緑ランプについては，模擬問題を繰り返し解くなど，さまざまな動作に対応できるように練習を繰り返しておくこと．

③　プログラムを作成するときは，ランプのブロックごとに作成し，1つずつ確実に動作させてから先に進むこと．

3-5-6　注意事項

①　試験の際は，事前に配布される公開用の試験問題やPLCのマニュアル等を参照することはできない．

②　課題1の開始前と終了後にPLCのメモリクリアをする必要がある．プログラムの持ち込みや検定問題の持ち出しを防止するため，受検者自身が操作し，技能検定委員に確認をしてもらう．事前に手順を確認しておくこと．

③　PLCやパソコン，ラダーソフト（もしくはコンソール）等は，受検者が使い慣れたものを持参する．パソコンとPLCの接続設定など，事前にしっかりと確認をしておくこと．

④　OSのアップデート等は，事前に済ませておくこと．試験開始時に準備ができていなくても試験は開始され，ロスタイムは考慮されない．

⑤　PLCの出力がコネクタタイプの場合，端子台に配線し持ち込むようにする．

⑥　PLCがDC電源タイプの場合，試験用盤から電源をとることはできない．ACアダプタ等，コンセントからDC電源が取れるものを持参すること．

⑦　持ちものが多いので忘れものをしないようにすること（会場では，筆記用具を含め貸し出しは一切ない）．

[持ちものリストの例]

以下を参考に各自のリストを作成されたい.

	品　名	チェック
①	パソコン or コンソール本体 (電源ケーブル) (パスワード・ハードウェアキー)	
②	PLC 本体 (電源ケーブル) (通信ケーブル（USB ケーブルなど))	
③	プラスドライバ（2 番，非貫通のもの)	
④	ニッパ	
⑤	ワイヤストリッパ	
⑥	圧着ペンチ（ラチェット機能つき)	
⑦	テスタ (ワニロクリップ) (予備ヒューズ) (予備電池) (テスタをあけるためのドライバ)	
⑧	筆記用具（鉛筆 or シャープペンシル，消しゴムなど)	
⑨	受検票	
⑩	時計（スマートウォッチ等は不可)	

3-6 課題２の問題と作業手順

3-6-1 課題２の時間配分

試験時の作業に要する時間配分の例を表3・12に示す．

表3・12

順　序	時　間	累　計	作業内容
Step 1	8分	8分	リレーおよびタイマをチェック回路で故障診断し，その結果をマークシートに記入する
Step 2	2分	10分	診断で良品と判断されたリレーおよびタイマを試験用盤のソケットに取り付ける．また，タイマの動作時間設定を問題のとおり行う
Step 3	5分	15分	シーケンス図をもとに実際の配線がどのように行われているか問題用紙に書き出す．このときに見つかった回路の未配線箇所を問題用紙にチェックしておく
Step 4	3分	18分	チェックした未配線箇所を青色以外の線（白線）で修復する．配線の長さや圧着状態も採点対象となる
Step 5	5分	23分	電源を入れ回路を動作させる．回路のタイムチャートと実際の動作を比較し，故障の原因を推測する
Step 6	5分	28分	推測された回路の配線をテスタでチェックする．不良箇所が見つかったら，青色以外の線（白線）で修復する．配線の長さや圧着状態も採点対象となる
Step 7	2分	30分	タイムチャートどおりに動作しているか，余計な修復をしていないか確認する

3-6-2 リレー・タイマの点検

1. 手順１：リレー・タイマの点検方法

配布されたリレー（4個）とタイマ（4個）を順番にチェック回路に差し込み，テスタを用いて不良品を診断する．診断した結果はマークシートに良・否と不良の場合は記号で示された不良原因をマークする．

このとき，タイマの時間設定は最小にしておくとよい（作業の詳細については，1-6を参照のこと）．

チェック回路は黄色の配線で接続されており，この回路には不良が含まれていない．また，スイッチやランプと端子台の間にも不良はないので，不要なチェックで時間をムダにしないようにすること．

リレー・タイマの抜き差しは，**必ず試験用盤の電源を切ってから行う**こと．

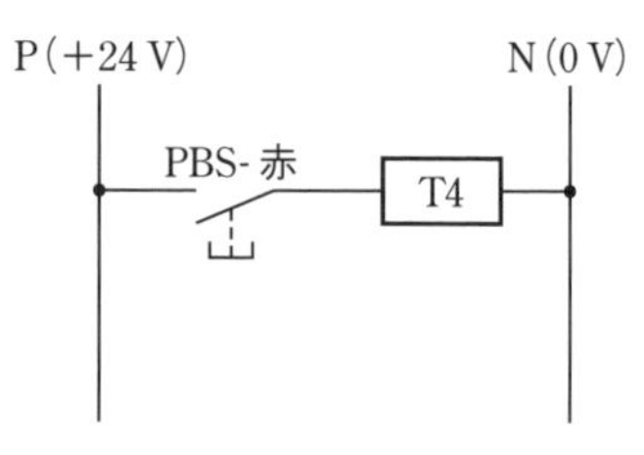

図3・87　チェック回路のラダー図

2. 手順２：リレーとタイマの故障診断（良否判定）を行う

試験に出題されるリレーとタイマの不良原因には表3・13の6つのものがある．

表3・13

コイルの動作 / 不良原因	コイル動作時（励磁状態）	コイル非動作時（非励磁状態）	説 明
コイルの断線	チェック回路を動作させても何も反応がない		コイルの配線が切断した状態
コイルのレアショート	コイルの抵抗値が他のものと大きく異なる（通常はリレーのコイル約 650 Ω，タイマのコイル約 150 kΩ）		故障の設定が行いづらく出題しにくい
メーク（a）接点導通不良	a-c 間　導通なし（∞）	a-c 間　導通なし（∞）	a-c（メーク-コモン）間にゴミが挟まるなど導通がなくなる状態
	b-c 間　導通なし（∞）	b-c 間　導通あり（0 Ω）	
メーク（a）接点溶着	a-c 間　導通あり（0 Ω）	a-c 間　導通あり（0 Ω）	a-c（メーク-コモン）間がつながってしまい導通し続ける状態
	b-c 間　導通なし（∞）	b-c 間　導通なし（∞）	
ブレーク（b）接点導通不良	a-c 間　導通あり（0 Ω）	a-c 間　導通なし（∞）	b-c（ブレーク-コモン）間にゴミが挟まるなど導通がなくなる状態
	b-c 間　導通なし（∞）	b-c 間　導通なし（∞）	
ブレーク（b）接点溶着	a-c 間　導通なし（∞）	a-c 間　導通なし（∞）	b-c（ブレーク-コモン）間がつながってしまい導通し続ける状態
	b-c 間　導通あり（0 Ω）	b-c 間　導通あり（0 Ω）	

このなかでも導通不良と接点溶着を間違えやすいので，実際に導通不良や接点溶着の加工がされたリレーやタイマを使用して繰り返し練習すること．

問題1

リレーの故障を診断したら，以下の状態であった．このリレーの故障状況を答えよ．

テスタのリード棒をあてる端子番号	スイッチを押したとき（コイル動作時）の抵抗値〔Ω〕	スイッチを押さないとき（コイル非動作時）の抵抗値〔Ω〕	故障状況
5番と9番	∞	∞	
1番と9番	0	0	

解答▶ブレーク（b）接点溶着

ブレーク（b）接点の溶着によりメーク（a）接点の接点不良がある場合には，ブレーク（b）接点溶着と解答する．

問題2

タイマの故障を診断したら，以下の状態であった．このタイマの故障状況を答えよ．

テスタのリード棒をあてる端子番号	スイッチを押したとき（コイル動作時）の抵抗値〔Ω〕	スイッチを押さないとき（コイル非動作時）の抵抗値〔Ω〕	故障状況
8番と12番	0	∞	
4番と12番	∞	∞	

解答▶ブレーク（b）接点導通不良

3-6-3 有接点シーケンス回路の点検および修復作業

1. 手順1：タイムチャートの確認

2級の試験では，シーケンス図は与えられるものの3級とは異なりタイムチャートが問題中に示されていない．

そのため，どのような動作が正解なのかを受検者が把握していなければならない．実際の配線は当日受検しないとわからないが，ラダー図は事前公開のとおりなので，タイムチャートを事前に書き出して覚えておくようにするとよい．

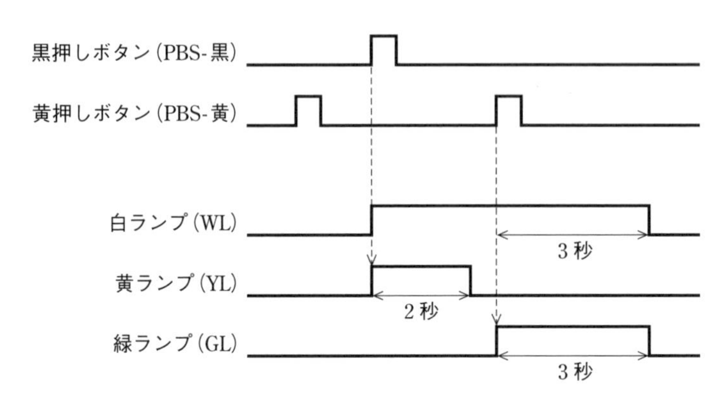

図3･88　タイムチャートの例

2. 手順2：接続の書き出し

与えられたシーケンス図に配線がどのように行われているか書き出す．

このとき，リレーやタイマ，スイッチの端子番号や圧着端子についているマークチューブ（目印のカバー）の線番号を書いておく．線番号は，201からの連番（2級の場合）で，同じ番号のところはすべてつながっていることを示す．

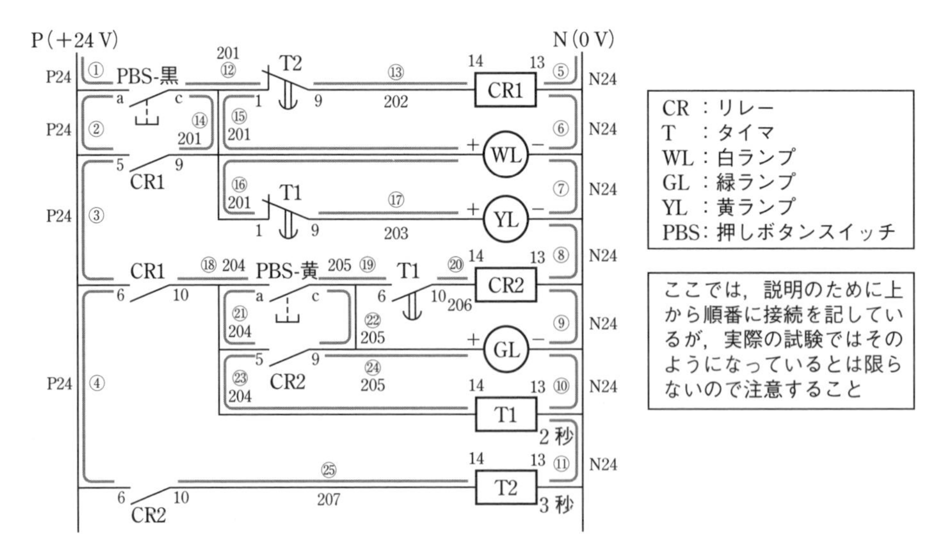

図3･89　事前公開されたラダー図と配線パターンの例（2級）

3. 手順3：未配線（取り外し線）の確認

先ほどの手順2で書き出しをして（図3・89），線のないところが未配線（取り外し線）である．不良箇所は，青色以外（白色）の配線を切断し，新たな線を作成して修復すること（修復箇所がわかるようにする）．なお，この配線の長さや圧着状態も採点対象となるので注意すること．

4. 手順4：断線の確認（その1）

先ほどの手順2で書き出した配線を1つずつ順番にテスタで導通確認をする．最初に電源のマイナス（－）ライン，次に電源のプラス（＋）ラインとP,Nの母線からあたっていくとよい．

5. 手順5：断線の確認（その2）

配線済みの回路に良品と判断したリレー・タイマを差し込み，電源を入れて動作を確認し，不良箇所を推測することができる．不良が複数箇所ある段階では，ラダー図の上から1つずつ解決していくとよい．

断線を修復した際には，確認のため取り外した青線の導通をテスタで確認すること．対策方法はこれ以外にも考えられるので，自分で同じ回路を組んでみて1つずつ順番に配線を外して動作がどのようになるのか，事前に繰り返し練習をしておくとよい．

表3・14　動作の状況と考えられる対策の例

	動作の状況	対策
1	リレー（CR1）が動かない	スイッチ回路をチェックする（①⑤⑫⑬）
2	リレー（CR1）は動作するがランプ（WL）が点灯しない	ランプ回路をチェックする（⑥⑮）
3	リレー（CR1）は動作するが自己保持しない（WL，YL）	自己保持回路をチェックする（②⑭）
4	ランプが消灯しない（WL，YL，GL）	タイマ回路をチェックする（③④⑩⑪⑱㉑㉓㉕）

＊（　）内の丸数字は図3・89の配線番号を示す．

3-6-4　注意事項

リレー・タイマの故障診断を誤り，不良品をソケットに取り付けたがために故障箇所がうまく見つけられなくなることがある．慌てず確実に1つずつ進めていくようにすること．

3-7 想定問題

公表された過去の問題（白ランプのみ）に編集部でランプ（黄・緑）の点灯パターンを想定した模擬問題を作成した．

3-7-1 使用デバイスの管理

これから行う模擬試験は，すべて以下の表のとおりに番号を順に割り付ける．

使用するブロックと番号を決めておくことで，回路の確認をしやすくする．

使用する PLC によって使用できるデバイスの範囲が異なるので，取扱説明書で確認されたい．

表 3･15　使用デバイスの管理

入　力	出　力	タイマ	カウンタ	補助リレー	
				入　力	出　力
PBS-黒（X1）	WL（Y1）	T11 ～	C11 ～	M11 ～	M111 ～
PBS-黄（X2）	YL（Y2）	T21 ～	C21 ～	M21 ～	M121 ～
PBS-緑（X3）	GL（Y3）	T31 ～	C31 ～	M31 ～	M131 ～

※例外としてフリッカ回路など，使用するタイマが少なく，T1，T2 などと指定がされている場合はそのままの番号を使ってもよいこととする．

タイマやカウンタも入力回路と出力回路で番号を分けるべきであるが，細かくしすぎると試験本番でうまく対応できないことや実際に使用する点数が少ないため，ここではあえて分けないこととする．

緑ボタン（X3）で黄ランプ（YL・Y2）を消灯させる場合，黄ランプの回路なのでT21，C21 などと出力側の番号を使用するようにする．

3-7-2 想定問題 1（仕様 1）

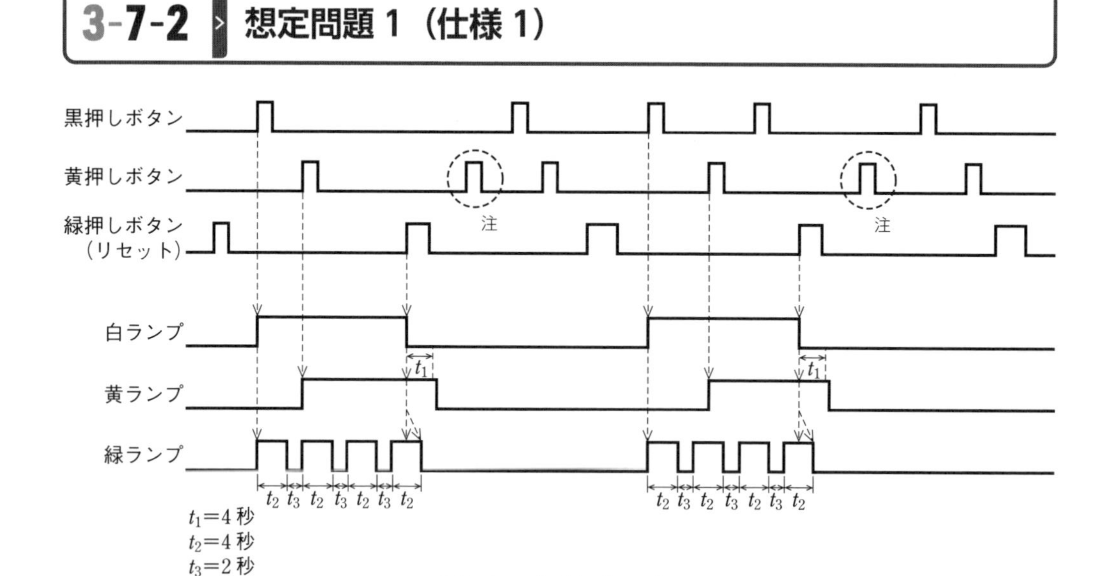

図 3･90　タイムチャート

1. はじめに規則性を見つける

入力の回数がその後の動作に関係するときは，スイッチの入力に番号を割り振るとよい．

次に以下のようにボタンとランプの動作を整理する．

表 3・16 ボタンの動作

ボタン	動 作
黒ボタン	押すたびにカウントする．
黄ボタン	押すたびにカウントする．
緑ボタン	押すたびに黒ボタンと黄ボタンの回数がリセットされる．

表 3・17 ランプの動作

ランプ	条件
白ランプ	点灯：緑ボタンのあと，（黄ボタンを押さずに）黒ボタンを押す． 消灯：緑ボタンを押す．
黄ランプ	点灯：緑ボタンのあと，黒ボタン，黄ボタンの順に押す． 消灯：緑ボタンが押されて 4 秒後．
緑ランプ	点灯：緑ボタンのあと，（黄ボタンを押さずに）黒ボタンを押す．もしくは白ランプが点灯する．（点灯後はランプがフリッカ動作をする．） 消灯：緑ボタンを押してフリッカのサイクルで終了．

注 プログラムをする際は，先行優先（早押し）回路を使用し，緑ボタン，黄ボタンと続けて押した際に白ランプや黄ランプが点灯しないように注意する．

2. 白ランプ（WL）回路のプログラム

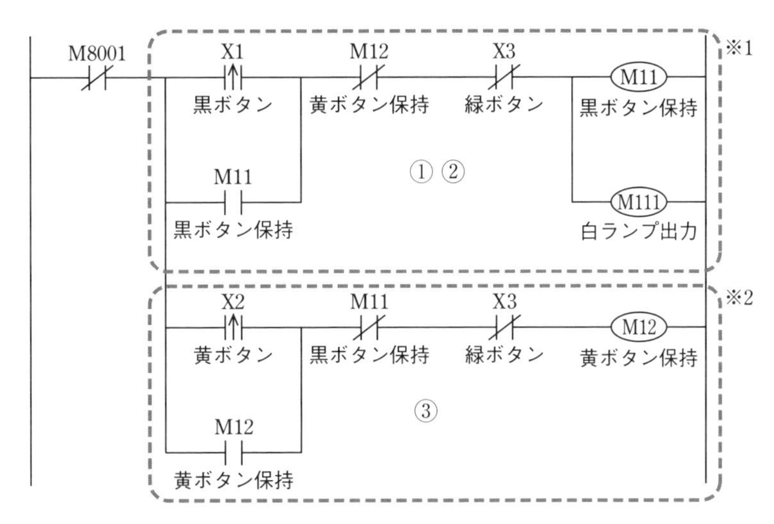

図 3・91 白ランプのラダー図

※1 緑ボタン（リセット）の次に黒ボタンを先に押した場合の回路

① リセットのあと，黒ボタン（X1）が先に押されたときに白ランプに出力される．※2 の回路が先に動作した場合には，M12 が切断され動作しない．

② 黒ボタンの保持については，入力側の M11 を使用し，白ランプへの出力は出力側の M111 を使用する．1つの接点番号で動作させることも可能であるが，このように役割ごとの接点番号を割り当てておくと後から見てわかりやすい．

※2　緑ボタン（リセット）の次に黄ボタンを先に押した場合の回路

③ リセットのあと，黄ボタン（X2）が先に押されたときに黄ボタンを保持する．
※1の回路が先に動作した場合には，M11 が切断され動作しない．

白ランプ（Y1）は，緑ボタン（X3）を押してすぐに消灯するため，それぞれの回路に緑ボタン（X3）を入れている．

押しボタンについて，入力に使用する X1 や X2 はパルス化してボタンを押す長さによって動作が変化しないようにしているが，リセットに使用する X3 は押すタイミングによらず確実に動作させるため，あえてパルス化していない（b 接点入力をパルス化するには，補助接点を使う必要がある）．

3. 黄ランプ（YL）回路のプログラム

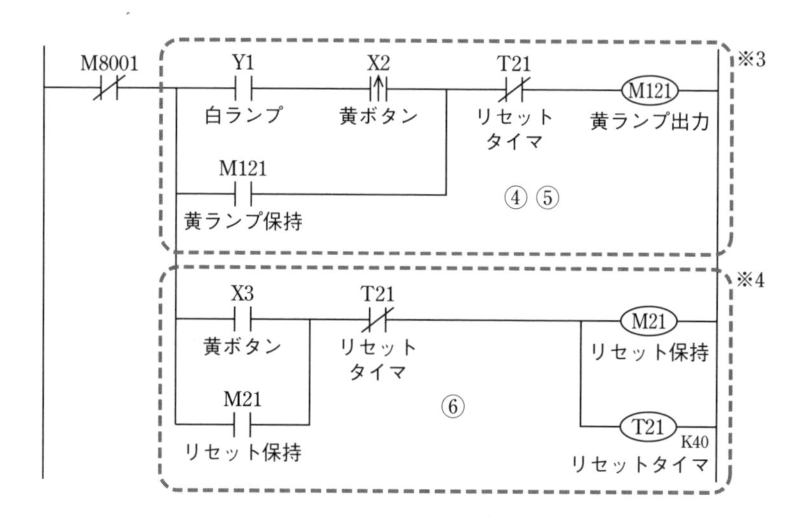

図3･92　黄ランプのラダー図

※3　黄ランプの点灯回路

④ 白ランプ（Y1）が点灯中に黄ボタン（X2）を押すと黄ランプへ出力される．

⑤ 黄ランプは，緑ボタンを押して4秒後に消灯するため，緑ボタン（X3）ではなくリセットタイマ（T21）を使用している．

※4　黄ランプの消灯回路

⑥ 黄ランプ（Y2）の点灯時に緑ボタン（X3）が押されたら4秒後に消灯する回路．

4. 緑ランプ（GL）回路のプログラム

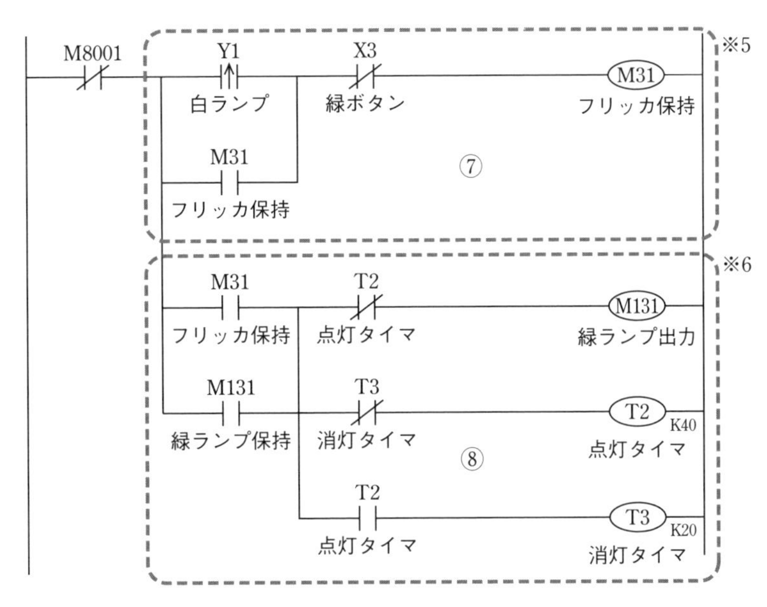

図 3･93　緑ランプのラダー図

※5　フリッカの自己保持

⑦　白ランプ（Y1）が点灯するタイミングでフリッカを保持する．緑ボタン（X3）を押すとフリッカ保持が解除される．

※6　フリッカの点滅回路

⑧　オンスタートのフリッカ回路，⑦の回路で緑ボタン（X3）が押されるまでフリッカ保持（M31）が入力し続ける．緑ボタン（X3）が押されたあとは，緑ランプ保持（M131）により，サイクル点灯する．

5. 出力回路のプログラム

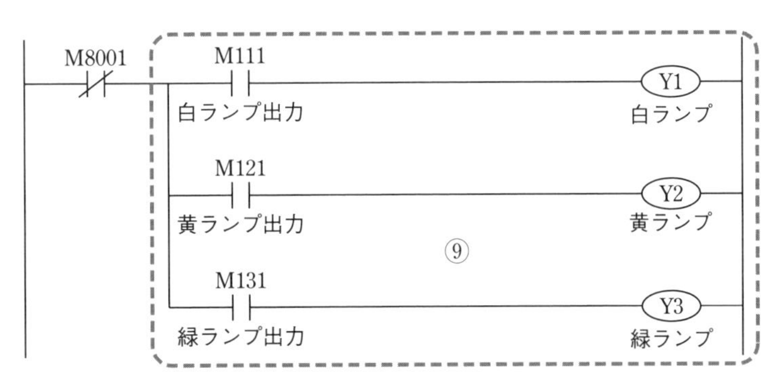

※END 回路は省略している（以後の回路も同様）

図 3･94　出力回路のラダー図

⑨　白ランプ（WL・Y1），黄ランプ（YL・Y2），緑ランプ（GL・Y3）のそれぞれを補助接点出力からリレーコイルの出力へ接続する．

6. プログラム全体図

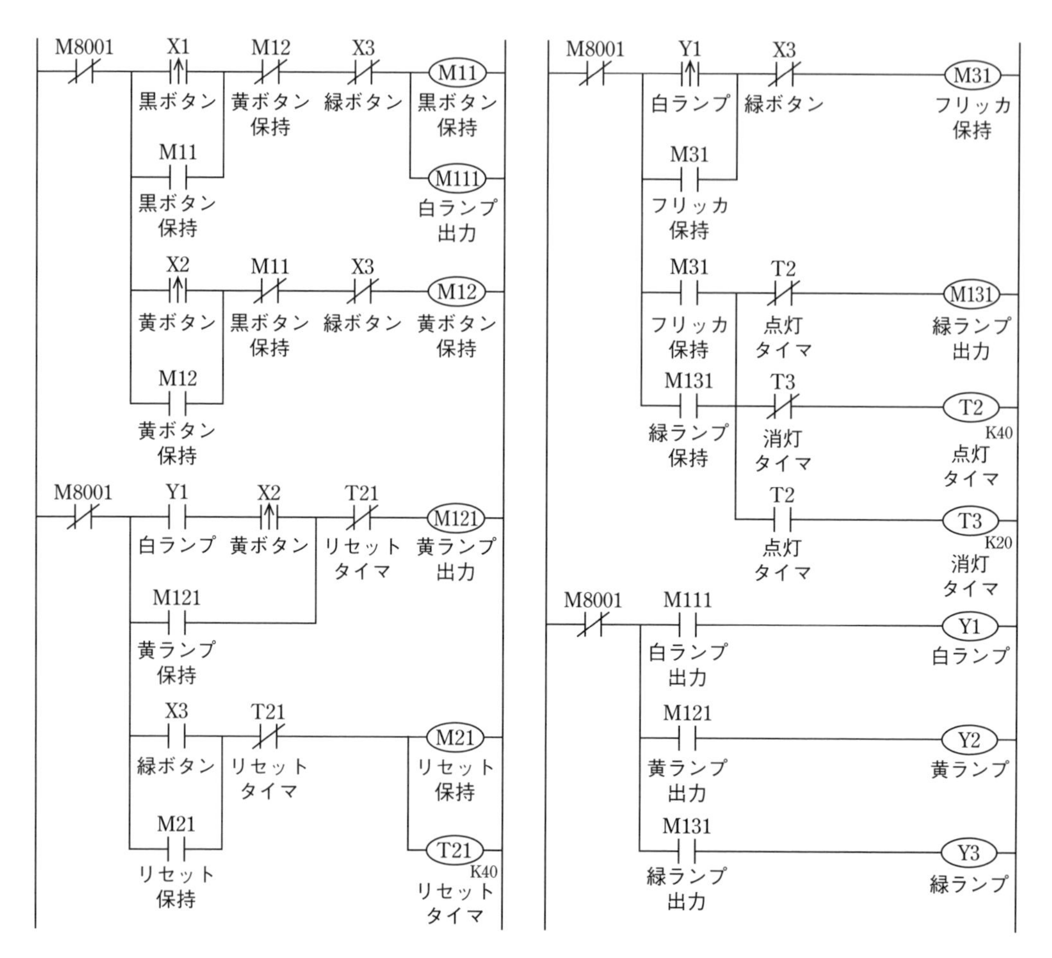

図3･95　プログラム全体図

3-7-3 想定問題 2（仕様 2）

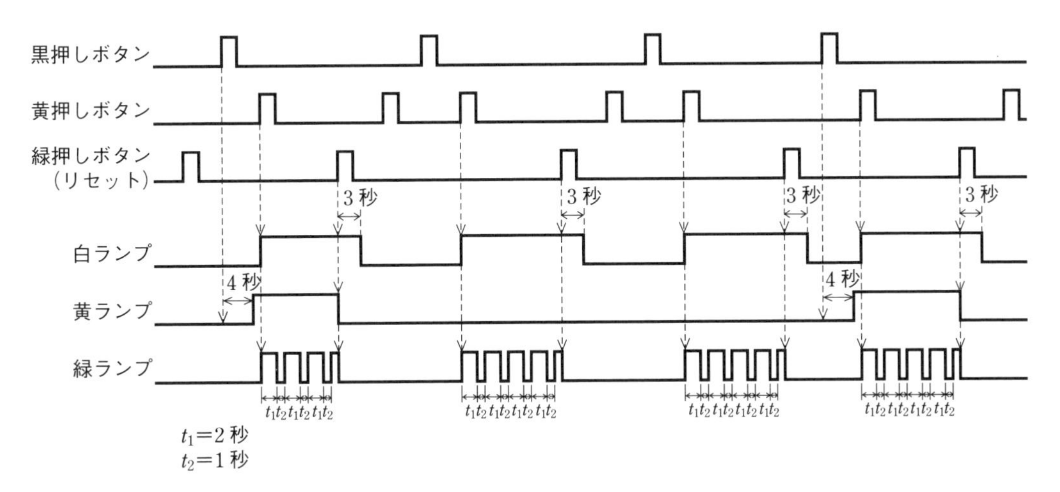

図 3·96　タイムチャート

1. はじめに規則性を見つける

以下のようにボタンとランプの動作を整理する．

表 3·18　ボタンの動作

ボタン	動　作
黒ボタン	押すたびにカウントする．
黄ボタン	押すたびにカウントする．
緑ボタン	押すたびに黒ボタンと黄ボタンの回数がリセットされる．

表 3·19　ランプの動作

ランプ	条　件
白ランプ	点灯：緑ボタンのあと，黒ボタン，黄ボタンの順に押す． 消灯：緑ボタンが押されて 3 秒後．
黄ランプ	点灯：緑ボタンのあと，（黄ボタンを押さずに）黒ボタンを押して 4 秒後． 消灯：緑ボタンを押す．
緑ランプ	点灯：緑ボタンのあと，黒ボタン，黄ボタンの順に押す．もしくは白ランプが点灯する（点灯後はランプがフリッカ動作をする）． 消灯：緑ボタンを押す．

2. 白ランプ（WL）回路のプログラム

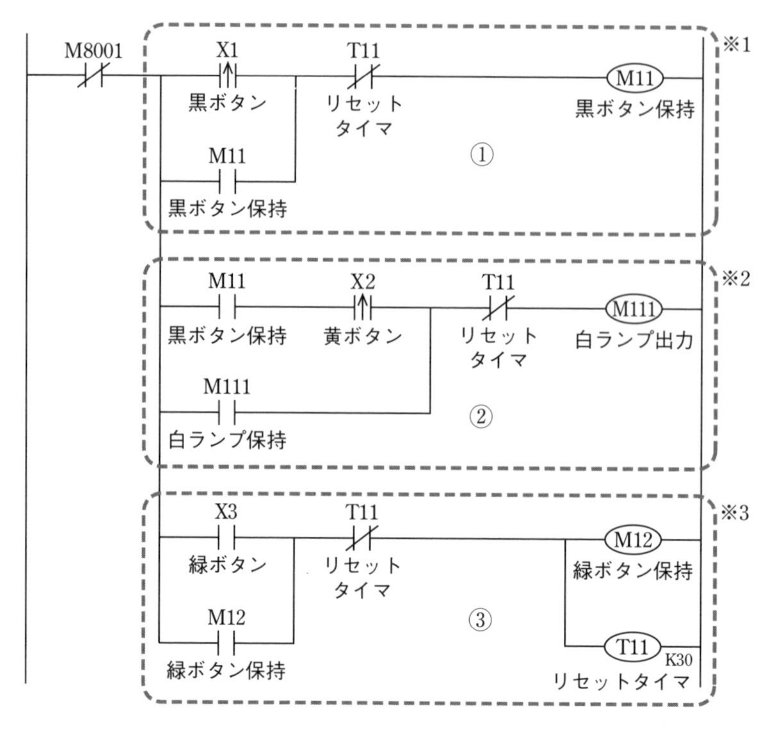

図3･97　白ランプのラダー図

※1　黒ボタンの入力を保持する回路

① 黒ボタン（X1）を押すと自己保持する回路．このタイムチャートでは，白ランプは緑ボタン，黒ボタン，黄ボタンと押した場合でも緑ボタン，黄ボタン，黒ボタン，黄ボタンと押した場合でも点灯するため，先行優先回路はここでは使用せず，黒ボタンが押されたあとに黄ボタンを押すことを点灯条件としている．リセットは，緑ボタン（X3）を押して3秒後のため，リセットタイマ（T11）を使用している．

※2　白ランプへ出力する回路

② 黒ボタンが保持（M11）された状態で黄ボタン（X2）を押すと自己保持する回路．リセットは，緑ボタン（X3）を押して3秒後のため，リセットタイマ（T11）を使用している．

※3　リセットタイマ回路

③ 緑ボタン（X3）を押すと自己保持する回路．リセットは，緑ボタン（X3）を押して3秒後のため，リセットタイマ（T11）を使用している．

3. 黄ランプ（YL）回路のプログラム

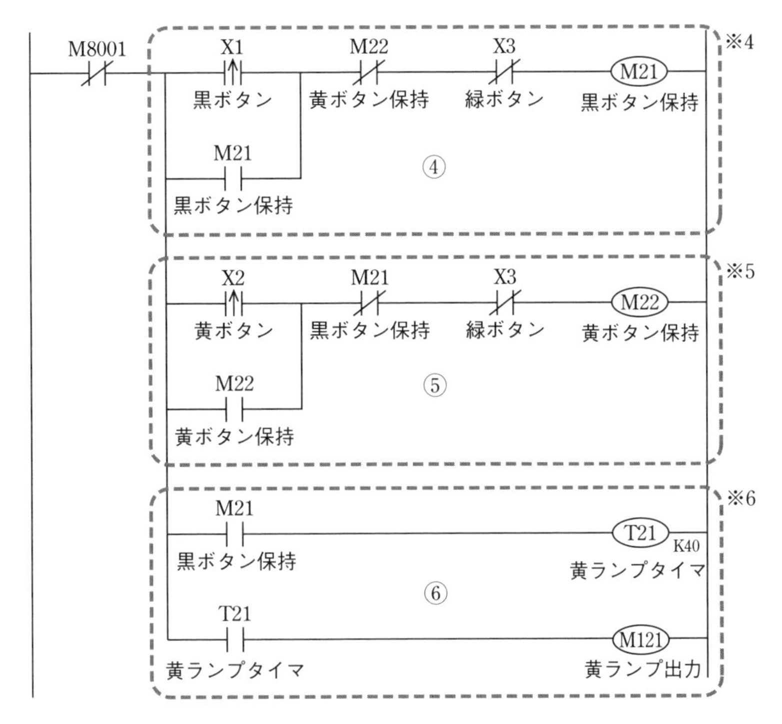

図3・98　黄ランプのラダー図

※4　緑ボタン（リセット）の次に黒ボタンを先に押した場合の回路

④　リセットのあと，黒ボタン（X1）が先に押されたとき黒ボタンを保持する．※5の回路が先に動作した場合には，M22が切断され動作しない．

※5　緑ボタン（リセット）の次に黄ボタンを先に押した場合の回路

⑤　リセットのあと，黄ボタン（X2）が先に押されたとき黄ボタンを保持する．※4の回路が先に動作した場合には，M21が切断され動作しない．

黄ランプ（Y2）は，緑ボタン（X3）を押してすぐに消灯するため，④，⑤それぞれの回路にX3を入れている．

※6　黄ランプ出力回路

⑥　※4の回路が動作し，黒ボタン保持（M21）が出力されたときに4秒後に黄ランプを点灯させるための回路．⑥の回路を④の回路の中に入れることも可能であるが，ここでは後から見やすくするため，先行優先回路と黄ランプ出力回路を分けて作成している．

4. 緑ランプ（GL）回路のプログラム

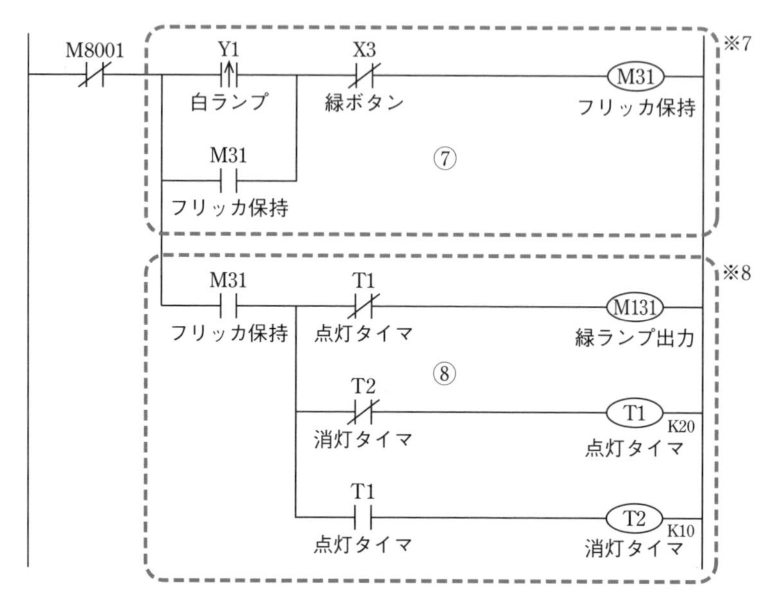

図3・99　緑ランプのラダー図

※7　フリッカの自己保持

⑦　白ランプ（Y1）が点灯するタイミングでフリッカを保持する．緑ボタン（X3）を押すとフリッカ保持が解除される．白ランプはY1とせずM111でも動作する．

※8　フリッカの点滅回路

⑧　オンスタートのフリッカ回路，⑦の回路で緑ボタン（X3）が押されるまでフリッカ保持（M31）が入力し続ける．緑ボタン（X3）が押されるとすぐに緑ランプが消灯する．

5. 出力回路のプログラム

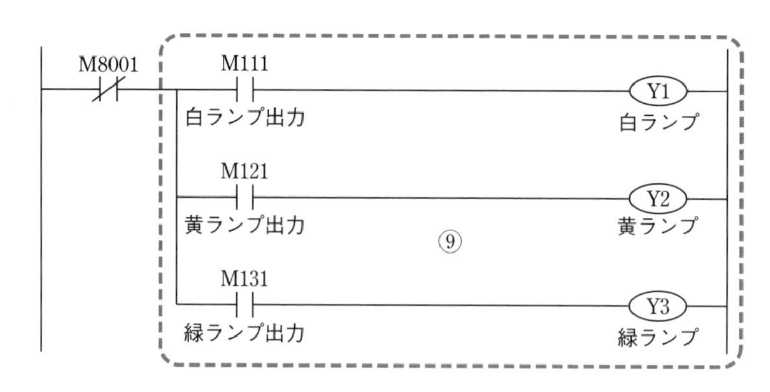

図3・100　出力回路のラダー図

⑨　白ランプ（WL・Y1），黄ランプ（YL・Y2），緑ランプ（GL・Y3）のそれぞれを補助接点出力からリレーコイルの出力へ接続する．

6. プログラム全体図

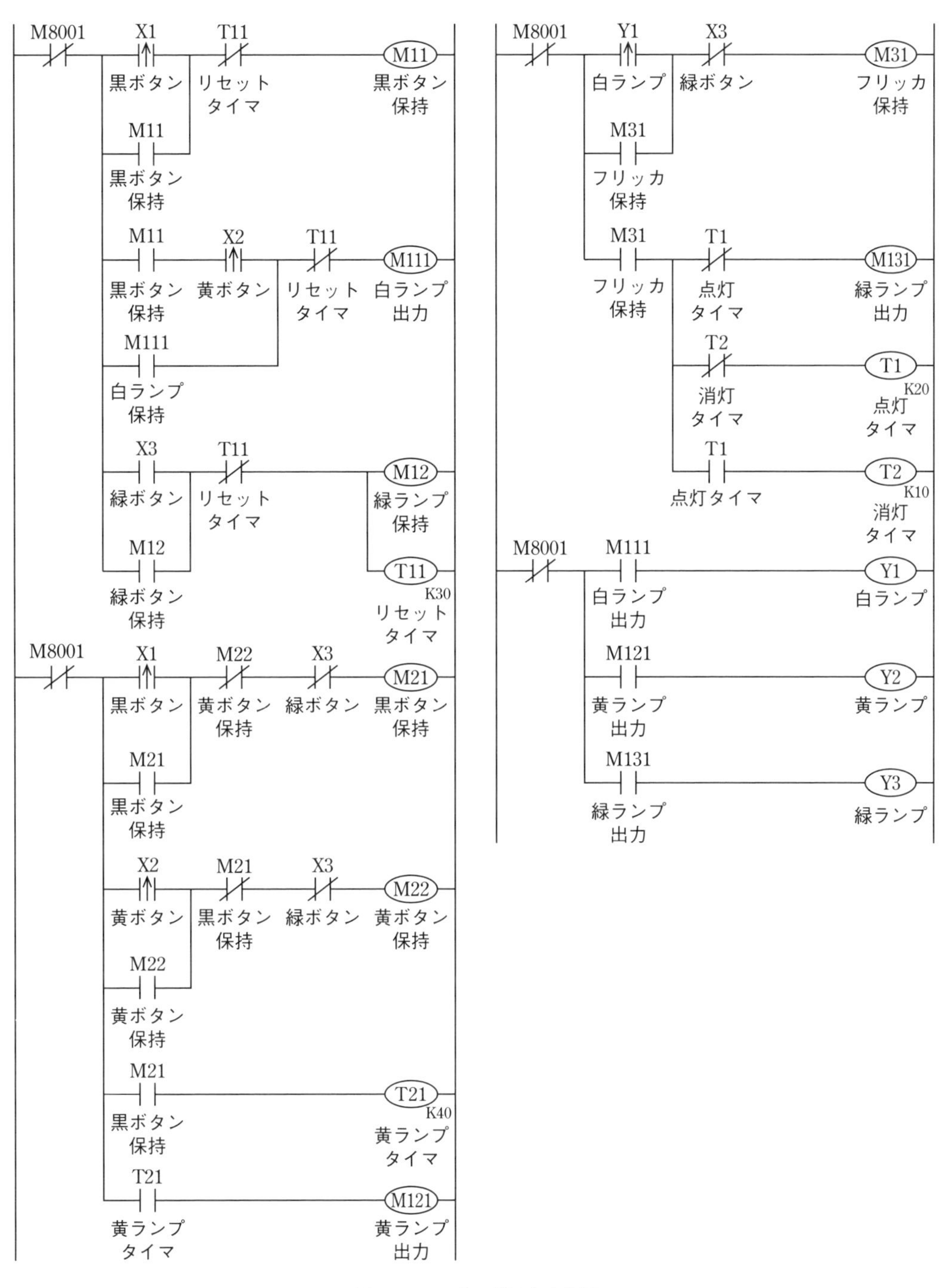

図 3・101　プログラム全体図

3-7-4　想定問題 3（仕様 1）

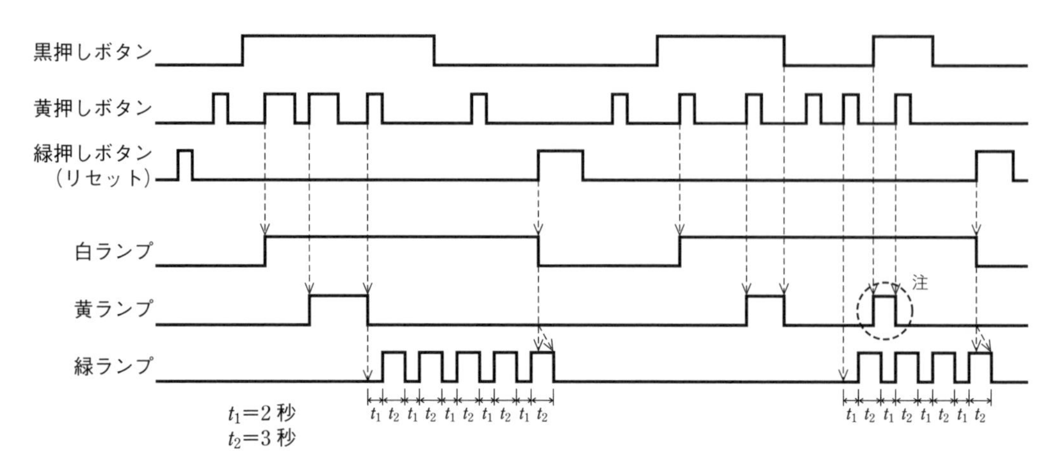

図 3・102　タイムチャート

1. はじめに規則性を見つける

入力の回数がその後の動作に関係するときは，スイッチの入力に番号を割り振る．次に以下のようにボタンとランプの動作を整理する．

表 3・20　ボタンの動作

ボタン	動　作
黒ボタン	押すたびにカウントする．
黄ボタン	①　黒ボタンを押しながら黄ボタンを押すたびにカウントする． ②　黒ボタンを押さずに黄ボタンを押すたびにカウントする．
緑ボタン	押すたびに黒ボタンと黄ボタンの回数がリセットされる．

表 3・21　ランプの動作

ランプ	条　件
白ランプ	点灯：黒ボタンを押し続けた状態で黄ボタンを押す． 消灯：緑ボタンを押す．
黄ランプ	点灯：黒ボタンを押している＋黒ボタンを押した状態での黄ボタンのカウントが 2 回になる． 消灯：①　黒ボタンを押し続けた状態で黄ボタンを 3 回押す． ②　黄ランプが点灯している状態で黒ボタンを離す．
緑ランプ	点灯：①　黒ボタンを押し続けた状態で黄ボタンを 3 回押す． ②　黒ボタンを押さない状態で黄ボタンを 2 回押す． 点灯後はランプがフリッカ動作をする． 消灯：緑ボタンを押してフリッカのサイクルで終了．

2. 白ランプ（WL）回路のプログラム

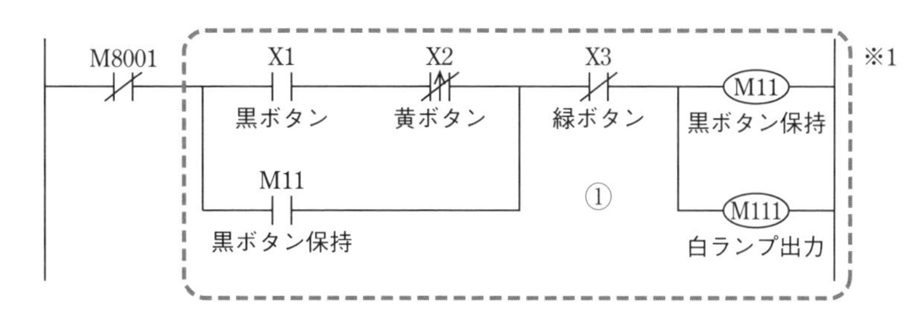

図3·103　白ランプのラダー図

※1　入力の保持と白ランプへ出力する回路

① 黒ボタン（X1）を押しながら黄ボタン（X2）を押すと入力が保持され，白ランプに出力される回路．緑ボタン（X3）が押されるとすぐに消灯する．

3. 黄ランプ（YL）回路のプログラム

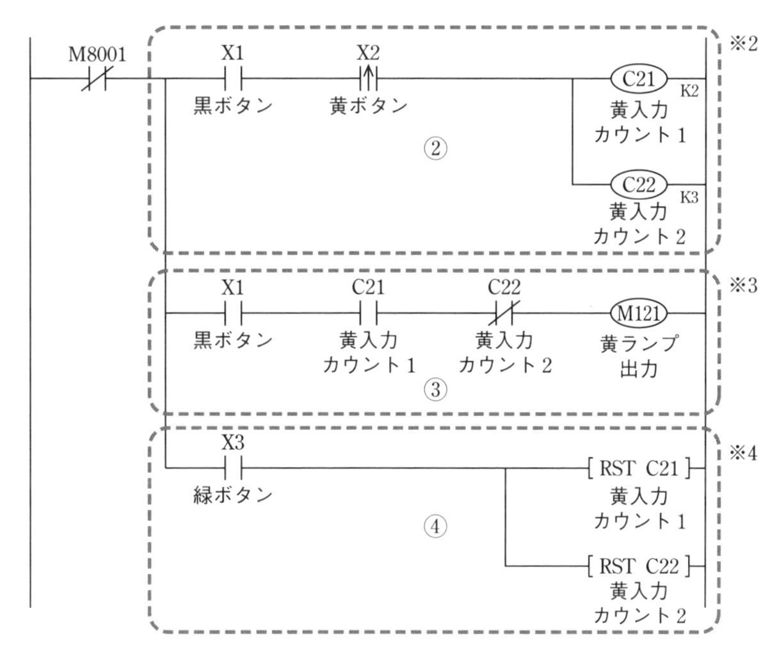

図3·104　黄ランプのラダー図

※2　入力回数をカウントする回路

② 黒ボタン（X1）を押しながら，黄ボタン（X2）を押した回数をカウントする．黄入力カウント1（C21）では，黄ランプの点灯に必要な2回の回数を黄入力カウント2（C22）では，黄ランプの消灯に必要な3回の回数をカウントしている．

※3　黄ランプへ出力する回路

③ 黄ランプ（Y2・YL）の点灯条件が，黒ボタン（X1）を押していることと黒ボタンを押した状態での黄ボタンの回数（C21）が2回となっている．消灯条件は，黄ランプの点灯中に黒ボタンを離すことというのと黒ボタンを押した状態での黄ボタ

ンの回数（C22）が3回となっている．そのため，この回路では，黒ボタン（X1）をパルス化したり，自己保持していない．

注　黒ボタンを押した状態での黄ボタンの回数が2回でリセットされていないため，再び黒ボタンを押したタイミングで黄ランプが点灯し，黄ボタンを押すと黒ボタンを押した状態での黄ボタンの回数が3回となるため，消灯する．

※4　入力回数をリセットする回路

④　緑ボタン（X3）を押すことにより，黄入力のカウント（C21・C22）をリセットする．

4. 緑ランプ（GL）回路のプログラム

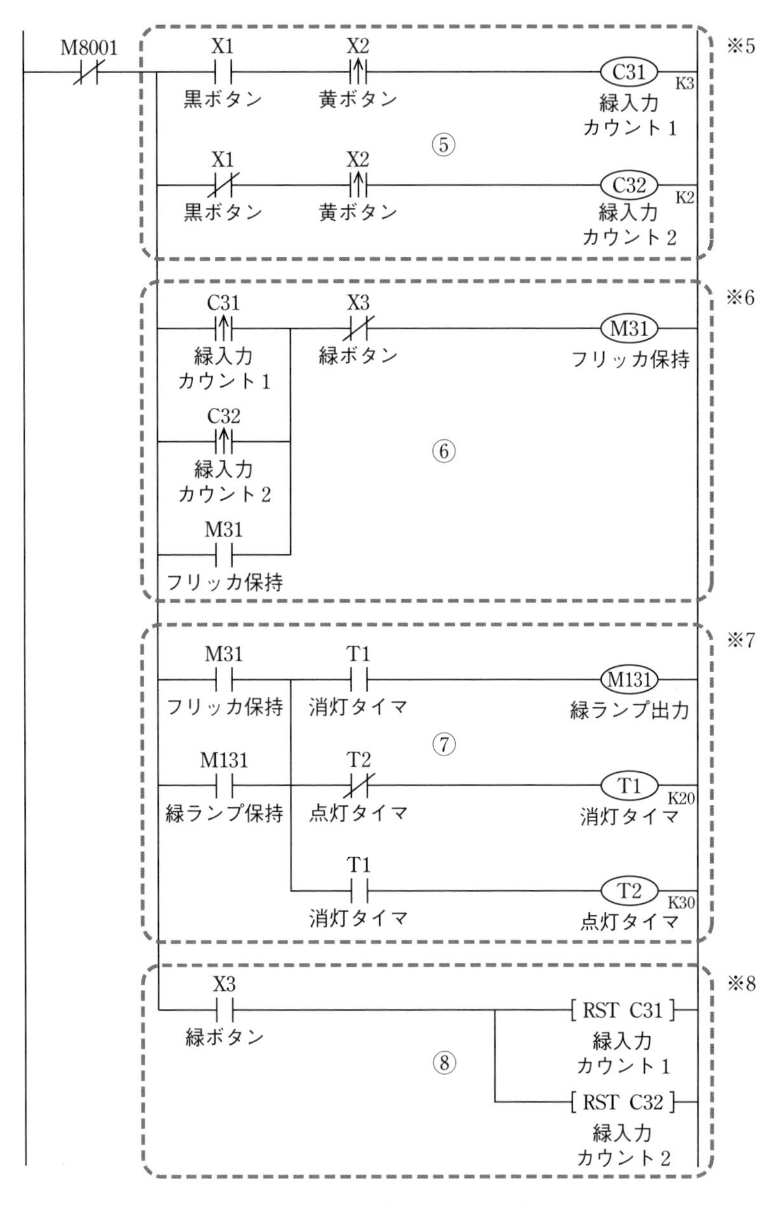

図3·105　緑ランプのラダー図

※5 入力回数をカウントする回路

入力回数をカウントする．この問題では緑ランプの点灯条件が2つあり，緑入力カウント1（C31）では，黒ボタン（X1）を押しながら黄ボタン（X2）3回の回数を緑入力カウント2（C32）では，緑ランプの点灯に必要な黒ボタン（X1）を押さない状態で黄ボタン（X2）2回の回数をカウントしている．後者の回路では，黒ボタン（X1）を押しているときにカウント数が増えないようにX1のb（ブレーク）接点を入れている．

※6 フリッカの自己保持

⑥ フリッカが開始するには，緑入力カウント1（C31）が3回になるのと緑入力カウント2（C32）が2回になる2つのタイミングがある．そのため，2つの入力を開始条件とし，フリッカ保持を行う．緑ボタン（X3）を押すとフリッカ保持が解除される．

※7 フリッカの点滅回路

⑦ オフスタートのフリッカ回路，⑥の回路で緑ボタン（X3）が押されるまでフリッカ保持（M31）が入力し続ける．緑ボタン（X3）が押されたあとは，緑ランプ保持（M131）により，サイクル点灯する．

※8 入力回数をリセットする回路

⑧ 緑ボタン（X3）を押すことにより，緑入力のカウント数（C31・C32）をリセットする．

5. 出力回路のプログラム

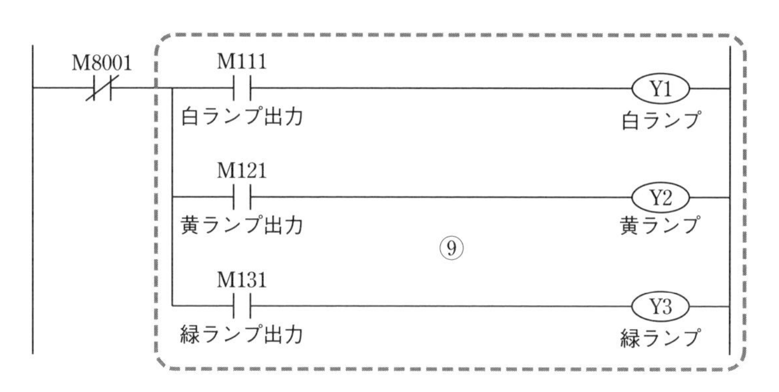

図3・106 出力回路のラダー図

⑨ 白ランプ（WL・Y1），黄ランプ（YL・Y2），緑ランプ（GL・Y3）のそれぞれを補助接点出力からリレーコイルの出力へ接続する．

6. プログラム全体図

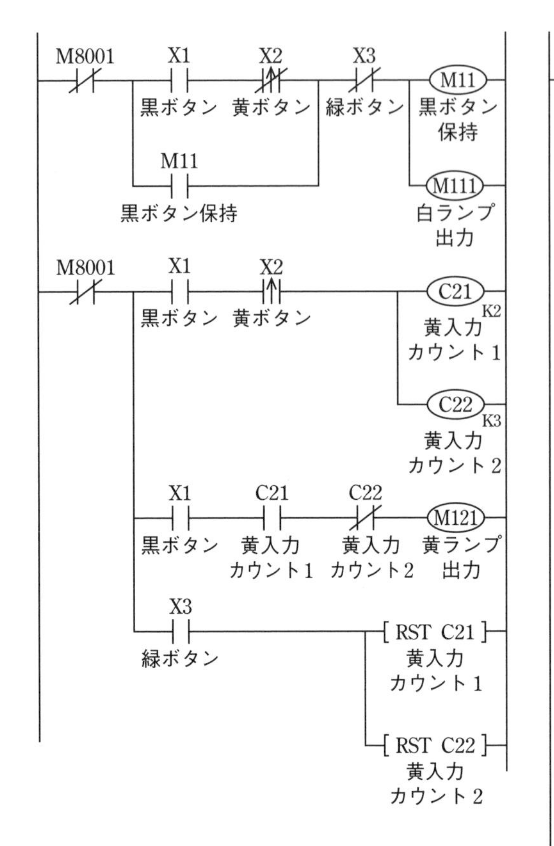

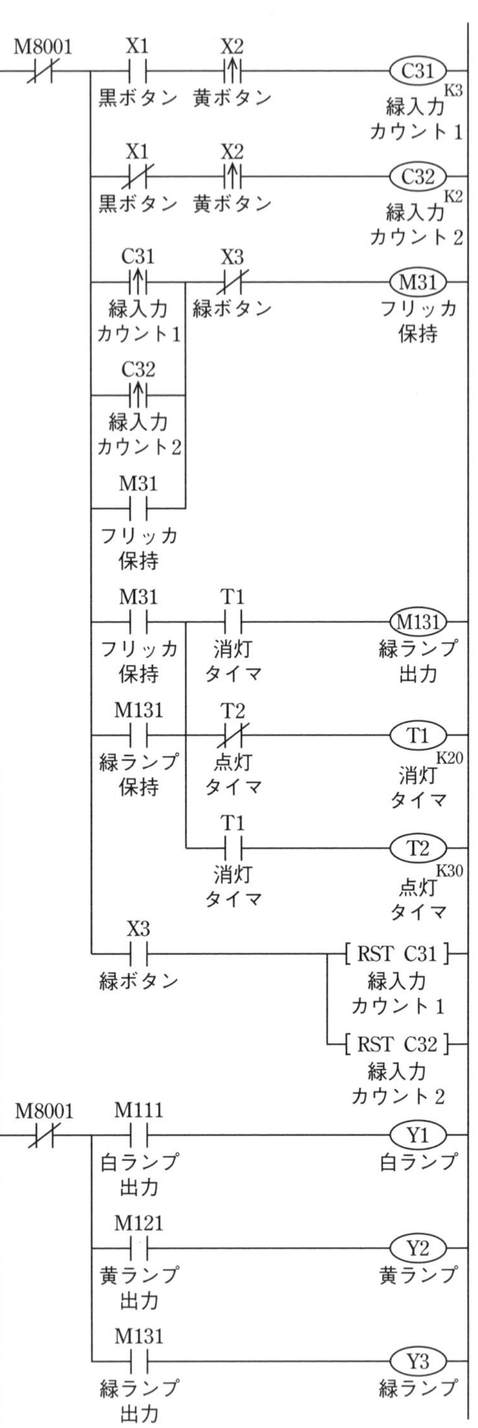

図3・107　プログラム全体図

3-7-5 想定問題 4（仕様 2）

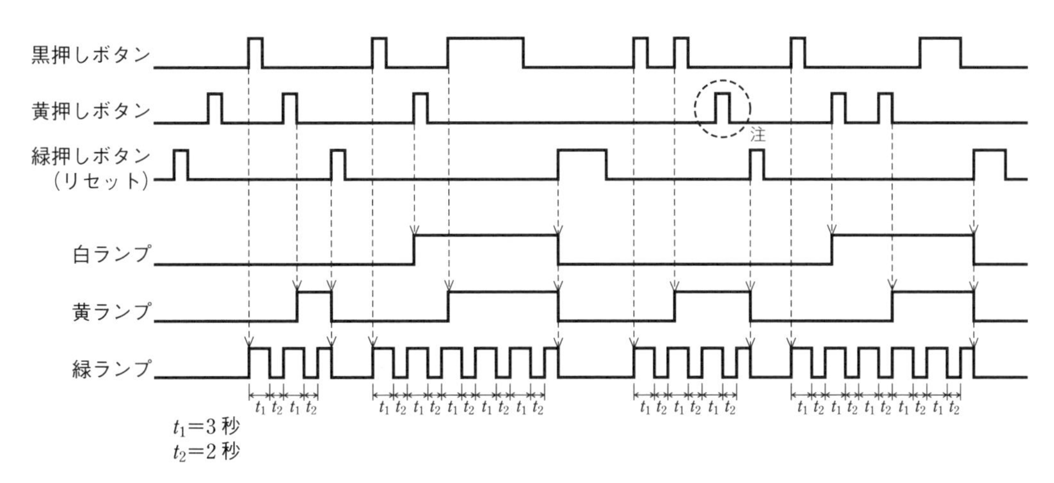

図 3・108 タイムチャート

1. はじめに規則性を見つける

入力の回数がその後の動作に関係するときは，スイッチの入力に番号を割り振る．次に以下のようにボタンとランプの動作を整理する．

表 3・22 ボタンの動作

ボタン	動 作
黒ボタン	押すたびにカウントする．
黄ボタン	押すたびにカウントする．
緑ボタン	押すたびに黒ボタンと黄ボタンの回数がリセットされる．

表 3・23 ランプの動作

ランプ	条 件
白ランプ	点灯：緑ボタンのあと，黒ボタン，黄ボタンと続けて押す． 消灯：緑ボタンを押す．
黄ランプ	点灯：① 緑ボタンのあと，黒ボタンを 2 回押したときの立ち上がり． ② 緑ボタンのあと，黄ボタンを 2 回押したときの立ち下がり． 消灯：緑ボタンを押す．
緑ランプ	点灯：緑ボタンのあと，黒ボタンを押す． ※緑ボタン，黄ボタン，黒ボタンとなってもよい． （点灯後はランプがフリッカ動作をする） 消灯：緑ボタンを押す．

2. 白ランプ（WL）回路のプログラム

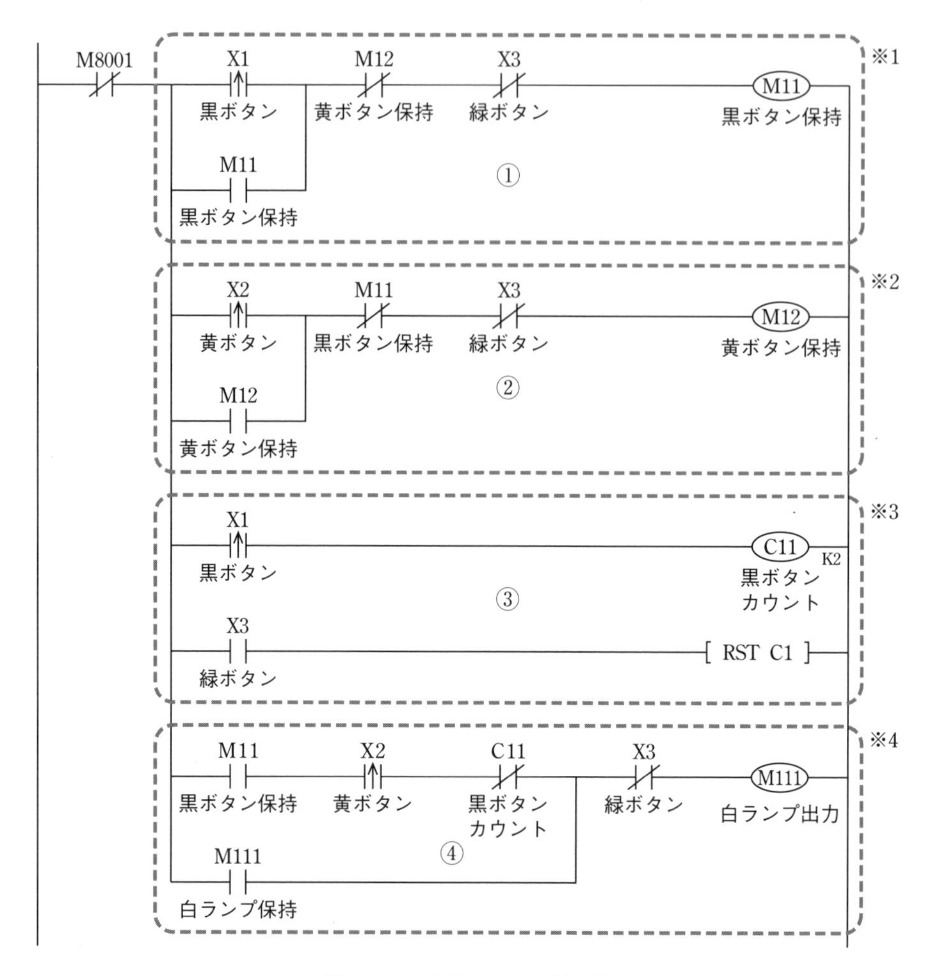

図3･109　白ランプのラダー図

※1　緑ボタン（リセット）の次に黒ボタンを先に押した場合の回路

① リセットのあと，黒ボタン（X1）が先に押されたときに黒ボタンを保持する．※2の回路が先に動作した場合には，M12が切断され動作しない．

※2　緑ボタン（リセット）の次に黄ボタンを先に押した場合の回路

② リセットのあと，黄ボタン（X2）が先に押されたときに黄ボタンを保持する．※1の回路が先に動作した場合には，M11が切断され動作しない．

※3　黒ボタン・黒ボタン・黄ボタンを押したときに白ランプを点灯させない回路

③ 注のところでこのプログラムと④のC11のb（ブレーク）接点がないと白ランプが点灯してしまう．黄ランプのタイムチャートがわかったあとであれば※3の回路をなくし，※4のC11をY2とする方法もある．

※4　白ランプの点灯回路

④ リセットのあと，黒ボタン，黄ボタンと続けて押したときに点灯する．ただし，リセットのあと，黒ボタン，黒ボタン，黄ボタンと続けて押したときには点灯してはならないため，ここでは黒ボタンの回数を数え，黒を2回押したあとの黄ボタンで白ランプが点灯しないようにしている．

3. 黄ランプ（YL）回路のプログラム

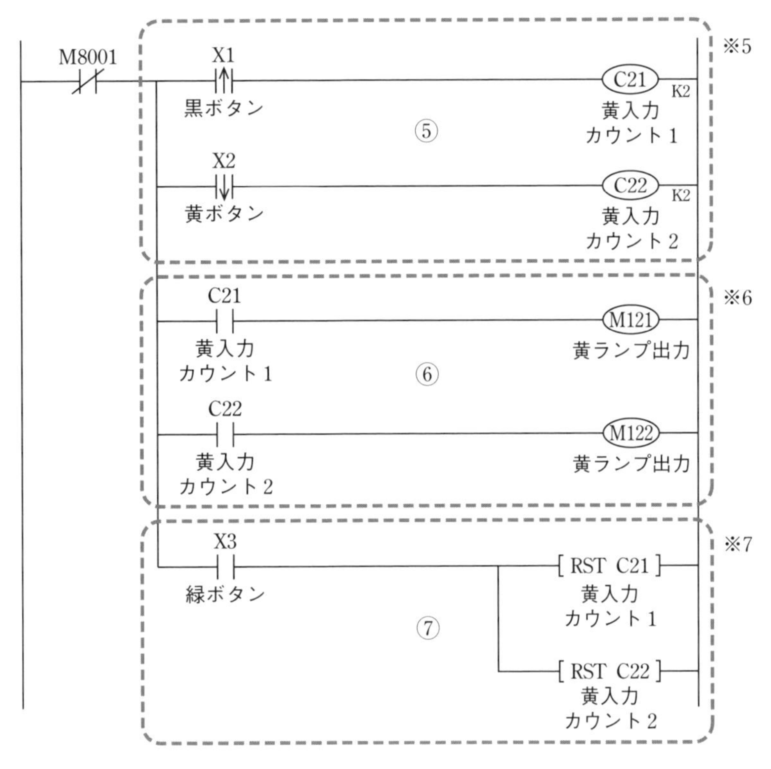

図3･110　黄ランプのラダー図

※5　入力回数をカウントする回路

⑤　点灯に必要な回数をカウントする．

黄入力カウント1（C21）では，黄ランプの点灯に必要な黒ボタンの立ち上がり回数を黄入力カウント2（C22）では，黄ランプの消灯に必要な黄ボタンの立ち下がり回数をカウントしている．

※6　黄ランプへ出力する回路

⑥　黄入力カウント1・2が点灯条件を満たしたら，黄ランプ出力をする．ここでは，それぞれの出力をM121・M122と分けているが，1つの出力に合わせてもよい．

※7　入力回数をリセットする回路

⑦　緑ボタン（X3）を押すことにより，黄入力のカウント数（C21・C22）をリセットする．

4. 緑ランプ（GL）回路のプログラム

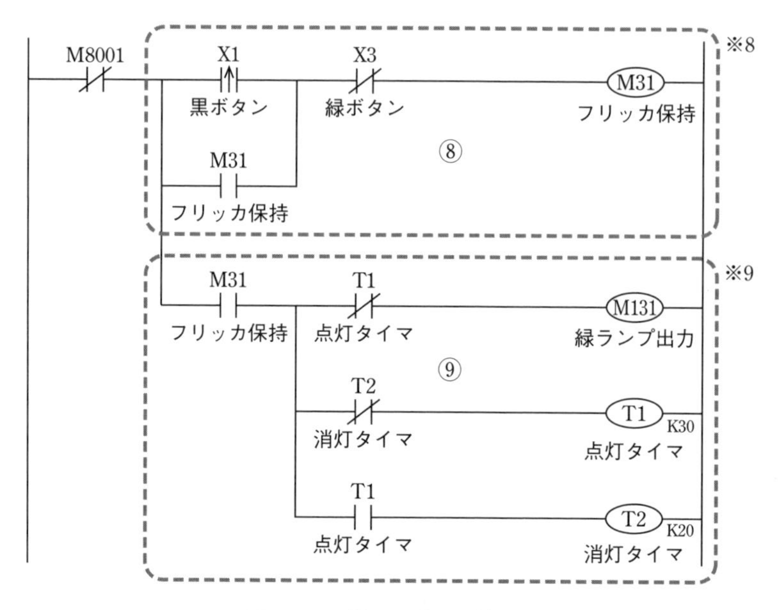

図3･111　緑ランプのラダー図

※8　フリッカの自己保持

⑧　黒ボタン（X1）が押されたタイミングでフリッカを保持する．緑ボタン（X3）を押すとフリッカ保持が解除される．

※9　フリッカの点滅回路

⑨　オンスタートのフリッカ回路，⑧の回路で緑ボタン（X3）が押されるまでフリッカ保持（M31）が入力し続ける．緑ボタン（X3）が押されるとすぐに緑ランプが消灯する．

5. 出力回路のプログラム

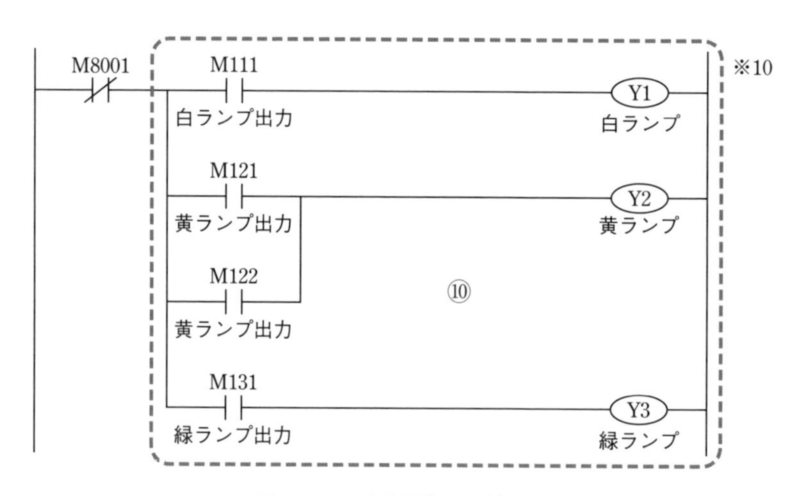

図3･112　出力回路のラダー図

⑩　白ランプ（WL・Y1），黄ランプ（YL・Y2），緑ランプ（GL・Y3）のそれぞれを補助接点出力からリレーコイルの出力へ接続する．

6. プログラム全体図

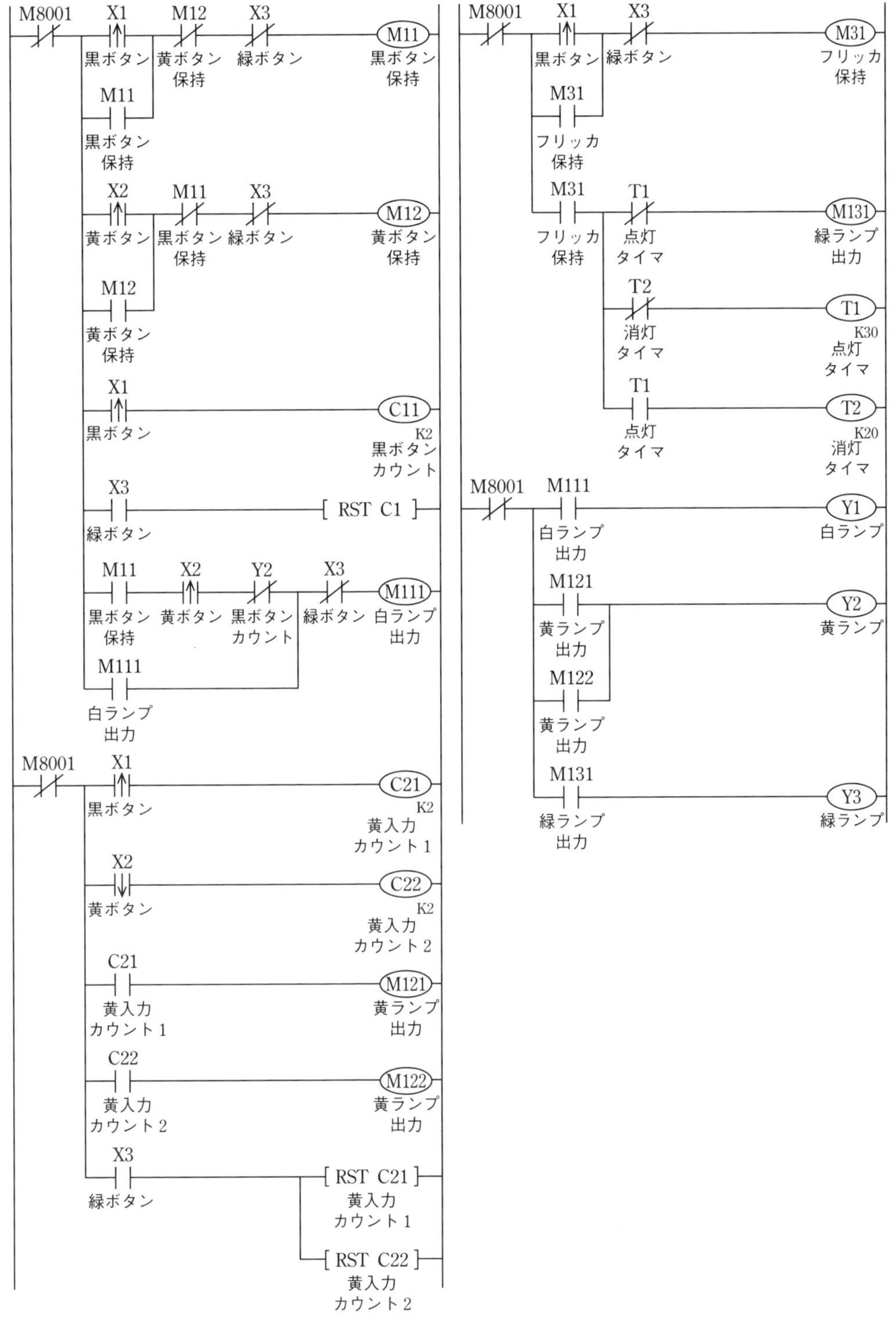

図3･113　プログラム全体図

3-7-6 想定問題5（仕様1）

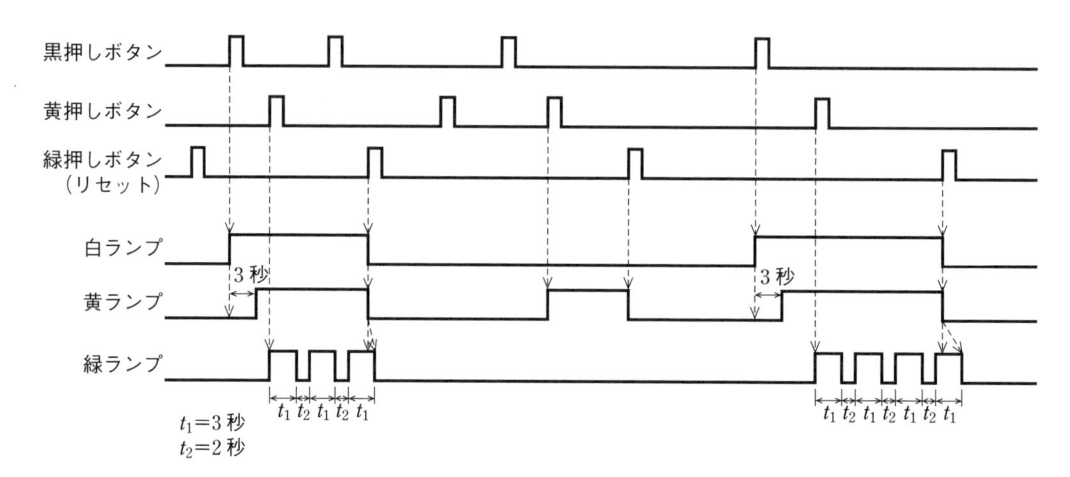

図3･114　タイムチャート

1. はじめに規則性を見つける

入力の回数がその後の動作に関係するときは，スイッチの入力に番号を割り振る．次に以下のようにボタンとランプの動作を整理する．

表3･24　ボタンの動作

ボタン	動　作
黒ボタン	押すたびにカウントする．
黄ボタン	押すたびにカウントする．
緑ボタン	押すたびに黒ボタンと黄ボタンの回数がリセットされる．

表3･25　ランプの動作

ランプ	条　件
白ランプ	点灯：緑ボタンのあと，（黄ボタンを押さずに）黒ボタンを押す． 消灯：緑ボタンを押す．
黄ランプ	点灯：①　緑ボタンのあと，（黄ボタンを押さずに）黒ボタンを押して3秒後．もしくは白ランプが点灯して3秒後． ②　緑ボタンのあと，黄ボタンを2回押す． ※間に黒ボタンが押されてもよい． 消灯：緑ボタンを押す．
緑ランプ	点灯：緑ボタンのあと，黒ボタン，黄ボタンの順に押す（点灯後はランプがフリッカ動作する）． 消灯：緑ボタンを押してフリッカのサイクルで終了．

2. 白ランプ（WL）回路のプログラム

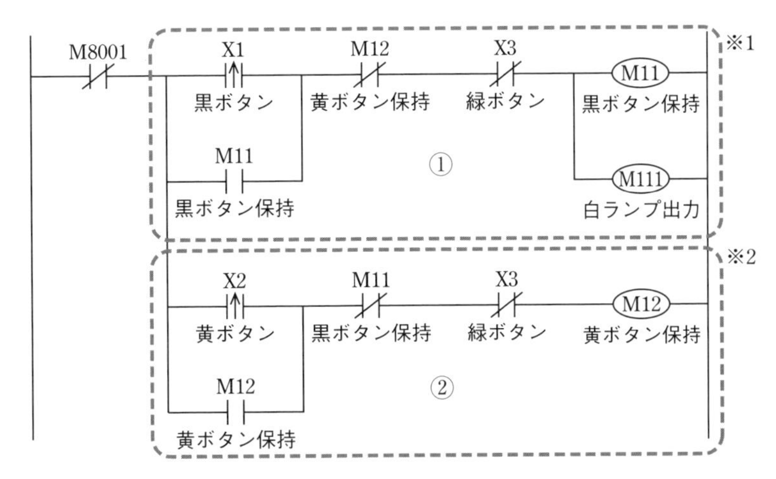

図3･115　白ランプのラダー図

※1　緑ボタン（リセット）の次に黒ボタンを先に押した場合の回路

① リセットのあと，黒ボタン（X1）が先に押されたときに黒ボタンを保持するとともに白ランプに出力される．※2の回路が先に動作した場合には，M12が切断され動作しない．緑ボタン（X3）が押されるとすぐに消灯する．

※2　緑ボタン（リセット）の次に黄ボタンを先に押した場合の回路

② リセットのあと，黄ボタン（X2）が先に押されたときに黄ボタンを保持する．※1の回路が先に動作した場合には，M11が切断され動作しない．

3. 黄ランプ（YL）回路のプログラム

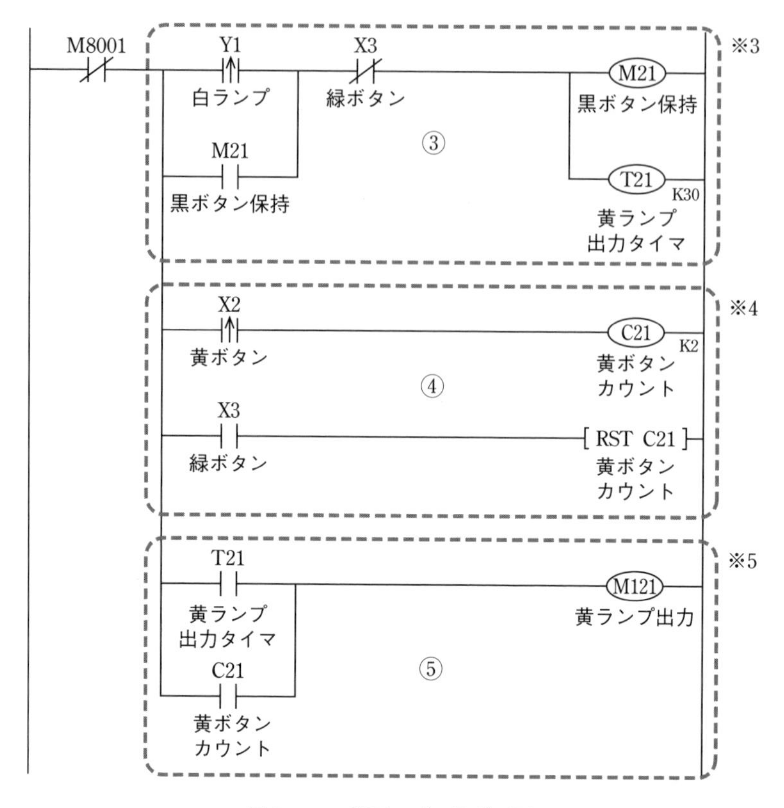

図3・116　黄ランプのラダー図

※3　黄ランプを点灯するための回路（その1）

③　黄ランプ（Y2・YL）の点灯条件の1つが，白ランプ（Y1）が点灯して3秒後となっている．そのため，白ランプが点灯するタイミングをパルス化し，自己保持・タイマ駆動している．

※4　黄ランプを点灯させるための回路（その2）

④　黄ランプ（Y2・YL）の点灯条件のもう1つが，緑ボタン（X3）のあと，黄ボタンを2回押すとなっている．そのため，黄ボタンカウント（C21）でカウントしている．また，緑ボタン（X3）を押すとカウント数をリセットする．

※5　黄ランプへ出力するための回路

⑤　黄ランプ出力タイマ（T21）と黄ボタンカウント（C21）から黄ランプへ出力する．

4. 緑ランプ（GL）回路のプログラム

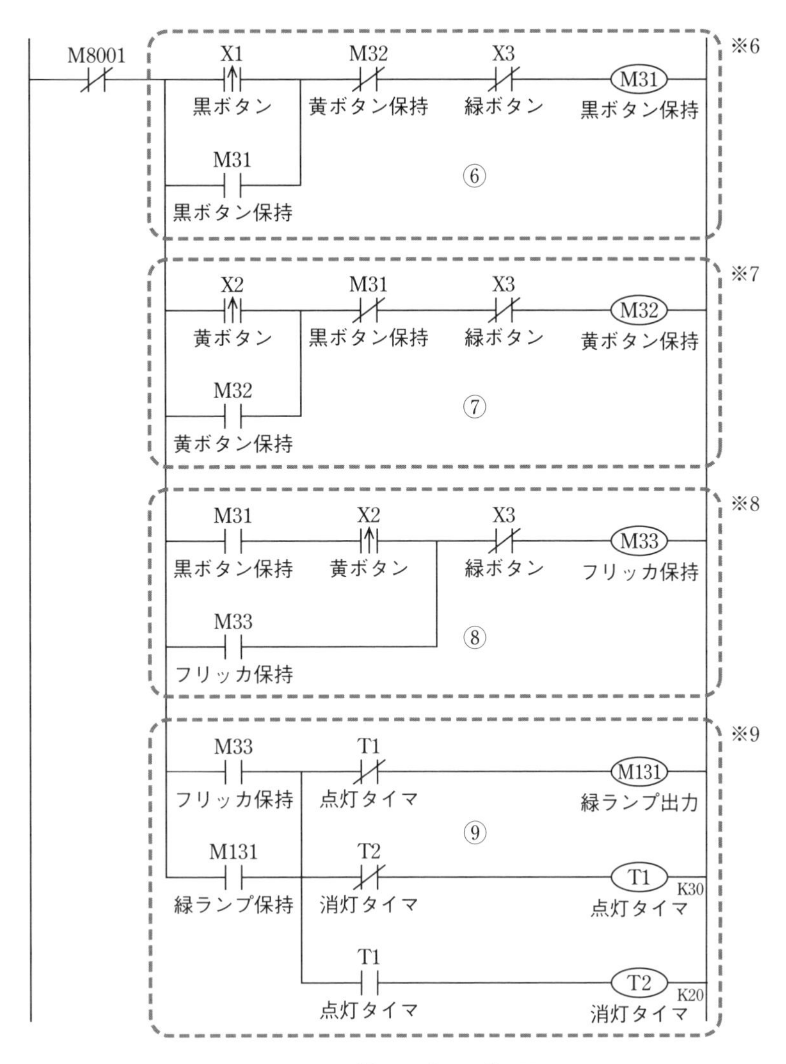

図3・117　緑ランプのラダー図

※6　緑ボタン（リセット）の次に黒ボタンを先に押した場合の回路

⑥　リセットのあと，黒ボタン（X1）が先に押されたときに黒ボタンを保持する．※7の回路が先に動作した場合には，M32が切断され動作しない．

※7　緑ボタン（リセット）の次に黄ボタンを先に押した場合の回路

⑦　リセットのあと，黄ボタン（X2）が先に押されたときに黄ボタンを保持する．※6の回路が先に動作した場合には，M31が切断され動作しない．

※8　フリッカの自己保持

⑧　黒ボタン（M31）が保持された状態で黄ボタン（X2）を押すとフリッカを保持する．緑ボタン（X3）を押すとフリッカ保持が解除される．

※9　フリッカの点滅回路

⑧　オンスタートのフリッカ回路，⑧の回路で緑ボタン（X3）が押されるまでフリッカ保持（M33）が入力し続ける．緑ボタン（X3）が押されたあとは，緑ランプ保持（M131）により，サイクル点灯する．

5. 出力回路のプログラム

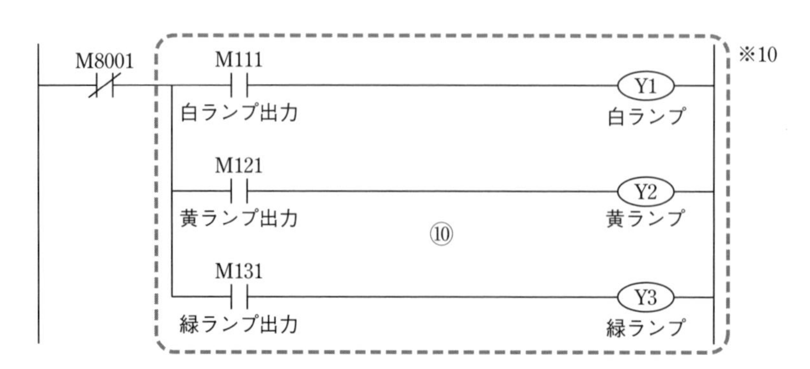

図3・118　出力回路のラダー図

⑩　白ランプ（WL・Y1），黄ランプ（YL・Y2），緑ランプ（GL・Y3）のそれぞれを補助接点出力からリレーコイルの出力へ接続する．

6. プログラム全体図

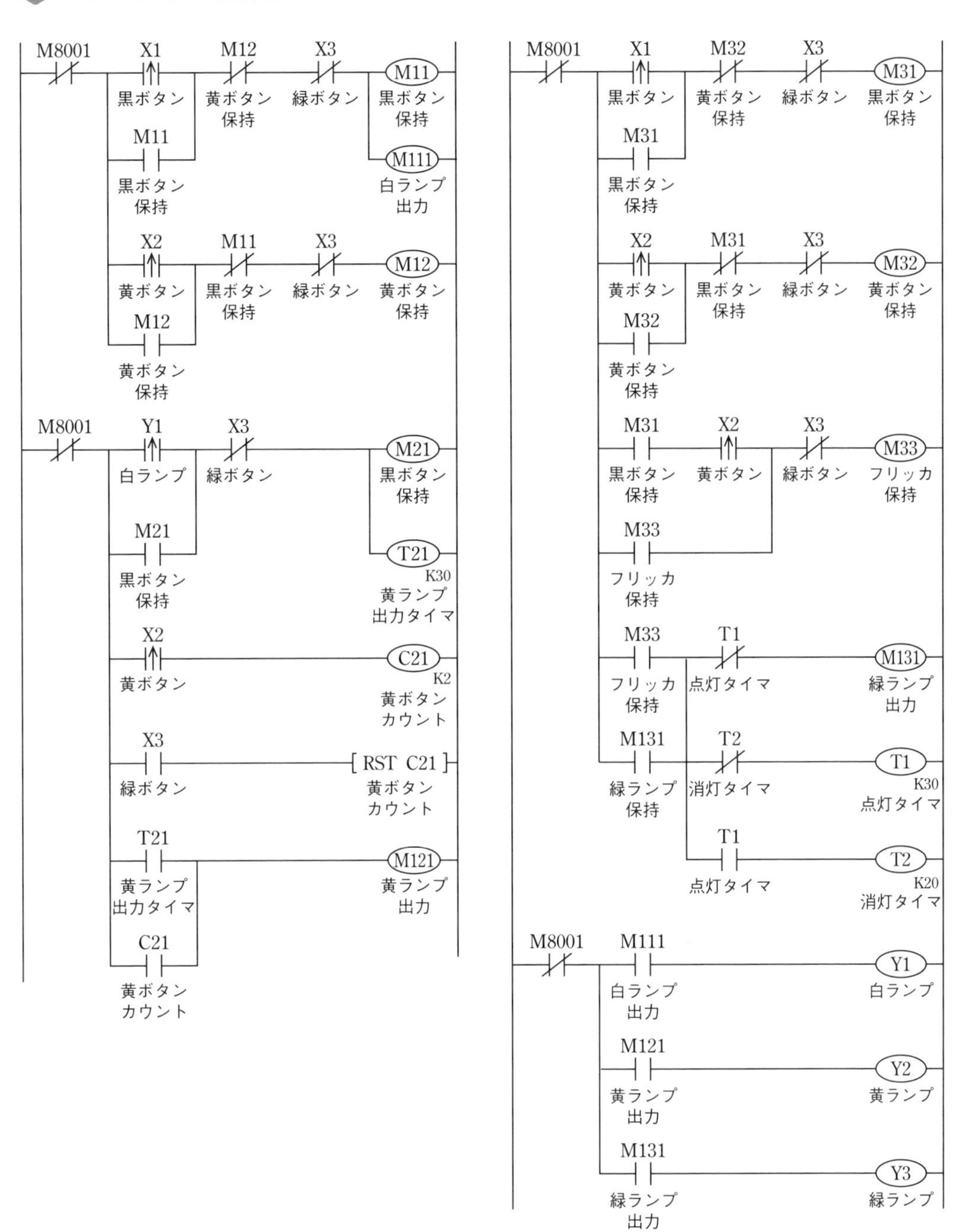

図3・119 プログラム全体図

3-7-7 想定問題 6（仕様 2）

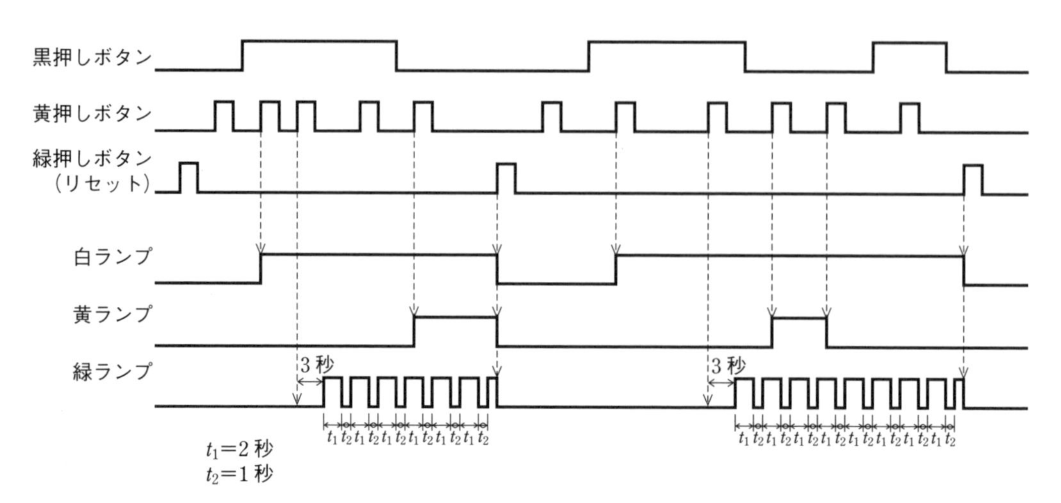

図 3・120　タイムチャート

1. はじめに規則性を見つける

入力の回数が少ないときには，番号を割り振らなくてよい．

以下のようにボタンとランプの動作を整理する．

表 3・26　ボタンの動作

ボタン	動　作
黒ボタン	押すたびにカウントする．
黄ボタン	押すたびにカウントする．
緑ボタン	押すたびに黒ボタンと黄ボタンの回数がリセットされる．

表 3・27　ランプの動作

ランプ	条　件
白ランプ	点灯：黒ボタンを押し続けた状態で黄ボタンを押す． 消灯：緑ボタンを押す．
黄ランプ	点灯：緑ボタンのあと，黒ボタンを押していない状態での黄ボタンのカウントが 2 回になる．※間に黒ボタンを押した状態で黄ボタンが押されていてもよい． 消灯：① 緑ボタンを押す． ② 緑ボタンのあと，黒ボタンを押していない状態での黄ボタンのカウントが 3 回になる．※間に黒ボタンを押した状態で黄ボタンが押されていてもよい．
緑ランプ	点灯：黒ボタンを押し続けた状態で黄ボタンを 2 回押し 3 秒後（点灯後はランプがフリッカ動作をする）． 消灯：緑ボタンを押す．

2. 白ランプ（WL）回路のプログラム

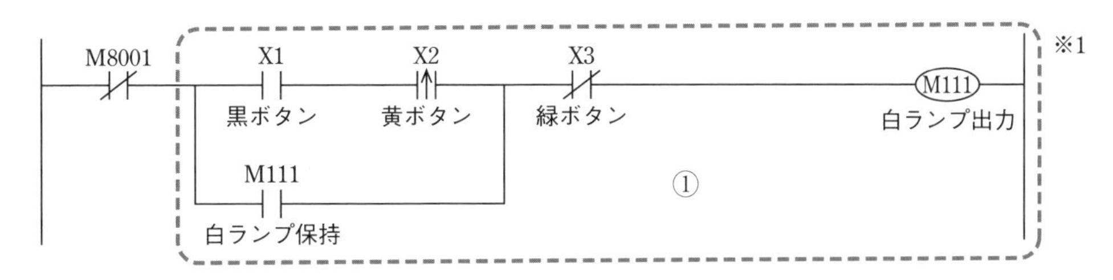

図 3･121　白ランプのラダー図

※1　白ランプへ出力する回路

① 黒ボタン（X1）を押し続けた状態で黄ボタン（X2）を押すと白ランプが点灯する．緑ボタン（X3）を押すとリセットされる．

3. 黄ランプ（YL）回路のプログラム

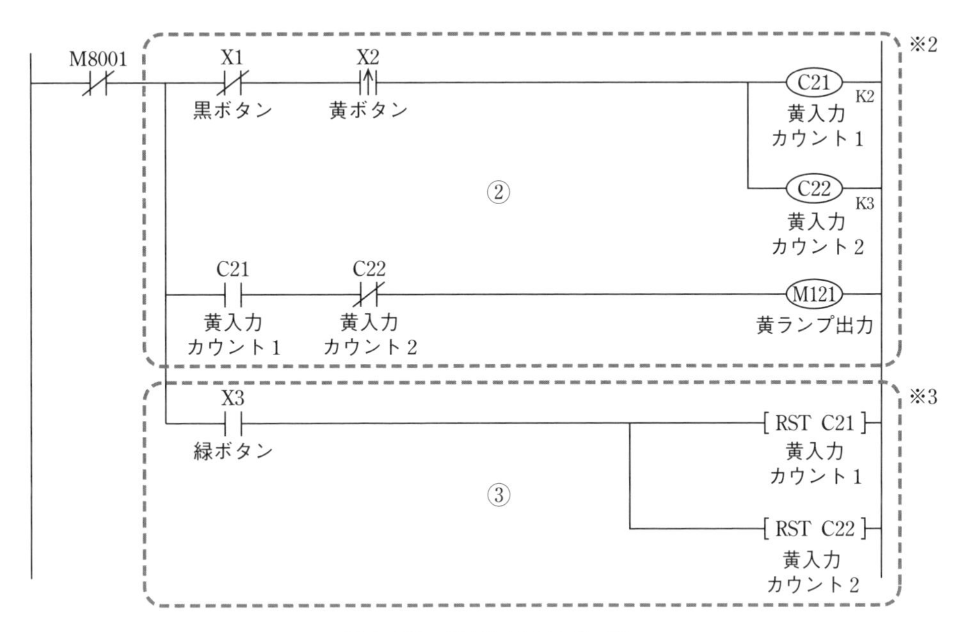

図 3･122　黄ランプのラダー図

※2　黄ランプ出力回路

② 黒ボタンを押さない状態で黄ボタンを押した回数をカウントする．黄入力カウント 1（C21）を点灯の回数カウント，黄入力カウント 2（C22）を消灯の回数カウントに使用する．

※3　リセット回路

③ 緑ボタン（X3）を押すと黄入力カウント 1･2 がリセットされる．

4. 緑ランプ（GL）回路のプログラム

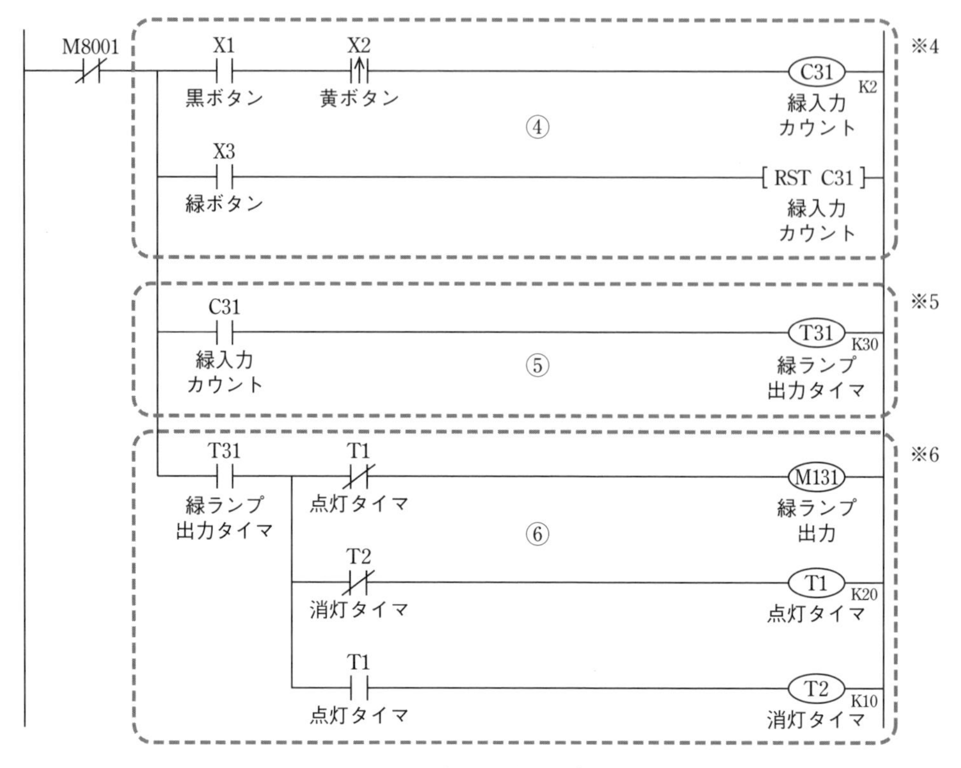

図3･123　緑ランプのラダー図

※4　入力回数カウント回路

④　黒ボタン（X1）を押し続けながら，黄ボタン（X2）を押した回数をカウントする．緑ボタン（X3）を押すとカウント数がリセットされる．

※5　フリッカの保持

⑤　緑入力カウントが入力されると3秒後にフリッカが開始するための回路．カウンタは規定回数に達すると連続して接点出力されるため，自己保持回路を組まなくても入力が続けて保持される．

※6　フリッカの点滅回路

⑦　オンスタートのフリッカ回路，④の回路で緑ボタン（X3）が押されるまで緑ランプ出力タイマ（T31）が入力し続ける．緑ボタン（X3）が押されると緑入力カウント（C31）がリセットされ，それによりタイマの入力がなくなり，タイマ（T31）が切断され緑ランプは即断される．

5. 出力回路のプログラム

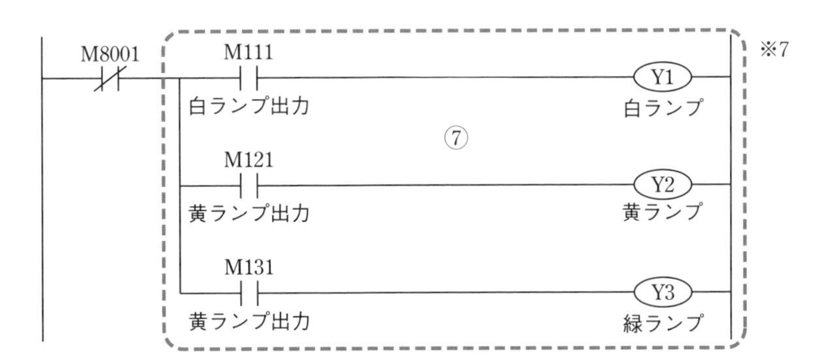

図 3・124 出力回路のラダー図

⑦ 白ランプ（WL・Y1），黄ランプ（YL・Y2），緑ランプ（GL・Y3）のそれぞれを補助接点出力からリレーコイルの出力へ接続する．

6. プログラム全体図

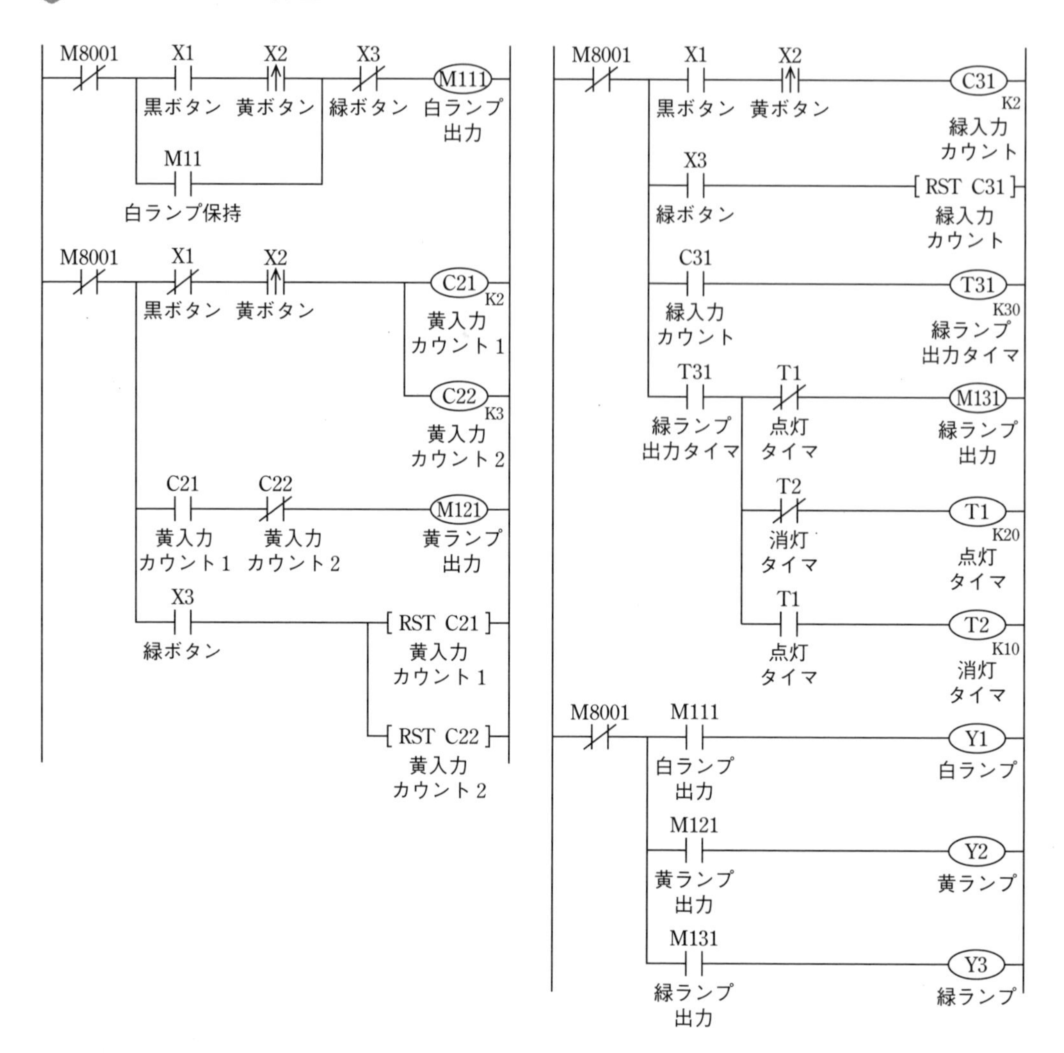

図3・125　プログラム全体図

4章 2級学科試験

試験範囲は，機械系や電気系の知識および品質管理や安全衛生など広範囲から出題される．出題傾向は限定しているので，p.158 以降のこれだけは覚えようの重要事項を確実に暗記しておこう．

4-1 学科試験の概要

4-1-1 2級学科試験の概要

実技試験は都道府県により試験日程が異なるが，学科試験は，等級ごとに全国統一して実施される．学科試験の概要は表4･1のとおり，2級は12月の日曜日に実施している．出題形式は，真偽法（○×式）25問と四肢択一（選択式）25問で計50問出題され，解答はマークシート方式で，試験時間は100分である．合格基準は，100点満点で65点以上が合格となっている．

表4･1　学科試験の概要（機械保全・電気系保全作業）

内　容	2級
学科試験	2級：12月の日曜日
出題形式	真偽法（25問，○×式）と四肢択一法（25問，選択式）
出題数	50問
試験時間	100分
合格点	100点満点で65点以上（33問以上正解で合格）

2級の合格率を表4･2に示す．学科の平均合格率は64.9％で実技は39.4％，最終的な合格率は29％である．

表4･2　2級の合格率〔%〕

	2022年	2021年	2020年	2019年	平均合格率
学科	65.5	62.3	64.1	67.7	64.9
実技	39.9	33.9	41.1	42.5	39.4
合格率	32.2	25.8	29.0	29.2	29.1

受検申請については，個人申請と団体申請がある．個人申請の受験手続きや受検案内は，日本プラントメンテナンス協会のホームページからダウンロードするか，郵送にて入手することができる．

個人申請の受付期間は，例年8月下旬～9月下旬までとなっている．

4-1-2 出題傾向と対策

1・2級の学科試験は広範囲にわたって出題されるが，出題傾向は限定しており同じ問題や類似問題が繰り返し出題されている．

試験科目については，3級とほぼ同じであるが，範囲ならびにその細目については各級によって「1級：詳細な知識を有すること」，「2級：一般的な知識を有すること」，「3級：概略の知識を有すること」の3段階で試験内容の程度が異なっている．

2級の頻出問題は表4·3の通りである．

表4·3

科　目	2級の出題頻度が高い問題
機械一般	・放電加工機，NC工作機械，グラインダと砥石，ポンプ，マシニングセンタ（出題頻度の高い順）
電気一般	・合成抵抗，電力，電力量の計算問題 ・モータの回転方向，リレー，シーケンス制御，インバータ
機械保全法一般	・機械保全計画や故障，点検，記録などの問題 ・平均故障間隔（MTBF），平均修復時間（MTTR），故障の木解析（FTA） ・バスタブカーブ（寿命特性曲線） ・品質管理では，特性要因図，パレート図
材料一般	・ステンレス鋼，焼ならし，焼なまし，焼戻し，焼入れの違い
安全衛生	・砥石交換，危険設備の安全，健康管理，ボール盤の取扱い
電気系保全法	・電気機器（ステッピングモータ，インバータ） ・電子機器（コンデンサ，ダイオード，プログラマブルコントローラ） ・電気・磁気作用（磁気，静電容量，右ねじの法則） ・電子作用（電子放出，原子構造，絶縁体） ・電気・電子回路（直流・交流回路，論理回路，整流回路） ・機械と電気（テスタ，オシロスコープ，ノイズ，リレー） ・その他（圧着端子，はんだ，空気圧，歯車，図記号）

4-2 これだけは覚えよう

1・2級の学科試験は，真偽法25問と四肢択一法25問で50問ある．毎年，同じ問題や類似問題が多く出題されているので，重要事項をしっかり覚えておくこと．

Point

① 過去10年間の2級の問題を分析すると試験問題50問中，30～40問は類似問題である．したがって，下記の重要事項は出題頻度が高いのですべて覚えてから練習問題に取り組むこと．

② 2級の学科試験の平均合格率は約65％である．

4-2-1 重要事項（真偽法）

文章途中の太文字は，よく出題される内容を示す．★は重要項目，★★は最重要項目を示す．

01 **NC工作機械**は，あらかじめプログラムされた順序に従って複雑な形状の加工ができる．また，繰り返して精度の高い均一な加工ができる． ★

02 図1は**フライス盤**の下向き削りで，図2の矢印は**ボール盤**のベースを示す． ★★

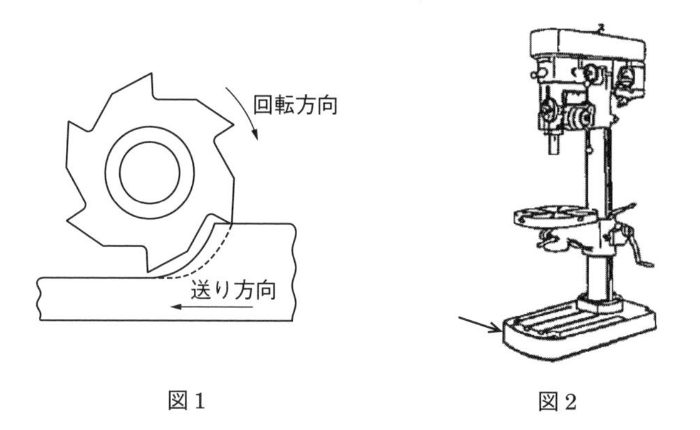

図1　図2

03 電流 I は電圧 V に比例し，抵抗 R に反比例することを**オームの法則**という．式の覚え方は，図3で求めたい単位記号を隠せばよい． ★★

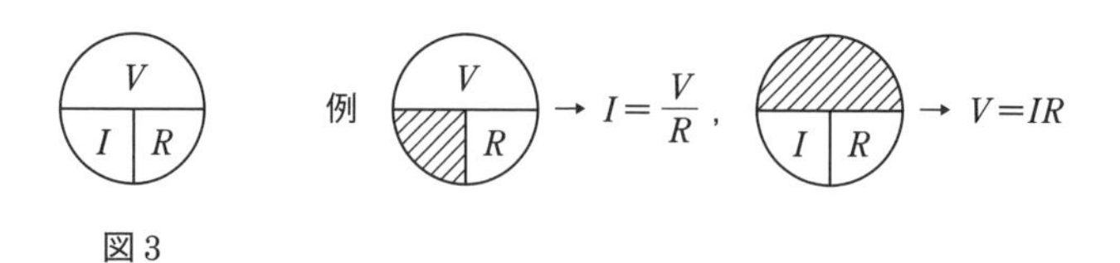

図3

例題　直流電圧が100 V，抵抗10 Ωのとき，流れる電流は10 Aである．

$$I=\frac{V}{R}=\frac{100}{10}=\mathbf{10\ A}$$

04 導体における電気抵抗 R は，導体の長さ l に比例し，断面積 A に反比例する．

$$R = \rho \frac{l}{A} \quad (\rho：抵抗率)$$ ★★

05 図 4 と図 5 の回路に流れる電流を求めよ． ★★

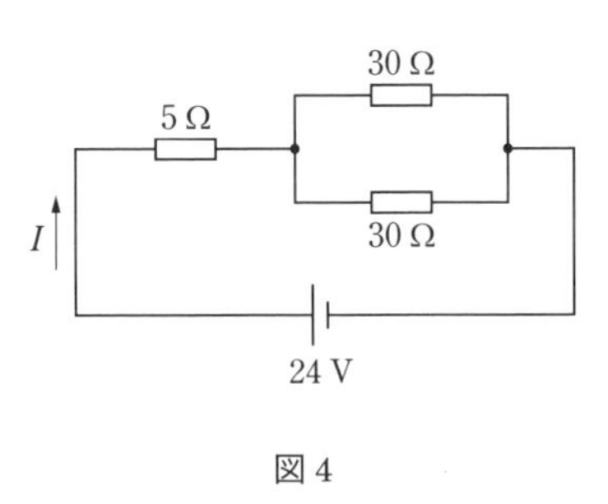

図 4

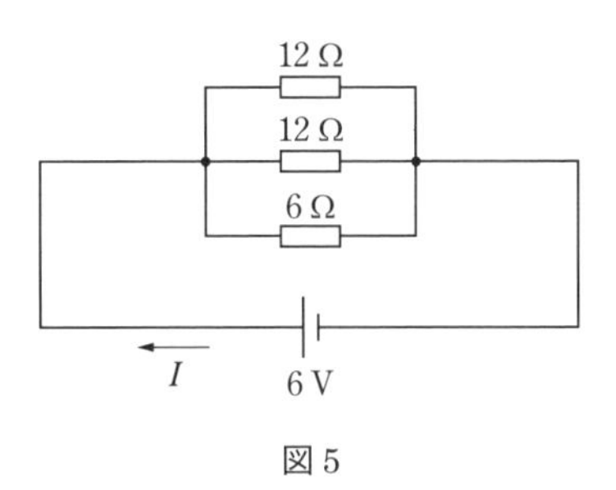

図 5

並列回路 2 個の場合のみ，**和分の積**で合成抵抗 R を求める．
3 個以上の場合は下記のように分けて求める．

図 4 の計算例

$$R = \frac{積}{和} = \frac{30 \times 30}{30 + 30} = 15\ \Omega$$

5 Ω と R の合成抵抗 R_0 を求める．

$$R_0 = 5 + 15 = 20\ \Omega$$

回路に流れる電流 I は

$$I = \frac{V}{R_0} = \frac{24}{20} = \mathbf{1.2\ A}$$

図 5 の計算例

12 Ω と 12 Ω の合成抵抗 R_{12} を求める．

$$R_{12} = \frac{12 \times 12}{12 + 12} = 6\ \Omega$$

次に R_{12} と 6 Ω の合成抵抗 R を求める．

$$R = \frac{6 \times 6}{6 + 6} = 3\ \Omega$$

流れる電流は

$$I = \frac{V}{R} = \frac{6}{3} = \mathbf{2\ A}$$

06 電圧と電流の位相差を θ とするとき，力率は **cos θ** で表される． ★★

07 単相交流の**電力 P** は，電圧×電流×力率で表される． **$P = VI\cos\theta$〔W〕** ★

08 **電力量 W** は，電気がある時間内に仕事をした量で，次式で表す．

電力量〔Wh〕= 電圧〔V〕× 電流〔A〕× 時間〔h〕

また，電力量とは，電力を時間で積分したものである．

09 **直流電動機**において，磁極を逆にすると，回転方向が変わる． ★★

10 **インバータの出力周波数**を変更することにより，誘導電動機の回転数を制御できる． ★

11 三相誘導電動機の速度制御の方法には，インバータ制御がある．また，**三相電源の配線の 2 本を入れ替えると，回転方向が変わる**． ★

12 **シーケンス制御**は，あらかじめ決められた順序に従って各段階を逐次進めていく制御である． ★★

13 **フィードバック制御**は，制御量と目標値を比較して，偏差値を 0 となるように操作する制御をいう． ★★

14 **オンディレータイマ**は，コイルに電圧が印加されてから，設定した時間後に接点が動作する継電器をいう． ★

15 **予知保全**とは，設備の状態や使用状況を検査・診断し，劣化状態から余寿命を予測して，保全の適切な時期と方法を決めることにより寿命限界近くまで使用する保全方式である．

16 **予防保全**とは，定期点検等で一定期間使用したら，故障していなくても交換することにより故障率を低減する保全をいう．

17 **保全予防（MP）**とは，設備の信頼性，保全性，経済性，操作性，安全性などの向上を目的として，保全費や劣化損失を少なくする活動である．

18 **事後保全（BM）**は，事故や故障が生じてから修理・復元をする方法である．

19 **時間基準保全（TBM）**は，一定の周期で行う保全方式をいう．★★

20 **改良保全**とは，故障が起こりにくい設備への改善，または性能向上を目的とした保全活動である．★

21 **保全計画**は，日常点検計画，定期点検計画，定期修理計画，検査計画および保全要員計画や改良保全計画も含まれる．

22 **故障モード**とは，亀裂，折損，焼付き，断線，短絡などの故障状態をいう．★

23 **故障率**$=\dfrac{\text{故障停止時間の合計}}{\text{負荷時間の合計}}$

故障強度率$=\dfrac{\text{故障停止時間の合計}}{\text{負荷時間の合計}}\times 100$

故障度数率$=\dfrac{\textbf{故障停止回数}\text{の合計}}{\text{負荷時間の合計}}$

24 **MTBF（平均故障間隔）**とは，故障した設備が修復してから，次に故障するまでの動作時間の平均値をいう．★

25 **MTTR（平均修復時間）**とは，数回の故障で停止した時間の平均をいう．★★

26 **CBM（状態基準保全）**とは，設備の劣化状態などを把握して，保全の時期を決める方法をいう．★

27 **工事計画**には，**ガントチャート法**，**PERT 法**がある．★★

28 **PERT 法**とは，工事などの企画の手順計画を矢線図に表示し，時間的要素を中心として計画の評価，調整および進度管理を行う手法をいう．

29 **FTA（故障の木解析）**とは，故障，事故の要因を探る解析手法をいう．★

30 **FMEA** とは，**故障モード影響解析**と呼ばれる解析手法である．★

31 **バスタブ曲線（寿命特性曲線）**とは，設備の故障率を稼働時間で示した曲線で，初期故障期，偶発故障期，摩耗故障期がある．★★

偶発故障期は，装置の故障率がほぼ一定とみなせる期間のことをいう．

摩耗故障期は，事前の検査または監視によって故障の予知が可能である．

32 保全管理の向上および最適化のためには，点検項目は少ないほどよい．★

33 **フェイルセーフ設計**とは，設備が故障しても，安全に動作したり，全体の故障や事故にならず，安全性が保たれるように配慮した設計をいう．★★

34 ボルトの緩みを発見した場合，二重ナットにするには，**先に薄いナット**を取り付け，その上に厚いナットを取り付ける．★

35 ポンプの点検時にグランドパッキンからの漏れを発見した場合，パッキンの冷却と潤滑のため，若干の漏れが必要となるので，完全に漏れなくなるまで，締め付けてはいけない． ★

36 外側用マイクロメータの測定範囲は，誤差や使用上の点から 25 mm 単位で最大 500 mm まで規格化されている．

37 **V ベルト駆動**では，ベルトの底面とプーリ溝底との間に適度なすきまがあるのが正常である． ★

38 **ヒストグラム**（**度数分布図**）は，計量値データをいくつかの区分に分けて，それらの区間に含まれるデータの度数を棒グラフで表した図で，規格値からのズレやバラツキなどの中心傾向，出現度数の幅，形状を表すことができる． ★★

39 **散布図**は，2 つの特性を横軸と縦軸とし，観測値を打点して作るグラフ表示で，相互の関係の強弱を推察するのに用いる．

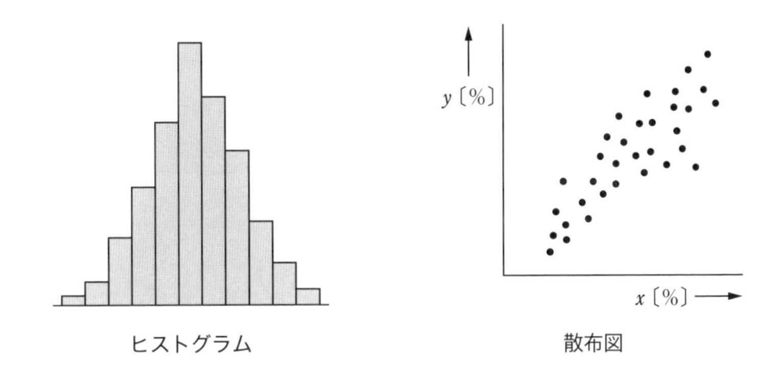

ヒストグラム　　散布図

40 2 つの変数間に相関関係があるかどうかを見る場合，**ヒストグラムよりも，散布図を作成**した方がよい． ★★

41 **特性要因図**とは，特定の結果と原因系の関係を統計的に表した図である．また，要因を多く出すことが重要であり，4M（人：Man，機械：Machine，材料：Material，方法：Method）を要因としてもよい．

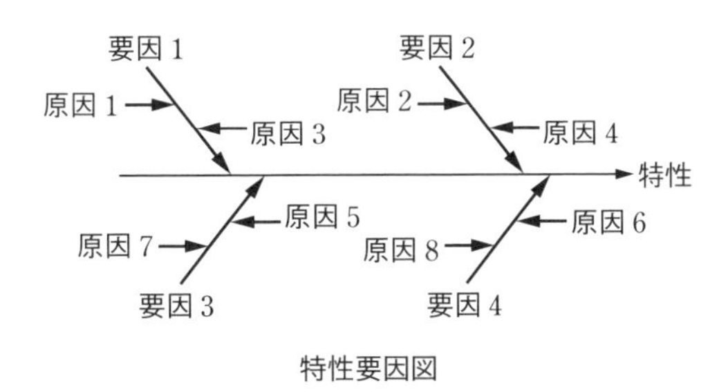

特性要因図

42 **パレート図**とは，問題点などを項目別に層別して，出現度数の大きさの順に並べるとともに，累積和を示した図をいう．

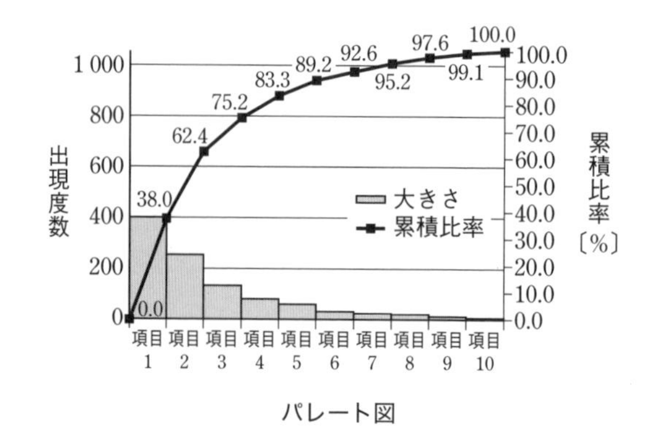

パレート図

43　正規分布をする母集団では，3σ 管理限界を外れる確率は，約 0.3%（1000 分の 3）である．★★

44　**抜取検査**において，合格とすべきものが不合格となってしまう誤りを**生産者危険（危機）**といい，不合格になる確率をいう．また，抜取検査は，製品が多数のものや検査項目が非常に多いものに適している．★★

45　**管理図**において，管理したい値が**上方管理限界と下方管理限界**の内側にあり，値の並び方に癖がない状態のことを「工程は統計的管理状態にある」という．

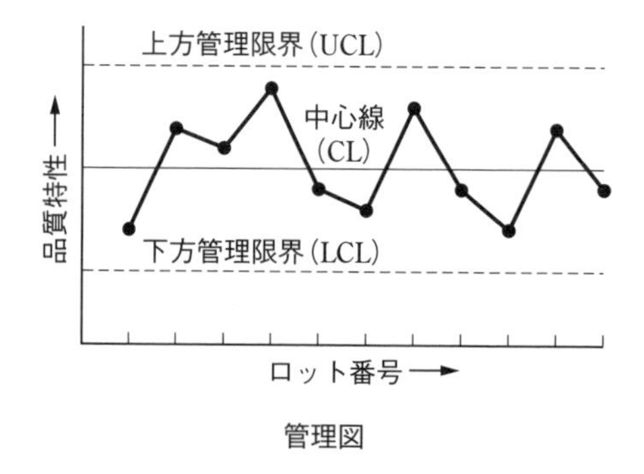

管理図

46　***np* 管理図**は不良個数，*p* 管理図は不良率を管理するための管理図といわれる．★★

47　**18-8 ステンレス鋼**は，クロム約 18％，ニッケル約 8％の割合で含有する合金鋼である．また，**ステンレス鋼**は，クロム含有量 10.5％以上，炭素含有量 1.2％以下の鋼と定義されている．★★

48　**ジュラルミン**は，Al を主成分とした，Cu と Mg を含む合金である．★

49　金属材料の熱処理と目的

①　**焼なまし**：適当な温度に加熱して，ある時間保持した後，炉中で徐々に冷却することをいう．目的は硬いものを軟らかくすることである．

②　**焼ならし**：適当な温度に加熱した後，空中で放冷することをいう．目的は鋼の組織を均一にすることである．

③　**焼入れ**：加熱した後，水等で急冷することをいう．目的は硬さを増大させることである．

④　**焼戻し**：焼入れ後，再度加熱し，その後一定時間保持した後に徐冷することをいう．目的は硬さを減らし，粘り強さを増加させることである．

50　焼入れした鋼は，粘り強さを与えるため一般的に**焼き戻し**を行う．★

51　労働安全衛生関係法令によれば，研削砥石については，その日の作業を**開始する前には 1 分間以上**，砥石を**取り替えたときには 3 分間以上試運転**をしなければならない．★★

52　**労働安全衛生関係法令**によれば，機械の回転軸，ベルトなどで危険を及ぼす恐れのある部分には，覆い，囲いなどを設けなければならない．★★

53　**労働安全衛生規則**によれば，ボール盤作業では，手袋の着用は禁止されている．

54　**労働安全衛生法**には，「健康の保持増進のための措置」という項があり，健康管理に関する項目が規定されている．

55　労働災害に関する指標の中で，**年千人率**は，下記の式で求められる．

年千年率＝(1 年間の死傷者数÷ 1 年間の平均労働者数)×1 000　★

56　**クレーン等安全規則**によると，玉掛け作業において，ワイヤロープの直径の減少が公称径の 7％を超えるものは使用不可である．★

57　消火器に付けられている青色，黄色および白色の円形標識のうち，**青色は電気火災**に適していることを意味する．また，火災の性質により下記の 3 種類に分類される．★★

A 火災（普通火災）……白色の標識，木材・紙・衣類などが燃える火災
B 火災（油火災）………黄色の標識，石油・ガソリン・油類が燃える火災
C 火災（電気火災）……青色の標識，電気設備などが燃える火災

58　空気中の**酸素濃度が 16％**の場合，酸素欠乏状態にあるといえる．★★

4-2-2　重要事項（四肢択一法）

Point
① 問題文の下に解答を記載したので，解答を隠して解くこと．
② 類似問題が多数出題されているので，繰返し解答しながら覚えること．

01　文中の下線で示す部分のうち，適切でないものはどれか．★

インバータは，直流を交流に変換する装置（ア）であり，これを電動機制御に応用すると，従来は速度制御が困難であった誘導電動機（イ）や同期電動機（ウ）の可変速駆動が容易にできる．特に，かご形誘導電動機は回転子やブラシが無く（エ）保守が容易である．

解説

かご形はブラシは無いが回転子はある．速度制御は周波数を変化させて回転数を制御するインバータ駆動方式が主流である．

解答：**エ**

02　誘導電動機の速度制御に関する記述のうち，適切でないものはどれか．　★

ア　回生制動において，極数を切り換えると停止する．

イ　回生制動は，機械制動に比べてエネルギー効率がよい制動方法である．

ウ　極数変換電動機の極数を少ない方から多い方に切り換えることにより回転数が小さくなる．

エ　一次周波数制御において，周波数を高い方から低い方に切り換えることにより回転数が小さくなる．

解説

回生制動において，極数を切り替えても停止までの制動はできない．　解答：**ア**

03　2相式ロータリエンコーダに関する記述のうち，適切なものはどれか．　★

ア　A相とB相は，同相で，出力電圧が異なる．

イ　A相を反転したものがB相である．

ウ　A相とB相は，45°の位相差がある．

エ　A相とB相は，90°の位相差がある．

解説

ロータリエンコーダは，モータ等の回転体の変位量を電気信号に変換するセンサの1つで，A相とB相の位相差（パルスの立上り差）は90°である．　解答：**エ**

04　電磁開閉器に関する記述のうち，適切なものはどれか．

ア　電磁接触器から熱動過負荷継電器を外したものである．

イ　電磁接触器に熱動過負荷継電器を加えたものである．

ウ　電磁接触器にヒューズを加えたものである．

エ　電磁接触器から遮断器を外したものである．

解説

電磁開閉器は，熱動過負荷継電器（サーマルリレー）を加えたものである．

解答：**イ**

05　直流の電気回路に関する記述のうち，適切でないものはどれか．　★★

ア　1Wの電力を1時間使用すると，発生する熱量は，1Jである．

イ　1Ωの抵抗に1Aの電流を流すために必要な電圧は，1Vである．

ウ　1秒間に1Cの電荷が移動するときに流れる電流は，1Aである．

エ　1Vの電圧で1Aの電流が流れたときの電力は，1Wである．

解説

電力 $P=I^2R=VI=V^2/R$〔W〕　電力量 $W=Pt$ で t が秒数の場合は，ジュール〔J〕，t が時間の場合は，ワット時〔Wh〕で示す．　解答：**ア**

06 磁界の中で導線に電流を流すと力が発生する．このときの力の向きを求めるための法則として，正しいものはどれか． ★

ア 右ねじの法則
イ フレミング右手の法則
ウ フレミング左手の法則
エ 電磁誘導の法則

解説

磁界の中で導線に電流を流すと力が発生し，このときの力の向きは，フレミングの左手の法則によって求める． 解答：**ウ**

07 測定項目と計測器の組合せとして，誤っているものはどれか． ★★

	［測定項目］	［計測器］
ア	抵抗	回路計
イ	波形	オシロスコープ
ウ	電流	クランプメータ
エ	周波数	回転計

解説

周波数は周波数計またはオシロスコープで測定する． 解答：**エ**

08 図の交流回路は負荷の電圧・電流・電力を測定する回路である．図中に示す計器 a，b，c の組合せとして，適切なものはどれか．

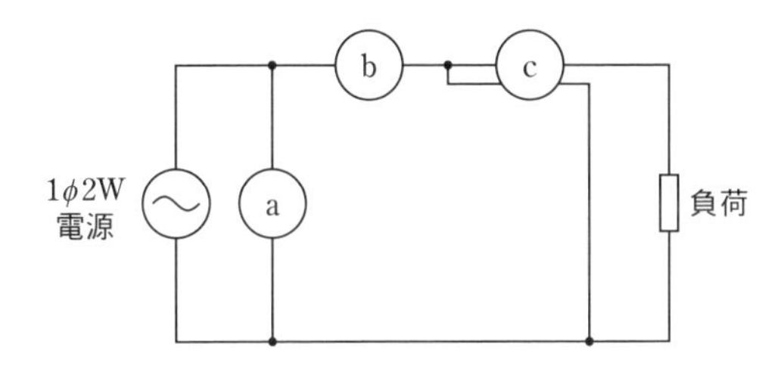

	a	b	c
ア	電流計	電圧計	電力計
イ	電力計	電流計	電圧計
ウ	電圧計	電力計	電流計
エ	電圧計	電流計	電力計

解説

各計器の a は電圧計，b は電流計，c は電力計である． 解答：**エ**

09 交流単相負荷の力率を測定する場合，必要な測定器の組合せとして，適切なものはどれか． ★★

ア 電圧計・周波数計・電力計
イ 電圧計・電流計・周波数計
ウ 電圧計・電流計・電力計
エ 電流計・電力計・周波数計

解説

ウの**電圧計**，**電流計**，**電力計**から力率を求める．　　解答：**ウ**

10　200 V用のヒータの使用時の抵抗が50 Wであるとき，このヒータの消費電力として，正しいものはどれか．

ア　800 W　　イ　400 W　　ウ　4 W　　エ　0.25 W

解説

抵抗負荷の力率 $\cos\theta$ は1であるから，単相交流の電力は

$$P = \frac{V^2}{R}\cos\theta = \frac{200^2}{50} \times 1 = \mathbf{800\ W}$$

解答：**ア**

11　線間電圧が200 V，線電流が15 A，負荷の力率が80 % の平衡三相交流回路の電力として，適切なものはどれか．　★

ア　2.4 kW　　イ　4.2 kW　　ウ　7.2 kW　　エ　9.0 kW

解説

三相交流の電力は

$$P = \sqrt{3}\,VI\cos\theta = 1.73 \times 200 \times 15 \times 0.8 = 4\,152\ \text{W} = \mathbf{4.2\ kW}$$

解答：**イ**

12　下図の正弦波交流波形に関する記述のうち，適切でないものはどれか．　★

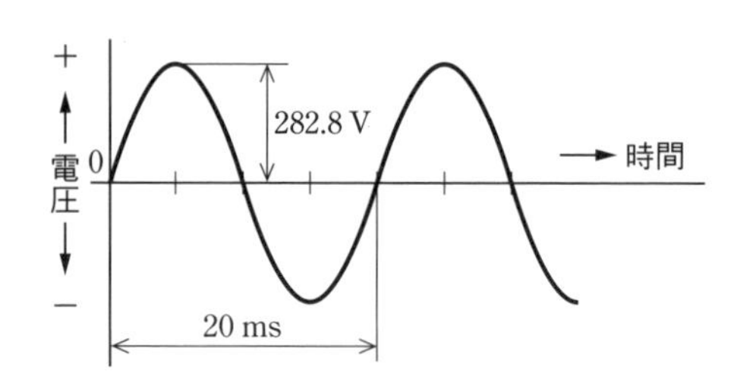

ア　交流波形の周波数は，50 Hz である．

イ　交流波形の最大値は，282.8 V である．

ウ　交流波形の実効値は，約 200 V である．

エ　交流波形の平均値は，約 190 V である．

解説

ア．**周波数** $f = \dfrac{1}{T(\text{周期})} = \dfrac{1}{20\ \text{ms}} = \mathbf{50\ Hz}$ で正しい．

イ．最大値は波形の最大の値で **282.8 V** で正しい．

ウ．**実効値** $= \dfrac{\text{最大値}}{\sqrt{2}} = \dfrac{282.8}{1.41} =$ **約 200 V** で正しい．

エ．**平均値** $=$ **最大値** $\times \dfrac{2}{\pi} = \dfrac{282.8 \times 2}{3.14} =$ **約 180 V** で適切ではない．　解答：**エ**

13　論理回路に関する記述の（　　）内に入る語句として，正しいものはどれか．　★★

2 つ以上の入力信号がある場合，すべての入力が 0 のときに，出力が 1 となり，1 つでも入力に 1 があると，出力が 0 となる論理回路を（　　）回路という．

ア　OR　　イ　AND　　ウ　NOR　　エ　NAND

解説

問題文は，ウの **NOR**（論理和の否定）である（他の記号と式を示す）．

記号（ミル記号）	名　称	論理式
A B Y	AND（論理積）	$A \cdot B$
A B Y	NAND（論理積の否定）	$\overline{A \cdot B}$
A B Y	OR（論理和）	$A+B$
A B Y	NOR（論理和の否定）	$\overline{A+B}$
A B Y	EOR（排他的論理和） 不一致論理ともいう	$\overline{A}B+A\overline{B}$

解答：**ウ**

14　正常運転していた三相誘導電動機が異常発熱した．この場合の対応処置として，適切でないものはどれか．　★

ア　欠相していないかを点検する．

イ　電源電圧を点検する．

ウ　電磁開閉器を点検する．

エ　接地状態を点検する．

解説

エの接地状態による原因では，異常発熱は生じない．　解答：**エ**

15　交流電動機の用途と種類の組合せとして，もっとも適切なものはどれか．　★

交流電動機の用途	交流電動機の種類
ほぼ定速の負荷 （ポンプ，ブロワ，工作機械など）	A
大きな始動トルクおよび速度制御を必要とする負荷 （クレーンなど）	B
広範囲な速度制御を必要とする小容量の負荷 （電気掃除機，電気ドリルなど）	C
速度不変の大容量負荷 （コンプレッサ，送風機，圧延機など）	D

ア　A：整流子電動機　B：同期電動機
　　C：かご形三相誘導電動機　D：巻線形三相誘導電動機
イ　A：巻線形三相誘導電動機　B：整流子電動機
　　C：同期電動機　D：かご形三相誘導電動機
ウ　A：整流子電動機　B：かご形三相誘導電動機
　　C：巻線形三相誘導電動機　D：同期電動機
エ　A：かご形三相誘導電動機　B：巻線形三相誘導電動機
　　C：整流子電動機　D：同期電動機

解説

エの各電動機の用途と種類がもっとも適している．　解答：**エ**

16　電気材料に関する記述のうち，適切でないものはどれか．　★★

ア　電気用アルミニウム線は，銅に比べパーセント導電率が高い．
イ　電気機器の巻線には，裸銅線などを絶縁物で被覆したものを使用する．
ウ　導電材料として一般的に使用されるものは銅で，銅の他にアルミニウムや黄銅などが用いられることもある．
エ　軟銅は，硬銅よりも抵抗率が低い．

解説

電気用アルミニウム線は，銅に比べパーセント導電率が低い．　解答：**ア**

17　リレーの接点が復帰しない場合の原因推定方法として，適切でないものはどれか．

ア　リレーの接点が溶着していないか調べる．
イ　迂回路によって電圧が印加していないか調べる．
ウ　供給電源側のブレーカが落ちていないか調べる．
エ　リレーが機械的破損していないか調べる．

解説

ブレーカが落ちていれば復帰するので不適切である．　解答：**ウ**

18 半導体材料として，適切なものはどれか． ★
　ア 黒鉛
　イ シリコン
　ウ ケイ素鋼
　エ 塩化ビニル樹脂

解説

半導体は**シリコン**である．黒鉛は炭素から成る導体，ケイ素鋼は磁心材料，塩化ビニル樹脂は絶縁物として利用されている． 解答：**イ**

19 ノイズの除去に関する記述のうち，適切でないものはどれか． ★
　ア 静電誘導ノイズ対策をする場合，シールド線を両端で確実に接地する．
　イ 信号線を撚り合わせて電磁誘導ノイズを打ち消す．
　ウ フィルタやノイズカットトランスを入れる．
　エ 動力線の接地場所と信号線の接地場所は，別に設ける．

解説

シールド線の接地は電磁誘導対策に用いる．静電誘導ノイズ対策には，静電シールドを行う． 解答：**ア**

20 三相誘導電動機回路の漏れ電流の有無を，クランプ式電流計を用いて測定する場合の測定方法として，適切なものはどれか．なお，点線は接地線を示す． ★

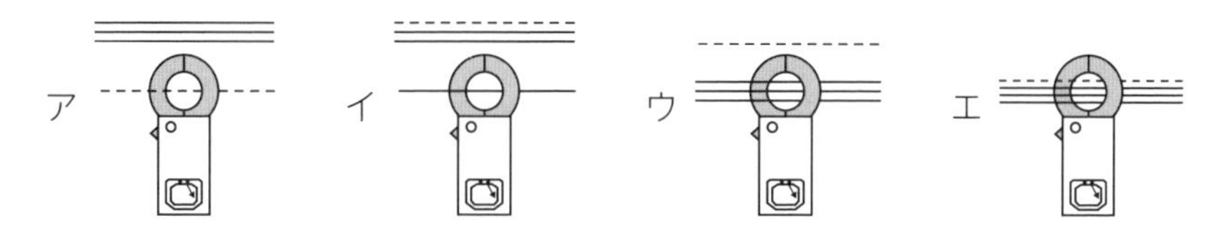

解説

漏れ電流の測定方法は，全相をまとめてクランプする方法と接地線をクランプ（電動機が接地線で接地されている場合）する方法がある． 解答：**ア・ウ**

21 電気設備に関する技術基準を定める省令において，絶縁電線の接続の条件として，適切でないものはどれか． ★
　ア 接続箇所は，その絶縁電線と同等以上の絶縁効力のあるもので十分に被覆する．
　イ 接続箇所には，接続管その他の器具を使用する，またはろう付けする．
　ウ 電線の電気抵抗を増加させない．
　エ 電線の引張強度を 30％ 以上減少させない．

解説

電線接続の条件として，電気抵抗を増加させないこと．引張り強さを**20％以上減少させない**こと．
解答：**エ**

22　下図に示す固定抵抗器において，抵抗値の許容差を示す箇所として，適切なものはどれか．

ア　A
イ　B
ウ　C
エ　D

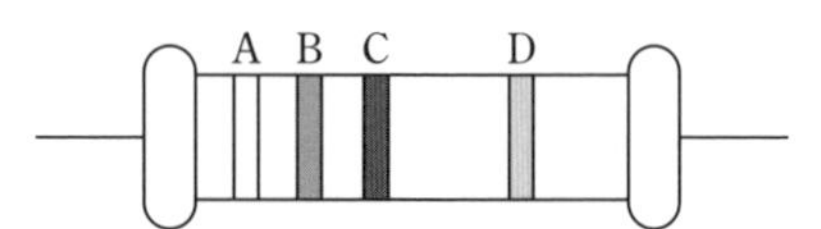

解説

A は第一数字，B は第 2 数字，C は乗数，D は許容差を示す．
解答：**エ**

23　機械の電気設備に関する記述のうち，適切でないものはどれか．★

ア　電気設備は，硫化水素ガス（H_2S）の使用は特に問題ない．
イ　点検開始に先立って，電源スイッチ切りの指差呼称をした．
ウ　端子台について，端子のねじを増締めした．
エ　絶縁物について汚損や異物の付着を目視点検した．

解説

電気設備には，絶縁性と消弧能力が優れた六フッ化硫黄ガス（SF_6）が用いられる．硫化水素ガスは腐食性ガスのため使用されない．
解答：**ア**

24　次の図記号①～④とその説明（A）～（H）の組合せとして，適切なものはどれか．

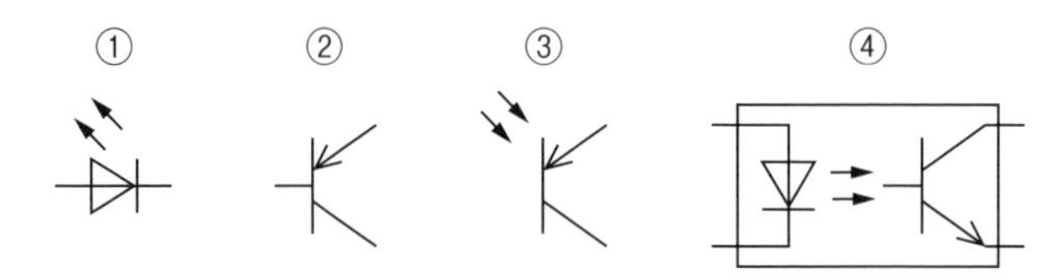

（A）ダイオード　（B）発光ダイオード　（C）PNP 型トランジスタ
（D）NPN 型トランジスタ　（E）フォトダイオード　（F）フォトトランジスタ
（G）光導電セル　（H）フォトカプラ

	①	②	③	④
ア	A	C	F	G
イ	B	C	F	H
ウ	B	D	E	F
エ	H	D	E	G

解説

①はB（発光ダイオード），②はC（PNP型トランジスタ），③はF（フォトトランジスタ），④はH（フォトカプラ）である．

解答：**イ**

25　軸継手に関する記述のうち，適切でないものはどれか．

ア　固定軸継手は，2軸の軸心が正しく一致している場合に用いる．

イ　たわみ軸継手は，2軸の軸心を正しく一致させにくい場合や，衝撃，振動を受けやすい場合に用いる．

ウ　自在軸継手は，2軸の軸心が一定の角度で交わる場合に用いる．

エ　クラッチは，2軸の連結を必要に応じて断続する場合に用いる．

解説

自在軸継手は，回転する2軸の交わる角度をある範囲内で自由に変えられる軸継手をいう．

解答：**ウ**

26　歯数が18と54の歯車を組み合わせた一対の平歯車において，小歯車を毎分1 500回転させたときの大歯車の回転数として，正しいものはどれか．　★

ア　毎分150回転

イ　毎分500回転

ウ　毎分750回転

エ　毎分4 500回転

解説

回転数と歯数は反比例するので，$n = \dfrac{18 \times 1\,500}{54} =$ **500回転**となる．

解答：**イ**

27　ねじに関する文中の（　）内に当てはまる語句として，適切なものはどれか．　★★

「ねじの（　）とは，ねじを1回転したときに，ねじが軸方向に移動する距離のことである.」

ア　ピッチ

イ　有効径

ウ　呼び径

エ　リード

解説

ピッチは，ねじの山と山の距離のこと．

有効径は，ねじ山とねじ溝の幅が等しくなるような仮想的な円筒の直径のこと．

呼び径は，ねじ山部の外径をmmで表したもの．

リードは，ねじを一回転したときに，ねじが軸方向に移動する距離のこと．

解答：**エ**

28　油圧・空気圧装置に関する文中の（　）内に当てはまる文章として，適切でないものはどれか．

「油圧装置は，空気圧装置と比べ，（　）.」

ア　温度変化によるアクチュエータの出力，速度への影響が小さい

イ　運転速度の調整が容易である

ウ　小型で大きな出力を得ることができる

エ　アクチュエータの位置決め精度が高い

解説

温度変化によるアクチュエータの出力，速度への影響は大きい．　解答：**ア**

29　下図はキリ穴の加工位置を示した図面である．図中の（　）内に当てはまる数値として，適切なものはどれか．★★

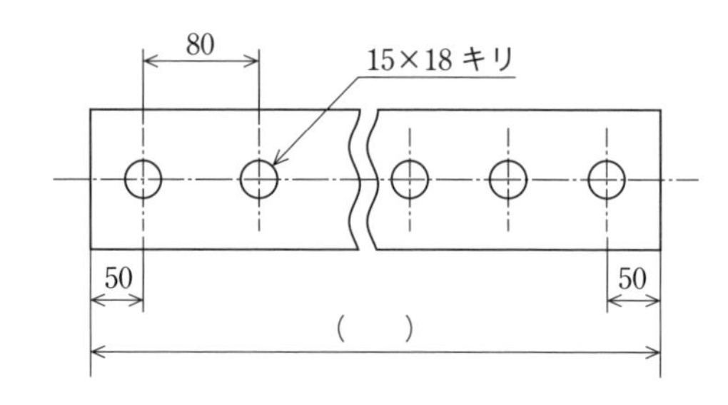

ア　1 060

イ　1 140

ウ　1 220

エ　1 300

解説

18キリの穴が80間隔で15個あるので図の長さを求めると

$50 + 50 + (15 - 1) \times 80 = 1\,220$　解答：**ウ**

30　日本産業規格（JIS）によれば，下記の電気用図記号のうち，誤っているものはどれか．

ア　遮断器

イ　引きボタンスイッチ

ウ　自動復帰しないメーク接点（a接点）

エ　瞬時動作限時復帰のブレーク接点（b接点）

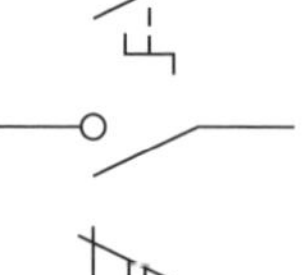

 解説

イの図記号は，ひねりスイッチである．

エの図記号は，入力信号が入ると瞬時に動作（開路）し，入力信号を取り去ると，限時（設定時間）後に復帰（閉路）するスイッチである．　解答：**イ**

31 日本産業規格（JIS）の電気用図記号とその説明の組合せのうち，誤っているものはどれか．

ア 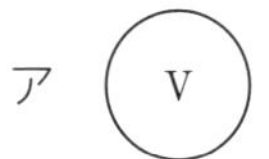 電圧計　　イ 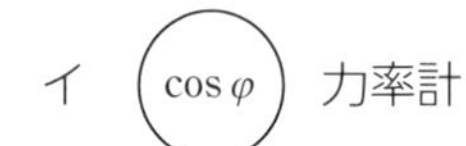 力率計

ウ 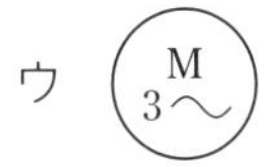 三相巻線形誘導電動機　　エ 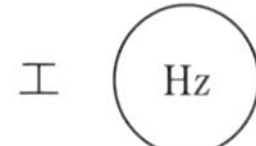 周波数計

解説

ウは三相かご形誘導電動機である．　解答：**ウ**

32 日本産業規格（JIS）によれば，下図に示す電気用図記号の名称のうち，誤っているものはどれか．

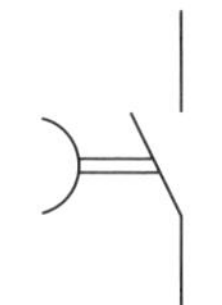

ア 電磁接触器　イ 断路器　ウ メーク接点（限時開路）　エ 触れ感応スイッチ

解説

エは押しボタンスイッチ（自動復帰）が正解である．

ウの図記号は，瞬時動作限時復帰のメーク接点である．　解答：**エ**

33 日本産業規格（JIS）によれば，下図に示す電気用図記号の名称のうち，誤っているものはどれか．　★★

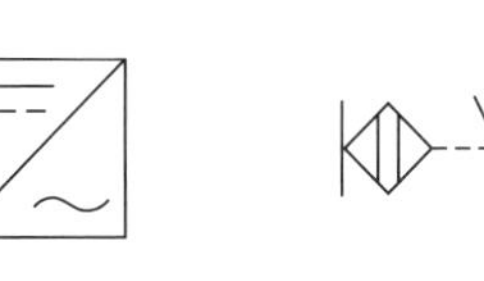

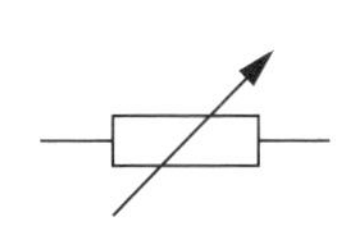

ア コンバータ　イ 触れ感応スイッチ　ウ 可変抵抗器　エ 限時動作瞬時復帰のメーク接点

解説

アの図記号はインバータ（直流を交流に変換する装置）である．

エは入力信号を与えてから，限時（設定時間）後に動作（閉路）し，入力信号を取り去ると瞬時に復帰（開路）するスイッチである．

解答：**ア**

34　JISにおいて，下図に示す油圧用図記号の名称として，適切なものはどれか．

ア　差圧計
イ　圧力計
ウ　流量計
エ　温度計

解説

圧力計である．

解答：**イ**

35　JISにおいて，下図に示す電気用図記号の名称として，適切なものはどれか．

ア　ノイズフィルタ
イ　インバータ
ウ　コンバータ
エ　整流器

解説

整流器（順変換装置）は，交流を直流に変換する装置である．また，コンバータの一種でAC-DCコンバータも交流を直流に変換する装置である．

解答：**ウ・エ**

4-3 練習問題

2級の学科試験は，真偽法（○×式）25問と四肢択一法（選択式）25問の合計50問となっている．

Point

① 過去10年間の2級の問題を分析すると試験問題50問中，30～40問は類似問題である．したがって，本書の各問題を繰り返し学習して覚えることが重要である．

② 学科の合格基準は，65点以上であるから33問以上正解すればよい．

解答用紙（コピー用）

下記の解答用紙をA4に拡大コピーして，各問題の解答と得点を記入し利用されたい．
実際の試験では，解答をマークシート用紙に記入することになっている．

練習問題＿＿　　　　月　　日

番号	1	2	3	4	5	6	7	8	9	10
解答										

番号	11	12	13	14	15	16	17	18	19	20
解答										

番号	21	22	23	24	25	26	27	28	29	30
解答										

番号	31	32	33	34	35	36	37	38	39	40
解答										

番号	41	42	43	44	45	46	47	48	49	50
解答										

得点＝（正解数）×2＝（得　点）

チャレンジ

学科試験の最新問題は，日本プラントメンテナンス協会のホームページにて過去3年分の試験問題および正解を公表しているので，挑戦してみよう．

https://www.kikaihozenshi.jp/

4-3-1 練習問題 1　2020 年度

真偽法（問 1 ～問 25）の問題は○×を解答用紙に記入し，四肢択一法（問 26 ～問 50）の問題は正解と思うものを一つだけ選んで解答用紙に記入すること．

［真偽法］

番号	問　題
01	工作機械における ATC とは，自動工具交換装置のことである．
02	マシニングセンタとは，導電性のある工作物と走行するワイヤ電極間の放電現象を利用して加工を行う工作機械である．
03	電流と電圧の位相差を θ とする時，力率は $\cos\theta$ であらわされる．
04	直流電動機において，磁極を逆にすれば，回転方向を変えることができる．
05	インバータの出力周波数を変更することにより，誘導電動機の回転数を制御できる．
06	下図において，電流計に流れる電流は 1.2 A である． 30 Ω　20 Ω　20 Ω　A　24 V
07	シーケンス制御とは，あらかじめ指定した目標値と検出器で測定した検出値を比較し，その差を修正して制御する方式である．
08	改良保全とは，設備に故障が発見された段階で，その故障を取り除く方式の保全活動である．
09	MTTR とは，故障した機械が回復してから，次に故障するまでの平均時間のことである．
10	バスタブ曲線における偶発故障期間とは，故障率がほぼ一定と見なせる期間のことである．
11	故障度数率〔%〕は，下記の式で求められる． 故障停止時間の合計÷負荷時間の合計×100
12	保全方式の 1 つである TBM は，設備の劣化状態によって保全時期を決める方法である．
13	本尺の 1 目盛が 1 mm，バーニヤの 1 目盛が 19 mm を 20 等分してあるノギスでは，0.01 mm まで読み取ることができる．
14	エロージョンとは，配管のエルボなどの曲がり部分の内面が，徐々に摩耗する機械的な浸食現象である．

15	サージングとは，流動している液体の圧力が局部的に低下し，気泡が発生する現象である．
16	p 管理図は，大きさが一定の群の中にある欠点数を管理する場合に用いる．
17	抜取検査において，不合格とすべきものを合格としてしまう誤りを生産者危険という．
18	ヒストグラムは，計量値の度数分布を表したもので，分布の形を可視化することができる．
19	青銅とは，Cu を主成分とした，Sn などを含む合金である．
20	高周波焼入れとは，金属の表面に窒素を染み込ませ，硬化させる金属処理のことである．
21	焼なましとは，鋼などを適切な温度に加熱し，その温度を一定の時間保持した後，徐々に冷却することである．
22	フェイルセーフ設計とは，設備が故障しても，安全に作動するように配慮した設計のことである．
23	B 火災とは，木材，紙，繊維などが燃える火災のことである．
24	酸素欠乏症等防止規則において，酸素欠乏とは，空気中の酸素濃度が 18％ 未満である状態と定められている．
25	クレーン等安全規則によれば，ワイヤロープは，一撚りの間で素線数の断線率が 20％ であれば使用できる．

［四肢択一法］

番号	問　題
26	同期電動機の特徴に関する記述のうち，適切でないものはどれか． ア　インバータを用いて可変速運転が行える． イ　電磁石形や永久磁石形などがある． ウ　回転速度はすべりにより決まる． エ　始動トルクがゼロである．
27	誘導電動機の速度制御に関する記述のうち，適切でないものはどれか． ア　回生制動において，極数を切り換えても停止までの制動はできない． イ　回生制動は，機械制動に比べてエネルギー効率がよい制動方法である． ウ　極数変換電動機の極数を多い方から少ない方に切り換えることにより回転数が小さくなる． エ　一次周波数制御において，周波数を高い方から低い方に切り換えることにより回転数が小さくなる．

28	電子機器を使用した自動制御に関する記述のうち，適切でないものはどれか． ア　カスケード制御とは，フィードバック制御系において，1つの制御装置の出力信号によって他の制御系の目標値を決定する制御方式である． イ　PID制御とは，比例動作，積分動作，および微分動作の3つの動作を含む制御方式である． ウ　予測制御とは，制御量を目標値と比較し，それらを一致させるように操作量を生成する制御方式である． エ　フィードフォワード制御とは，目標値，外乱などの情報に基づいて，操作量を決定する制御方式である．
29	磁気に関する記述のうち，適切なものはどれか． ア　透磁率が高いほど，磁束密度は高くなる． イ　比透磁率とは，磁性体の温度変化による透磁率の変化の割合のことである． ウ　ファラデーの電磁誘導の法則によると，コイルの巻数を多くすると起電力は小さくなる． エ　電磁誘導とは，磁束が変動しない環境下に存在する導体に起電力が生じる現象である．
30	電気に関する記述のうち，適切でないものはどれか． ア　1Vの電圧で1Cの電荷を蓄える静電容量は，1Fである． イ　コンデンサに交流電圧を印加した場合，電流は静電容量に正比例する． ウ　エボナイト棒を絹布でこすると，エボナイト棒の表面には正の電荷が，絹布には負の電荷が発生する． エ　2枚の電極間に電荷を蓄えると，静電気力が発生する．
31	電子とその作用に関する記述のうち，適切でないものはどれか． ア　自由電子が金属中を移動することにより，電気が流れる． イ　電子は，原子核を中心に運動している． ウ　原子は，正の電荷を持った原子核と，負の電荷を持った電子で構成されている． エ　量の等しい正の電荷と負の電荷が結びつくと，正の電荷の性質が現れたり，負の電荷の性質が現れたりして，不安定な状態となる．
32	下図の回路図において，電流を I とするとき，数値の組合せとして，適切なものはどれか． 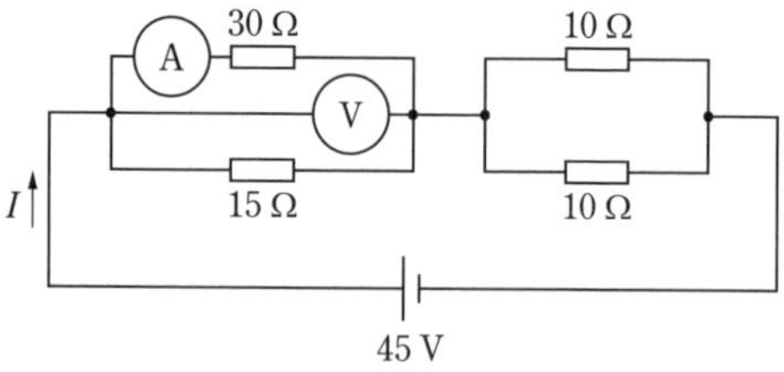 ア　I：3A　Ⓐの電流：2A　Ⓥの電圧：15V　回路の合成抵抗：15Ω イ　I：3A　Ⓐの電流：1A　Ⓥの電圧：30V　回路の合成抵抗：15Ω ウ　I：1.5A　Ⓐの電流：1A　Ⓥの電圧：15V　回路の合成抵抗：30Ω エ　I：1.5A　Ⓐの電流：2A　Ⓥの電圧：30V　回路の合成抵抗：30Ω

<table>
<tr><td>33</td><td>増幅回路の負帰還に関する記述のうち，適切でないものはどれか．
ア　出力信号の一部を入力に戻し，入力信号と同位相で合成する．
イ　歪みを抑制することができる．
ウ　オペアンプの開放利得のばらつきの影響が負帰還回路を構成することにより小さくなる．
エ　増幅回路の利得が一定となる領域（帯域）を広げることができる．</td></tr>
<tr><td>34</td><td>パルスに関する記述のうち，適切でないものはどれか．
ア　パルス発生器には，無安定マルチバイブレータなどが用いられる．
イ　インバータの出力電圧の制御には，パルス位置変調方式が用いられる．
ウ　パルス符号変調方式は，雑音に強く信頼度の高い通信が行える．
エ　パルス増幅回路は，映像増幅回路などに用いられる．</td></tr>
<tr><td>35</td><td>測定器に関する記述のうち，適切なものはどれか．
ア　検電器は，電路の通電状態を確認する際に用いられる．
イ　テスタには，計器精度階級が定められていない．
ウ　漏れ電流を測定するクランプ式の電流計は，交流のみ電流測定ができる．
エ　絶縁抵抗計で測定できる最大の絶縁抵抗値は，500 MΩ である．</td></tr>
<tr><td>36</td><td>交流電動機の用途と種類の組合せとして，もっとも適切なものはどれか．
<table>
<tr><th>交流電動機の用途</th><th>交流電動機の種類</th></tr>
<tr><td>ほぼ定速の負荷
(ポンプ，ブロワ，工作機械など)</td><td>A</td></tr>
<tr><td>大きな始動トルクおよび速度制御を必要とする負荷
(クレーンなど)</td><td>B</td></tr>
<tr><td>広範囲な速度制御を必要とする小容量の負荷
(電気掃除機，電気ドリルなど)</td><td>C</td></tr>
<tr><td>速度不変の大容量負荷
(コンプレッサ，送風機，圧延機など)</td><td>D</td></tr>
</table>
ア　A：整流子電動機　B：同期電動機
　　C：かご形三相誘導電動機　D：巻線形三相誘導電動機
イ　A：巻線形三相誘導電動機　B：整流子電動機
　　C：同期電動機　D：かご形三相誘導電動機
ウ　A：かご形三相誘導電動機　B：巻線形三相誘導電動機
　　C：整流子電動機　D：同期電動機
エ　A：整流子電動機　B：かご形三相誘導電動機
　　C：巻線形三相誘導電動機　D：同期電動機</td></tr>
<tr><td>37</td><td>3 600 min^{-1} で回転するモータとモータの架台が同じ周波数で振動した場合，架台の振動周波数として，適切な数値はどれか．
ア　24 Hz
イ　40 Hz
ウ　60 Hz
エ　80 Hz</td></tr>
</table>

38	ノイズの除去に関する記述のうち，適切でないものはどれか． ア　フィルタやノイズカットトランスを入れる． イ　信号線を撚り合わせて電磁誘導ノイズを打ち消す． ウ　静電誘導ノイズ対策をする場合，シールド線を両端で確実に接地する． エ　動力線の接地場所と信号線の接地場所は，別に設ける．
39	正常運転していた三相誘導電動機が異常発熱した．この場合の対応処置として，適切でないものはどれか． ア　欠相していないかを点検する． イ　電源電圧を点検する． ウ　電磁開閉器を点検する． エ　接地状態を点検する．
40	トランジスタ出力（シンク出力タイプ）方式のプログラマブルコントローラに負荷を接続し，プログラマブルコントローラから制御する場合，適切なものはどれか． ア 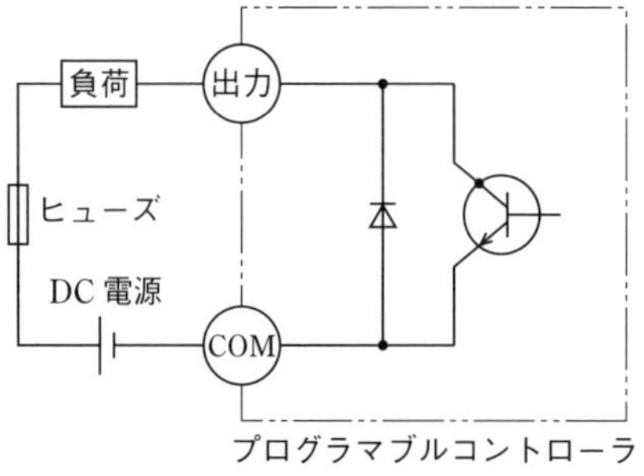　負荷　出力　ヒューズ　DC 電源　COM　プログラマブルコントローラ イ 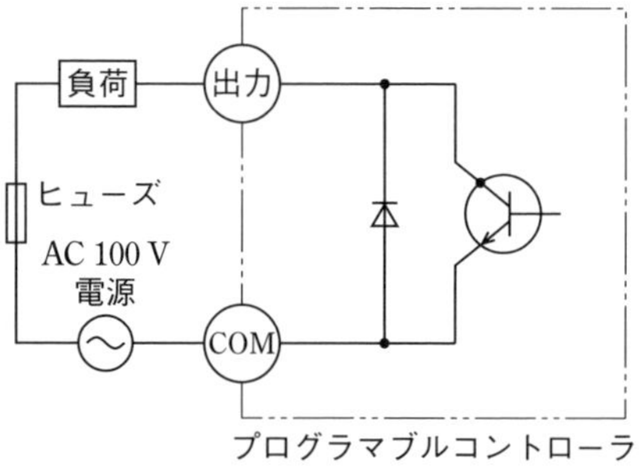　負荷　出力　ヒューズ　AC 100 V 電源　COM　プログラマブルコントローラ ウ 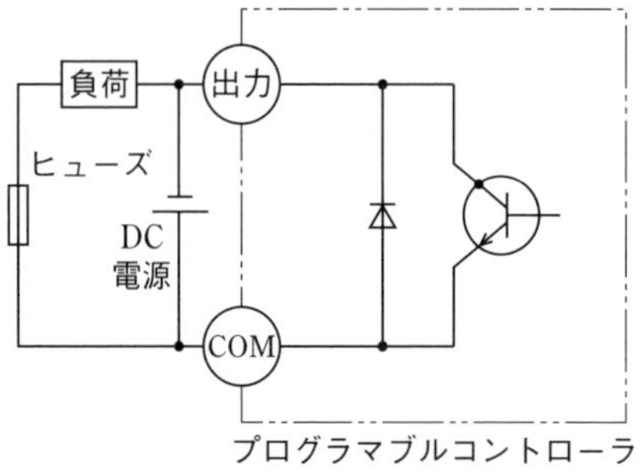　負荷　出力　ヒューズ　DC 電源　COM　プログラマブルコントローラ エ 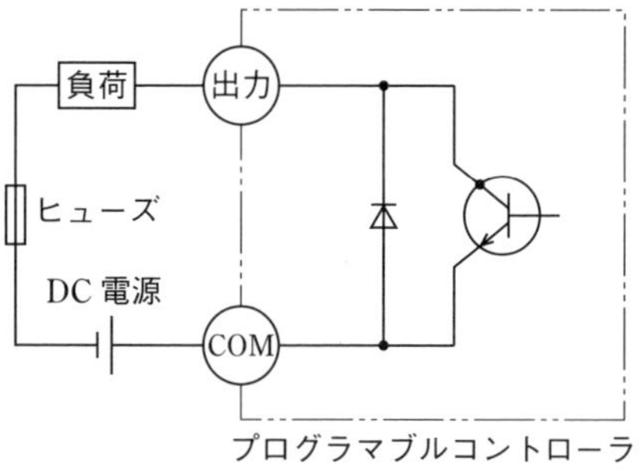　負荷　出力　ヒューズ　DC 電源　COM　プログラマブルコントローラ
41	三相誘導電動機回路の漏れ電流の有無を，クランプ式電流計を用いて測定する場合の測定方法として，適切なものはどれか．なお，点線は接地線を示す． ア 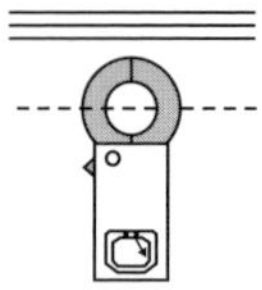　イ 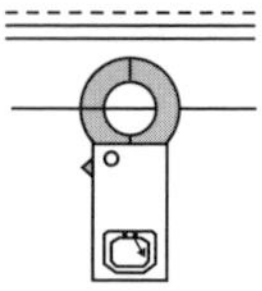　ウ 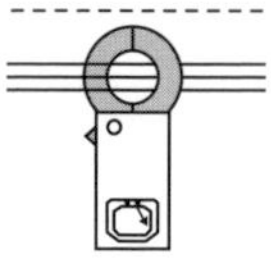　エ 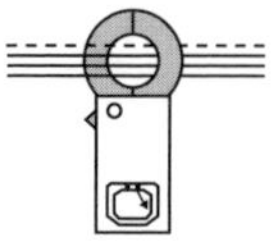

42	電気設備に関する技術基準を定める省令において，絶縁電線の接続の条件として，適切でないものはどれか． ア　接続箇所は，その絶縁電線と同等以上の絶縁効力のあるもので十分に被覆する． イ　接続箇所には，接続管その他の器具を使用する，またはろう付けする． ウ　電線の電気抵抗を増加させない． エ　電線の引張強度を 30 % 以上減少させない．
43	JIS において，下記の電気絶縁の耐熱クラスのうち，許容最高温度がもっとも高いものはどれか． ア　E 種 イ　B 種 ウ　F 種 エ　A 種
44	電気材料に関する記述のうち，適切でないものはどれか． ア　電気用アルミニウム線は，銅に比べパーセント導電率が高い． イ　電気機器の巻線には，裸銅線などを絶縁物で被覆したものを使用する． ウ　導電材料として一般的に使用されるものは銅で，銅の他にアルミニウムや黄銅などが用いられることもある． エ　軟銅は，硬銅よりも抵抗率が低い．
45	磁心材料として，適切なものはどれか． ア　黒鉛 イ　マイカ ウ　ゴム エ　ケイ素鋼
46	ねじに関する文中の（　）内に当てはまる語句として，適切なものはどれか． 「(　　) とは，ねじ山とねじ溝の幅が等しくなるような仮想的な円筒の直径のことである.」 ア　ピッチ イ　リード ウ　有効径 エ　呼び径
47	油圧・空気圧装置に関する文中の（　）内に当てはまる文章として，適切でないものはどれか． 「油圧装置は，空気圧装置と比べ，(　　).」 ア　アクチュエータの位置決め精度が高い イ　小型で大きな出力を得ることができる ウ　運転速度の調整が容易である エ　温度変化によるアクチュエータの出力，速度への影響が小さい

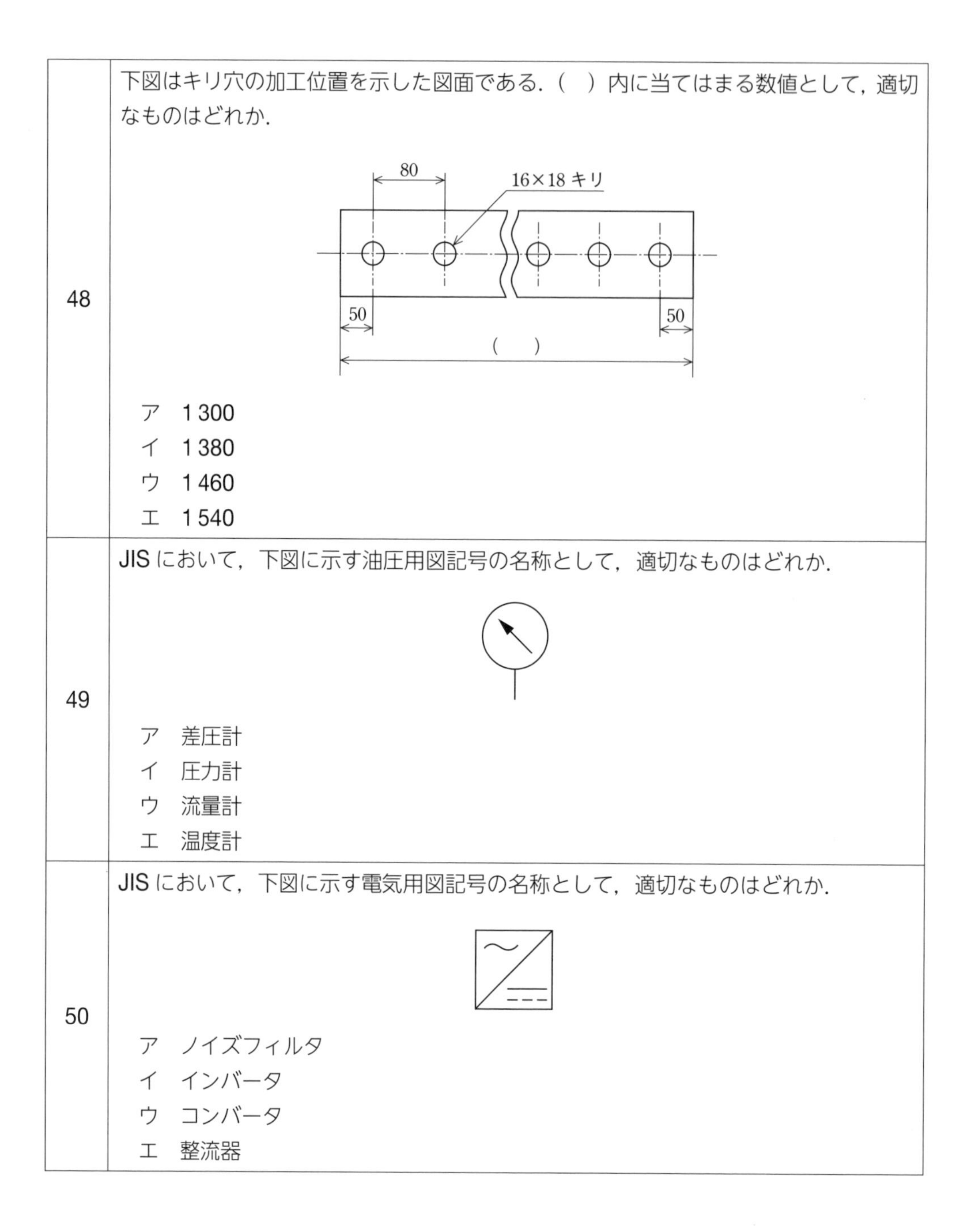

48	下図はキリ穴の加工位置を示した図面である．(　)内に当てはまる数値として，適切なものはどれか． ア　1 300 イ　1 380 ウ　1 460 エ　1 540
49	JISにおいて，下図に示す油圧用図記号の名称として，適切なものはどれか． ア　差圧計 イ　圧力計 ウ　流量計 エ　温度計
50	JISにおいて，下図に示す電気用図記号の名称として，適切なものはどれか． ア　ノイズフィルタ イ　インバータ ウ　コンバータ エ　整流器

4-3-2 練習問題 2 2021 年度

真偽法（問 1 ～問 25）の問題は○×を解答用紙に記入し，四肢択一法（問 26 ～問 50）の問題は正解と思うものを一つだけ選んで解答用紙に記入すること．

［真偽法］

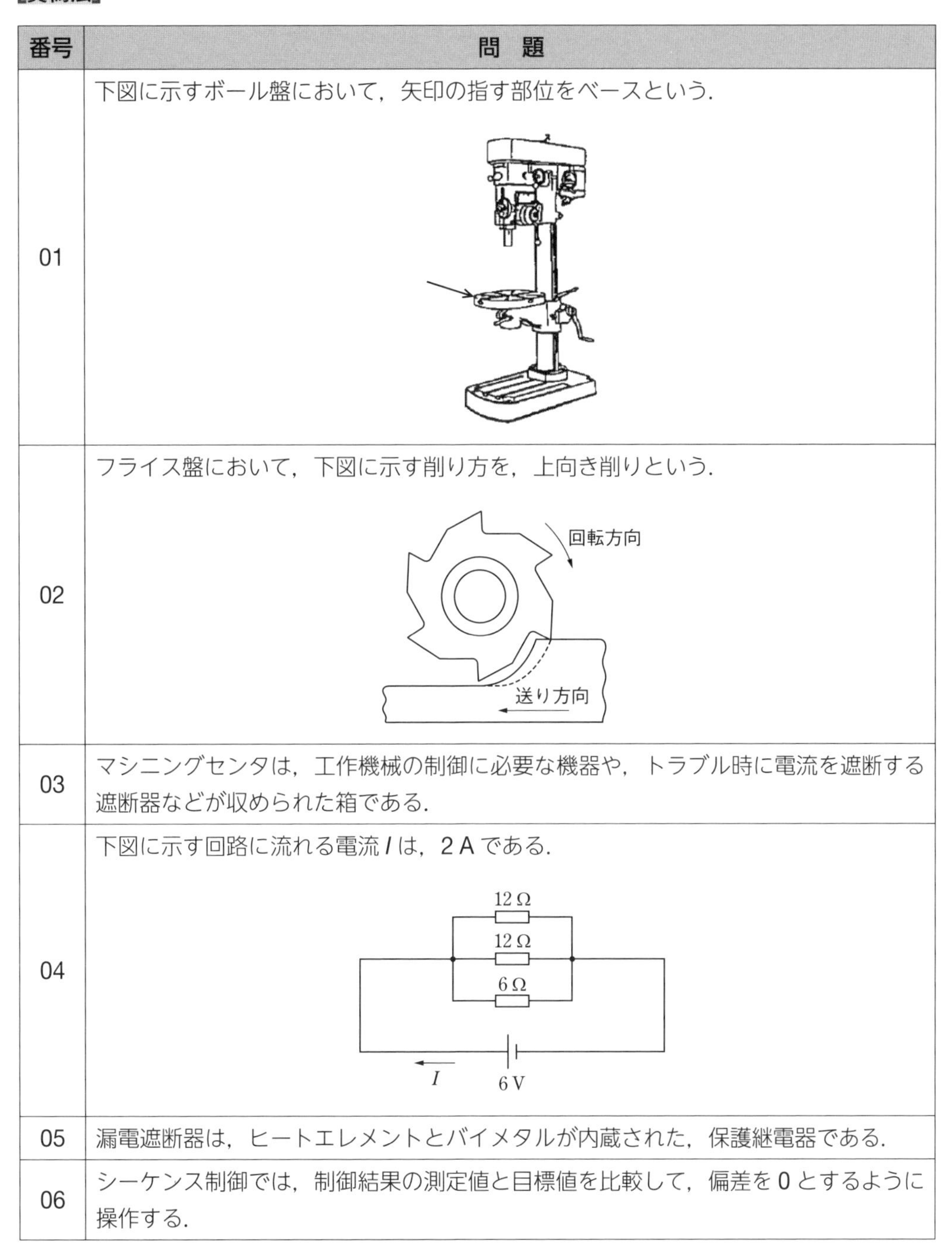

番号	問　題
01	下図に示すボール盤において，矢印の指す部位をベースという．
02	フライス盤において，下図に示す削り方を，上向き削りという．
03	マシニングセンタは，工作機械の制御に必要な機器や，トラブル時に電流を遮断する遮断器などが収められた箱である．
04	下図に示す回路に流れる電流 I は，2 A である．
05	漏電遮断器は，ヒートエレメントとバイメタルが内蔵された，保護継電器である．
06	シーケンス制御では，制御結果の測定値と目標値を比較して，偏差を 0 とするように操作する．

07	改良保全は，設備を使用開始前の状態に戻す保全方式である．
08	保全方式の1つであるTBM（時間基準保全）は，一定の周期で行われるものである．
09	ライフサイクルには，設備の使用を中止してから廃却，または再利用までの期間を含まない．
10	故障強度率は，下記の式で求められる． (故障停止時間の合計÷負荷時間の合計)×100
11	FMEAは，故障モード影響解析と呼ばれる解析手法である．
12	オーバーホールとは，修復不可能な設備を，機能の異なる新しい設備に置き換えることである．
13	ガントチャートは，工事などの日程計画作成や，実績記入による進捗管理に用いられる．
14	抜取検査では，同一の生産条件で生産された製品の集まりについて，対象をすべて検査する．
15	ヒストグラムは，計量値の度数分布を表したもので，分布の形を可視化することができる．
16	パレート図では，データを層別して，大きい順に棒グラフを作成し，累積比率を折れ線グラフで表示する．
17	p管理図は，不良率管理図ともいわれ，不良率を管理する場合に用いる．
18	一般的に，鋼は，鋳鉄と比べ炭素量が少ない．
19	ジュラルミンは，主成分が銅とケイ素の合金である．
20	鋼の焼入れは，材料を軟らかく展延性の良い材質にするために行う．
21	防塵マスクは，顔面との間にタオルなどを挟んで使用する．
22	労働災害に関する指標の中で，強度率は，下記の式で求められる． (延べ労働損失日数÷延べ実労働時間数)×1 000
23	フェイルセーフ設計は，機械の操作手順を間違えても，あるいは危険性などをよく理解していない作業者が操作しても危険を生じないようにした設計である．
24	酸素濃度が16％の場合，酸素欠乏状態にあるといえる．
25	B火災は，石油やガソリンなどが燃える火災である．

［四肢択一法］

番号	問　題
26	電磁開閉器に関する記述のうち，適切なものはどれか． ア　電磁接触器から熱動形過負荷リレーを外したものである． イ　電磁接触器に熱動形過負荷リレーを加えたものである． ウ　電磁接触器にヒューズを加えたものである． エ　電磁接触器から遮断器を外したものである．

27	誘導電動機の速度制御に関する記述のうち，適切でないものはどれか． ア　回生制動において，極数を切り換えると停止する． イ　回生制動は，機械制動に比べてエネルギー効率がよい制動方法である． ウ　極数変換電動機の極数を少ない方から多い方に切り換えることにより回転数が小さくなる． エ　一次周波数制御において，周波数を高い方から低い方に切り換えることにより回転数が小さくなる．
28	2 相式ロータリエンコーダに関する記述のうち，適切なものはどれか． ア　A 相と B 相は，45° の位相差がある． イ　A 相と B 相は，90° の位相差がある． ウ　A 相と B 相は，同相で，出力電圧が異なる． エ　A 相を反転したものが B 相である．
29	センサに関する記述のうち，適切でないものはどれか． ア　光電センサは，光の反射や遮光などによって物体を検出するものである． イ　静電容量形近接センサは，検出領域内に電界を発生させるものである． ウ　超音波形近接センサは，検出領域内で超音波を送・受波させ，物体を検出するものである． エ　誘導形近接センサは，磁界によって生じるホール電圧を増幅し，物体を検出するものである．
30	コイルに関する記述のうち，適切でないものはどれか． ア　コイルとコンデンサを併用すると，共振現象を引き起こすことがある． イ　周波数が高いほど，電流は大きくなる． ウ　信号の伝達を遅らせる． エ　電流により磁力を生じる．
31	電子に関する記述のうち，適切でないものはどれか． ア　価電子とは，原子のもっとも外側の軌道にある電子である． イ　原子は，原子核と電子で構成されている． ウ　電子 1 個は，約 3×10^{8} C の正の電気量をもつ． エ　原子核は，電子全体と同じ量の正の電気量をもつ．
32	直流の電気回路に関する記述のうち，適切でないものはどれか． ア　1 W の電力を 1 時間使用すると，発生する熱量は，1 J である． イ　1 Ω の抵抗に 1 A の電流を流すために必要な電圧は，1 V である． ウ　1 秒間に 1 C の電荷が移動するときに流れる電流は，1 A である． エ　1 V の電圧で 1 A の電流が流れたときの電力は，1 W である．

33

電子回路に関する記述のうち，適切でないものはどれか．

ア　全波整流回路とは，入力電圧の負電圧分を正電圧に変換整流し，直流にする回路である．

イ　復調回路とは，高周波の電流や電圧（搬送波）に音声などのような情報（信号波）を変化させる回路である．

ウ　増幅回路とは，小さな振幅の入力（電圧や電流など）を与えたとき，この入力に比例した大きな振幅の信号を，取り出す回路である．

エ　検波回路とは，被変調波から信号波を取り出す回路である．

34

論理回路（NOR）の真理値として，適切なものはどれか．

ア　A＝0　B＝0　X＝1

イ　A＝0　B＝1　X＝1

ウ　A＝1　B＝0　X＝1

エ　A＝1　B＝1　X＝1

35

ノイズの除去に関する記述のうち，適切でないものはどれか．

ア　静電誘導ノイズ対策をする場合，シールド線を両端で確実に接地する．

イ　信号線を撚り合わせて電磁誘導ノイズを打ち消す．

ウ　フィルタやノイズカットトランスを入れる．

エ　動力線の接地場所と信号線の接地場所は，別に設ける．

36

交流電動機の用途と種類の組合せとして，もっとも適切なものはどれか．

交流電動機の用途	交流電動機の種類
ほぼ定速の負荷 （ポンプ，ブロワ，工作機械など）	A
大きな始動トルクおよび速度制御を必要とする負荷 （クレーンなど）	B
広範囲な速度制御を必要とする小容量の負荷 （電気掃除機，電気ドリルなど）	C
速度不変の大容量負荷 （コンプレッサ，送風機，圧延機など）	D

ア　A：整流子電動機　B：同期電動機
　　C：かご形三相誘導電動機　D：巻線形三相誘導電動機

イ　A：巻線形三相誘導電動機　B：整流子電動機
　　C：同期電動機　D：かご形三相誘導電動機

ウ　A：整流子電動機　B：かご形三相誘導電動機
　　C：巻線形三相誘導電動機　D：同期電動機

エ　A：かご形三相誘導電動機　B：巻線形三相誘導電動機
　　C：整流子電動機　D：同期電動機

37	モータとモータの架台が 60 Hz で振動した場合のモータの回転数として，適切なものはどれか． ア　1 500 min^{-1} イ　1 800 min^{-1} ウ　3 000 min^{-1} エ　3 600 min^{-1}
38	リレーのうなりの原因として，適切でないものはどれか． ア　DC タイプを AC ラインで使用 イ　可動片と鉄心間の異物混入 ウ　接点への過電流 エ　電源電圧の変動
39	ソレノイドコイルに関する文中の（　）内に当てはまる語句として，適切なものはどれか． 「ソレノイドコイルの温度が上昇したとき，吸引力は（　　）．」 ア　減少する． イ　増加する． ウ　増加と減少を繰り返す． エ　変化しない．
40	正常運転していた三相誘導電動機が異常発熱した．この場合の対応処置として，適切でないものはどれか． ア　電磁開閉器を点検する． イ　接地状態を点検する． ウ　欠相していないかを点検する． エ　電源電圧を点検する．
41	2 つの圧着端子を同一方向から 1 箇所にねじ止めする場合の取付方法として，適切なものはどれか．ただし，下図のように面を規定する． 平でない面 平らな面 ア　平らでない面が 2 個ともねじの頭部側になるようにする． イ　平らでない面を背中合わせになるようにする． ウ　平らな面が 2 個ともねじの頭部側になるようにする． エ　平らな面を背中合わせになるようにする．

42	下図のリレーシーケンス機能を示す名称として，適切なものはどれか． 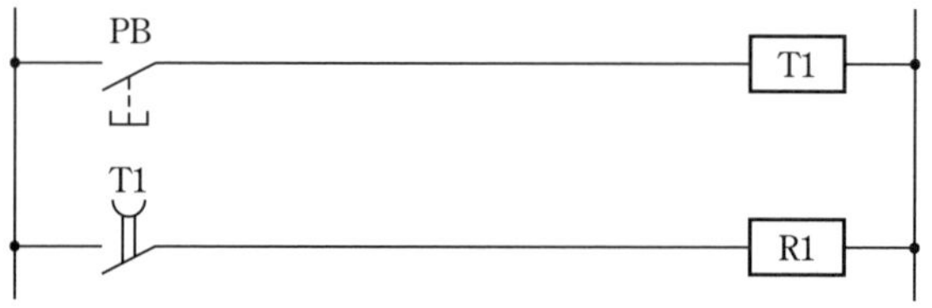 PB　T1　T1　R1 ア　操作順序回路 イ　遅延回路 ウ　フリップフロップ回路 エ　早押し優先回路
43	圧着工具で電線を圧着端子に押圧して，端子台に接続する方法として，適切なものはどれか． ア　1個のねじに，3本の電線を装着した． イ　1個の圧着端子に3本の電線を配線した． ウ　圧着端子胴部の中心を押圧した． エ　素線の先端を，圧着端子胴部先端から5 mm程度に長さを調節して押圧した．
44	電気材料に関する記述のうち，適切でないものはどれか． ア　電気用アルミニウム線は，銅に比べパーセント導電率が低い． イ　電気機器の巻線には，裸銅線などを絶縁物で被覆したものを使用する． ウ　導電材料として一般的に使用されるものは銅で，銅の他にアルミニウムや黄銅などが用いられることもある． エ　軟銅は，硬銅よりも抵抗率が高い．
45	半導体材料として，適切なものはどれか． ア　ガラス イ　塩化ビニル樹脂 ウ　黒鉛 エ　シリコン
46	2軸が平行な歯車として，適切でないものはどれか． ア　ウォームギヤ イ　はすば歯車 ウ　やまば歯車 エ　平歯車
47	ねじに関する文中の（　）内に当てはまる語句として，適切なものはどれか． 「ねじの（　　）とは，ねじを1回転したときに，ねじが軸方向に移動する距離のことである．」 ア　ピッチ イ　有効径 ウ　呼び径 エ　リード

48	空気圧シリンダの引き側の力を F〔N〕，供給圧力 p〔MPa〕，シリンダ内径 D〔mm〕，ピストンロッド径 d〔mm〕とすると，空気圧シリンダの引き側の力 F〔N〕として，適切なものはどれか．ただし，推力係数や負荷の慣性は考えないものとする． ア　$F = p\pi(D - d)^2/2$ イ　$F = p\pi(D^2 - d^2)/4$ ウ　$F = p\pi(D - d)^2/4$ エ　$F = p\pi D^2/4$
49	下図はキリ穴の加工位置を示した図面である．（　）内に当てはまる数値として，適切なものはどれか． 80　15×18 キリ　50　50　（　） ア　1 220 イ　1 300 ウ　1 460 エ　1 540
50	JIS において，下図に示す電気用図記号の名称として，適切なものはどれか． ア　引きボタンスイッチ イ　自動復帰しないメーク接点（a 接点） ウ　遮断器 エ　瞬時動作限時復帰のブレーク接点（b 接点）

4-3-3 練習問題 3 2022年度

真偽法（問1～問25）の問題は○×を解答用紙に記入し，四肢択一法（問26～問50）の問題は正解と思うものを一つだけ選んで解答用紙に記入すること．

[真偽法]

番号	問　題
01	フライス盤において，下図に示す削り方を，下向き削りという． 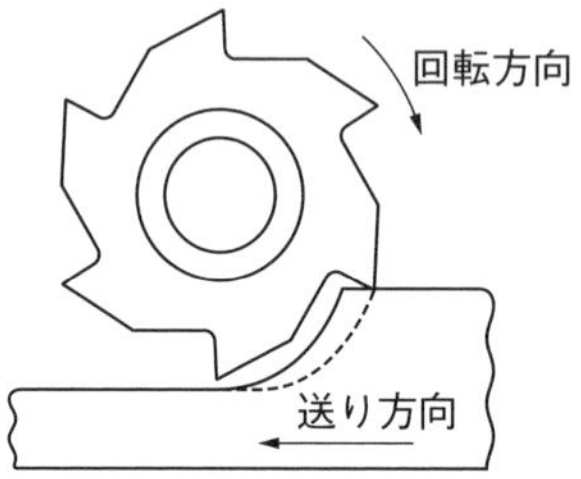
02	マシニングセンタは，工作機械の制御に必要な機器や，トラブル時に電流を遮断する遮断器などが収められた箱である．
03	電線と電線を接続した部分や，スイッチの接点に生じる抵抗を接地抵抗という．
04	漏電遮断器は，ヒートエレメントとバイメタルが内蔵された，保護継電器である．
05	フィードバック制御では，制御量と目標値を比較して，偏差を0とするように操作する．
06	保全予防は，保全作業における災害ゼロを目指す活動である．
07	解析手法の1つであるFTAとは，故障発生の過程を遡って樹形図に展開し，トップダウンで発生原因を解析する手法である．
08	JISにおいて，設備総合効率は下記の式で求められる． 設備総合効率＝時間稼働率×性能稼働率×良品率
09	保全方式の1つであるTBMは，設備の劣化状態によって保全時期を決める方式である．
10	機械が故障し回復してから，次に故障するまでの平均時間をMTBFという．
11	バスタブ曲線における初期故障期間とは，設備を使用開始後の比較的早い時期に，設計・製造上の不具合や，使用環境の不適合などによって故障が発生する期間のことである．
12	マトリックス図は，工事などの日程計画作成や，実績記入による進捗管理に用いられる．
13	ウォータハンマとは，流体の流れの中で，短時間に泡の発生と消滅が起きる現象のことである．

14	計数抜取検査は，製品の特性値を測定し，その結果から求めた平均値や標準偏差などとロット判定基準を比較し，合否判定する．
15	ヒストグラムは，計量値の度数分布を表したもので，分布の形を可視化することができる．
16	正規分布の分布曲線は，ベル型をしたもので，平均値を中心とした左右対称である．
17	np 管理図は，不適合品率を管理する場合に用いる．
18	ジュラルミンは，Al を主成分とした，Cu と Mg を含む合金である．
19	アルミニウムは，鉄に比べ融点が低い．
20	高周波焼入れとは，高周波誘導加熱を利用して，金属の表面を硬化させる金属処理のことである．
21	フェールセーフ設計とは，設備が故障しても，安全側に作動するように配慮した設計のことである．
22	労働災害に関する指標の中で，年千人率は，下記の式で求められる． 年千人率＝(1 年間の死傷者数÷1 年間の平均労働者数)×1 000
23	空気中の酸素濃度が 19 %の場合，酸素欠乏状態にあるといえる．
24	B 火災とは，木材，紙，繊維などが燃える火災のことである．
25	クレーン等安全規則によると，玉掛け作業において，ワイヤロープの直径の減少が公称径の 7 %を超えるものは使用不可である．

4章 2級学科試験

[四肢択一法]

番号	問　題
26	一次巻線の巻数が 200，二次巻線の巻数が 100 の理想的変圧器がある．この変圧器の一次側に 2 A の電流が流れたとき，二次側に流れる電流として，適切なものはどれか． ア　1 A イ　2 A ウ　3 A エ　4 A
27	電動機の特徴に関する記述のうち，適切なものはどれか． ア　同期電動機は，始動トルクが発生する． イ　同期電動機は，交流電動機に分類される． ウ　三相誘導電動機は，すべりが大きくなるほど回転速度が速くなる． エ　誘導電動機は，直流電動機に分類される．
28	2 相式ロータリエンコーダに関する記述のうち，適切なものはどれか． ア　A 相と B 相は，同相で，出力電圧が異なる． イ　A 相を反転したものが B 相である． ウ　A 相と B 相は，45° の位相差がある． エ　A 相と B 相は，90° の位相差がある．

29	ロータリエンコーダの出力方式に関する記述のうち，適切でないものはどれか． ア　インクリメンタル方式は，電源遮断時の位置を記憶できる． イ　アブソリュート方式は，電源遮断時の位置を記憶できる． ウ　インクリメンタル方式は，回転方向を検出できる． エ　アブソリュート方式は，回転方向を検出できる．
30	磁界中にある導線に電流が流れたときに発生する力の向きを表す法則として，適切なものはどれか． ア　右ねじの法則 イ　フレミングの右手の法則 ウ　フレミングの左手の法則 エ　ファラデーの電磁誘導の法則
31	電子とその作用に関する記述のうち，適切でないものはどれか． ア　摩擦電気は，電子の移動により起きる現象である． イ　電流の大きさは，1 秒間に移動する電荷の量で表される． ウ　自由電子の数が多い物質を絶縁体という． エ　電子の持っている電気の量を電荷といい，単位はクーロンで表される．
32	単相電圧が 200 V で，抵抗値が 50 Ω のヒータを 2 時間使用したとき，このヒータの消費電力量として，適切なものはどれか． ア　1 600 Wh イ　2 000 Wh ウ　2 400 Wh エ　2 800 Wh
33	リアクタンスに関する文中の（　）内の数字に当てはまる語句の組合せとして，適切なものはどれか。 「リアクタンスとは，交流回路のコイルやコンデンサにおける（①）と（②）の比である.」 ア　①：電圧　②：電流 イ　①：電圧　②：抵抗 ウ　①：周波数　②：電流 エ　①：周波数　②：抵抗
34	2 進数「10110110」を 16 進数に変換したものとして，適切なものはどれか． ア　0xA5 イ　0xA6 ウ　0xB5 エ　0xB6

<table>
<tr><td>35</td><td>下図に示す排他的論理和回路の真理値として，適切なものはどれか．
A
B
X
ア　A＝0　B＝0　X＝1
イ　A＝0　B＝1　X＝0
ウ　A＝1　B＝0　X＝0
エ　A＝1　B＝1　X＝0</td></tr>
<tr><td>36</td><td>アルミ電解コンデンサの推定寿命に関する文中の（　）内に当てはまる数値として，適切なものはどれか．
「アレニウスの法則によると，アルミ電解コンデンサは，使用温度が 10℃上がると推定寿命は（　　）倍となる．」
ア　1/4
イ　1/2
ウ　2
エ　4</td></tr>
<tr><td>37</td><td>反射形光電センサの相互干渉対策として，適切でないものはどれか．
ア　スリットで光の広がりを抑える．
イ　感度を低く調整する．
ウ　光軸をずらす．
エ　干渉しない距離だけ離す．</td></tr>
<tr><td>38</td><td>高調波の影響によって生じる現象と，その現象が発生する機器の組合せとして，適切でないものはどれか．
ア　機器：コンデンサ　　現象：焼損
イ　機器：リアクトル　　現象：焼損
ウ　機器：漏電遮断器　　現象：誤動作
エ　機器：電磁接触器　　現象：誤動作</td></tr>
<tr><td>39</td><td>ソレノイドコイルに関する文中の（　）内に当てはまる文章として，適切なものはどれか．
「ソレノイドコイルの温度が上昇すると，（　　）．」
ア　コイル抵抗が小さくなるため，吸引力が増加する
イ　コイル抵抗が小さくなるため，吸引力が減少する
ウ　コイル抵抗が大きくなるため，吸引力が増加する
エ　コイル抵抗が大きくなるため，吸引力が減少する</td></tr>
<tr><td>40</td><td>リレーの接点が復帰しない場合の原因推定方法として，適切でないものはどれか．
ア　リレーの接点が溶着していないか調べる．
イ　迂回路によって電圧が印加していないか調べる．
ウ　供給電源側のブレーカが落ちていないか調べる．
エ　リレーが機械的破損していないか調べる．</td></tr>
</table>

41	クランプメータで負荷電流を測定する場合の測定方法として，適切なものはどれか． ア　三相線路の場合，3 相分の電線を，クランプの中心に閉じて測定する． イ　単相線路の場合，2 相分の電線を，クランプの中心に閉じて測定する． ウ　三相線路，単相線路のどちらの場合でも，1 相分の電線を，クランプの中心に閉じて測定する． エ　三相線路，単相線路のどちらの場合でも，2 相分の電線を，クランプの中心に閉じて測定する．
42	電気設備に関する技術基準を定める省令において，絶縁電線の接続の条件として，適切でないものはどれか． ア　接続箇所は，その絶縁電線と同等以上の絶縁効力のあるもので十分に被覆する． イ　接続箇所には，接続管その他の器具を使用する，またはろう付けする． ウ　電線の電気抵抗を増加させない． エ　電線の強さを 30 %以上減少させない．
43	下図に示す固定抵抗器において，抵抗値の許容差を示す箇所として，適切なものはどれか． ア　A イ　B ウ　C エ　D
44	電気材料に関する記述のうち，適切でないものはどれか． ア　電気用アルミニウム線は，銅に比べパーセント導電率が低い． イ　軟銅は，硬銅に比べ抵抗率が高い． ウ　導電材料として一般的に使用されるものは銅で，銅の他にアルミニウムが用いられることもある． エ　電気機器の巻線には，絶縁物で被覆された銅線を使用する．
45	半導体材料として，適切なものはどれか． ア　黒鉛 イ　シリコン ウ　ケイ素鋼 エ　塩化ビニル樹脂
46	搬送位置決め機構において使用される直動案内の構成部品として，適切でないものはどれか． ア　レール イ　ブロック（キャリッジ） ウ　ボール エ　チェーン

47	ねじに関する文中の（　）内に当てはまる語句として，適切なものはどれか． 「ねじの（　　）とは，ねじを 1 回転したときに，ねじが軸方向に移動する距離のことである．」 ア　呼び径 イ　有効径 ウ　リード エ　ピッチ
48	油圧・空気圧装置に関する文中の（　）内に当てはまる文章として，適切でないものはどれか． 「油圧装置は，空気圧装置と比べ，（　　）．」 ア　温度変化によるアクチュエータの出力，速度への影響が小さい イ　運転速度の調整が容易である ウ　小型で大きな出力を得ることができる エ　アクチュエータの位置決め精度が高い
49	下図はキリ穴の加工位置を示した図面である．図中の（　）内に当てはまる数値として，適切なものはどれか． ア　1 060 イ　1 140 ウ　1 220 エ　1 300
50	JIS において，下図に示す油圧用図記号の名称として，適切なものはどれか． ア　流量計 イ　温度計 ウ　差圧計 エ　圧力計

チャレンジ

日本プラントメンテナンス協会のホームページにて過去 3 年分の学科試験問題および正解を公表しているので，挑戦してみよう．

https://www.kikaihozenshi.jp/

4-4 解答・解説

2級学科試験　練習問題1の解答と解説

〔真偽法〕

1 ○ 工作機械におけるATCとは，**自動工具交換装置**のことである．

2 × マシニングセンタは**自動工具交換装置が搭載**されている工作機械をいう．

3 ○ 電力Pは，$P = VI\cos\theta$で表すが，ここでθは**電圧と電流の位相差**をいう．

4 ○ 直流機の回転方向を変えるには，**磁極を逆**にすればよい．

5 ○ **インバータ**は，直流を交流に変換する装置で，周波数も変えることができる．誘導電動機の**周波数を変化させると回転数を制御**することができる．

6 × 抵抗2つの並列回路の合成抵抗R_1を求める．

$$R_1 = \frac{\text{積}}{\text{和}} = \frac{30 \times 20}{30 + 20} = \frac{600}{50} = 12\ \Omega$$

全体の合成抵抗Rは

$$R = 20 + 12 = 32\ \Omega$$

したがって，電流Iは

$$I = \frac{V}{R} = \frac{24}{32} = \mathbf{0.75\ A}$$

7 × シーケンス制御とは，あらかじめ決められた順序に従って各段階を逐次進めていく制御をいう．題意は，**フィードバック制御**である．

8 × 改良保全とは，故障が起こりにくい設備への改善または性能向上を目的とした保全活動である．題意は，**事後保全**である．

9 × MTTRとは，平均修復時間のことで，数回の故障で停止した平均時間をいう．題意は，**MTBF（平均故障間隔）**である．

10 ○ **偶発故障期**とは，装置の故障率がほぼ一定とみなせる期間のことをいう．**バスタブ曲線（寿命特性曲線）**とは，設備の故障率を稼働時間で示した曲線で，初期故障期，偶発故障期，摩耗故障期がある．

11 × 題意は，**故障強度率**の式である．故障度数率は，故障停止回数の合計÷負荷時間の合計となる．

12 × **TBM（時間基準保全）**とは，設備や機械の状態のよしあしにかかわらず，一定期間ごとにメンテナンスを実施することをいう．題意は，**CBM（状態基準保全）**である．

13 × **ノギス**のバーニヤの1目盛りは，19 mm ÷ 20 = 0.95 mm間隔である．本尺1目盛あたりのズレは，1 mm − 0.95 mm = 0.05 mmとなる．従って，**0.05 mmまで読み取る**ことができる．

14 ○ **エロージョン**とは，機械的に起こる磨耗作用のことをいう．

15 × **サージング**とは，遠心ポンプ・圧縮機の運転中に，周期的な圧力変動が発生し吸込み側・吐出し側の配管で振動や騒音が起こる現象をいう．

16 × **p管理図**とは，不適合品率pをグラフにした図をいう．

17 × **生産者危険**とは，抜き取り検査において，合格とすべきものを不合格にすることをいう．

18 ○ **ヒストグラム**は，計量値の度数分布を表したものである．

19 ○ **青銅**とは，銅（Cu）を主成分とした，スズ（Sn）を含む合金をいう．

20 × **高周波焼入れ**とは，高周波による電磁誘導の熱を用いて，焼き入れをする熱処理方法をいう．

21 ○ **焼なまし**は，材料を徐々に冷却することにより，内部応力低減，組織の均質化，軟化などを主な目的とする熱処理方法をいう．

22 ○ **フェイルセーフ設計**とは，設備が故障しても，安全に動作したり，全体の故障や事故にならず，安全性が保たれるように配慮した設計をいう．

23 × **B火災**とは，食用油・ガソリン・灯油などの燃料やアルコール類などによる火災をいう．題意は，A火災である．

24 ○ 通称，酸欠といい，空気中の酸素の濃度が **18％未満**のことをいう．

25 × 安全規則 501 条では，「一撚（よ）り」の間において，素線数の **10％以上**の素線が破断しているものは使用禁止になっている．

［四肢択一法］

26 **ウ** 同期電動機にはすべりがない．回転速度は，周波数と極数で決まる．

27 **ウ** 誘導電動機の回転速度は極数に反比例する．少ないと回転数は大きくなる．

28 **ウ** 予測制御とは，機器やシステムを運用する際，その結果の予測を踏まえて，目標達成に最適な制御をする制御をいう．ウは，フィードバック制御である．

29 **ア** 磁束密度 B は，透磁率 μ と磁界の大きさ H に比例する．

30 **ウ** エボナイト棒には負の電荷，絹布には正の電荷が現れる．

31 **エ** 正と負の電荷量が同じときが一番安定化する．

32 **イ** 左側並列回路の合成抵抗 R_a，右側並列回路の合成抵抗 R_b，全体の合成抵抗 R を求めると

$$R_a = 30 \times 15/(30+15) = 10\ \Omega$$

$$R_b = 10 \times 10/(10+10) = 5\ \Omega$$

$$R = R_a + R_b = 10 + 5 = 15\ \Omega$$

全体の電流 I は，$I = V/R = 45/15 = 3\ \mathrm{A}$

電圧計の値を求めると

$$V = I \times R_a = 3 \times 10 = 30\ \mathrm{V}$$

電流計の値は

$$I_a = V/R = 30/30 = \mathbf{1\ A}$$

よって，イが正解である．

33 **ア** 負帰還増幅回路の入力と出力の**位相は逆位相**で帰還する．

34 **イ** インバータの出力電圧は，パルスの周期を変えて，平均電圧が正弦波になるように制御する．パルス位置変調とは，一定幅のパルスの位置により，波形振幅を表して制御するものをいう．

35 **ア** **検電器**は，電路の通電状態を確認するために用いられる．

36 **ウ** ウが正解である．

37 **ウ** 極数が不明であるが，極数 p が 2 極の場合の回転数 $\boldsymbol{N = 120f/p} = 120 \times f/2 = 3\,600\ \mathrm{min}^{-1}$ より，周波数は **60 Hz** である．

38 **ウ** 静電誘導は静電シールドを行う．シールド線の接地は電磁誘導に用いる．

39　**エ**　**異常発熱の原因**として，欠相運転（単相運転），電源電圧，電磁開閉器，ヒューズ等を調査し修理または交換する．

40　**ア**　トランジスタ出力の場合，出力電源は直流電源しか使用しない．

41　**ア・ウ**　漏れ電流の測定方法は，全相をまとめてクランプする方法と接地線をクランプ（電動機が接地線で接地されている場合）する方法がある．

42　**エ**　電線接続の条件として，電気抵抗を増加させないこと．引張り強さを**20％以上減少させない**こととなっている．

43　**ウ**　耐熱クラスの許容最高温度がもっとも高いのは，**F種**である．

44　**ア**　アルミニウムは，銅に比べパーセント導電率は低い．

45　**エ**　磁心材料は**ケイ素鋼**である．黒鉛は炭素から成る元素鉱物．マイカは，ケイ素(Si)，アルミニウム（Al），マグネシウム（Mg），カリウム（K）を主成分とする鉱物．ゴムは絶縁物材料である．

46　**ウ**　**ピッチ**は，ねじの山と山の距離である．
リードは，ねじを一回転したときに，ねじが軸方向に移動する距離である．
有効径は，ねじ山とねじ溝の幅が等しくなるような仮想的な円筒の直径である．
呼び径は，ねじ山部の外径をmmで表したものである．

47　**エ**　温度変化によるアクチュエータの出力，速度への影響は大きい．

48　**ア**　18キリの穴が80間隔で16個あるので図の長さを求めると
$50 + 50 + (16 - 1) \times 80 = \mathbf{1\,300}$

49　**イ**　圧力計である．

50　**ウ・エ**　整流器（順変換装置）は，交流を直流に変換する装置である．また，コンバータの一種でAC-DCコンバータも交流を直流に変換する装置である．

練習問題1の解答

番号	1	2	3	4	5	6	7	8	9	10
解答	○	×	○	○	○	×	×	×	×	○

番号	11	12	13	14	15	16	17	18	19	20
解答	×	×	×	○	×	×	×	○	○	×

番号	21	22	23	24	25	26	27	28	29	30
解答	○	○	×	○	×	ウ	ウ	ウ	ア	ウ

番号	31	32	33	34	35	36	37	38	39	40
解答	エ	イ	ア	イ	ア	ウ	ウ	ウ	エ	ア

番号	41	42	43	44	45	46	47	48	49	50
解答	ア・ウ[1]	エ	ウ	ア	エ	ウ	エ	ア	イ	ウ・エ[2]

1）日本プラントメンテナンス協会はウを正解として発表した．
2）日本プラントメンテナンス協会はエを正解として発表した．

2級学科試験　練習問題2の解答と解説

［真偽法］

1　×　ボール盤の矢印の部位は**テーブル**である．ベースは最下部の部位をいう．

2　×　フライス盤の削り方は，**下向き削り**という．

3　×　**マシニングセンタ**は自動工具交換装置が搭載されている工作機械をいう．

4　○　並列回路の抵抗が3つの場合の合成抵抗 R は次式で求める．

$$R = \frac{1}{\frac{1}{R_1} + \frac{1}{R_2} + \frac{1}{R_3}} = \frac{1}{\frac{1}{12} + \frac{1}{12} + \frac{1}{6}} = 3\,\Omega$$

合成抵抗は $R = 3\,\Omega$，電流を求めると，$I = V/R = 6/3 =$ **2 A**

（注：合成抵抗＝和／積は抵抗が2個並列の場合のみ用いる）

5　×　**漏電遮断器**は，漏電による漏れ電流を検出して回路を自動的に遮断する装置で，主な構成は，漏電を検出する零相変流器と遮断器である．

題意は，**サーマルリレー**または熱動継電器とも呼ばれており，バイメタルとヒートエレメントが内蔵された保護継電器である．

6　×　**シーケンス制御**とは，あらかじめ決められた順序に従って各段階を逐次進めていく制御をいう．題意は，フィードバック制御である．

7　×　**改良保全**とは，故障が起こりにくい設備への改善または性能向上を目的とした保全活動をいう．

8　○　**TBM（時間基準保全）**とは，一定の期間や時間稼働した機械や設備を予防的に更新するという保全方式をいう．

9　×　**ライフサイクル**とは，設備の一生涯を，調達，使用，廃棄の各段階を管理することで，それを達成するには，事後保全（BM），予防保全（PM），改良保全（CM），保全予防（MP）などの保全業務がある．

10　○　**故障強度率**とは，故障のために設備が停止した時間の割合を表し，設問の式を用いる．

11　○　**FMEA** は，故障モード影響解析と呼ばれる解析手法である．

12　×　**オーバーホール**とは，設備や機械を分解し，摩耗・劣化した部品の修理，交換などを行い，再組立てを実施することをいう．

13　○　**ガントチャート**とは，時間を横軸に，作業内容を縦軸に配した棒グラフ状の一覧表のことで，作業工程や進捗状況を管理するために用いられる．

14　×　**抜取検査**とは，生産された製品の一部を抜き取って検査することをいう．

15　○　**ヒストグラム**は，計量値の度数を棒グラフで表した図で，ズレやバラツキを表すことができる．

16　○　**パレート図**は，問題点などを項目別に層別して，出現度数の大きさの順に棒グラフを作成するとともに，累積比率を折れ線グラフで表示した図をいう．

17　○　**p 管理図**は，不良率管理図で，**np 管理図**は，不良数管理図である．

18　○　炭素量が 0.02％～ 2.14％のものは**鋼鉄**，炭素量が 2.1％～ 6.67％のものは**鋳鉄**と呼ばれ，一般的に炭素量が多いと硬く脆くなる．

19　×　**ジュラルミン**とは，銅やマグネシウムなどを含むアルミニウム合金をいう．

20　×　**焼入れ**は，加熱後，水等で急冷することで，硬さを増大させるために行う．

21　×　**防塵マスク**は，粉じん等の種類等で選択するのでタオル等は使用しない．

22　○　**強度率**は，1 000 延べ実労働時間当たりの延べ労働損失日数をもって，災害の重さの程度を表したもので設問の式で計算する．

23　×　**フェイルセーフ**とは，設備が故障しても安全に動作したり，全体の故障や事故にならず，安全性が保たれるように配慮した設計をいう．
題意は，**フールプルーフ**のことで，機械の使用者が誤った操作ができないような構造やシステムにする設計のことをいう．

24　○　空気中の酸素の濃度が **18％未満**のことを**酸素欠乏状態**にあるという．

25　○　火災の種類は **A 火災（普通火災）**，**B 火災（油火災）**，**C 火災（電気火災）**があり，B 火災は，石油やガソリンなどの火災をいう．

［四肢択一法］

26　**イ**　**電磁開閉器**は，電磁接触器に熱動形過負荷リレーを加えたものである．

27　**ア**　**回生制動**は，電動機を発電機として運転し，その電力を電源等に送り返す方法をいう．また，誘導電動機の速度制御は，すべり S，極数 p，周波数 f を変えれば回転速度を変えることはできるが，極数は回転数と反比例するので，極数を無限大に大きくして停止することは困難である．

28　**イ**　**ロータリエンコーダ**は，モータ等の回転体の変位量を電気信号に変換するセンサの１つで，A 相と B 相の位相差（パルスの立上り差）は $90°$ である．

29　**エ**　エは，ホール素子によるホール電圧を利用した**ガウスメータ**をいう．誘導形近接センサは，金属などの検出物に磁界を発生させて検出するセンサである．

30　**イ**　コイルのインピーダンスは周波数に比例するので，周波数が高くなると電流は小さくなる．

31　**ウ**　電子は，負の電気量である．

32　**ア**　1 J は 1 時間ではなく，1 W の電力を 1 秒間使用したときの熱量をいう．

33　**イ**　**復調回路**は，受信した信号から元の情報の状態に戻すことをいう．音声などを搬送波に変化させるのは**変調回路**という．

34　**ア**　**NOR** は論理和の否定であるから，真理値は，$A=0$，$B=0$，$X=1$ である．

35　**ア**　シールド線の接地は電磁誘導対策に用いる．静電誘導ノイズ対策には，静電シールドを行う．

36　**エ**　A はかご形誘導電動機，B は巻線形誘導電動機，C は整流子電動機，D は同期電動機である．

37　**エ**　極数が不明であるが，極数 p が 2 極の場合の回転数は

$$\boldsymbol{N = 120f/p} = 120 \times 60/2 = \mathbf{3\,600\ min^{-1}}$$

38　**ウ**　接点への過電流で接点が溶解して接着するが「うなり」の原因とはいえない．

39　**ア**　ソレノイドコイルの温度が上昇すると，コイル抵抗が大きくなり，電流が減少し，ソレノイドの吸引力は減少する．

40　**イ**　イの接地状態による原因では，異常発熱は生じない．

41　**エ**　圧着端子の平らな面を背中合わせにする．

42　**イ**　T1 は遅延回路を示す．

43　**ウ**　圧着端子の中央部を押圧する．

44　**エ**　軟銅は，硬銅よりも抵抗率が低い．

45 **エ** **シリコン**は半導体である．ガラスと塩化ビニル樹脂は絶縁物．黒鉛は炭素から成る導体である．

46 **ア** **ウォームギヤ**は，2 軸が 90 度の歯車である．

47 **エ** **ピッチ**は，ねじの山と山の距離
有効径は，ねじ山とねじ溝の幅が等しくなるような仮想的な円筒の直径
呼び径は，ねじ山部の外径を mm で表したもの
リードは，ねじを一回転したときに，ねじが軸方向に移動する距離

48 **イ** 空気圧シリンダの引き側の力を F とすると，イが適切である．

49 **ア** 18 キリの穴が 80 間隔で 15 個あるので図の長さを求めると

$$50 + 50 + (15 - 1) \times 80 = \mathbf{1\,220}$$

50 **ウ** 遮断器である．

練習問題 2 の解答

番号	1	2	3	4	5	6	7	8	9	10
解答	×	×	×	○	×	×	×	○	×	○

番号	11	12	13	14	15	16	17	18	19	20
解答	○	×	○	×	○	○	○	○	×	×

番号	21	22	23	24	25	26	27	28	29	30
解答	×	○	×	○	○	イ	ア	イ	エ	イ

番号	31	32	33	34	35	36	37	38	39	40
解答	ウ	ア	イ	ア	ア	エ	エ	ウ	ア	イ

番号	41	42	43	44	45	46	47	48	49	50
解答	エ	イ	ウ	エ	エ	ア	エ	イ	ア	ウ

2 級学科試験　練習問題 3 の解答と解説

［真偽法］

1 ○ フライス盤の削り方は，**下向き削り**という．

2 × **マシニングセンタ**は自動工具交換装置が搭載されている工作機械をいう．

3 × 接続した部分や接点に生じる抵抗は**接触抵抗**という．

4 × **漏電遮断器**は，漏電による漏れ電流を検出して回路を自動的に遮断する装置で，主な構成は，漏電を検出する零相変流器と遮断器である．

5 ○ 題意は，**フィードバック制御**のことを示している．

6 × **保全予防（MP）**は，設備の信頼性，保全性，経済性，操作性，安全性などを考慮し，保全費や劣化損失を少なくする活動である．
題意の災害ゼロを目指す活動は，TPM という．

7 ○ **FTA（故障の木解析）**とは，故障・事故の要因を探る解析手法をいう．

8 ○ **設備総合効率（OEE）**とは，生産管理の分野で設備の効率や生産性を評価するために用いられており，設問の式で求める．

9　×　**TBM（時間基準保全）**とは，一定の期間や時間稼働した機械や設備を予防的に更新するという保全方式をいう．題意は，予知保全のことである．

10　○　**MTBF**とは，平均故障間隔のことで，次に故障するまでの平均時間をいう．

11　○　**バスタブ曲線**は，寿命特性曲線といわれており，初期故障期・偶発故障期・摩耗故障期がある．

12　×　**マトリックス図**は，プロ野球の勝敗表のように行と列に配置し，その交点に各要素の関係の有無，関連度合いを表示する手法をいう．
設問は，**PERT法**のことである．

13　×　**ウォータハンマ**とは，水撃現象といわれている．設問は，キャビテーションである．

14　×　**計数抜取検査**は，サンプル中の不良品の数，または欠点数を合否判定の基準とする検査方式で，設問は計量規準型抜取検査を示す．

15　○　**ヒストグラム**は，計量値の度数を棒グラフで表した図で，ズレやバラツキを表すことができる．

16　○　**正規分布**とは，平均値と最頻値・中央値が一致し，それを軸として左右対称となっている確率分布をいう．最頻値とは，データの中で最もよく出現する値のことをいう．

17　×　**np管理図**は，不良数管理図をいう．設問は**p管理図**で不良率管理図である．

18　○　ジュラルミンとは，銅やマグネシウムなどを含むアルミニウム合金をいう．

19　○　**アルミニウム**は660℃，鉄は1 539℃である．

20　○　**高周波焼入れ**とは，高周波誘導電流を利用して鋼材の表面だけを急速に熱し，急速に冷やすことで表面を硬化させる金属処理のことをいう．

21　○　**フェイルセーフ**とは，設備が故障しても安全に動作したり，全体の故障や事故にならず，安全性が保たれるように配慮した設計をいう．

22　○　**年千人率**とは，労働者1 000人当たり1年間に発生する死傷者数を示すもので，設問の式で表される．

23　×　**酸素欠乏状態**とは，空気中の酸素濃度が**18％未満**のことをいう．

24　×　B火災は，石油やガソリンなどの火災である．火災の種類は**A火災（普通火災）**，**B火災（油火災）**，**C火災（電気火災）**があり，設問はA火災である．

25　○　**ワイヤロープ**は，直径の減少が公称径の**7％**を超えるものは使用不可である．

［四肢択一法］

26　**エ**　巻数と電流は反比例するので，関係式は$N_1/N_2 = I_2/I_1$となる．
従って，二次側電流は，$I_2 = N_1 I_1/N_2 = 200 \times 2 \div 100 =$ **4 A**

27　**イ**　同期電動機は，交流電動機に分類される．

28　**エ**　**ロータリエンコーダ**は，モータ等の回転体の変位量を電気信号に変換するセンサの1つで，A相とB相の位相差（パルスの立上り差）は**90°**である．

29　**ア**　**インクリメンタル方式**とは，回転動作に応じてデジタルのパルス信号を出力するものをいう．アブソリュート方式とは，回転の有無に関わらず，原点からの絶対位置を回転角度に応じてパルス信号を出力するものをいう．
したがって，アの電源遮断時では動作しないため位置を記憶できない．

30　**ウ**　電磁力の向きをみつけるのは左手の法則で，起電力により発生した電流の向きを見つけるのは右手の法則である．

31 **ウ** 自由電子が多い物質は導体である．

32 **ア** 直流電力は，$P = VI = \dfrac{V^2}{R} = I^2R$

単相交流の電力は，$P = \dfrac{V^2}{R} \cdot \cos\theta = \dfrac{200^2}{50} \times 1 = 800\ \mathrm{W}$

消費電力量は，$W = Pt = 800 \times 2 =$ **1 600 Wh**

33 **ア** **リアクタンス**とは，交流回路のインダクタ（コイル）やキャパシタンス（コンデンサ）における電圧と電流の比という．

34 **エ** **2 進数**は，0 と 1 の数字で表し，16 進数は，0 から F までの数字がある．
2 進数を 16 進数に変換するには，次のステップを踏む必要がある．
16 進数の 1 桁を 2 進数では 4 桁で表すため，上位 4 桁 1011 は 10 進で 11 となる．下位 4 桁 0110 は 10 進で 6 となる．最後に各 10 進数の値を 16 進数に変換すると，11 は B，6 は 6 となり，**B6** が正解である．

35 **エ** **排他的論理和の式は**，$\mathbf{X} = \mathbf{A}\overline{\mathbf{B}} + \overline{\mathbf{A}}\mathbf{B}$ で，2 つの入力が等しい場合は 0，異なっている場合は 1 を出力する論理回路をいう．

36 **イ** 使用温度が 10℃上がれば寿命は 1/2 になり，10℃下がれば 2 倍になる．

37 **ア** 反射形に使用できるスリットはない．

38 **エ** **高調波**とは，基本周波数（50 または 60 Hz）に対する整数倍の周波数成分の波形をいう．電磁接触器は電磁石によって接点を動作させ，主に電路の開閉を行っていて誤動作はない．漏電遮断器は，以前高調波によって誤動作があったが，最近のものには誤動作対策がされている．

39 **エ** コイルの温度が上昇するとコイル抵抗は高くなり，コイル電流は減少し，吸引力も減少する．

40 **ウ** 接点が溶着していない限り，電源のブレーカが落ちていれば復帰する．

41 **ウ** 負荷電流を測定する場合は電線の 1 相分を測定する．

42 **エ** 電線接続の条件として，電気抵抗を増加させないこと．引張り強さを **20 %以上減少させない**こととなっている．

43 **エ** A は第一数字 B は第 2 数字 C は乗数 D は許容差を示す．

44 **イ** 軟銅は硬銅に比べ抵抗率が**低い**．

45 **イ** 半導体は**シリコン**である．黒鉛は炭素から成る導体，**ケイ素鋼**は磁心材料，塩化ビニル樹脂は絶縁物として利用されている．

46 **エ** 構成部品は，案内レール，ブロック，軸受用ボールでチェーンは含まれない．

47 **ウ** **リード**は，ねじを 1 回転したときに，ねじが軸方向に移動する距離で正解．
呼び径は，ねじ山部の外径を mm で表したもの
有効径は，ねじ山とねじ溝の幅が等しくなるような仮想的な円筒の直径
ピッチは，ねじの山と山の距離

48 **ア** 温度変化によるアクチュエータの出力，速度への影響は大きい．

49 **ウ** 18 キリの穴が 80 間隔で 15 個あるので図の長さを求めると
$50 + 50 + (15 - 1) \times 80 =$ **1 220**

50 **エ** 圧力計である．

練習問題3の解答

番号	1	2	3	4	5	6	7	8	9	10
解答	○	×	×	×	○	×	○	○	×	○

番号	11	12	13	14	15	16	17	18	19	20
解答	○	×	×	×	○	○	×	○	○	○

番号	21	22	23	24	25	26	27	28	29	30
解答	○	○	×	×	○	エ	イ	エ	ア	ウ

番号	31	32	33	34	35	36	37	38	39	40
解答	ウ	ア	ア	エ	エ	イ	ア	エ	エ	ウ

番号	41	42	43	44	45	46	47	48	49	50
解答	ウ	エ	エ	イ	イ	エ	ウ	ア	ウ	エ

5章 1級実技試験

1級の実技試験は，課題1では2級よりも複雑なプログラムが求められる．ラダーの応用命令を理解し，効率良くプログラムを行う必要がある．また，課題2の配線の修復作業ではラダー図が問題に提示されない，誤接続があるなど難易度がさらに高くなる．

そのため，作業ができるのはもちろんのこと，2級よりも短い時間で完了できる能力が求められる．

5-1 PLCによる回路組立て（課題1）

Point
① 1級は2級よりも出力が1つ多くなる.
② 試験時間が変わらないので，2級より速さと正確さが要求される.
③ スイッチのタイミングが複雑になるため，応用命令を使用するなどプログラムの工夫が必要となる.

5-1-1 用意するもの

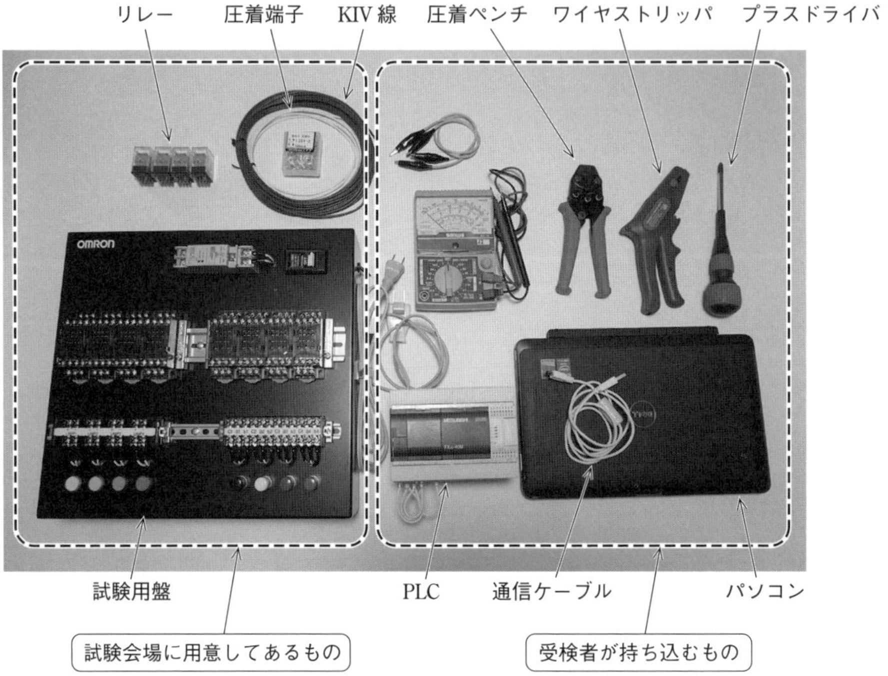

リレー　圧着端子　KIV線　圧着ペンチ　ワイヤストリッパ　プラスドライバ

試験用盤　PLC　通信ケーブル　パソコン

試験会場に用意してあるもの　受検者が持ち込むもの

※2級と比べてリレーが四つになっている点が異なる

図5･1　試験で使用する機材・工具など（前見返し参照）

5-1-2 入出力機器の割付け

1級の試験では，入力3点・出力4点と決められているため，本書では以下のように入出力機器の割付けを行う.

表 5･1

入力側		出力側	
試験用盤	PLC	出力側	PLC
黒ボタン	X1	白ランプ	Y1
黄ボタン	X2	黄ランプ	Y2
緑ボタン	X3	緑ランプ	Y3
		赤ランプ	Y4

5-1-3 接続図の作成

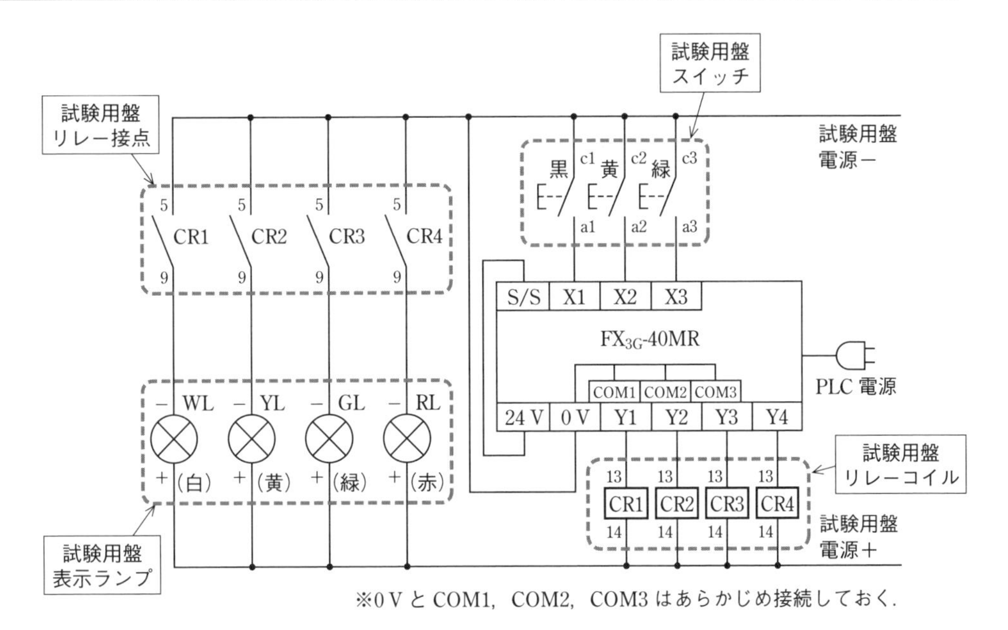

図 5･2　PLC と試験用盤の配線

5-1-4 配線接続図の例

1 級の課題に対応した配線の例を図 5･3 に示す．試験では PLC を試験用盤の上に置いてはいけないため，実際には p.209（図 5･5）のように接続する．

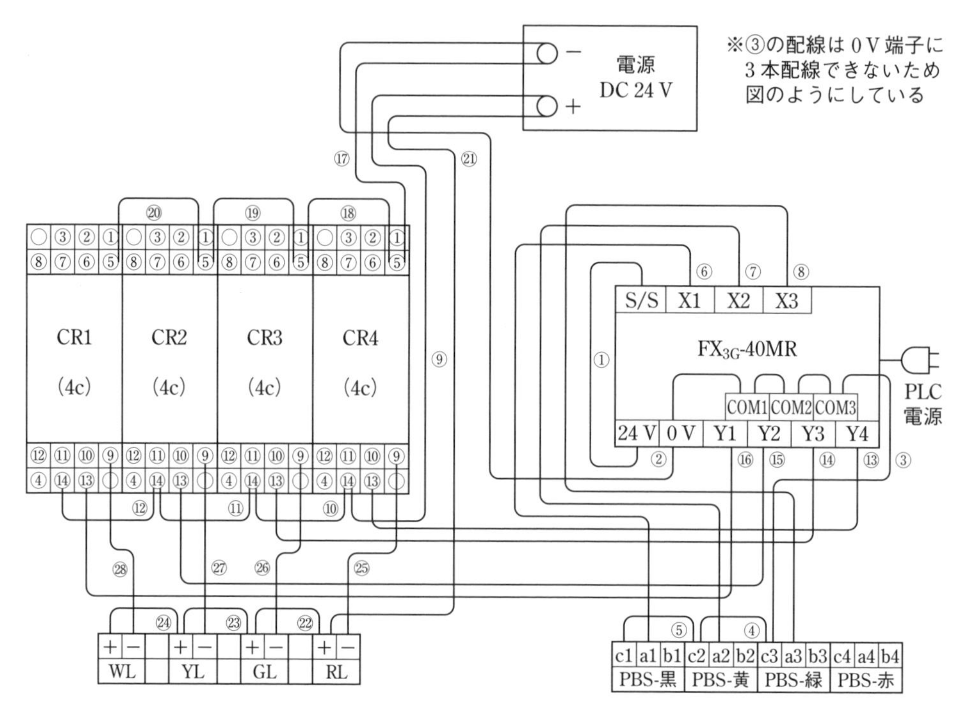

※0 V と COM1, COM2, COM3 はあらかじめ接続しておく.

図 5･3　配線完成図

表 5･2　必要な電線の数と長さ

電線の種類と長さ		本　数
長	36 cm	5 本
中	25 cm	7 本
短	10 cm	16 本

5-1-5　テストプログラムの書き込みと動作確認

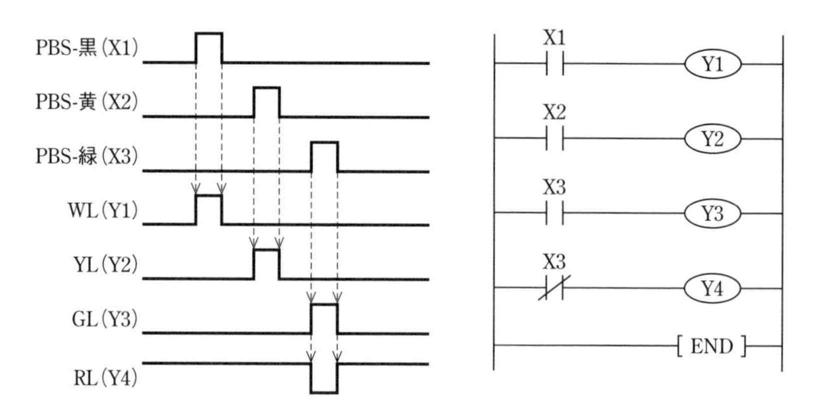

図 5･4　テストプログラムのタイムチャートとラダー図

1 級の場合は入力が 3 点しかないため，上記のようなテストプログラムの組み方をするとよい．

5-1-6 PLC と試験用盤の接続

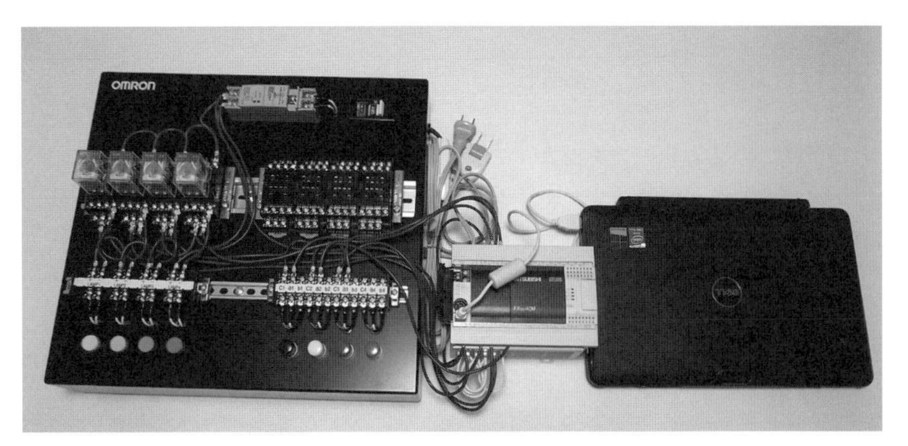

※PLC は試験用盤のわきに置くこと．また，配線の長さや圧着状態も採点対象となるのでていねいに配線すること．

図 5･5　PLC と試験用盤・パソコンとの接続（前見返し参照）

5-2 PLC の応用命令と条件式を用いたプログラミング

5-2-1 プログラムの作成

課題1の試験では，与えられたタイムチャートどおりに動作するプログラムを作る必要がある．1級の試験では点灯や消灯のタイミングが複雑になるため，それに対応できるプログラムの組み方をマスターする必要がある．

ここでは，はじめにプログラム方法を取り上げ，その後，実際に試験に出題されるパターンでプログラムを学習できるようにした．

1. データレジスタの使い方

黒押しボタン（X1）の回数をD1というデータレジスタ（変数）に記憶させ，既定の回数（3回）になったらランプY1を点灯させる．

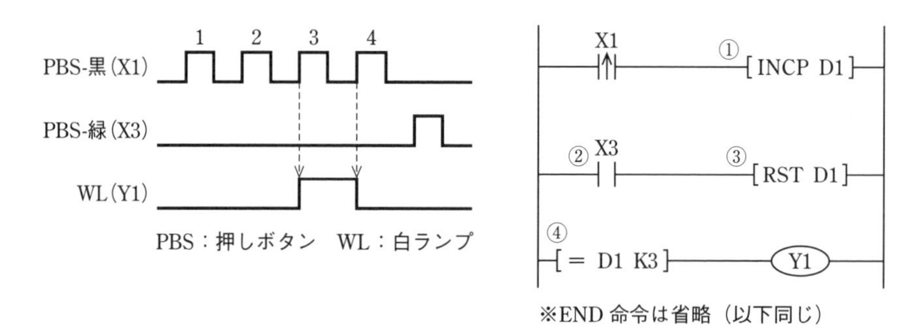

図 5·6　データレジスタを用いた回路のタイムチャートとラダー図

① INCP（インクリメントパルス）という命令で入力をパルス化して回数をカウントする．
※ INCP 命令を使用していれば，押しボタンはパルス化しなくても動作する．

② リセットはパルス化しない．

③ RST（リセット）という命令で記憶したデータレジスタのカウントをリセットする．

④ D1が3（K3）と等しくなったら接点が導通するという意味（D1＝K3）．
※この場合，D1がK4になるタイミングでランプが消灯する．

D1を3以上（D1＞＝K3）と条件式を変えると以下のようになる．

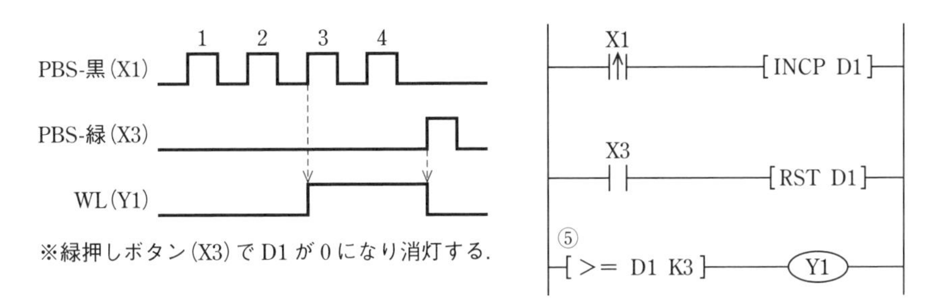

図5·7　条件を変更した場合のタイムチャートとラダー図

⑤　D1を3以上とするときは，このように入力する．

2. データレジスタの比較

黒押しボタン（X1）と黄押しボタン（X2）の回数を比較し，与えられた条件により白ランプ（Y1）を点灯させる．

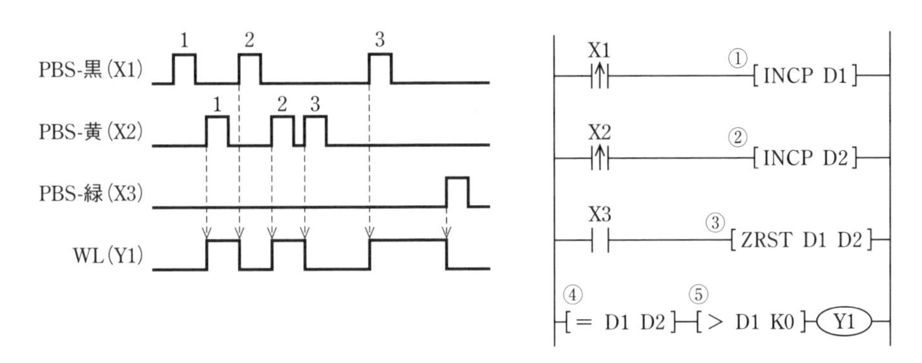

図5·8　データレジスタの比較回路のタイムチャートとラダー図

①，②　複数のデータレジスタを必要とするときは，D1，D2のように変数を分けて使用する．

③　ZRSTというのは，ゾーンリセットという意味でこの場合，D1からD2の範囲の変数値をリセットする．なお，カウンタ（C）とデータレジスタ（D）を一緒にリセットするような使い方はできない．

④　前述のような指定の仕方で以上・以下というような条件の設定もできる．

⑤　D1，D2がそれぞれ0のときに点灯しないように条件を入れておく（＞D2 K0としてもよい）．

3. 押しボタンとデータレジスタの組合せ（1）

黒押しボタン（X1）を押し続けながら黄押しボタン（X2）の回数が3回になったら白ランプを自己保持で点灯させる．

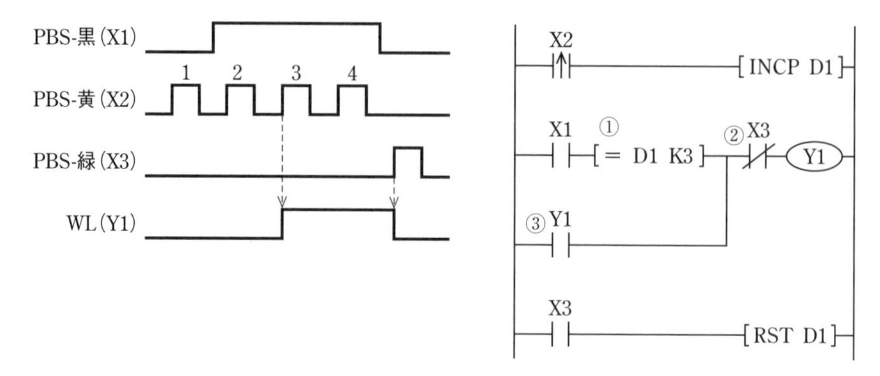

図5･9　押しボタンとデータレジスタを組み合わせた回路のタイムチャートとラダー図

① D1が3回の時点で自己保持させるので，>=としなくてよい．
② RST命令を入れるだけでは，自己保持が解除されないので忘れずに入れる．
③ 自己保持しないと黒押しボタン（X1）を離した時点で消灯してしまう．

4. 押しボタンとデータレジスタの組合せ（2）

黒押しボタン（X1）を押さずに黄押しボタン（X2）の回数が2回になったら白ランプを自己保持で点灯させる．黒押しボタン（X1）を押したときは黄押しボタン（X2）が2回になってもランプを点灯させない．

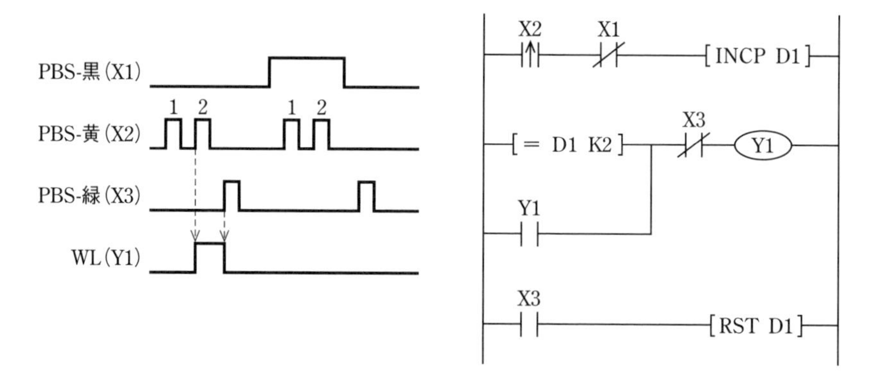

図5･10　押しボタンとデータレジスタを組み合わせた回路のタイムチャートとラダー図

5. タイマによる条件分岐

押しボタンを押す時間の長さでプログラムの動作を変化させる．黒押しボタン（X1）を2秒未満押したあとに黄押しボタン（X2）を押したら白ランプ（Y1）が点灯し，黒押しボタン（X1）を2秒以上押したあとに黄押しボタン（X2）を押したら黄ランプ（Y2）を点灯させる．

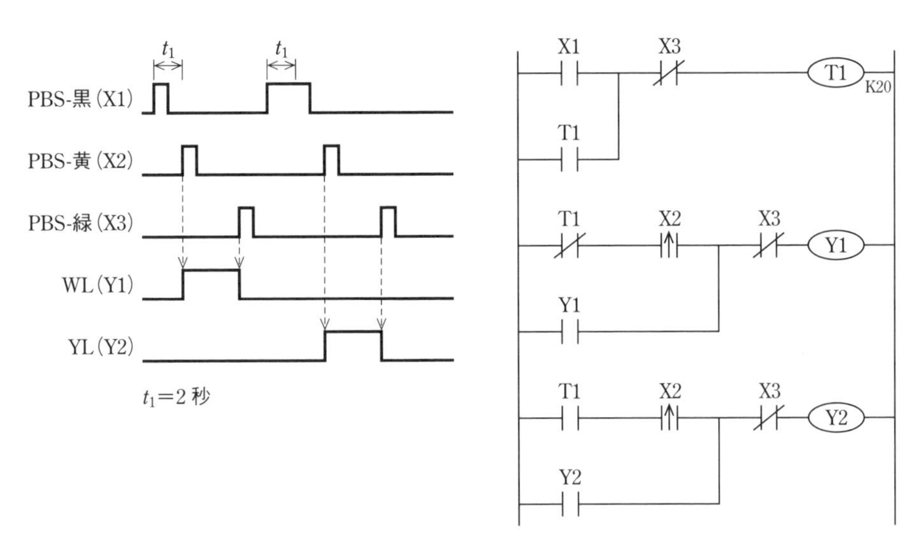

図5・11　タイマによる条件分岐回路のタイムチャートとラダー図

6. フリッカのカウント（1）

ランプの立ち下がりをカウントし，指定回数点滅したらフリッカを終了する．

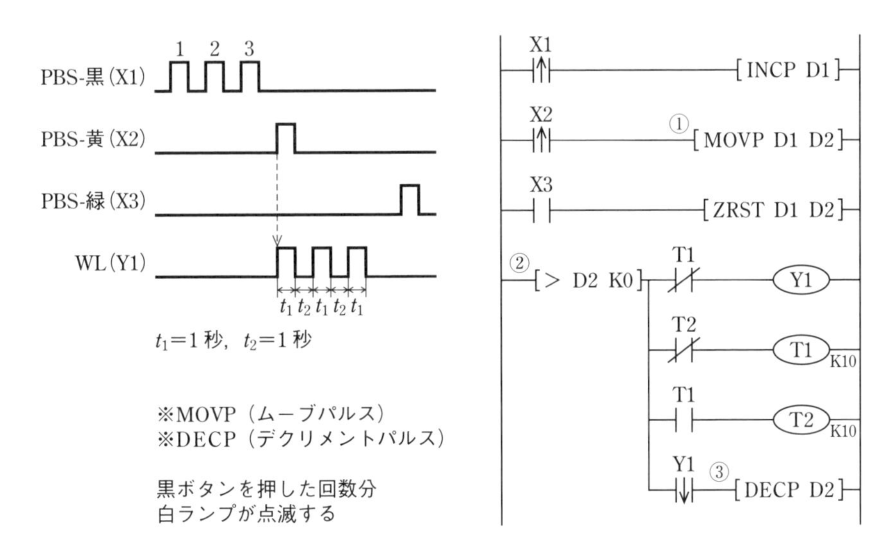

図5・12　フリッカ回路のタイムチャートとラダー図

① MOVPでD1の数値をD2に転送させる．

② カウントダウンしてD2が0になったらフリッカを終了させる．

③ D2から1つずつカウントを減らす．

7. フリッカのカウント（2）

フリッカのカウント数をデータレジスタの加算，減算，積算で設定する方法.

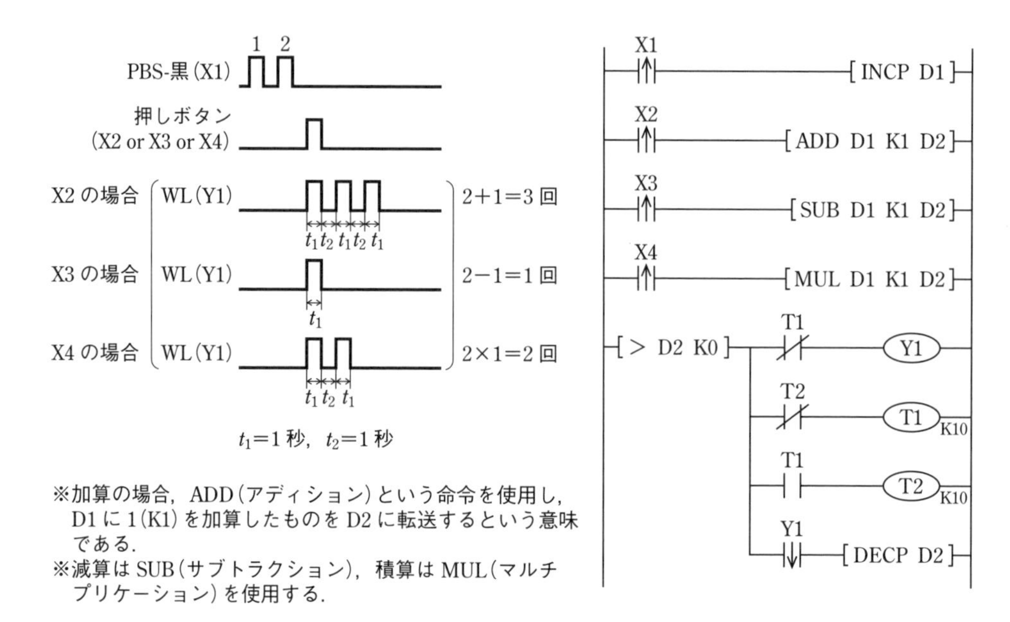

図 5･13　フリッカ回路のタイムチャートとラダー図

表 5･3　応用命令のまとめ

命　令	読み方	用　途
ZRST	ゾーンリセット	一括リセット
MOVP	ムーブパルス	転送（パルス）
INCP	インクリメントパルス	増加（パルス）
DECP	デクリメントパルス	減少（パルス）
ADD	アディション	加算
SUB	サブトラクション	減算
MUL	マルチプリケーション	乗算

5-2-2 出題パターンの例

5-2-1 の回路が実際の試験でどのように出題されているのか．回路の組合せで解説する．

1. 回数の比較とタイマによる消灯

（点灯条件：D1 より D2 の値が大きい，消灯条件：緑押しボタン（X3）を押して 3 秒後）

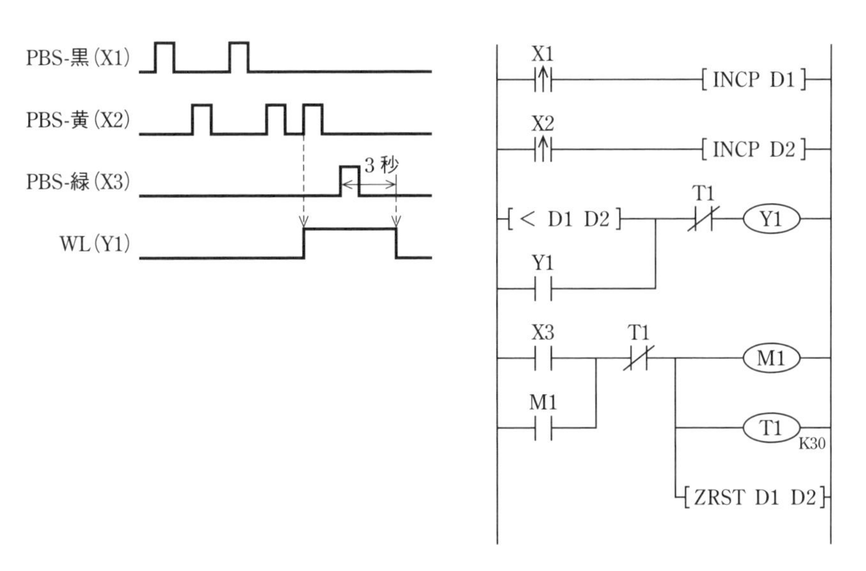

図 5・14 回数の比較とタイマによる消灯回路のタイムチャートとラダー図

2. 複数の入力による点灯と消灯

（点灯条件：黒押しボタン（X1）を押しながら黄押しボタン（X2）を 2 回押す．消灯条件：黒押しボタン（X1）を離して 2 秒後か緑押しボタン（X3）を押す）

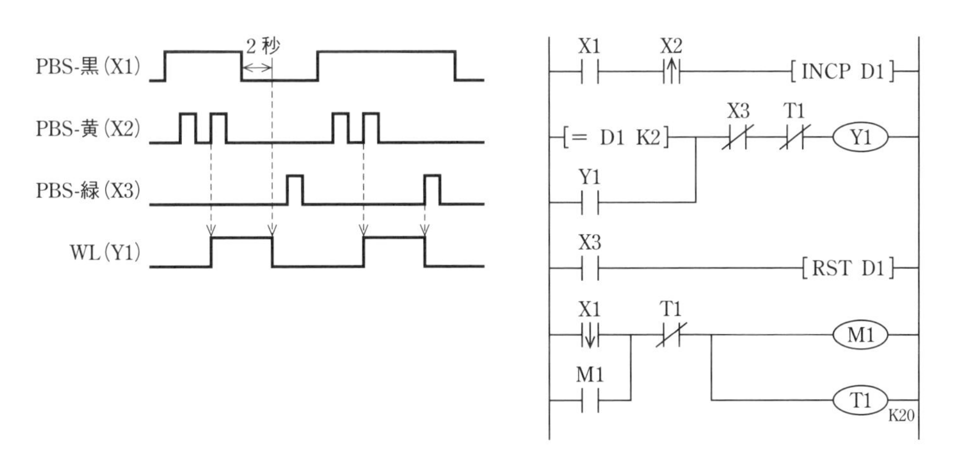

図 5・15 複数の入力による点灯と消灯回路のタイムチャートとラダー図

3. 繰返し回数

（点灯条件：黒押しボタン（X1）を押す（Y1），白ランプ（Y1）フリッカ 2 回目（Y2），消灯条件：白ランプが 5 回フリッカする（Y1），黄ランプが 4 回フリッカする（Y2））

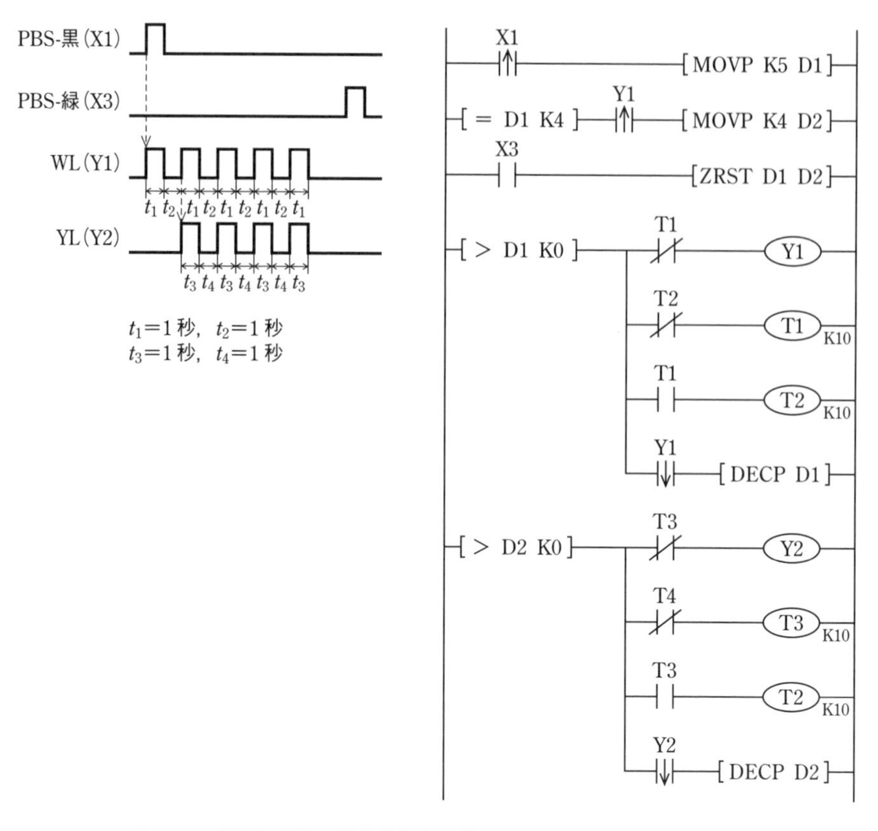

図5･16 繰返し回数の指定された回路のタイムチャートとラダー図

4. タイマの連続

（点灯条件：黒押しボタンを押す，消灯条件：t_1，t_2，t_3 と経過）

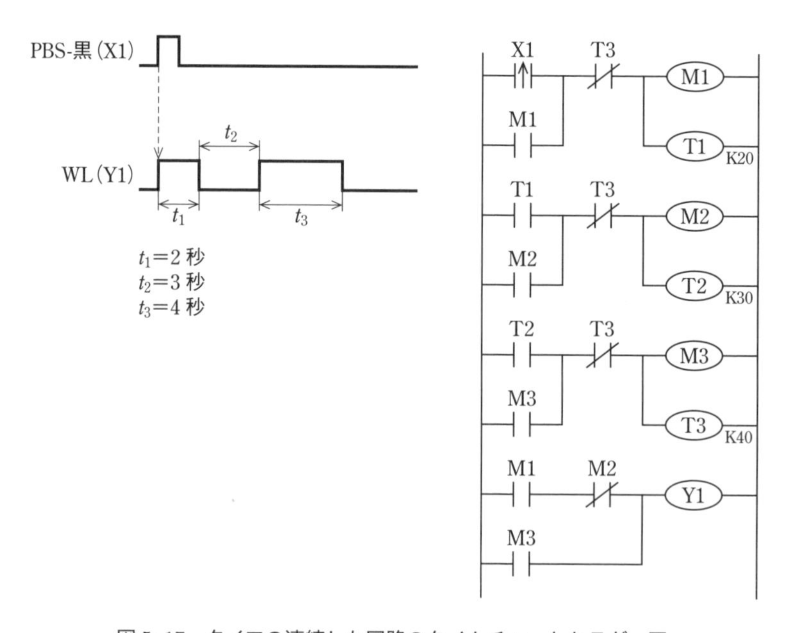

図5･17 タイマの連続した回路のタイムチャートとラダー図

5-2-3　1 級で出題される問題のパターン例

ここでは，1 級に出題される問題の要素（一部）をとり上げる．

想定問題をやる前にどのようにしてプログラムをしたらよいか考えてみよう．

①　黒押しボタンが 3 回押されたら白ランプが点灯する．

②　黒押しボタンと黄押しボタンの回数が等しいとき黄ランプが点灯する（ただし，0 回のときは点灯しない）．

③　黒押しボタンを押さずに黄押しボタンを押すと D1 が増加し，黒押しボタンを押しながら黄押しボタンを押すと D2 が増加する．

④　黒押しボタンを先に押すと緑ランプが ON スタートでフリッカし，黄押しボタンを先に押すと緑ランプが OFF スタートでフリッカする．

⑤　黒押しボタンを N 回押し，その後黄押しボタンを押すと赤ランプが N 回フリッカする．

5-3 課題 1 の問題と作業手順

5-3-1 課題 1 の時間配分

試験時の作業に要する時間配分例を表 5･4，表 5･5 に示す．

表 5･4 課題 1（配線〜白ランプ（事前公開部分）の作業時間）

順　序	時　間	累　計	作業内容
Step 1	2 分	2 分	電線の長さを 3 種類（長・中・短）に分け，必要本数切断する
Step 2	2 分	4 分	切断した電線の両端をワイヤストリッパでむく．このとき，被覆をはぎ取る長さに注意する
Step 3	8 分	12 分	圧着ペンチを使用して，被覆をはぎ取った心線に Y 型圧着端子を圧着する
Step 4	2 分	14 分	配線を行う試験用盤，PLC，ソケットや端子台のねじを緩める
Step 5	6 分	20 分	各部品に電線を接続する．配線の順番は，p. 208 の配線番号どおりにするとよい
Step 6	2 分	22 分	テストプログラムで動作チェックを行い，配線ミスがないかを確認する（試験用盤の電源を入れ，受検者自身がボタン操作をして動作確認してよい）
Step 7	3 分	25 分	白ランプがタイムチャートどおりに点灯するよう，プログラムを作成し動作確認する

事前公開の問題をもとにここまでを 25 分以内で確実に終えるようにする．

表 5･5 課題 1（黄ランプ〜動作確認の作業時間）

順　序	時　間	累　計	作業内容
Step 8	20 分	45 分	黄ランプ，緑ランプ，赤ランプがタイムチャートどおりに点灯するようプログラムを作成する
Step 9	5 分	50 分	白ランプ，黄ランプ，緑ランプ，赤ランプがタイムチャートどおりに点灯しているか再度見直す

作業を終えたら机上を整理し，挙手をして技能検定委員に採点をしてもらう（採点時間は作業時間に含まない）．なお，一度採点をするとやり直しができないので注意すること．

標準時間を経過しても無理に挙手をせず，最後までランプが点灯するよう努力する．

5-3-2 プログラムの作成

2級と同様にブロック化し，後から確認しやすいようにする．

5-3-3 課題 1：PLC による回路組立て作業　その 1

Point

① 課題 1 は，スイッチ（入力）3 点，ランプ（出力）4 点のタイムチャートが指示され，PLC と試験用盤の配線および PLC のプログラミングを行う．
② タイムチャートは，事前に 2 つの仕様（仕様 1，仕様 2）が公表され，そこにはスイッチ（入力）3 つと白ランプ（出力）のタイムチャートが示されている．
③ 試験当日は，事前公開された仕様 1 もしくは仕様 2 のいずれかに黄ランプ，緑ランプ，赤ランプのタイムチャートが追加して出題される．

ここでは，令和 4 年度に事前公開されたタイムチャート（仕様 1）と予想した黄ランプ，緑ランプ，赤ランプの模擬問題をもとに流れを説明する．

① 手順 1：事前にすべての押しボタンと白ランプのタイムチャートが公表される（仕様 1 および仕様 2）．

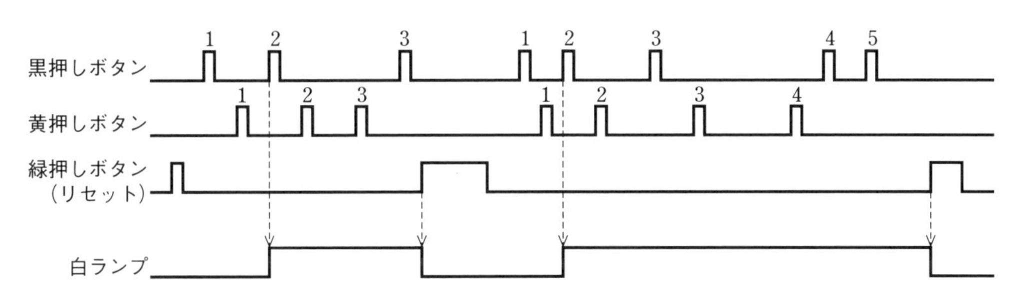

図 5･18　事前公開されるタイムチャート例

② 手順 2：試験当日，仕様 1 か仕様 2 のいずれかに黄ランプと緑ランプ，赤ランプのタイムチャートが追加して出題される．なお，押しボタンと白ランプのタイムチャートについては，事前に公表されたものから変更されることなくそのまま出題される．

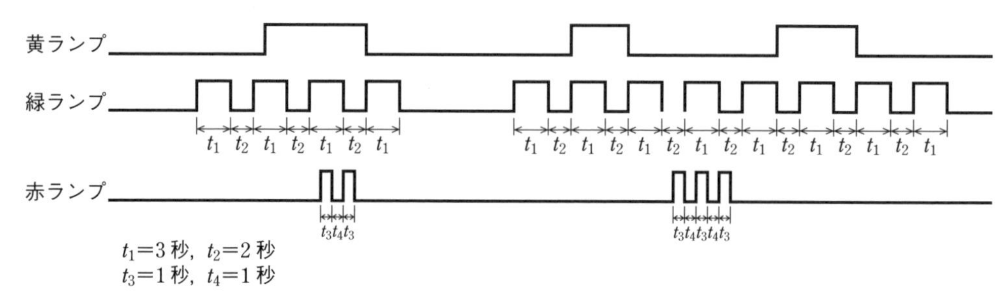

図5･19　当日指示されるタイムチャートの例

③　手順3：事前に受検者が準備した入出力の割付けを再度確認する（表5･6）.

表5･6

入力側		出力側	
試験用盤	PLC	出力側	PLC
黒ボタン	X1	白ランプ	Y1
黄ボタン	X2	黄ランプ	Y2
緑ボタン	X3	緑ランプ	Y3
		赤ランプ	Y4

併せてタイマやカウンタ等の割り付けについても確認しておく.

表5･7　入出力の割り付け

入　力	出　力	タイマ	補助接点		データレジスタ
			入力・リセット	出　力	
PBS-黒 (X1)	WL（Y1）	T11～	M11～	M111～	D11～
PBS-黄 (X2)	YL（Y2）	T21～	M21～	M121～	D21～
PBS-緑 (X3)	GL（Y3）	T31～	M31～	M131～	D31～
	RL（Y4）	T41～	M41～	M141～	D41～

※例外として，試験問題にあらかじめ番号が指定してあるタイマについては，そのまま使ってもよいこととする.

④　手順4：Y型圧着端子を圧着した電線を作成し，PLCと試験用盤の配線を行う（これはタイムチャートが仕様1でも仕様2でも変わらない）.

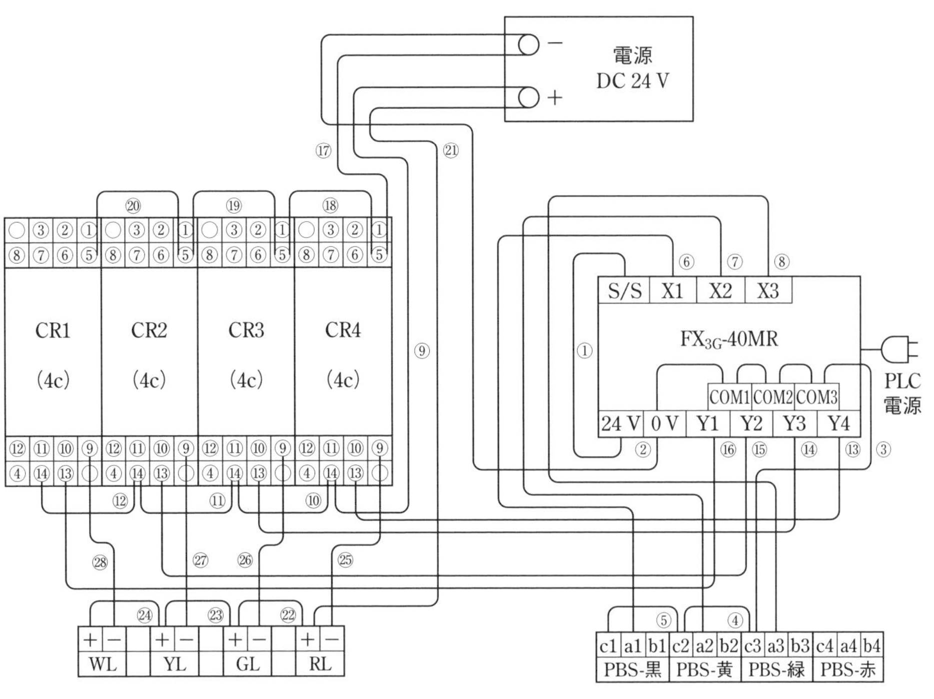

※実際の配線は p. 209 のようにし，PLC は試験用盤のわきに置くこと．

図 5･20　PLC と試験用盤の配線

⑤　手順5：テストプログラムを作成し，PLC と試験用盤が正しく接続されていることを確認する．

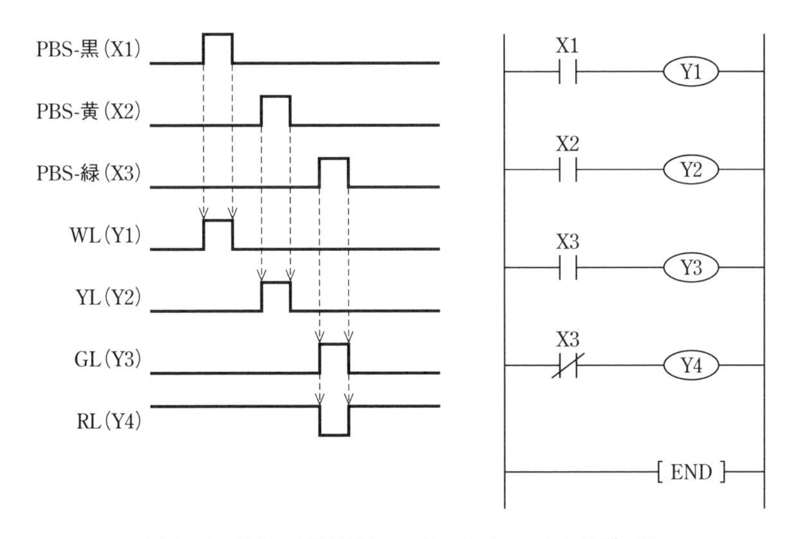

図 5･21　テストプログラムのタイムチャートとラダー図

⑥　手順6：タイムチャートから白ランプのラダー図を作成する．

試験の際は，押しボタンと白ランプのタイムチャートが事前に公表されるため，事前にしっかりと練習をして臨むこと．

プログラムを行う際には，以下のことを心がける．

（要素：白ランプ動作部，黄ランプ動作部，緑ランプ動作部，赤ランプ動作部，ランプ出力部）

（ブロック化：三菱電機のラダーソフトでは，M8001という RUN 中に常時非導通する b 接点を先頭に入れ，ラダー図を見やすくする．また，接点を a 接点に変更するとそのブロックの動作を止めることができる．）

図 5･22

白ランプ回路のタイムチャートは，図 5･18 を参照のこと．

［白ランプ回路］

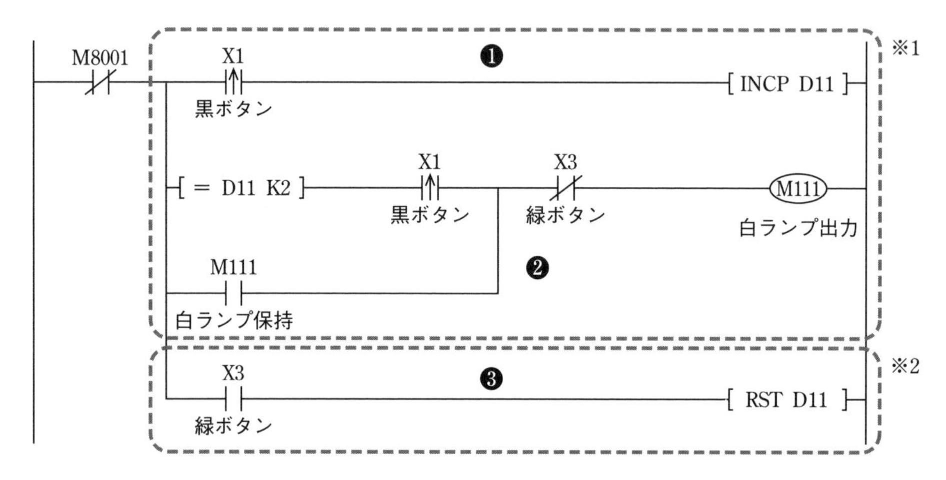

図 5･23　白ランプのラダー図例

この問題では，黒ボタン（X1）を 2 回押したときに白ランプ（Y1）が点灯する．また，緑ボタン（X3）を押すと消灯する．

※1　白ランプ回路（点灯部）

❶　黒ボタン（X1）の回数を D11 でカウントする．

❷　黒ボタンの回数が 2 回（D11 = K2）押されると白ランプへ出力（M111）され，自己保持でランプが点灯し続ける．このとき，黒ボタン（X1）の立ち上がり接点を入れて，ボタンを押したタイミングで確実に動作をするようにしている．また，緑ボタン（X3）の b 接点については，❸の回数リセットだけでは自己保持が解除されないので，忘れずに入れるようにする．白ランプへの出力に M111 を使用するのは二重コイルの防止を意識しているためである．

※2　白ランプ回路（消灯部）

❸　緑ボタン（X3）を押すと黒ボタンの回数がリセットされる．

5-3-4　課題１：PLC による回路組立て作業　その２

⑦　手順７：タイムチャートから黄ランプのラダー図を作成する．

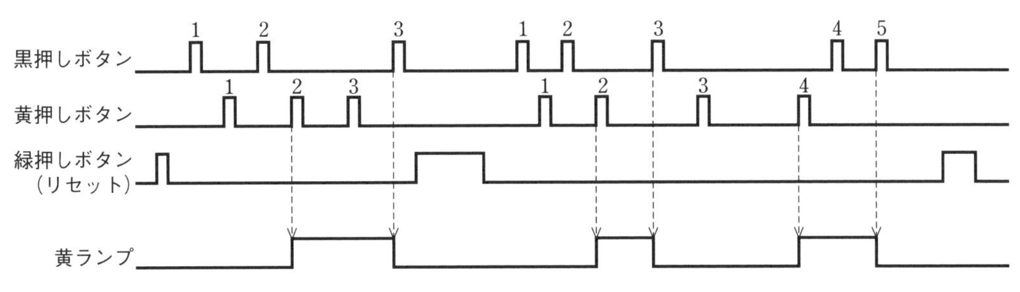

図５･24　黄ランプのタイムチャート例

［黄ランプ回路］

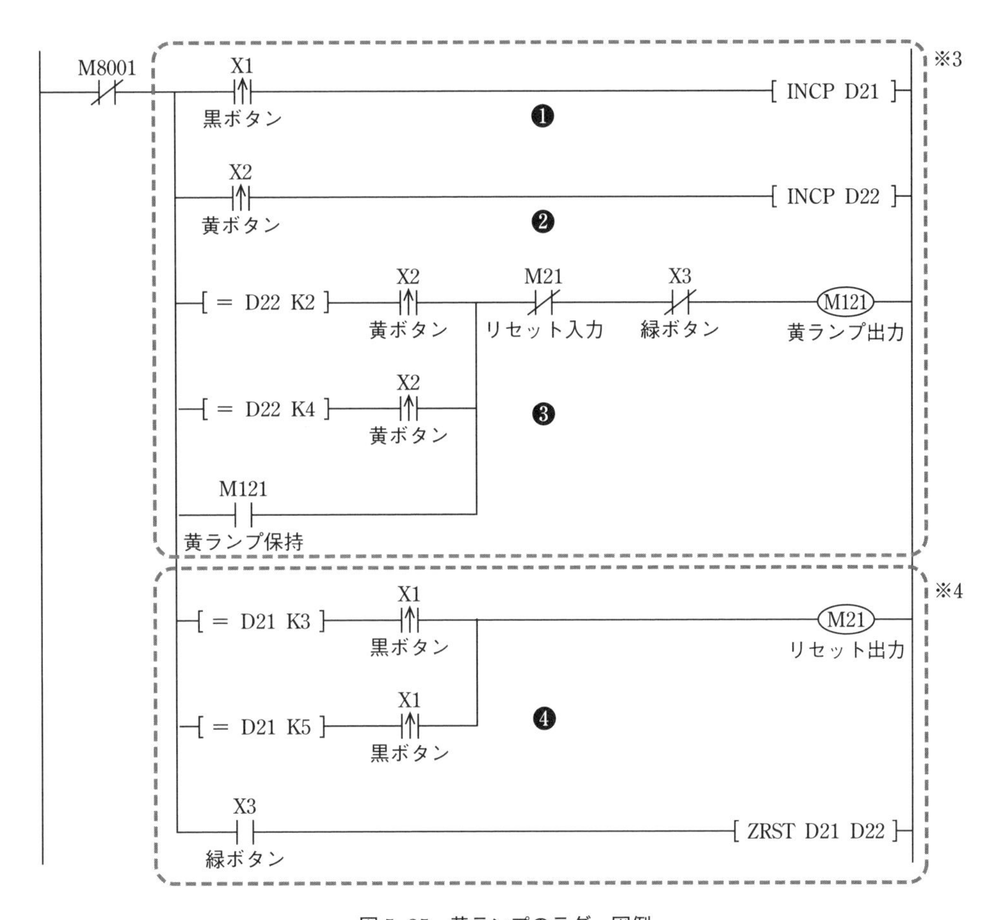

図５･25　黄ランプのラダー図例

この問題では，黄ボタン（X2）２回もしくは４回押したときに黄ランプ（Y2）が点灯する．また，黒ボタン（X1）が３回もしくは５回押されると消灯する．

※3　黄ランプ回路（点灯部）

❶　黒ボタン（X1）の回数をD21でカウントする．

❷　黄ボタン（X2）の回数をD22でカウントする．

黒ボタンの回数については，白ランプ回路のところでもカウントしている（D11）が，ランプの回路ごとに改めて作成した方がよい．これにより，黄ランプの回路を作成したら白ランプが正常に動作しなくなるようなトラブルを減らすことができる．

❸　黄ボタン（X2）が2回もしくは4回押されると黄ランプへ出力（M121）され，自己保持でランプが点灯し続ける．このとき，黄ボタン（X2）の立ち上がり接点を入れて，ボタンを押したタイミングで確実に動作をするようにしている．また，3回で出力されてはいけないため，2回以上とせず2回と4回で動作する回路を作成している．

❹の条件により，M122がリセットとして入力されるほか，自己保持を解除する目的で緑ボタン（X3）が入れられている．❹のカウントリセットだけでは，自己保持が解除できないため，忘れずに入れるようにすること．

※4　黄ランプ回路（消灯・カウントリセット部）

❹　黒ボタン（X1）が3回もしくは5回押されるとリセット出力（M122）され，❸の回路が消灯される．また，緑ボタンが押されると黒ボタンと黄ボタンの回数カウントがリセットされる．ここでは，ZRSTを使用してD21とD22を一度にリセットしているが，2つくらいであればRST D11とRST D12としてもよい．

⑧　手順8：タイムチャートから緑ランプのラダー図を作成する．

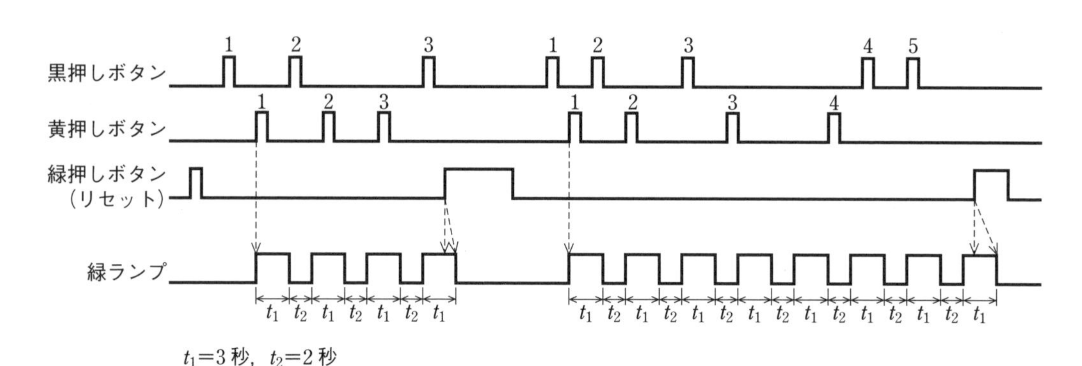

図5·26　緑ランプのタイムチャート例

[緑ランプ回路]

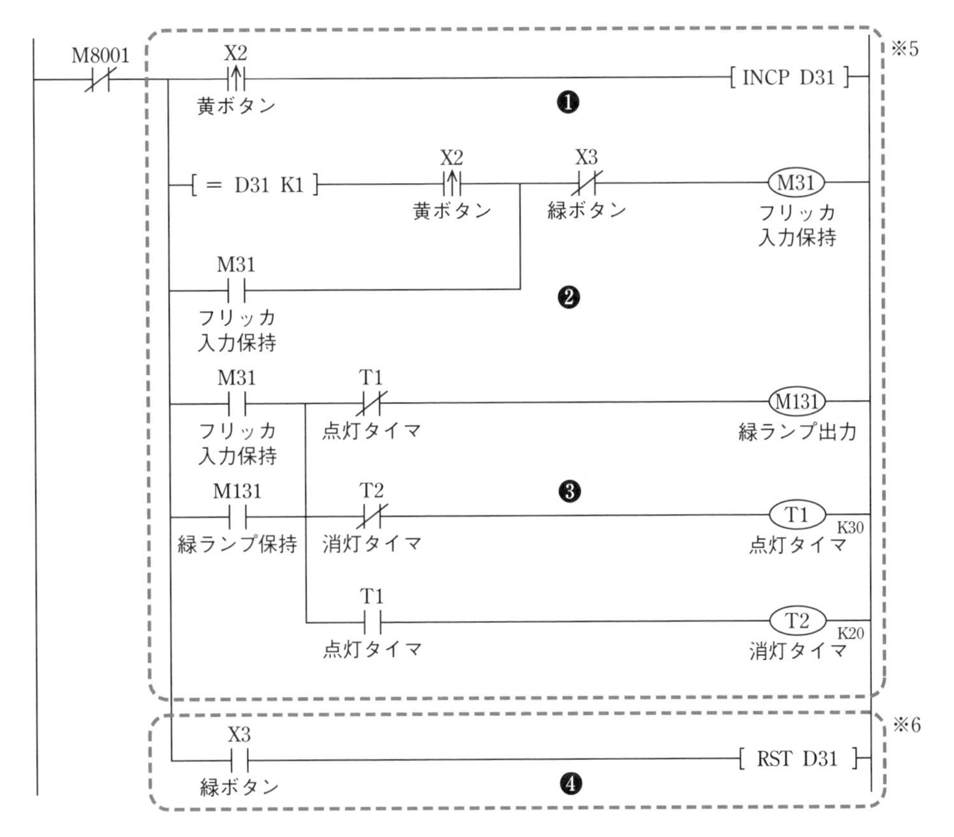

図5･27　緑ランプのラダー図例

この問題では，黄ボタン（X2）が1回押されると緑ランプ（Y3）がONスタートで点滅（フリッカ）する．また，緑ボタン（X3）が押されるとサイクルが終了した時点で消灯する．

※5　緑ランプ回路（点灯部）

❶　黄ボタン（X1）の回数をD31でカウントする．

黄ランプ回路では，黄ボタン（X2）の回数をD22でカウントしているため，ここをD32としてもよいが，緑ランプ回路の1つ目という意味でここではD31としている．

❷　黄ボタン（X2）が1回押されるとフリッカ入力が自己保持（M31）され，緑ボタン（X3）が押されるまで保持し続ける．

❸　フリッカ入力（M31）が入力されるとONスタートの点滅（フリッカ）が継続し，緑ランプを保持する補助接点（M131）があるため，緑ボタン（X3）が押されてもすぐに緑ランプが消灯せず，サイクルが終了するまで保持し続ける．

※6　緑ランプ回路（カウントリセット部）

❹　緑ボタン（X3）を押すと黄ボタンのカウント数がリセットされる．

⑨　手順9：タイムチャートから赤ランプのラダー図を作成する．

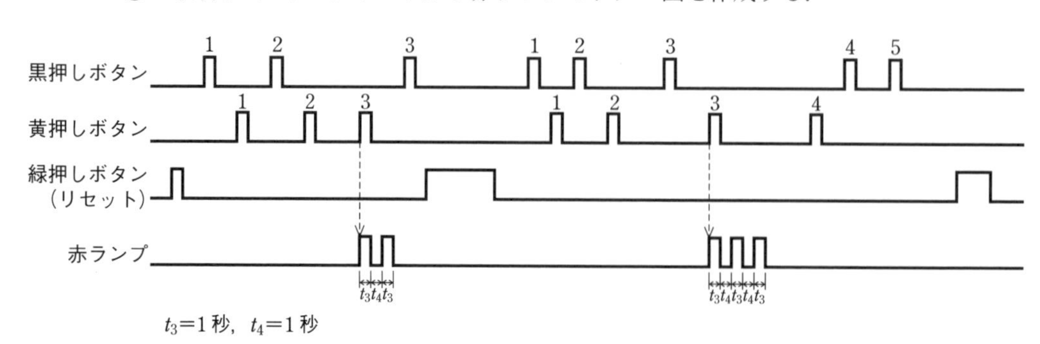

図5･28　赤ランプのタイムチャート

［赤ランプ回路］

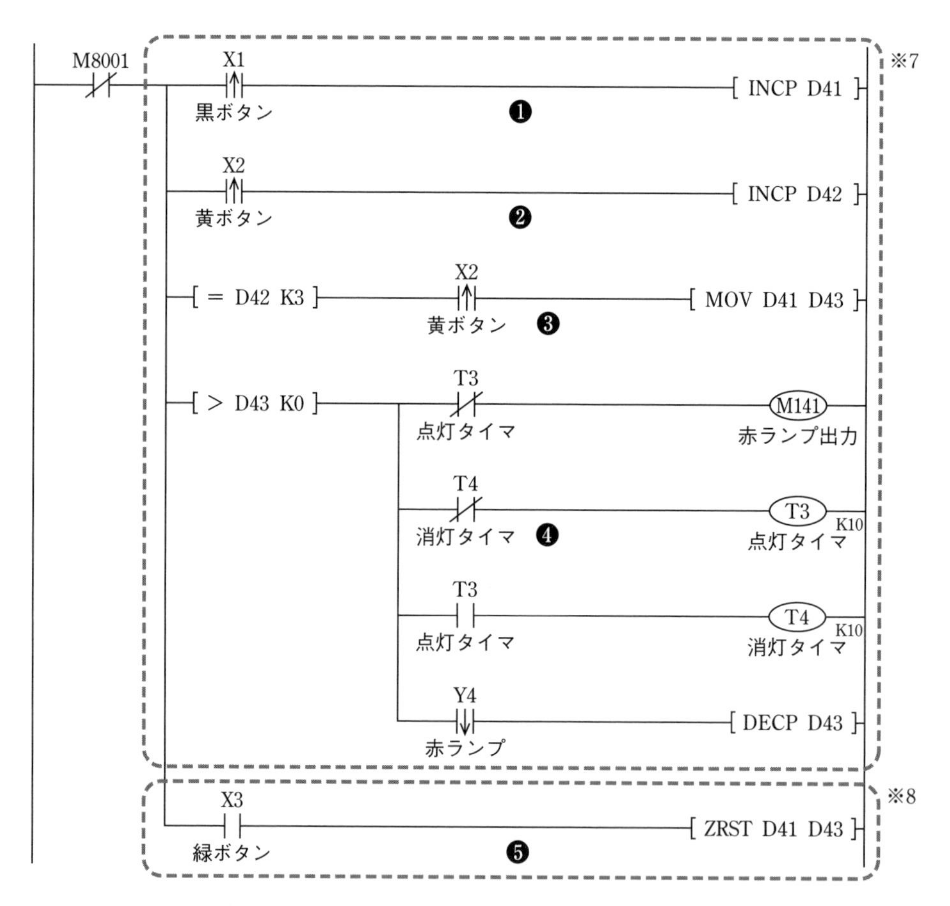

図5･29　赤ランプのラダー図

この問題では，黄ボタン（X2）を3回押したときにその時点での黒ボタン（X1）の回数カウント分だけ赤ランプ（Y4）が点滅する．

※7　赤ランプ回路（点灯部）

❶　黒ボタン（X1）の回数をD41でカウントする．

❷　黄ボタン（X2）の回数をD42でカウントする．

❸　黄ボタン（X2）が 3 回押されると黒ボタンの回数（D41）が点滅する回数（D43）として MOV 命令により転送される．

❹　❸で D43 にデータが入力されると ON スタートの点滅を開始する．赤ランプの点滅が終わるたび（立ち下がり），回数（D43）を減らす．

※8　赤ランプ回路（カウントリセット部）

❺　緑ボタン（X3）を押すと黒ボタンと黄ボタンのカウント数，そして点滅のカウント数がリセットされる．

⑩　手順 10：各色の補助出力からランプへ出力するラダー図を作成する．

［ランプ出力回路］

※9　ランプ出力回路

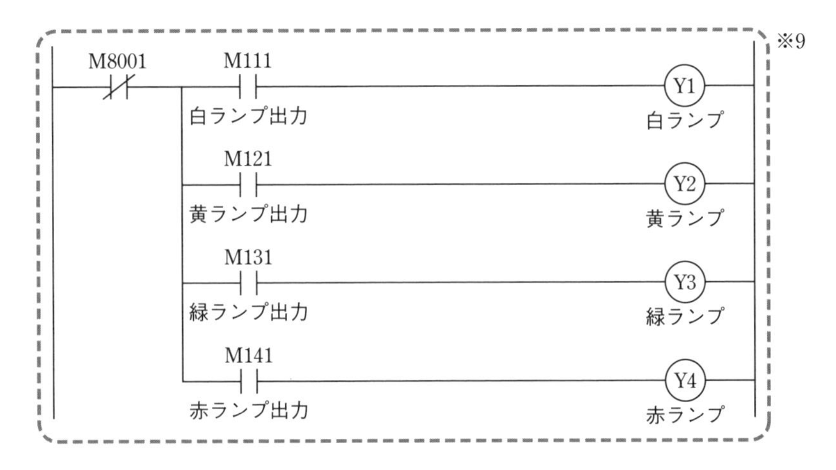

図 5･30　ランプ出力回路のラダー図例

⑪　手順 11：実際の動作がタイムチャートと同じになっているか，試験用盤の電源を入れ，自分で動作確認を行う．

⑫　手順 12：机上を整理し，挙手をして技能検定委員に採点をしてもらう．

※採点後はやり直しができないので，しっかりと確認をしておく．

5-3-5　練習方法

①　白ランプについては，仕様 1・仕様 2 のどちらが指示されてもいいように繰り返し練習をしておくこと．

②　黄ランプ・緑ランプ・赤ランプについては，模擬問題を繰り返し解くなど，さまざまな動作に対応できるように練習を繰り返しておくこと．

③　プログラムを作成するときは，ランプのブロックごとに作成し，1 つずつ確実に動作させてから先に進むこと．

※いくつもランプが点滅すると慌ててしまうため，ブロックの先頭を M8001 の a 接点にし不要なブロックを一時的に動作させないなどの工夫をするとよい．

5-3-6 注意事項

2級の3-5-6（p.118）を参照のこと．

5-3-7 時間短縮に向けて

試験では限られた時間で作業をするため，かなりの練習を積まないと時間オーバーをしてしまう．練習をする際には，以下の点に注意をする．

① 工具の持ち換えを最小限にする．

p.218のように，電線を切断し，被覆をむき，圧着端子を取り付ける順番で工具をなるべく持ち替えないようにする．

この配線は，試験問題に関わらず受験者が持ち込むPLCにより決まる．

② あらかじめ狭い机で作業を練習する．

試験会場は，作業スペースが十分に確保されているとは限らない．そのため，狭い机で練習しておくとよい．

③ 工具を置く位置をあらかじめ決めておく．

工具を使用する順に利き手の自分の身体に近い側から置いておく．また，常に戻すときには同じ位置に戻す．適当に置くと探すために時間を使ったり，工具が重なり慌てたときに落としたりする．使用が終わった工具は，自分の利き手と反対側に移動させておく．

④ 電線の被覆は，試験会場に用意されている紙トレイの上でむく．

ゴミが散らからず，採点前に机の上を整える時間がかからないようにする．

⑤ 試験に適した工具を使用する．

ドライバーや圧着ペンチの柄の長さが長いものは細かい作業に向かないことがある．試験に向けて工具を用意し，使い慣れるようにすると作業が早くできるようになる．

⑥ ラダーソフトを使いこなし，入力に時間をかけない．

キーボードのショートカットキーやファンクションキーを使いこなし，パーツ（押しボタンやランプなど）を素早く入力できるようにする．

このほかにも試験が開始したらすぐに問題を確認し，配線作業をしながら，問題の入力・出力条件を確認したり，頭の整理をしながら配線作業を進める方法もある．

しかし，考えながら作業をすると手元が疎かになるので注意が必要である．

5-4 課題 2 の概要と作業手順

5-4-1 課題 2 の試験概要

課題 2 はリレー・タイマの故障診断と良品を使用した有接点シーケンス回路の点検・修復作業である．基本的な出題形式は 2 級と同様であるが，以下の 2 つが 2 級と大きく異なっている．

［2 級と 1 級の違い］

① ラダー図が与えられていない．

② 故障の出題内容が異なる．※特に 1 級では誤接続がある．

表 5･8

	未配線	導通不良（断線）	誤接続	ラダー図	タイムチャート
2 級	2 か所	1 か所	―	あり	なし
1 級	1 か所	1 か所	1 か所	なし	なし

※故障の種類と数については，試験により一部異なる場合がある．

5-4-2 リレー・タイマの点検

リレー・タイマの点検方法は 2 級の 3-6-2 と同じである．p.120 を参照のこと．

5-4-3 有接点シーケンス回路の点検および修復作業

① 手順 1：接続の書き出し

はじめにリレーやタイマを配布される用紙に図 5･31 のように書く．

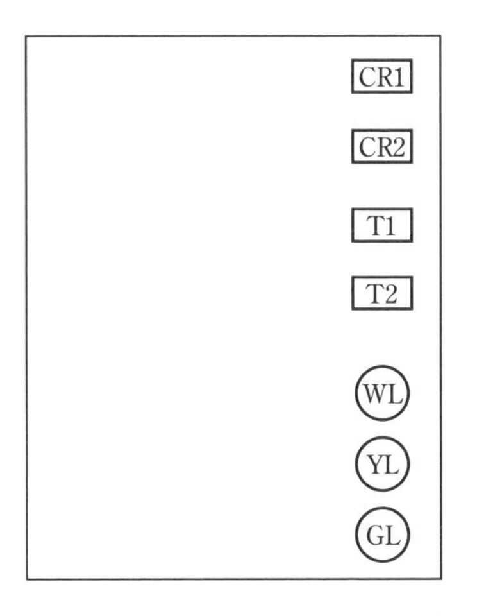

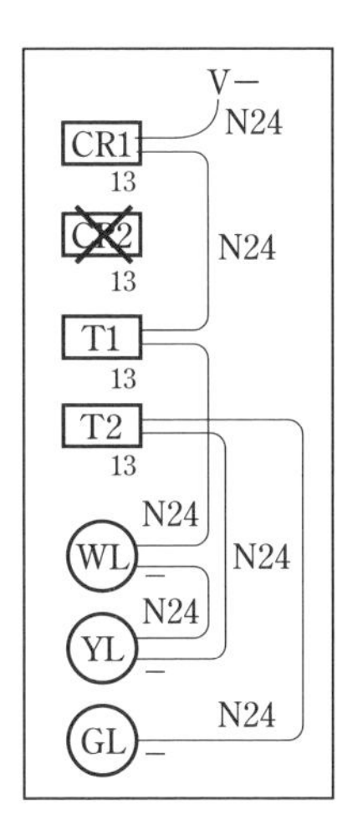

図 5･31 接続の書き出しの例

書き出しをする中で使用しないものがあれば削除する（CR2）．また，位置が異なる場合は書き直すか立体交差して書くなど工夫する．

次にマイナス側（N24）から配線を書き出す．このとき，端子番号とY型圧着端子の根元についている線番号（101からの連番）を書いておく．

② 手順2：不良箇所の発見

1級の回路に含まれる故障箇所は，以下の方法で見つけるとよい．

［未配線］

回路の書き出しでうまくつながっていないところを探す．

同じ線番号の接続が離れて2か所存在している場合がある．

修復する際には，同じ線番号のところであればどこをつないでもよい．ただし，1つの端子につなぐ電線は2本までである．

［断　線］

回路の書き出しをしたとおりにテスタであたっていき，導通のないところを探す．

［誤接続］

リレーやタイマのa接点とb接点を誤接続したり，接点をバイパスしていることが多い．回路を書き出し，自己保持がb接点になっていたり，電源からリレーやタイマのb接点を経由してコイルやランプがいきなり動作していたら誤接続の可能性が高い．わかりやすい誤接続ばかりではないので，回路全体を注意して確認する．誤接続を修復するときは，青色の線をつなぎ変えるのではなく，修復箇所がわかるように白線で配線を作成し接続すること．

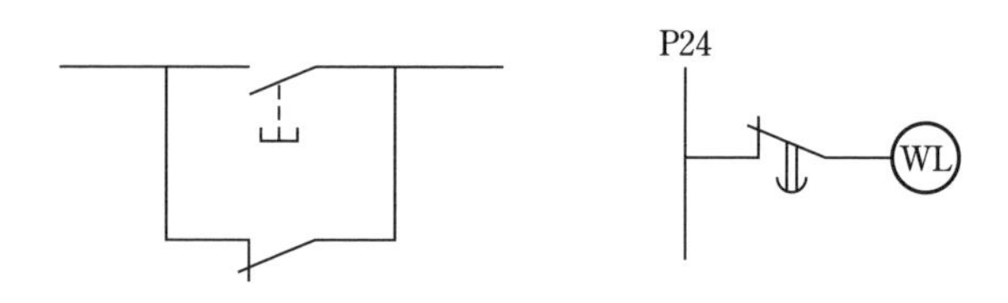

図5･32　見つけやすい誤接続の例

ある程度，回路の書き出しができたらタイムチャートを作成する．

タイムチャートを作るとそこから回路を確認したり，通電してタイムチャートと動作の違いから原因を予測することができる．

5-4-4 練習方法

1級の試験では，修復ができるようになるのはもちろん，規定の時間内に終える練習が特に重要である．誤接続があるため，2級に比べて格段に難しくなっている．

そのため，ほかの人に回路を組んでもらい書き出しを練習したり，不良箇所を組み込んでもらって探す練習を繰り返し行うとよい．

出題される回路のパターンはそれほど多くないので，配線を外したり，a接点とb接点を入れ替えてみたり，動作がどのように変化するか理解しておくとよい．

5-4-5 課題２のタイムチャート例

以下に４つのタイムチャート例を示す．同じタイムチャートの動作でも複数の回路が考えられるが，ここではそれぞれ２つのケースを示す．

1. タイムチャート例 1

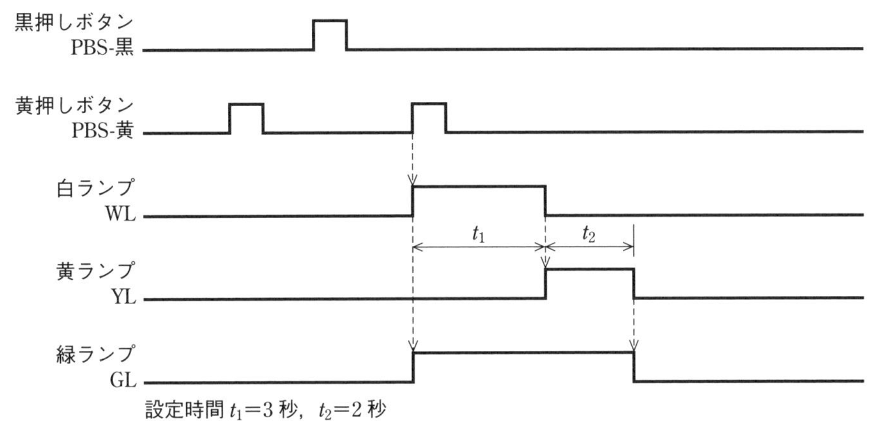

※注意：タイムチャートの始まりは論理「0」とする

図 5･33　タイムチャートの例

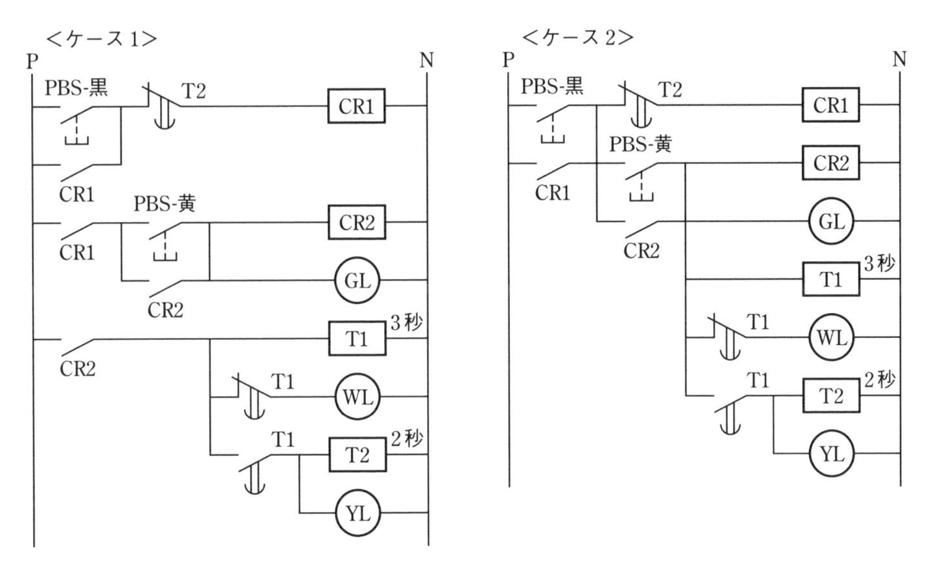

図 5･34　ラダー図の例

2. タイムチャート例2

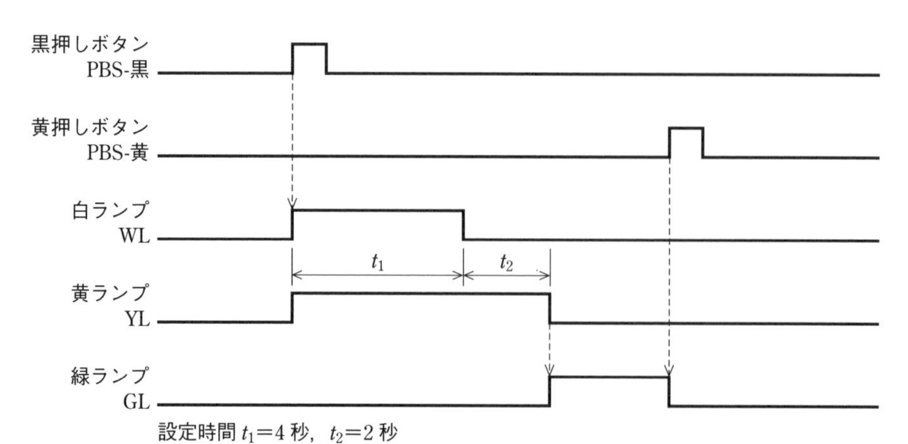

図5・35　タイムチャートの例

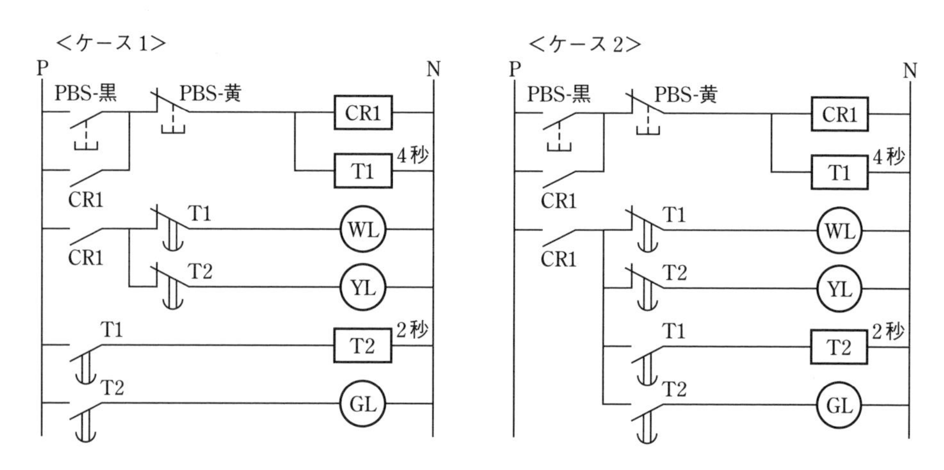

図5・36　ラダー図の例

3. タイムチャート例３

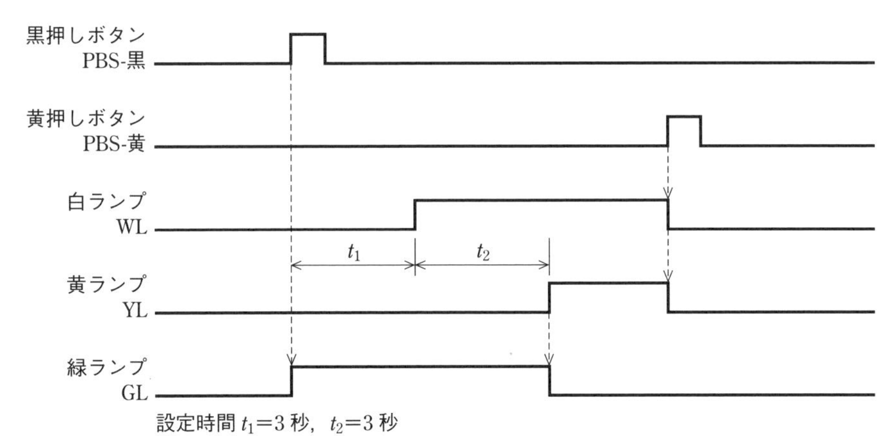

設定時間 t_1＝3 秒，t_2＝3 秒

※注意：タイムチャートの始まりは論理「0」とする

図 5・37　タイムチャートの例

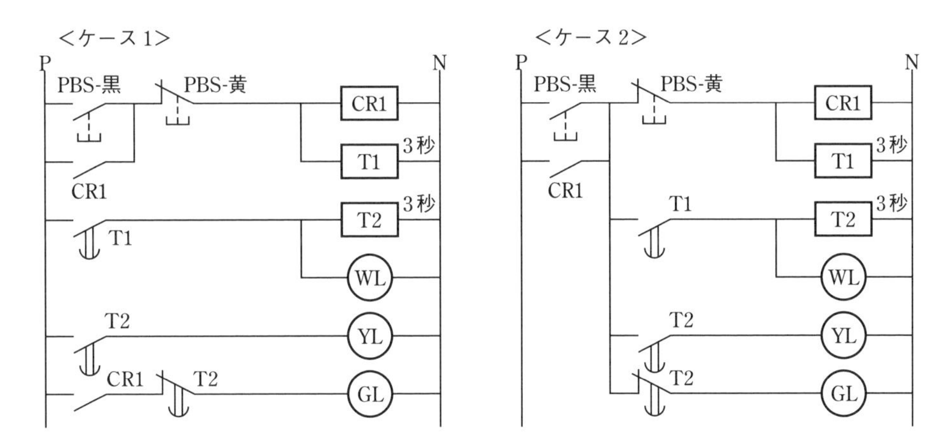

図 5・38　ラダー図の例

4. タイムチャート例 4

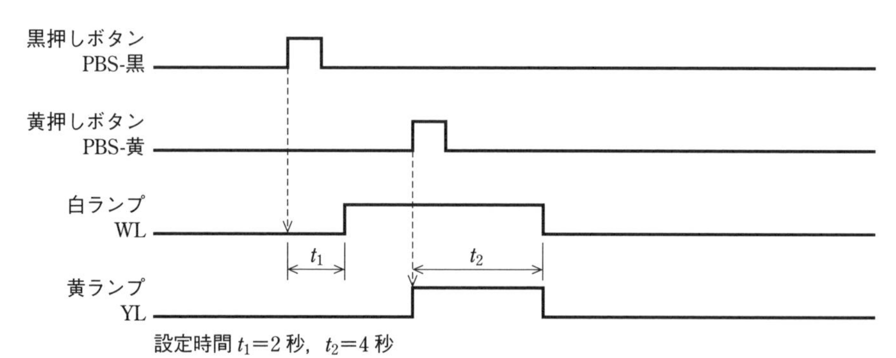

設定時間 t_1=2 秒，t_2=4 秒

※注意：タイムチャートの始まりは論理「0」とする

図 5･39　タイムチャートの例

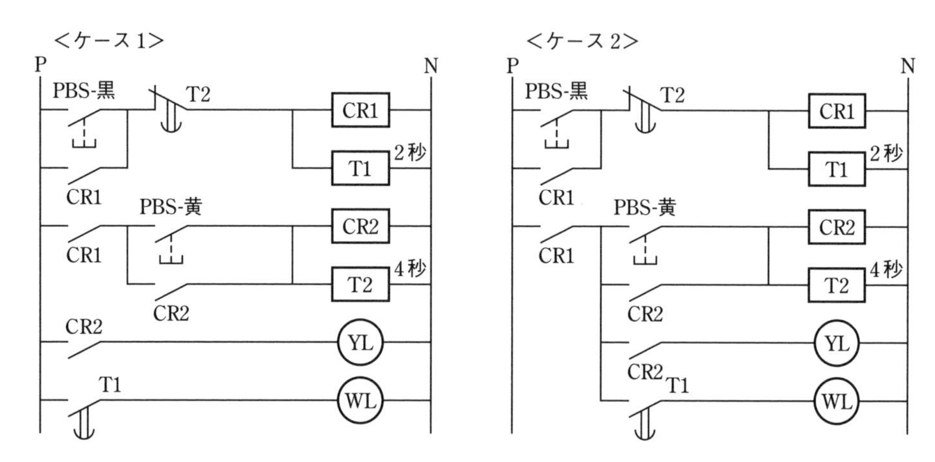

図 5･40　ラダー図の例

5-5 想定問題

公表された過去の問題（白ランプのみ）に編集部でランプ（黄・緑・赤）の点灯パターンを想定した模擬問題を作成した．

5-5-1 想定問題 1（仕様 2）

下図に示すタイムチャートのラダー図を手順に従って作成せよ．

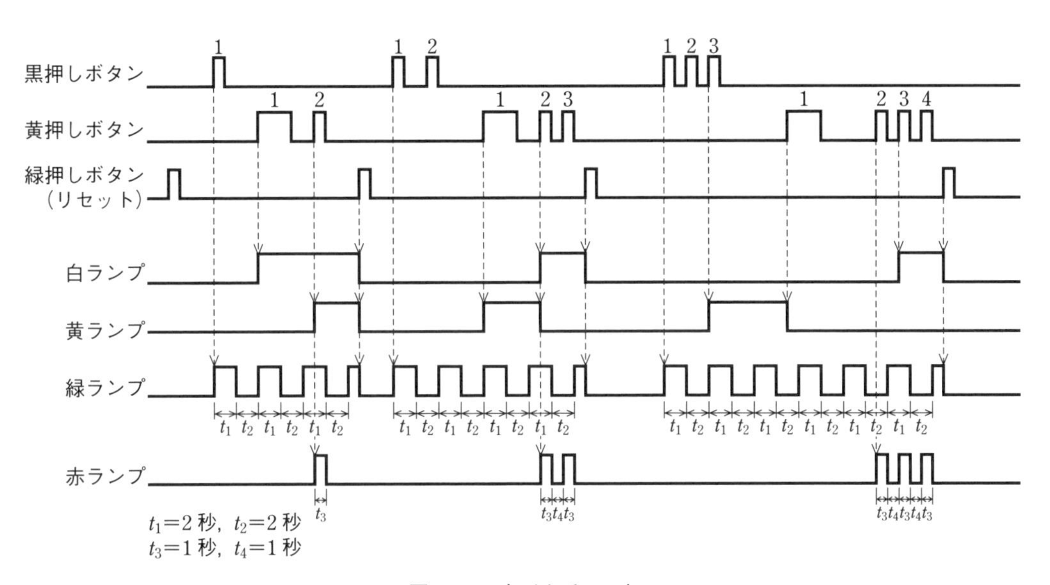

図 5･41　タイムチャート

1. はじめに規則性を見つける

入力の回数がその後の動作に関係するときは，スイッチの入力に番号を割り振る．なお，問題によってはあらかじめ番号が振ってある場合がある．

次に以下のようにボタンとランプの動作を整理する．

表 5･9　押しボタン入力の規則

ボタン	動　作
黒ボタン	押すたびにカウントが 1 つずつ増え，緑ボタンを押すとカウント数がリセットされる
黄ボタン	押すたびにカウントが 1 つずつ増え，緑ボタンを押すとカウント数がリセットされる
緑ボタン	押すたびにランプが消灯（白・黄・緑）する． また，黒ボタンと黄ボタンのカウント数がリセットされる．

表 5・10　ランプ点灯と消灯の規則

ランプ	条　件
白ランプ	点灯：黒ボタンと黄ボタンの回数が同じになるときの黄ボタンの立ち上がり． 消灯：緑ボタンを押す．
黄ランプ	点灯：黒ボタンと黄ボタンの回数を加算して 3 になる． 消灯：緑ボタンを押す．もしくは，黒ボタンと黄ボタンのカウント数を加算して 3 でなくなる．
緑ランプ	点灯：黒ボタンの回数が 1 回になるときの立ち上がり． ※点灯後はフリッカを繰り返す． 消灯：緑ボタンを押すと直ちにフリッカを終了する．
赤ランプ	点灯：黄ボタンの回数が 2 回になるときの立ち上がり． 消灯：赤ランプが点灯した時点での黒ボタンのカウント数をフリッカをして終了する．

2. 白ランプ（WL）回路のプログラム

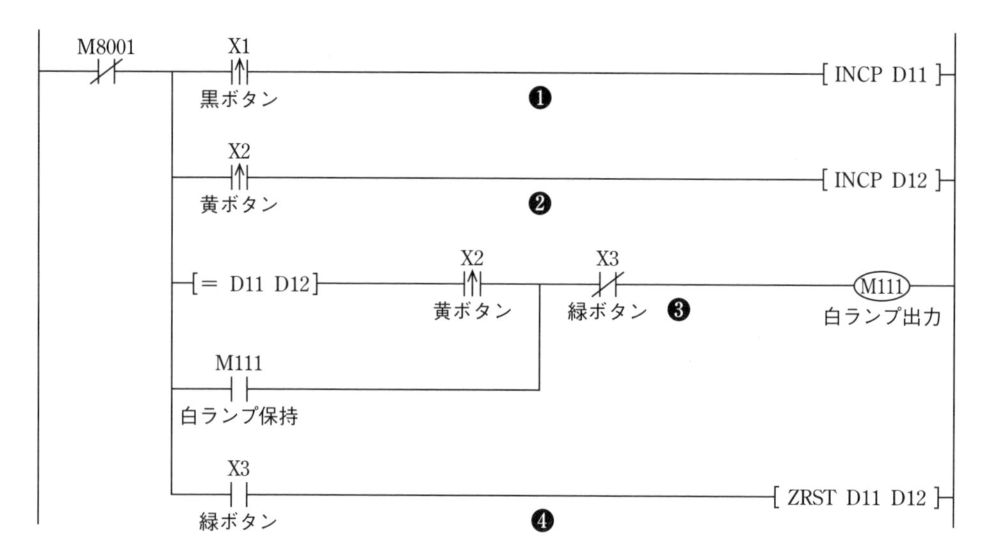

図 5・42　白ランプのラダー図例

❶　黒ボタン（X1）の回数を D11 でカウントする．

❷　黄ボタン（X2）の回数を D12 でカウントする．

❸　D11 と D12 の回数が等しくなったときの黄ボタンの立ち上がりで白ランプが点灯し，緑ボタン（X3）が押されると消灯する．

❹　緑ボタンを押すと D11 と D12 のカウント数がリセットされる．

※カウント数をセットするだけでは消灯されないため，❸の緑ボタンを忘れずに入れるようにする．

3. 黄ランプ（YL）回路のプログラム

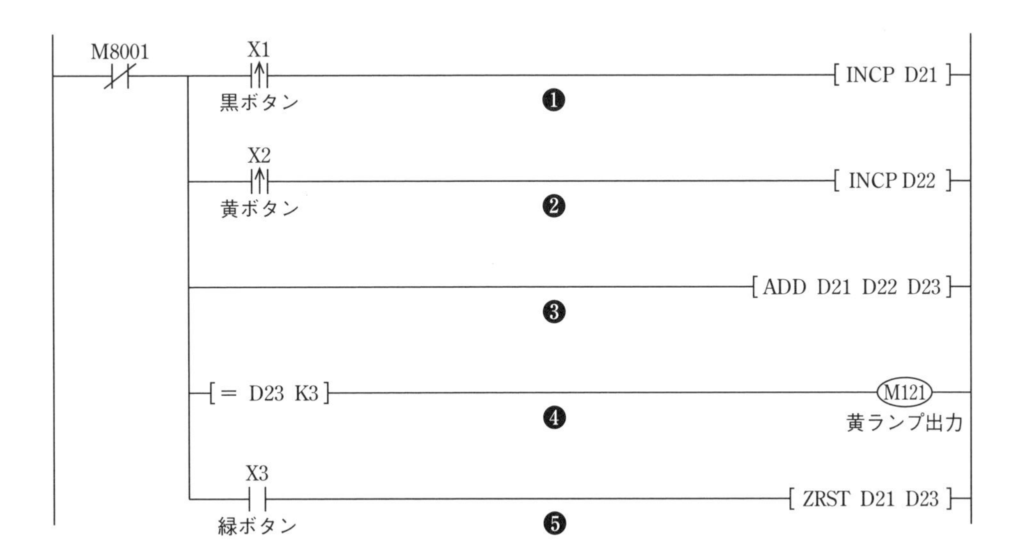

図5･43 黄ランプのラダー図例

❶ 黒ボタン（X1）の回数をD21でカウントする．

❷ 黄ボタン（X2）の回数をD22でカウントする．

❸ D11とD22のカウント数を加算してD23に転送（代入）する．

❹ D23のカウントが3回（K3）になったら黄ランプが点灯する．

❺ 緑ボタン（X3）を押すとD21～D23のカウント数がリセットされる．また，カウント数がリセットされるため黄ランプが消灯する．

4. 緑ランプ（GL）回路のプログラム

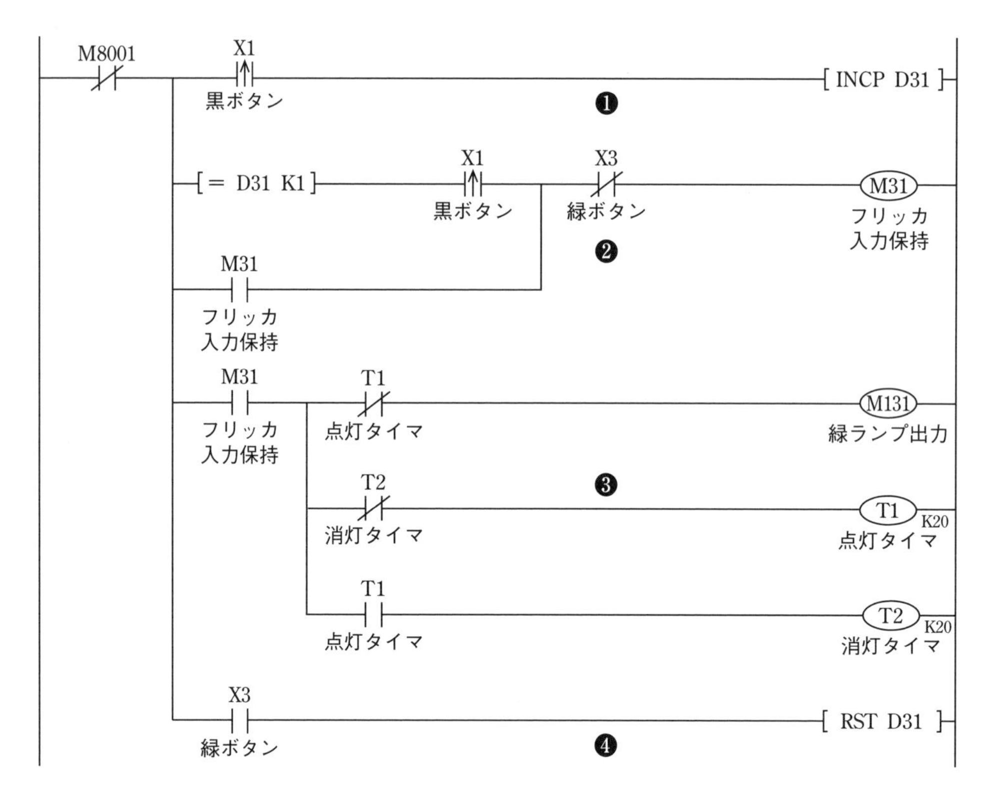

図5･44　緑ランプのラダー図例

❶　黒ボタン（X1）の回数をD31でカウントする．

❷　黒ボタン（X1）が1回（K1）押されるとフリッカ入力が自己保持され，緑ボタン（X3）が押されると緑ランプが消灯する．

❸　オンスタートのフリッカ．サイクル保持の接点がないため緑ボタンが押されるとすぐに消灯する．（即断）

※フリッカはよく出題されるので，さまざまなパターンをよく練習しておくこと．

❹　緑ボタン（X3）を押すとD31のカウント数がリセットされる．

5. 赤ランプ（RL）回路のプログラム

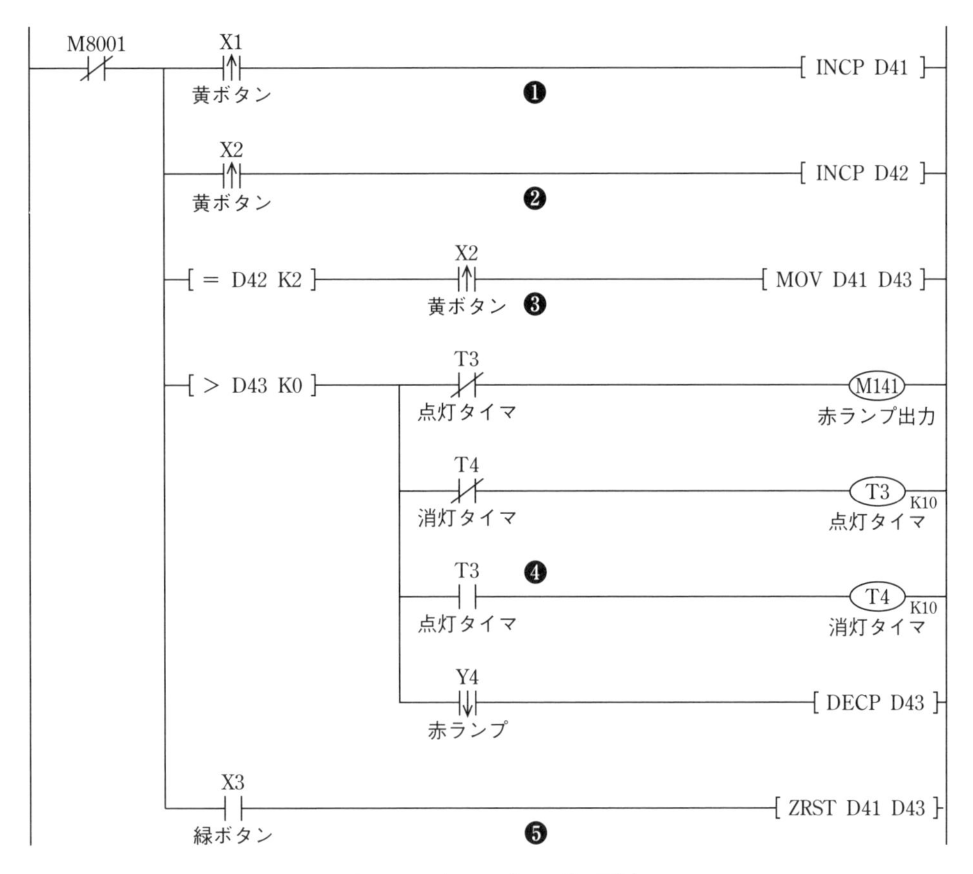

図 5･45　赤ランプのラダー図例

❶　黒ボタン（X1）の回数を D41 でカウントする．

❷　黄ボタン（X2）の回数を D42 でカウントする．

❸　黄ボタン（X2）の回数が 2 回になったら，その時点の黒ボタンの回数（D41）を D43 に転送（代入）する．

❹　D43 に回数が入力されたら（D43＞0），ON スタートのフリッカが開始される．

　また，赤ランプの点灯回数を赤ランプ（Y4）の立ち下がりでカウントし，D43 から減算する．（赤ランプは Y4 でなく M141 でもよい）

❺　緑ボタン（X3）を押すと D41 から D43 のカウント数がリセットされる．また，カウント数がリセットされるため赤ランプが消灯する．

5章 1級実技試験

6. 出力回路のプログラム

各ブロックで使用した補助出力をランプの出力に接続する.

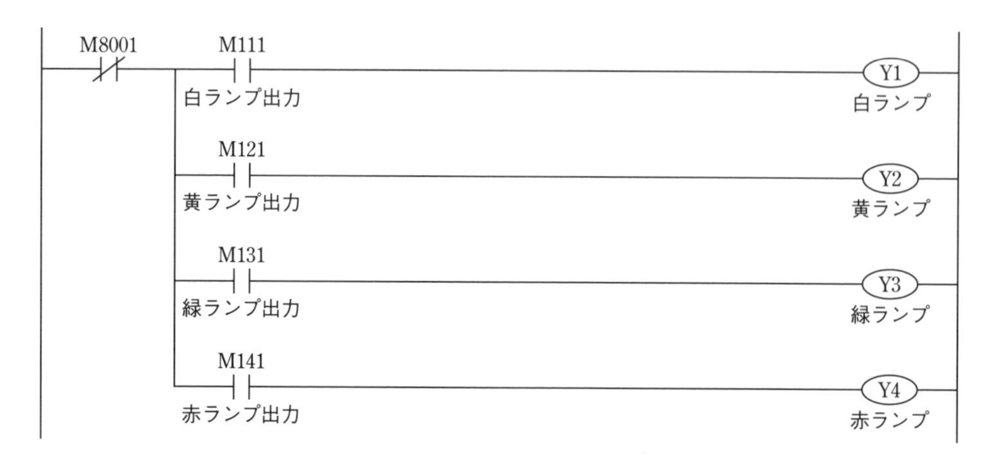

図 5・46　出力回路のラダー図例

この出力回路部分を設けず，各回路に Y1 から Y4 の出力を入れてプログラムをすることも可能であるが，はじめから Y 接点を使用してプログラムを作成すると同じ接点番号を複数使用する二重コイルになってプログラムが動作しなくなる.

そのため，本書ではそれぞれの出力に補助接点（M）を使用し，最後に補助接点から Y 接点に出力するようにしている.

5-5-2　想定問題 2（仕様 1）

下図に示すタイムチャートのラダー図を手順に従って作成せよ.

5-3 の問題と緑ランプ・赤ランプのパターンが一部変更されている.

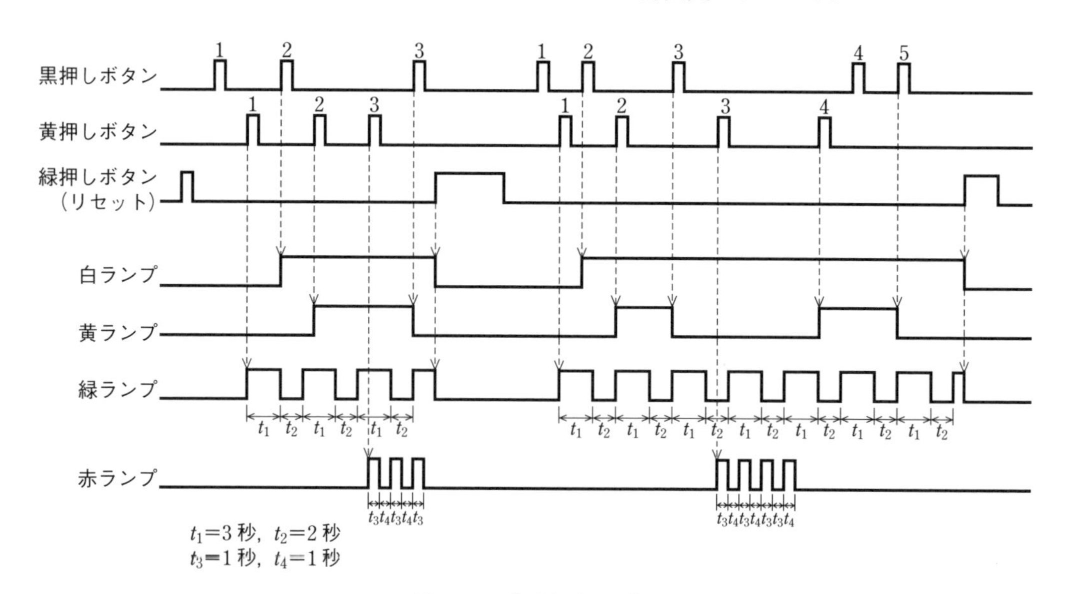

図 5・47　タイムチャート

1. はじめに規則性を見つける

入力の回数がその後の動作に関係するときは，スイッチの入力に番号を割り振る．なお，問題によってはあらかじめ番号が振ってある場合がある．

次に以下のようにボタンとランプの動作を整理する．

表 5・11 押しボタン入力の規則

ボタン	動 作
黒ボタン	押すたびにカウントが 1 つずつ増え，緑ボタンを押すとカウント数がリセットされる
黄ボタン	押すたびにカウントが 1 つずつ増え，緑ボタンを押すとカウント数がリセットされる
緑ボタン	押すたびにランプが消灯（白・緑）する． また，黒ボタンと黄ボタンのカウント数がリセットされる．

表 5・12 ランプ点灯と消灯の規則

ランプ	条 件
白ランプ	点灯：黒ボタンの回数が 2 回になるときの立ち上がり． 消灯：緑ボタンを押す．
黄ランプ	点灯：黄ボタンの回数が 2 回もしくは 4 回になる． 消灯：黒ボタンの回数が 3 回もしくは 5 回になる．
緑ランプ	点灯：黄ボタンの回数が 1 回になるときの立ち上がり． ※点灯後はフリッカを繰り返す． 消灯：緑ボタンを押すと直ちにフリッカを終了する．
赤ランプ	点灯：黄ボタンの回数が 3 回になるときの立ち上がり． 消灯：赤ランプが点灯した時点での黒ボタンのカウント数＋1 回をフリッカして終了する．

2. 白ランプ（WL）回路のプログラム

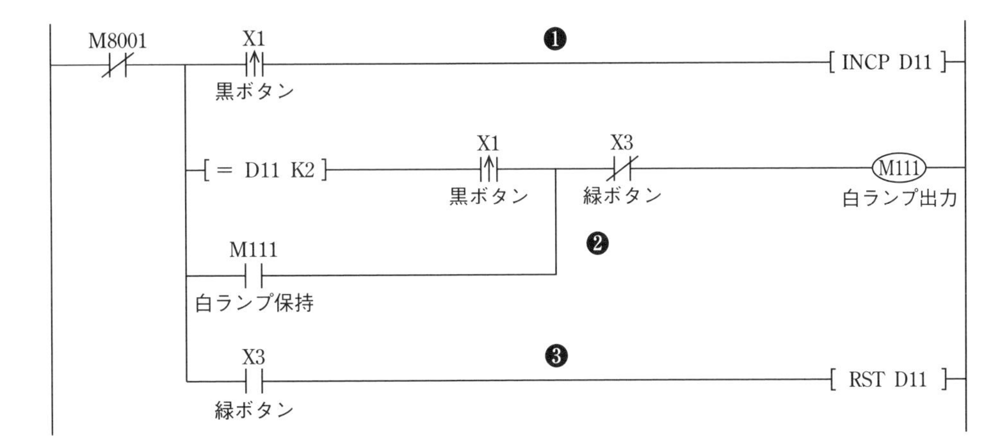

図 5・48 白ランプのラダー図例

❶　黒ボタン（X1）の回数をD11でカウントする．

❷　黒ボタンの回数が2回になるときの立ち上がりで白ランプが点灯し，緑ボタン（X3）が押されると消灯する．

❸　緑ボタンを押すとD11のカウント数がリセットされる．

※カウント数をセットするだけでは消灯されないため，❷の緑ボタンを忘れずに入れるようにする．

3. 黄ランプ（YL）回路のプログラム

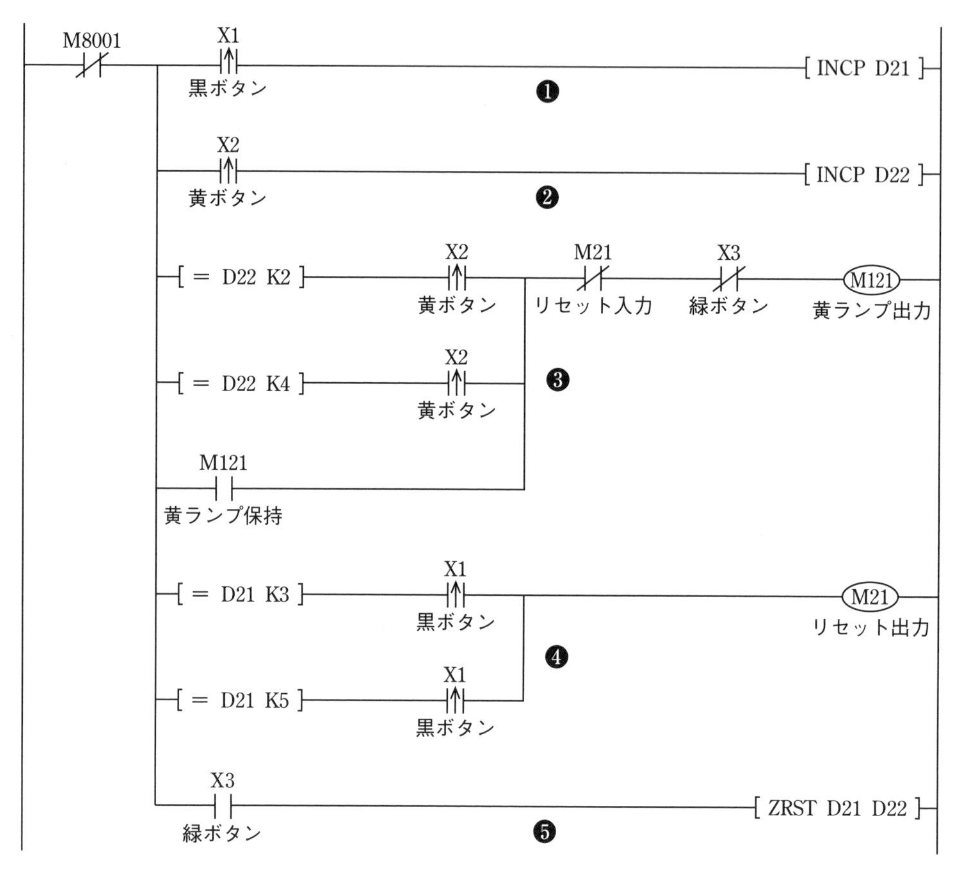

図5･49　黄ランプのラダー図例

❶　黒ボタン（X1）の回数をD21でカウントする．

❷　黄ボタン（X2）の回数をD22でカウントする．

❸　黄ボタンの回数が2回もしくは4回になった立ち上がりで黄ランプが点灯し，❹の回路でM21が出力されるか緑ボタン（X3）が押されると消灯する．

❹　黒ボタンの回数が3回もしくは5回になった立ち上がりでリセット出力（M21）が出力され❸の回路が切断される．

❺　緑ボタン（X3）を押すとD21とD22のカウント数がリセットされる．また，カウント数がリセットされるため黄ランプが消灯する．

4. 緑ランプ（GL）回路のプログラム

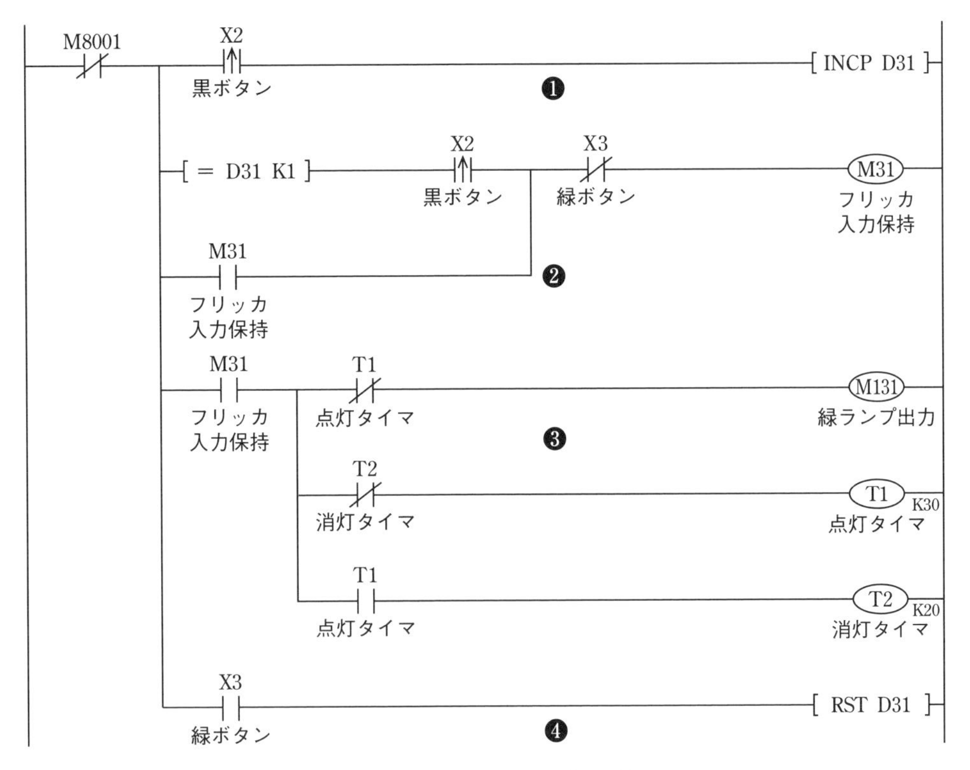

図 5･50　緑ランプのラダー図例

❶ 黒ボタン（X1）の回数を D31 でカウントする．

❷ 黒ボタン（X1）が 1 回（K1）押されるとフリッカ入力が自己保持（M31）され，緑ボタン（X3）が押されると緑ランプが消灯する．

❸ オンスタートのフリッカ．サイクル保持の接点がないため緑ボタンが押されるとすぐに消灯する．（即断）

❹ 緑ボタン（X3）を押すと D31 のカウント数がリセットされる．

5. 赤ランプ（RL）回路のプログラム

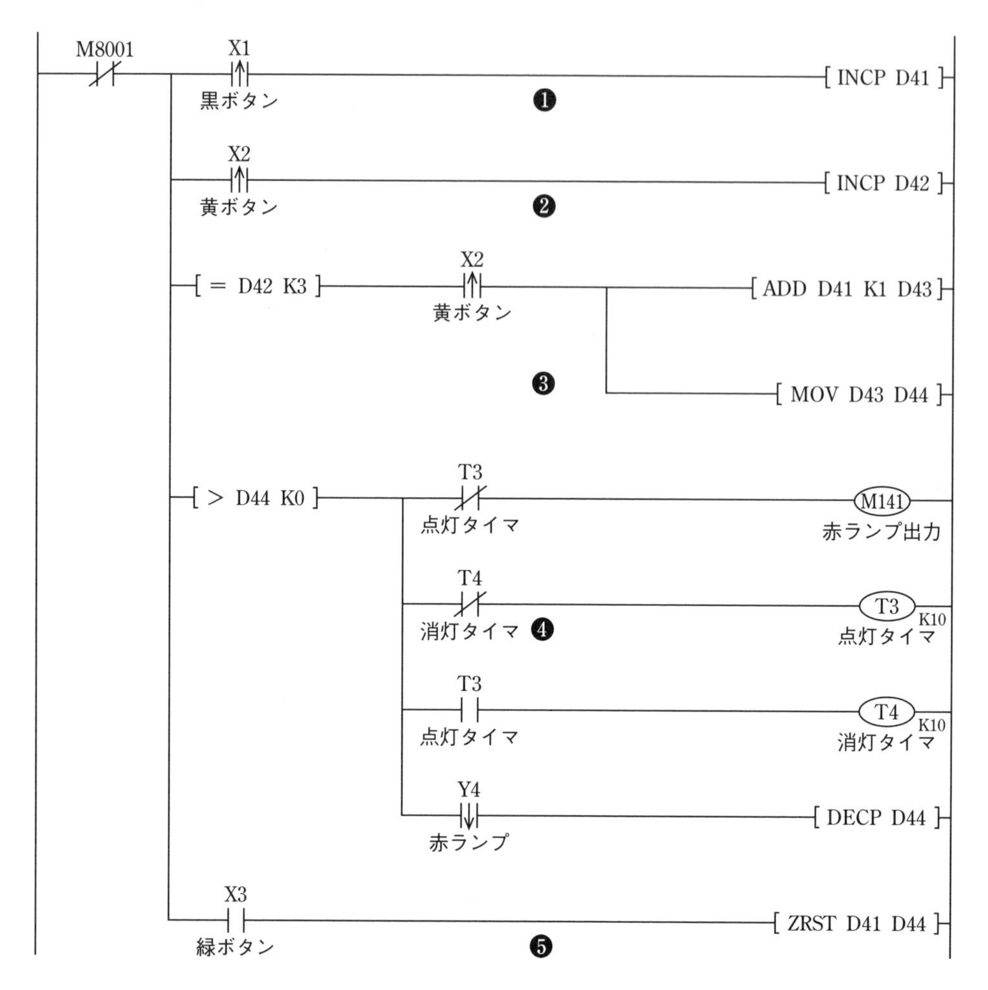

図 5・51　赤ランプのラダー図例

❶　黒ボタン（X1）の回数を D41 でカウントする．

❷　黄ボタン（X2）の回数を D42 でカウントする．

❸　黄ボタン（X2）の回数が 3 回になったら，その時点の黒ボタンの回数（D41）に 1（K1）を加算し D44 に転送（代入）する．

❹　D44 に回数が入力されたら（D44＞0），ON スタートのフリッカが開始される．
　また，赤ランプの点灯回数を赤ランプ（Y4）の立ち下がりでカウントし，D44 から減算する．（赤ランプは Y4 でなく M141 でもよい）

❺　緑ボタン（X3）を押すと D41 から D44 のカウント数がリセットされる．また，カウント数がリセットされるため緑ランプが消灯する．

6. 出力回路のプログラム

各ブロックで使用した補助出力をランプの出力に接続する．

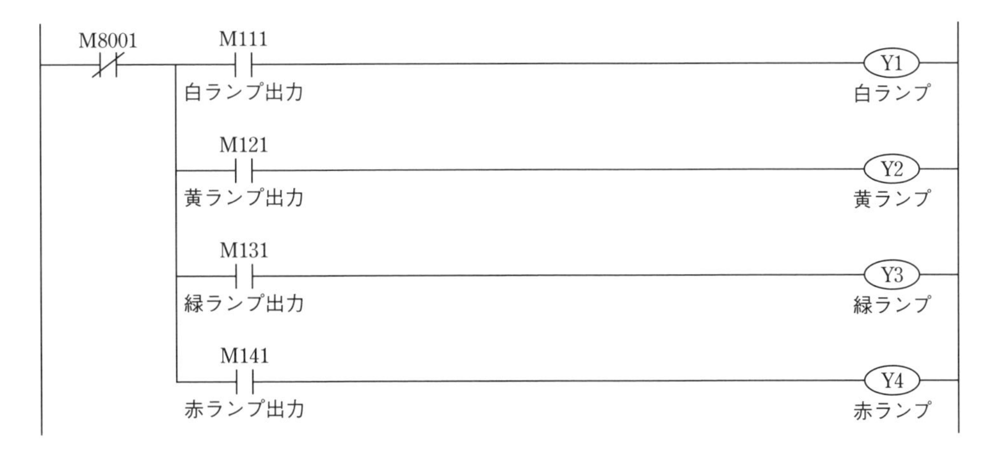

図 5･52　出力回路のラダー図例

5-5-3　想定問題 3（仕様 1）

下図に示すタイムチャートのラダー図を手順に従って作成せよ．

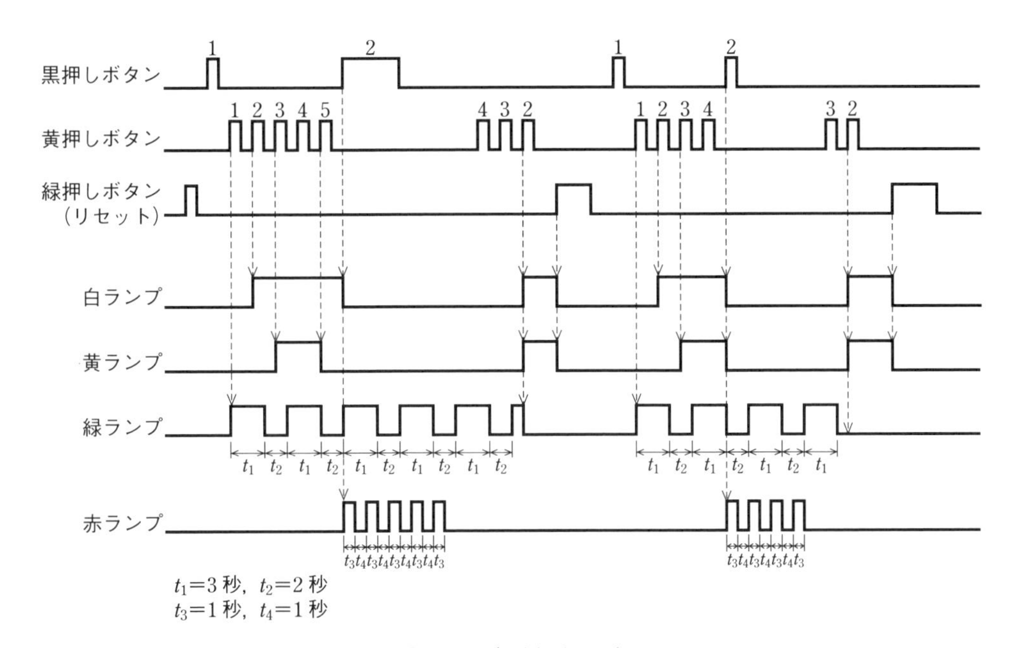

図 5･53　タイムチャート

1. はじめに規則性を見つける

入力の回数がその後の動作に関係するときは，スイッチの入力に番号を割り振る．なお，問題によってはあらかじめ番号が振ってある場合がある．

次に以下のようにボタンとランプの動作を整理する．

表5・13　押しボタン入力の規則

ボタン	動　作
黒ボタン	押すたびにカウントが1つずつ増え，緑ボタンを押すとカウント数がリセットされる
黄ボタン	黒ボタンの回数が1のときは，押すたびにカウントが1つずつ増え，黒ボタンの回数が2のときは，押すたびにカウントが1つずつ減る．緑ボタンを押すとカウント数がリセットされる
緑ボタン	押すたびにランプが消灯（白・黄・緑）する． また，黒ボタンと黄ボタンのカウント数がリセットされる．

表5・14　ランプ点灯と消灯の規則

ランプ	条　件
白ランプ	点灯：黄ボタンの回数が2回になるときの立ち上がり． 消灯：緑ボタンを押す．もしくは，黒ボタンの回数が2回になるときの立ち上がり．
黄ランプ	点灯：黒ボタンの回数と黄ボタンの回数を加算して4になるときの黄ボタンの立ち上がり． 消灯：緑ボタンを押す．もしくは，黒ボタンの回数と黄ボタンの回数を加算して6になる．
緑ランプ	点灯：黄ボタンの回数が1回になるときの立ち上がり． ※点灯後はフリッカを繰り返す． 消灯：緑ボタンを押すと直ちにフリッカを終了する．
赤ランプ	点灯：黒ボタンの回数が2回になるときの立ち上がり 消灯：赤ランプが点灯した時点での黄ボタンのカウント数をフリッカして終了する．

2. 白ランプ（WL）回路のプログラム

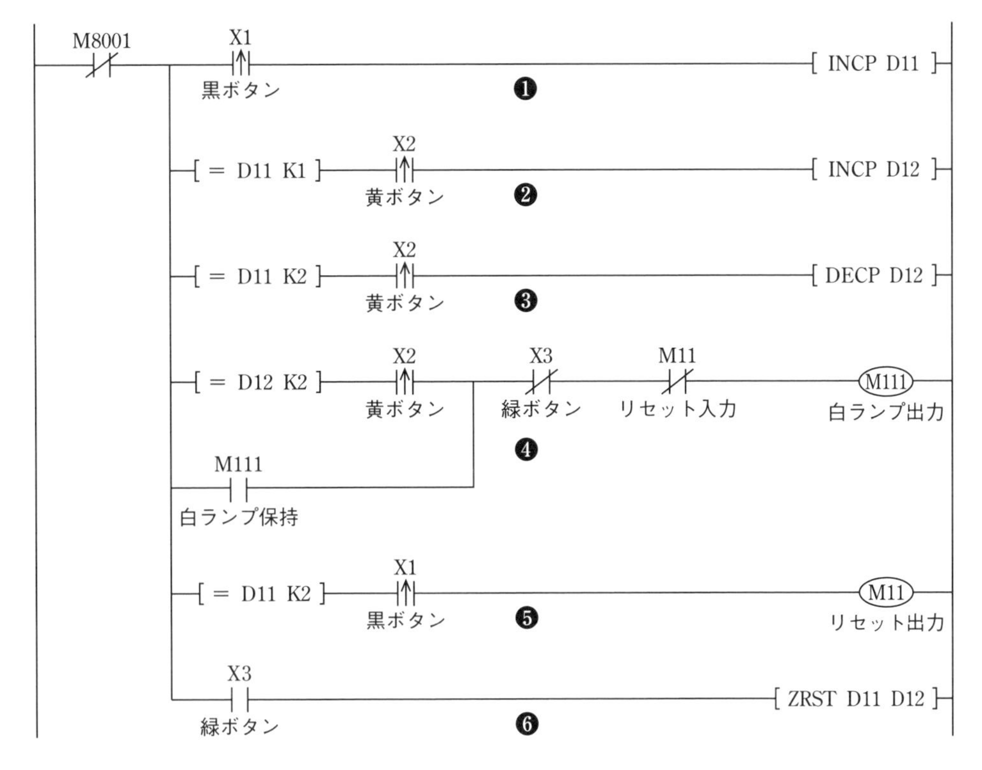

図 5･54　白ランプのラダー図例

❶ 黒ボタン（X1）の回数を D11 でカウントする．

❷ 黒ボタン（X1）の回数が 1 のとき，黄ボタン（X2）の回数を D12 に加算する．

❸ 黒ボタン（X1）の回数が 2 のとき，黄ボタン（X2）の回数を D12 から減算する．

❹ 黄ボタンの回数（D12）が 2 回（K＝2）となったときの黄ボタンの立ち上がりで白ランプが点灯し，緑ボタン（X3）が押されるか❺のリセットが入力されると消灯する．

❺ 黒ボタン（X1）の回数が 2 になると❹の回路が切断される．

❻ 緑ボタンを押すと D11 と D12 のカウント数がリセットされる．

※カウント数をセットするだけでは消灯されないため，❹の緑ボタンを忘れずに入れるようにする．

3. 黄ランプ（YL）回路のプログラム

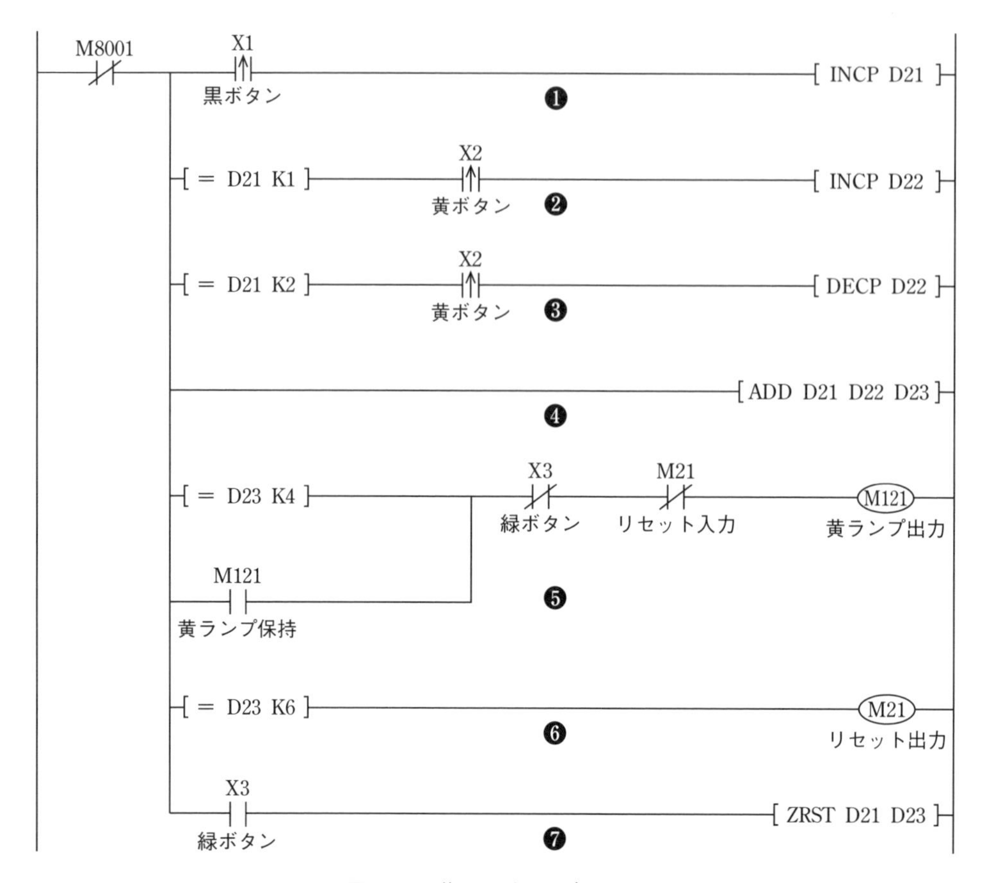

図5･55　黄ランプのラダー図例

❶　黒ボタン（X1）の回数をD21でカウントする．

❷　黒ボタン（X1）の回数が1のとき，黄ボタン（X2）の回数をD22に加算する．

❸　黒ボタン（X1）の回数が2のとき，黄ボタン（X2）の回数をD22から減算する．

❹　黒ボタンの回数（D21）と黄ボタンの回数（D22）を加算してD23に転送（代入）する．

❺　黒ボタンの回数（D21）と黄ボタンの回数（D22）を加算して4になると黄ランプが点灯し，緑ボタン（X3）が押されるか，❻のリセットが入力されると消灯する．

❻　黒ボタンの回数（D21）と黄ボタンの回数（D22）を加算して6になると❺の回路が切断される．

❼　緑ボタンを押すとD21からD23のカウント数がリセットされる．

※カウント数をリセットするだけでは消灯されないため，❺の緑ボタンを忘れずに入れるようにする．

4. 緑ランプ（GL）回路のプログラム

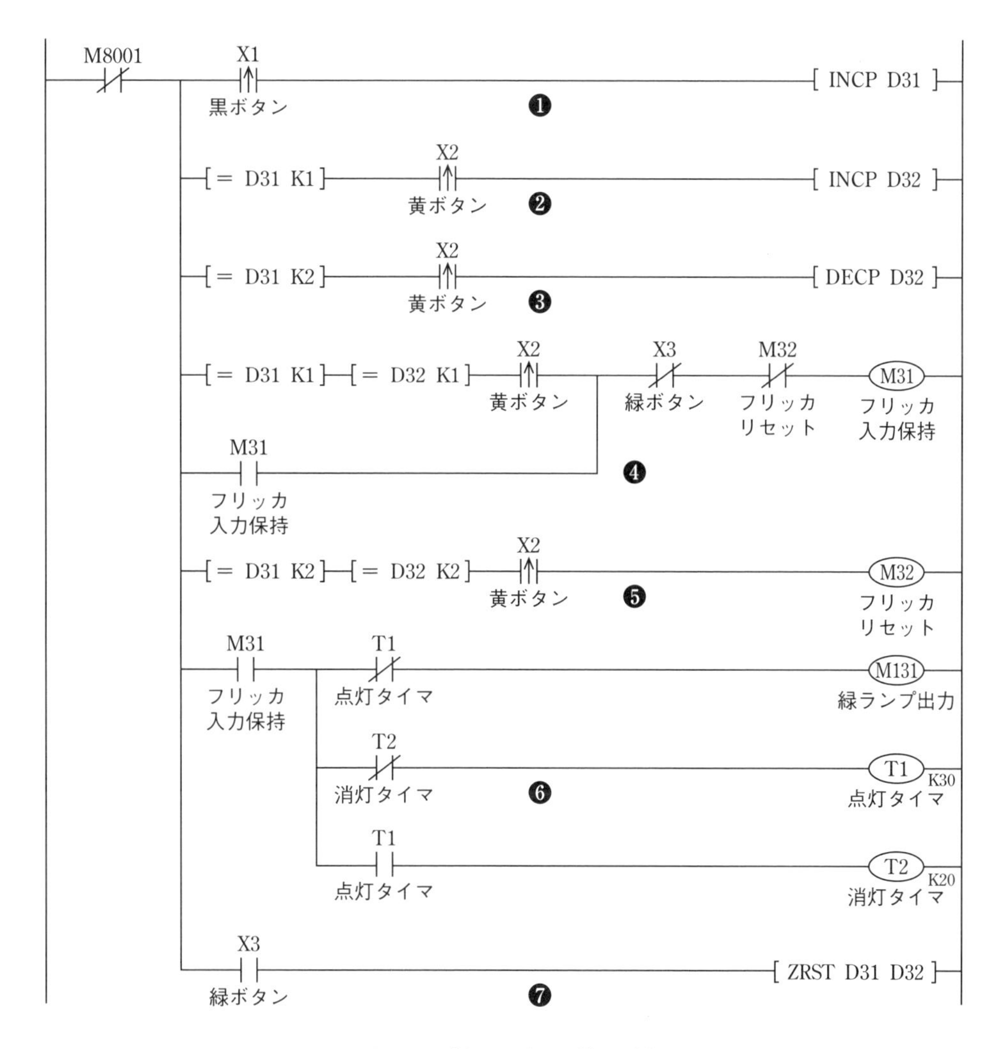

図 5･56　緑ランプのラダー図例

❶　黒ボタン（X1）の回数を D31 でカウントする．

❷　黒ボタン（X1）の回数が 1 のとき，黄ボタン（X2）の回数を D32 に加算する．

❸　黒ボタン（X1）の回数が 2 のとき，黄ボタン（X2）の回数を D32 から減算する．

❹　黒ボタンの回数と黄ボタンの回数がそれぞれ 1 のときの黄ボタンの立ち上がりでフリッカ入力が自己保持され，緑ボタン（X3）が押されるか❺のリセットが入力されると緑ランプが消灯する．（即断）

❺　黒ボタンの回数と黄ボタンの回数がそれぞれ 2 のときの黄ボタンの立ち上がりで❹の回路が切断される．

❻　オンスタートのフリッカ．サイクル保持の接点がないため緑ボタンが押されるとすぐに消灯する．（即断）

❼　緑ボタン（X3）を押すと D31 と D32 のカウント数がリセットされる．

※カウント数をセットするだけでは消灯されないため，❹の緑ボタンを忘れずに入れるようにする．

5. 赤ランプ（RL）回路のプログラム

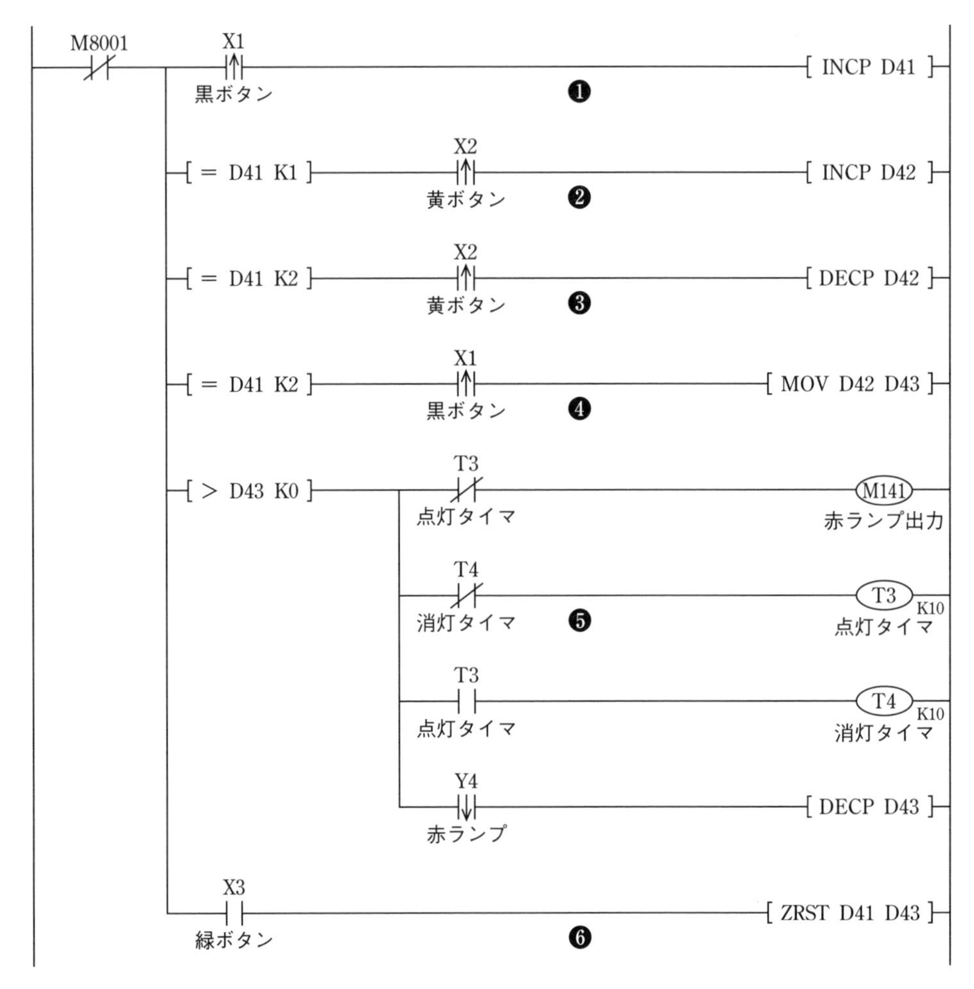

図5･57　赤ランプのラダー図例

❶　黒ボタン（X1）の回数をD41でカウントする.

❷　黒ボタン（X1）の回数が1のとき，黄ボタン（X2）の回数をD42に加算する.

❸　黒ボタン（X1）の回数が2のとき，黄ボタン（X2）の回数をD42から減算する.

❹　黒ボタン（X2）の回数が2回になったら，その時点の黄ボタンの回数（D42）をD43に転送（代入）する.

❺　D43に回数が入力されたら（D43＞0），ONスタートのフリッカが開始される.
また，赤ランプの点灯回数を赤ランプ（Y4）の立ち下がりでカウントし，D43から減算する.（赤ランプはY4でなくM141でもよい）

❻　緑ボタン（X3）を押すとD41からD43のカウント数がリセットされる．また，カウント数がリセットされるため赤ランプが消灯する.

6. 出力回路のプログラム

各ブロックで使用した補助出力をランプの出力に接続する．

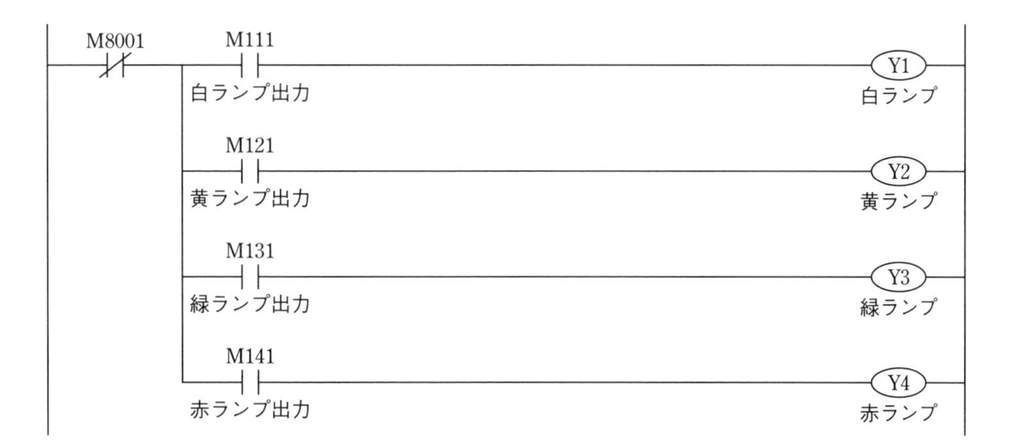

図 5･58　出力回路のラダー図例

5-5-4 想定問題 4（仕様 2）

下図に示すタイムチャートのラダー図を手順に従って作成せよ．

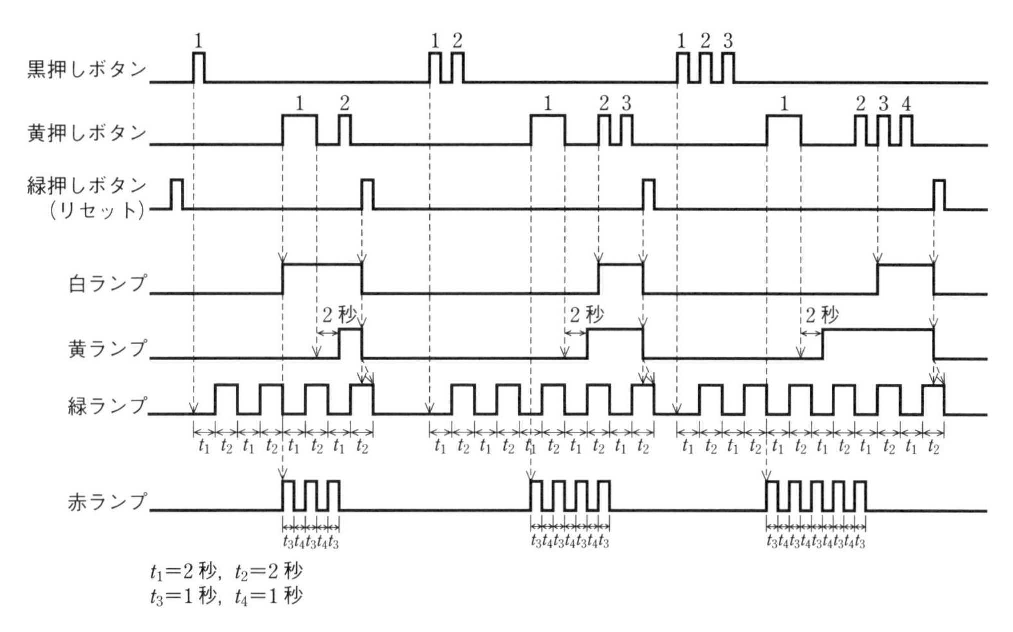

図 5･59　タイムチャート

1. はじめに規則性を見つける

入力の回数がその後の動作に関係するときは，スイッチの入力に番号を割り振る．なお，問題によってはあらかじめ番号が振ってある場合がある．

次に以下のようにボタンとランプの動作を整理する．

表5･15　押しボタン入力の規則

ボタン	動　作
黒ボタン	押すたびにカウントが1つずつ増え，緑ボタンを押すとカウント数がリセットされる
黄ボタン	押すたびにカウントが1つずつ増え，緑ボタンを押すとカウント数がリセットされる
緑ボタン	押すたびにランプが消灯（白・黄・緑）する． ※緑についてはサイクル消灯． また，黒ボタンと黄ボタンのカウント数がリセットされる．

表5･16　ランプ点灯と消灯の規則

ランプ	条　件
白ランプ	点灯：黒ボタンと黄ボタンの回数が等しくなるとき（1以上）の黄ボタンの立ち上がり． 消灯：緑ボタンを押す．
黄ランプ	点灯：黄ボタンの回数が1回になるときのときの立ち下がりから2秒経過． 消灯：緑ボタンを押す．
緑ランプ	点灯：黒ボタンの回数が1回になるときの立ち上がり． ※点灯後はOFFスタートのフリッカを繰り返す． 消灯：緑ボタンを押すとサイクル消灯でフリッカを終了する．
赤ランプ	点灯：黄ボタンの回数が1回になるときの立ち上がり 消灯：赤ランプが点灯した時点での黒ボタンのカウント数に1を加算した回数フリッカして終了する．

2. 白ランプ（WL）回路のプログラム

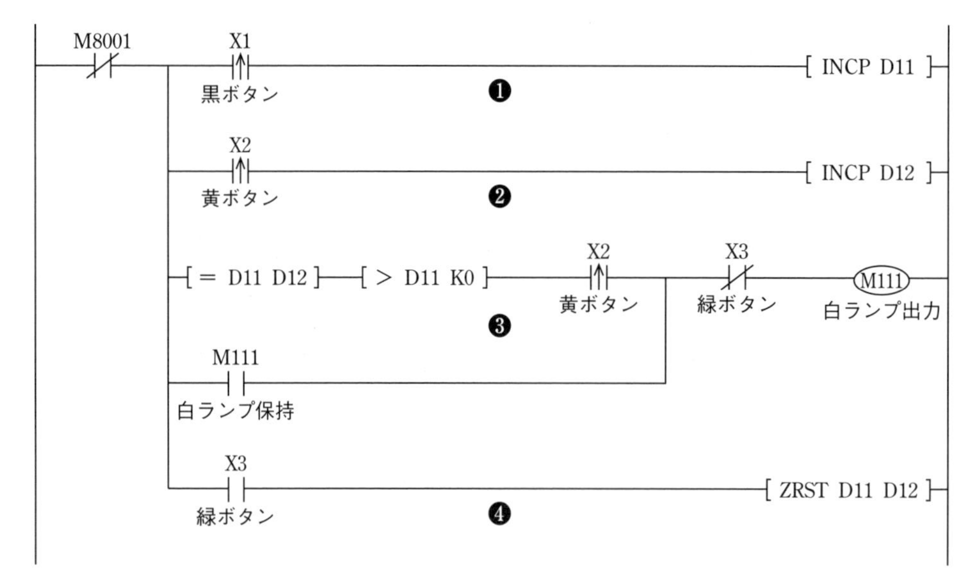

図5･60　白ランプのラダー図例

❶ 黒ボタン（X1）の回数を D11 でカウントする．

❷ 黄ボタン（X2）の回数を D12 でカウントする．

❸ 黒ボタン（X1）と黄ボタン（X2）の回数が同じになるときの黄ボタンの立ち上がりで白ランプが点灯し，緑ボタン（X3）が押されると消灯する．D11 と D12 がともに 0 のときに点灯しないようにするため，＞D11 K0 の条件を入れている．これについては，＞D12 K0 としてもよい．

❹ 緑ボタンを押すと D11 と D12 のカウント数がリセットされる．

※カウント数をセットするだけでは消灯されないため，❸の緑ボタンを忘れずに入れるようにする．

3. 黄ランプ（YL）回路のプログラム

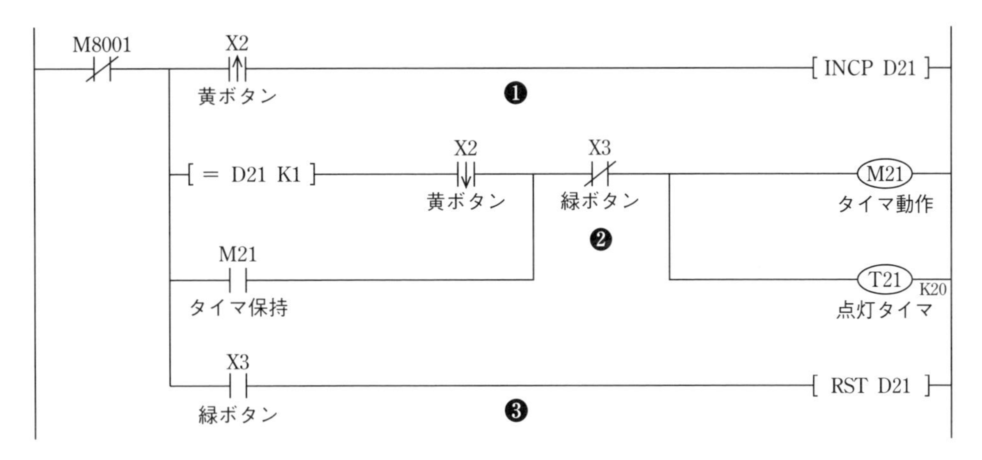

図 5･61 黄ランプのラダー図例

❶ 黄ボタン（X1）の回数を D21 でカウントする．

❷ 黄ボタン（X1）の回数が 1 のときの立ち下がりでタイマが起動し，2 秒後に黄ランプが点灯する．また，緑ボタン（X3）を押すと消灯する．

※ここでは，タイムチャートにタイマの番号が記載されていないため，p.220 表 5･7 に記載のルールに従って T21 としている．また，M21 については，タイマを動作させるのみでランプ出力等をしないため入力側の番号を使用している．

❸ 緑ボタンを押すと D21 のカウント数がリセットされる．

※カウント数をセットするだけでは消灯されないため，❷の緑ボタンを忘れずに入れるようにする．

4. 緑ランプ（GL）回路のプログラム

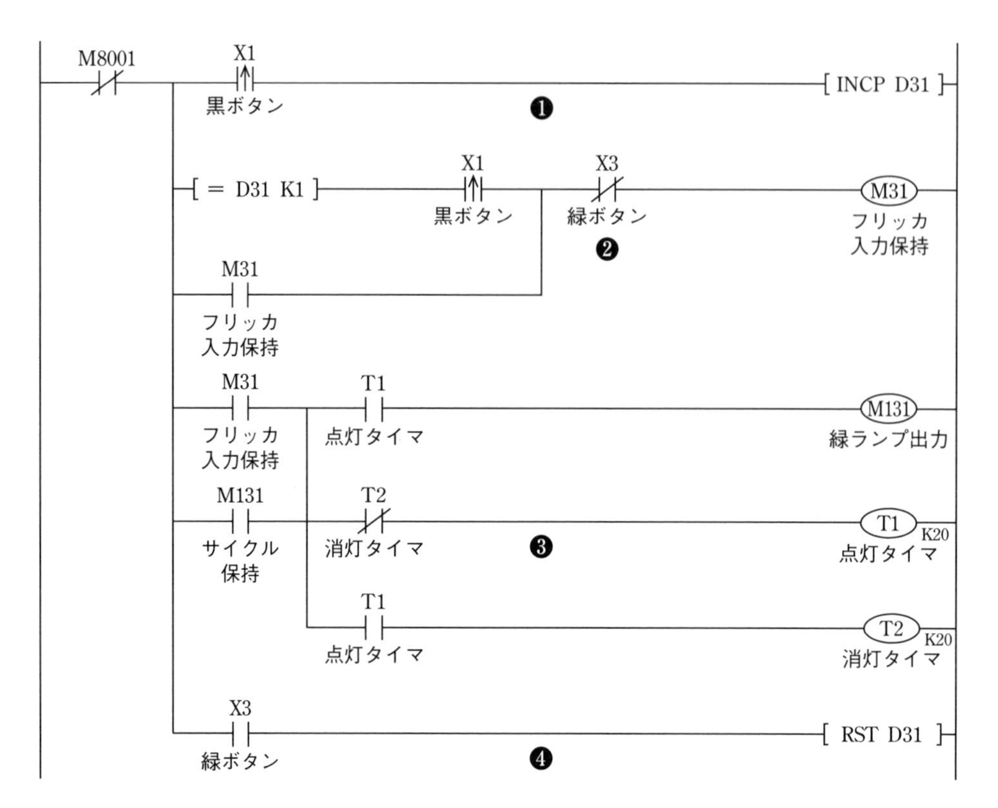

図5･62　緑ランプのラダー図例

❶　黒ボタン（X1）の回数をD31でカウントする．

❷　黒ボタン（X1）の回数が1のときの黒ボタンの立ち上がりでフリッカ入力が自己保持され，緑ボタン（X3）が押されると切断される．

❸　オフスタートのフリッカ．サイクル保持の接点があるため緑ボタンが押されるとサイクルが終了する時点で消灯する．

❹　緑ボタン（X3）を押すとD31のカウント数がリセットされる．

※カウント数をリセットするだけでは消灯されないため，❷の緑ボタンを忘れずに入れるようにする．

5. 赤ランプ（RL）回路のプログラム

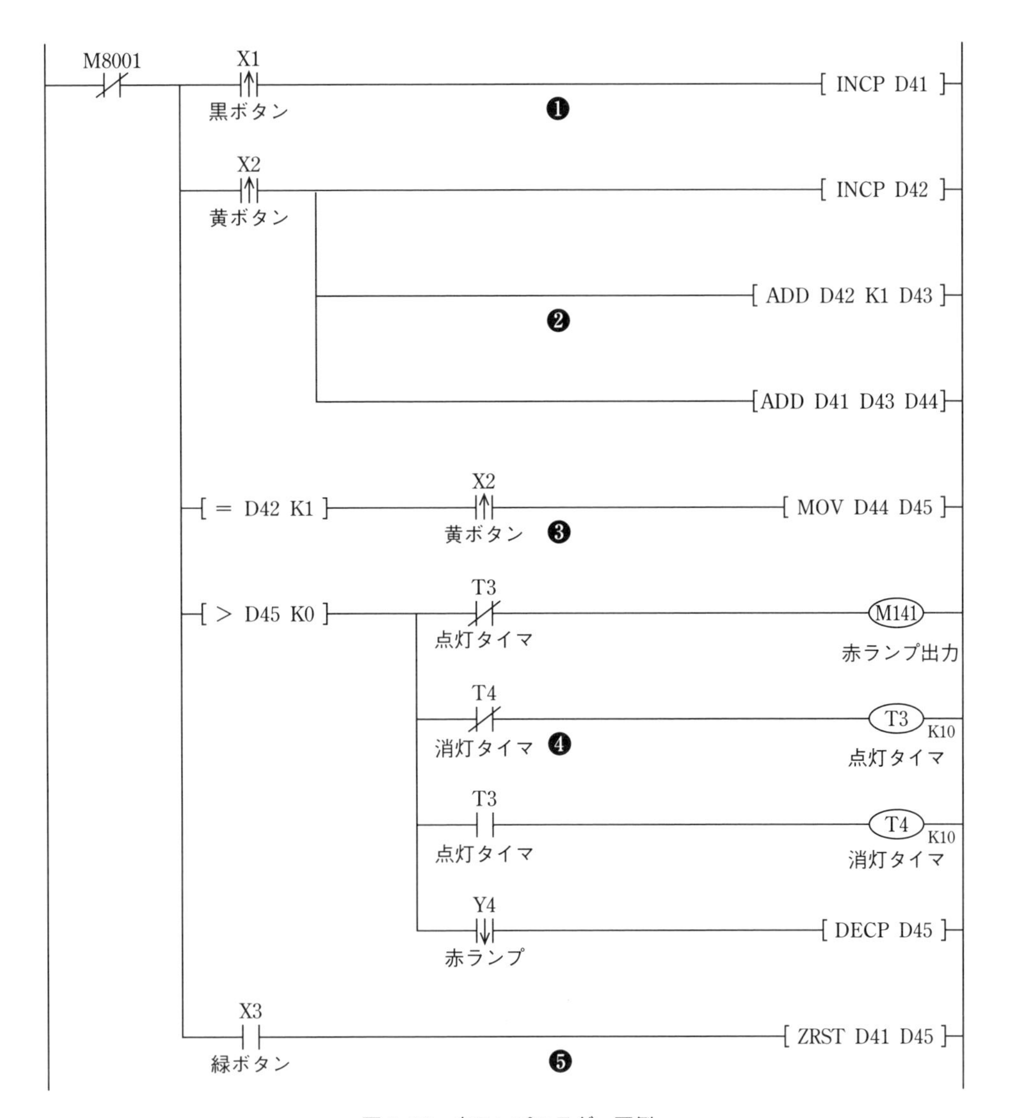

図 5･63　赤ランプのラダー図例

❶　黒ボタン（X1）の回数を D41 でカウントする．

❷　黄ボタン（X2）の回数を D42 でカウントし，D42 に 1 を加算したものを D43，D41 と D43 を加算したものを D44 とする．

❸　黄ボタン（X2）の回数が 1 回になったら，その時点の D44 の回数を D45 に転送（代入）する．

❹　D45 に回数が入力されたら（D45＞0），ON スタートのフリッカが開始される．
　また，赤ランプの点灯回数を赤ランプ（Y4）の立ち下がりでカウントし，D45 から減算する．（赤ランプは Y4 でなく M141 でもよい）

❺　緑ボタン（X3）を押すと D41 から D45 のカウント数がリセットされる．また，カウント数がリセットされるため赤ランプが消灯する．

6. 出力回路のプログラム

各ブロックで使用した補助出力をランプの出力に接続する．

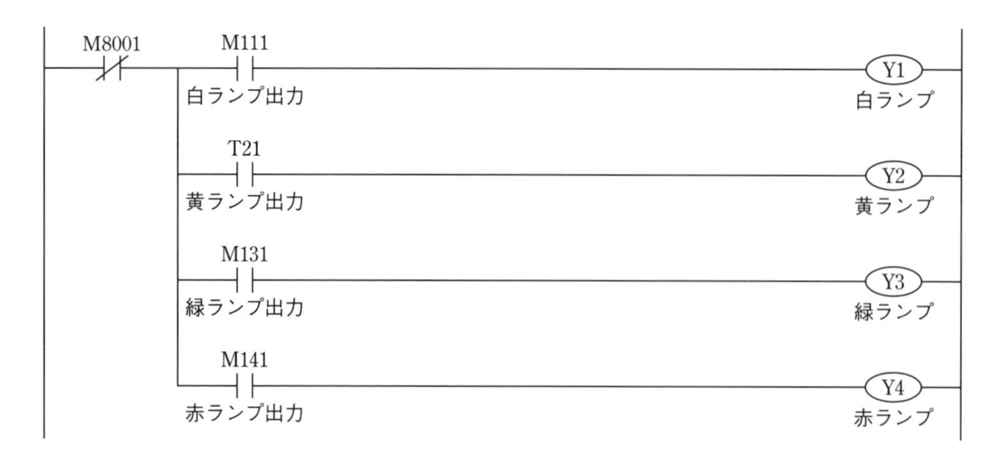

図 5･64　出力回路のラダー図例

ここでは，黄ランプを点灯させるための接点に T21 を使用している．これは，黄ランプ（YL）回路のプログラムで黄ランプの出力にタイマを使用しているためである．

5-5-5 想定問題 5（仕様 1）

下図に示すタイムチャートのラダー図を手順に従って作成せよ．

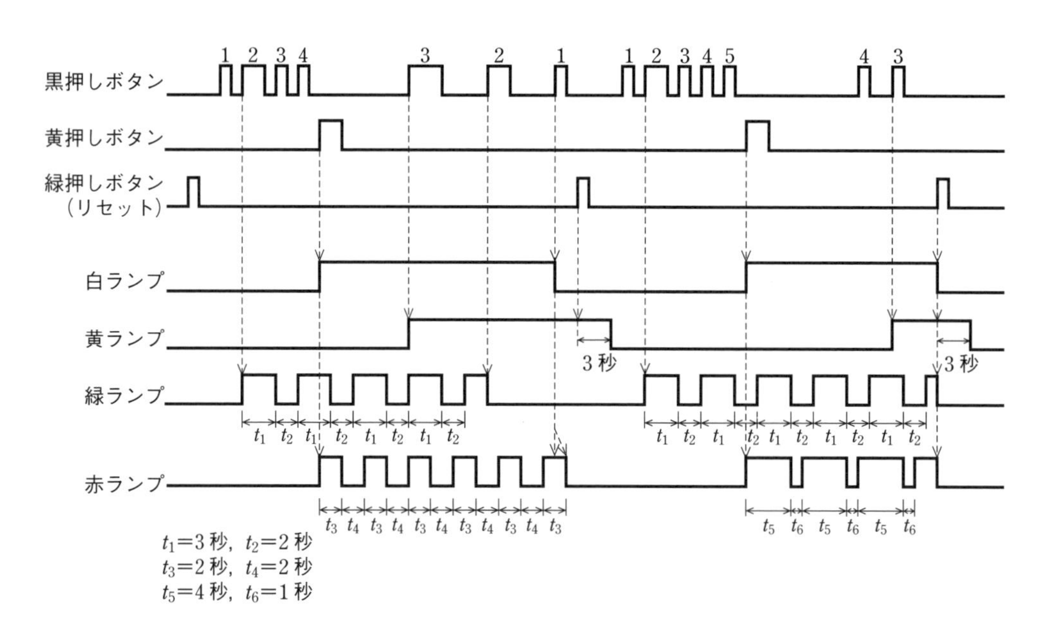

図 5･65　タイムチャート

1. はじめに規則性を見つける

入力の回数がその後の動作に関係するときは，スイッチの入力に番号を割り振る．なお，問題によってはあらかじめ番号が振ってある場合がある．

次に以下のようにボタンとランプの動作を整理する．

表 5・17　押しボタン入力の規則

ボタン	動　作
黒ボタン	リセットのあと黄ボタンが押されていないあいだは押すたびにカウントが 1 つずつ増え，黄ボタンが押されたあとは押すたびにカウントが 1 つずつ減る．また，緑ボタンを押すとカウント数がリセットされる．
黄ボタン	黒ボタンのカウント数を加算するか減算するか．また，押すと白ランプの点灯と赤ランプの点滅を開始する．
緑ボタン	押すたびにランプが消灯（白・黄・緑・赤）する． ※黄については押してから 3 秒後に動作． ※赤については条件によりサイクル消灯と即断がある． また，黒ボタンと黄ボタンのカウント数がリセットされる．

表 5・18　ランプ点灯と消灯の規則

ランプ	条　件
白ランプ	点灯：黄ボタンを押したときの立ち上がり． 消灯：黒ボタンの回数が 1 回になるときの立ち上がり．もしくは緑ボタンを押す．
黄ランプ	点灯：白ランプが点灯し，黒ボタンの回数が 3 回になるときのときの立ち上がり． 消灯：緑ボタンを押して 3 秒後．
緑ランプ	点灯：黒ボタンの回数が 2 回になるときの立ち上がり． ※点灯後は ON スタートのフリッカを繰り返す． 消灯：緑ボタンを押すとすぐに消灯する．
赤ランプ	点灯：黒ボタンの回数が 4 回もしくは 5 回で黄ボタンを押したときの立ち上がり．前者の場合は T3, T4 のフリッカ点灯，後者の場合には T5，T6 のフリッカ点灯． 消灯：黒ボタンの回数が 4 回で点灯したときは，黒ボタンの回数が 1 回のときの立ち上がり（サイクル消灯）．黒ボタンの回数が 5 回で点灯したときは，緑ボタンを押す．

2. 白ランプ（WL）回路のプログラム

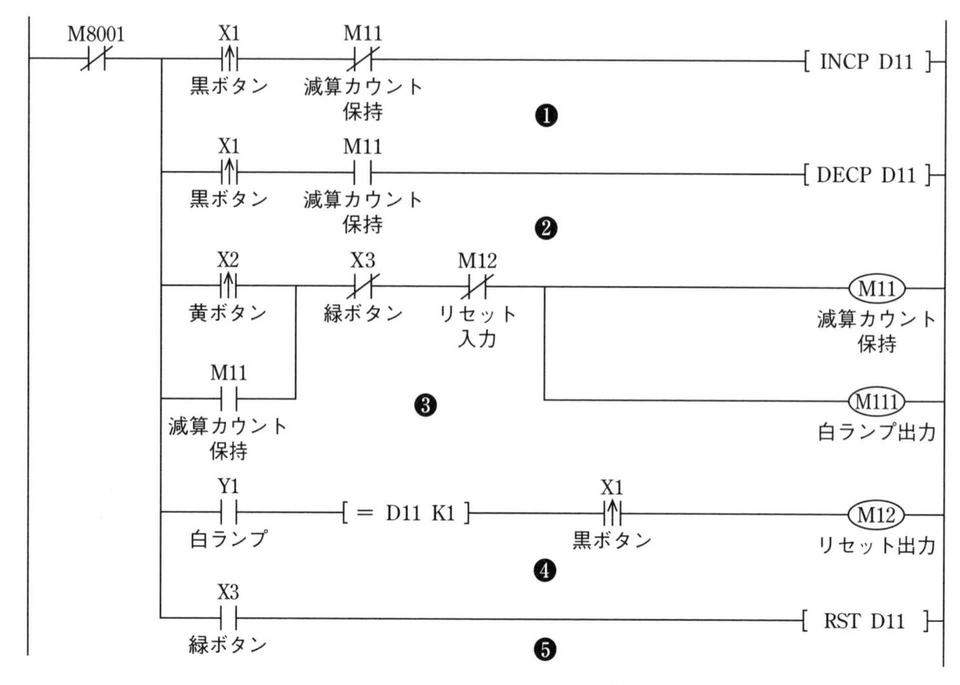

図5･66 白ランプのラダー図例

❶ リセットのあと黄ボタン（X2）が押されていないあいだは，黒ボタン（X1）の回数をD11に加算する．

❷ 黄ボタン（X2）が押されたあとは，黒ボタン（X1）の回数をD11から減算する．

❸ 黄ボタン（X2）が押されたときはM11が自己保持する．また，黄ボタンが押されると白ランプ（Y1）が点灯する．

❹ 白ランプが点灯し，黒ボタン（X1）の回数が1のときの立ち上がりでリセット出力（M12）が出力され，❸の回路が切断される．ここでは，白ランプの点灯中（Y1）という条件を加えて動作するタイミングをより細かく設定しているが，この問題においては入れなくても動作する．

❺ 緑ボタンを押すとD11のカウント数がリセットされる．

※カウント数をセットするだけでは消灯されないため，❸の緑ボタンを忘れずに入れるようにする．

この白ランプは，黒押しボタンの回数1でリセットという消灯条件があるため，このようなプログラムをしている．

白ランプ点灯＋黒押しボタン3回というリセットの方法もあるが，黄ランプ以降と同様のプログラムとしておくと作りやすくミスが減らせる．

3. 黄ランプ（YL）回路のプログラム

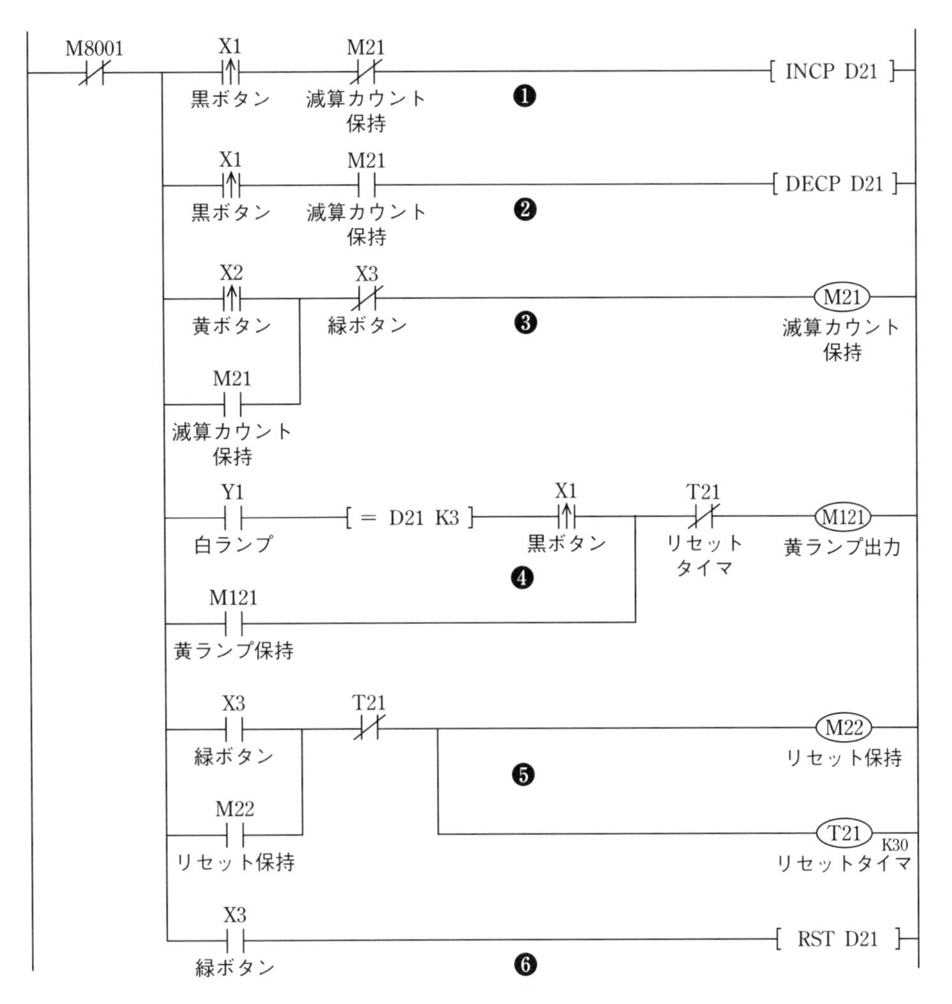

図 5・67　黄ランプのラダー図例

❶　リセットのあと黄ボタン（X2）が押されていないあいだは，黒ボタン（X1）の回数を D11 に加算する．

❷　黄ボタン（X2）が押されたあとは，黒ボタン（X1）の回数を D21 から加算する．

❸　黄ボタンが押されたら M21 が保持され，これにより❶や❷で D21 のカウントに影響する．

❹　白ランプが点灯しているときに黒ボタンのカウント数が 3 回になると黒ボタンの立ち上がりで黄ランプが点灯する．また，❺の回路でリセットボタンが押されるとタイマが動作し，3 秒後に消灯する．

❺　緑ボタン（X3）を押すと M22 が保持され，3 秒後に T21 で❹の回路と❺の回路が切断される．

❻　緑ボタンを押すと D21 のカウント数がリセットされる．

※カウント数をセットするだけでは消灯されないため，❺の回路を忘れずに入れるようにする．

4. 緑ランプ（GL）回路のプログラム

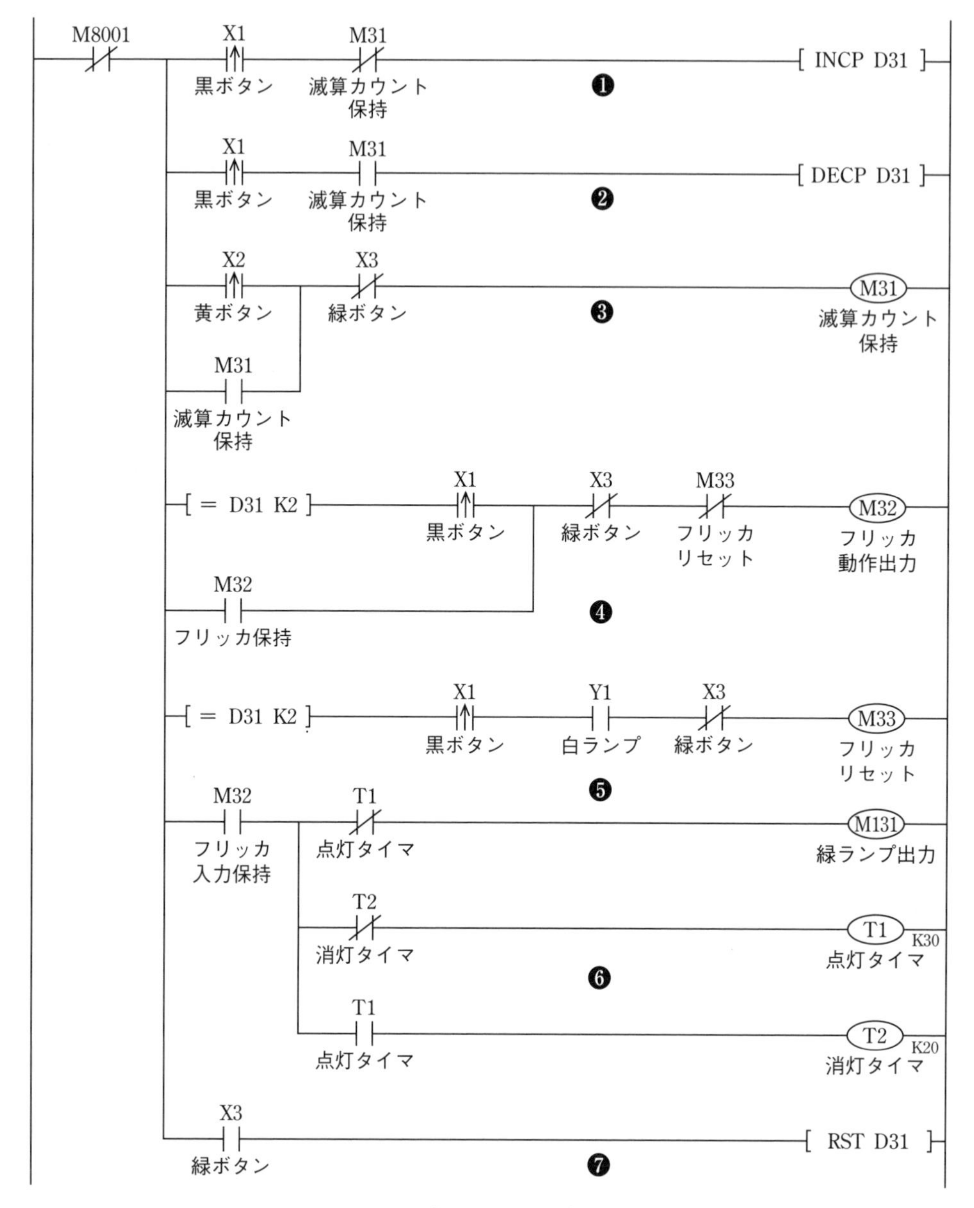

図5･68　緑ランプのラダー図例

❶　リセットのあと黄ボタン（X2）が押されていないときは，黒ボタン（X1）の回数をD31に加算する．

❷　黄ボタン（X2）が押されたあとは，黒ボタン（X1）の回数をD31から減算する．

❸　黄ボタン（X2）が押されたらM31が保持され，これにより❶や❷でD31のカウントに影響する．

❹　黒ボタンのカウント数が2回になるときの黒ボタンの立ち上がりでM32が自己保持され，❻のフリッカ回路が点滅する．また，緑ボタンを押すか❺のリセット入力が入ると回路が切断される．

❺ この回路では，黒ボタンのカウント数が2になる立ち上がりでフリッカ点滅がリセットされるが，より細かく条件を設定するために白ランプ（Y1）の点灯中としている．これを黄ランプ（Y2）としても同様に動作する．

❻ オンスタートのフリッカ．サイクル保持の接点がないため緑ボタンが押されるとすぐに消灯する．(即断)

❼ 緑ボタンを押すとD31のカウント数がリセットされる．

※カウント数をセットするだけでは消灯されないため，❹の緑ボタンを忘れずに入れるようにする．

5. 赤ランプ（RL）回路のプログラム

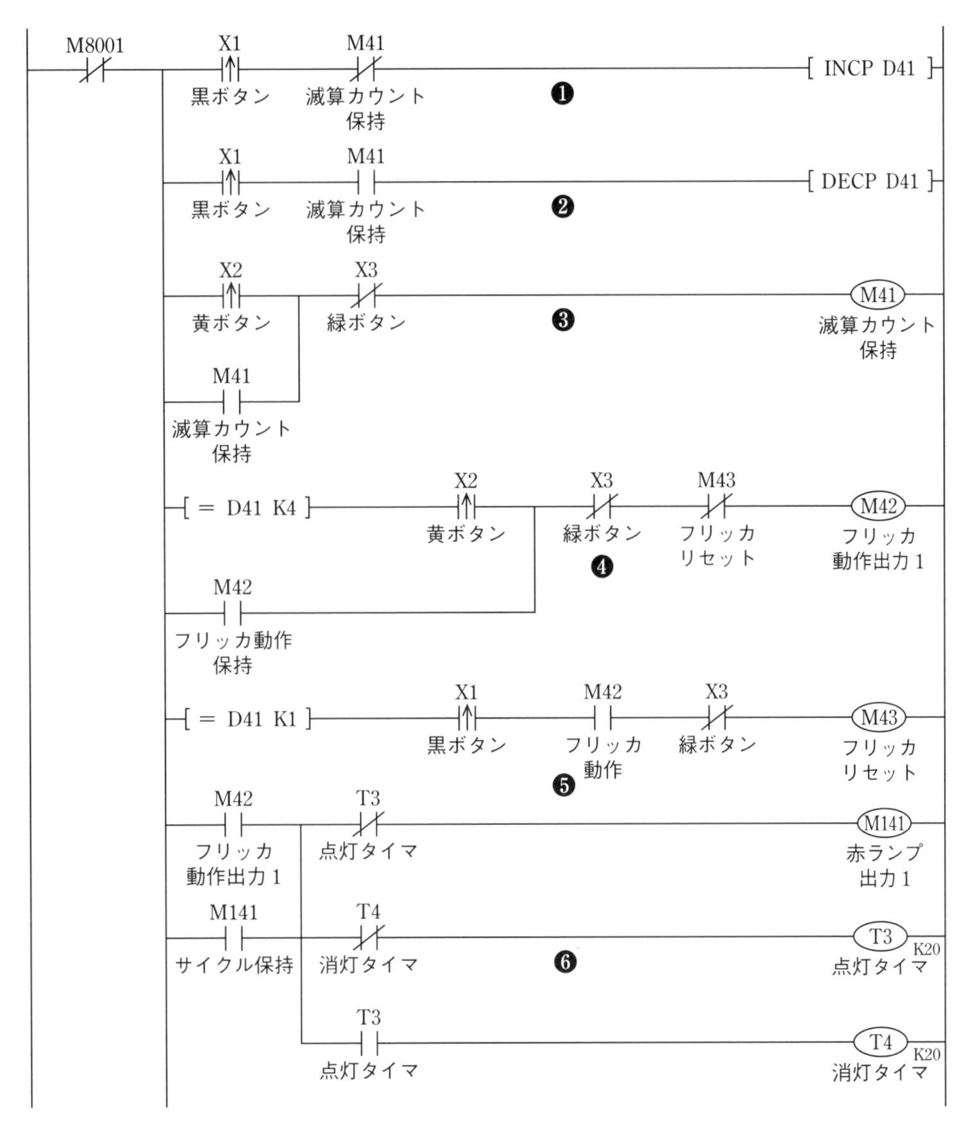

図5･69 赤ランプのラダー図例

5章 1級実技試験

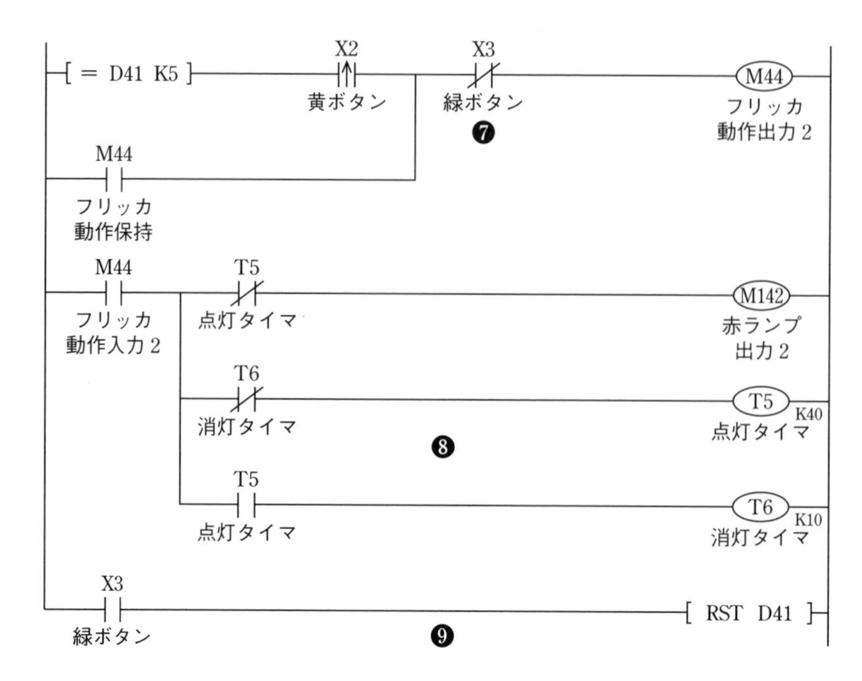

図 5･69　赤ランプのラダー図例（つづき）

❶　リセットのあと黄ボタン（X2）が押されていないあいだは，黒ボタン（X1）の回数を D41 に加算する．

❷　黄ボタン（X2）が押されたあとは，黒ボタン（X1）の回数を D41 から加算する．

❸　黄ボタン（X2）が押されたら M41 が保持され，これにより❶や❷で D41 のカウントに影響する．

❹　黒ボタンのカウント数が 4 回で黄ボタン（X2）が押された立ち上がりで赤ランプが ON スタートのフリッカ点滅をする．また，緑ボタンが押されるか❺の回路でリセットが入力されると消灯する（サイクル消灯）．

❺　フリッカ点滅がしている状態で黒ボタンの回数が 1 になるとフリッカリセット（M43）が出力される．

❻　M42 が入力されるとオンスタートのフリッカ点滅を開始する．サイクル保持の接点があるため緑ボタンが押されるとサイクル停止する．

❼　この赤ランプは，2 つの点灯パターンがあるため，それぞれについてプログラムを行う．黒ボタンのカウント数が 5 回で黄ボタン（X2）が押された立ち上がりで赤ランプが ON スタートのフリッカ点滅をする．また，緑ボタンが押されると回路が切断される．

❽　M44 が入力されるとオンスタートのフリッカ点滅を開始する．サイクル保持の接点がないため緑ボタンが押されるとすぐに停止する．（即断）

❾　緑ボタン（X3）を押すと D41 のカウント数がリセットされる．

※カウント数をセットするだけでは消灯されないため，❹や❼の緑ボタンを忘れずに入れるようにする．

6. 出力回路のプログラム

各ブロックで使用した補助出力をランプの出力に接続する．

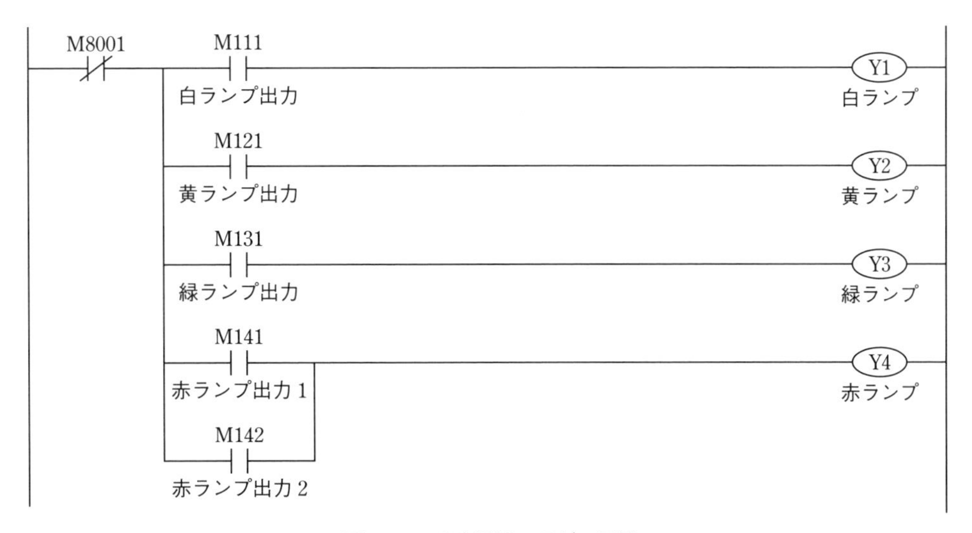

図 5･70 出力回路のラダー図例

ここでは，赤ランプを点灯させるための接点に M141 と M142 を使用している．これは，赤ランプ（RL）回路のプログラムで 2 つの点灯パターンがあるためである．

また，このような問題が出力されることがあるので，補助出力の接点を使うように日頃からしておくとトラブルにあう危険性が低くなる．

このときに M141 や M142 を使わずに Y4 だけでプログラムを組むと 2 重コイルで正しく動作しないことになる．

5-5-6 想定問題 6（仕様 2）

下図に示すタイムチャートのラダー図を手順に従って作成せよ．

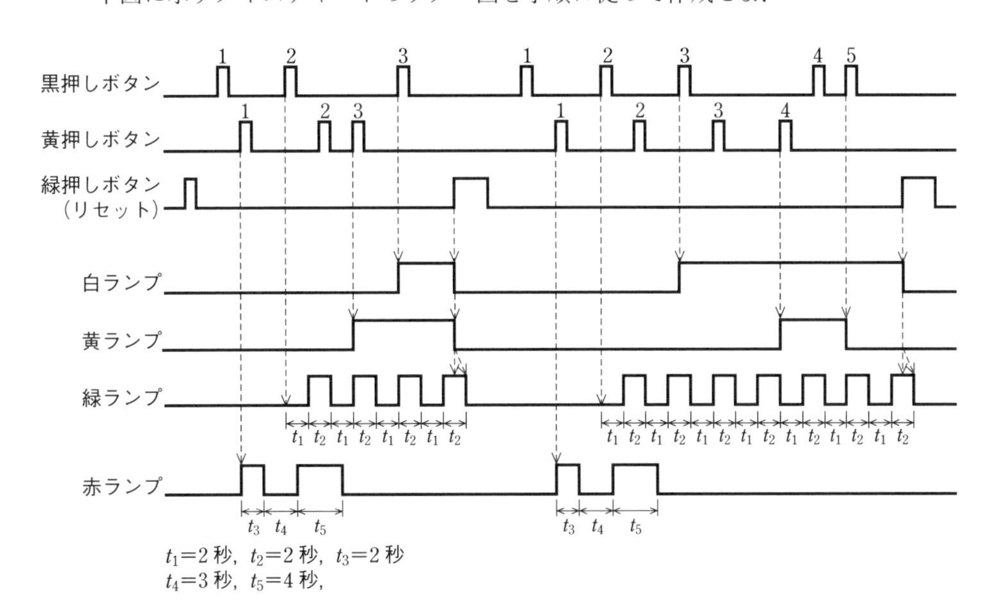

図 5･71 タイムチャート

1. はじめに規則性を見つける

入力の回数がその後の動作に関係するときは，スイッチの入力に番号を割り振る．なお，問題によってはあらかじめ番号が振ってある場合がある．

次に以下のようにボタンとランプの動作を整理する．

表5・19　押しボタン入力の規則

ボタン	動　作
黒ボタン	押すたびにカウントが1つずつ増え，緑ボタンを押すとカウント数がリセットされる
黄ボタン	押すたびにカウントが1つずつ増え，緑ボタンを押すとカウント数がリセットされる
緑ボタン	押すたびにランプが消灯（白・黄・緑）する． ※緑についてはサイクル消灯． また，黒ボタンと黄ボタンのカウント数がリセットされる．

表5・20　ランプ点灯と消灯の規則

ランプ	条　件
白ランプ	点灯：黒ボタンの回数が3回になるときの立ち上がり． 消灯：緑ボタンを押す．
黄ランプ	点灯：黒ボタンのカウントよりも黄ボタンのカウントが多くなるときの黄ボタンの立ち上がり． 消灯：緑ボタンを押す．もしくは黒ボタンのカウントが黄ボタンのカウントより多くなる．
緑ランプ	点灯：黒ボタンの回数が2回になるときの立ち上がり． ※点灯後はOFFスタートのフリッカを繰り返す． 消灯：緑ボタンを押すとサイクル停止する．
赤ランプ	点灯：黄ボタンのカウントが1回になるときの立ち上がり． 消灯：赤ランプが2回点滅する．

2. 白ランプ（WL）回路のプログラム

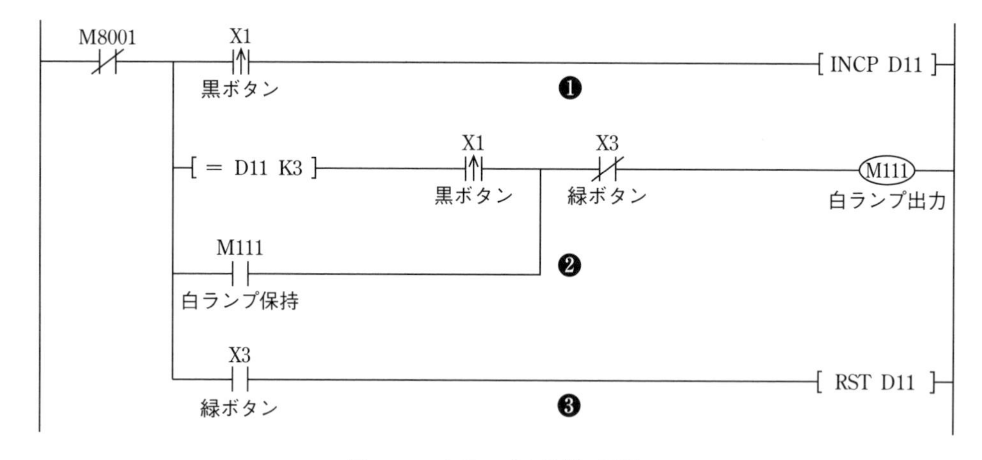

図5・72　白ランプのラダー図例

❶ 黒ボタン（X1）の回数をD11でカウントする．

❷ 黒ボタン（X1）の回数が3になるときの立ち上がりで白ランプが点灯する．また，緑ボタン（X3）を押すと消灯する．

❸ 緑ボタンを押すとD11のカウント数がリセットされる．

※カウント数をセットするだけでは消灯されないため，❷の緑ボタンを忘れずに入れるようにする．

3. ランプ（YL）回路のプログラム

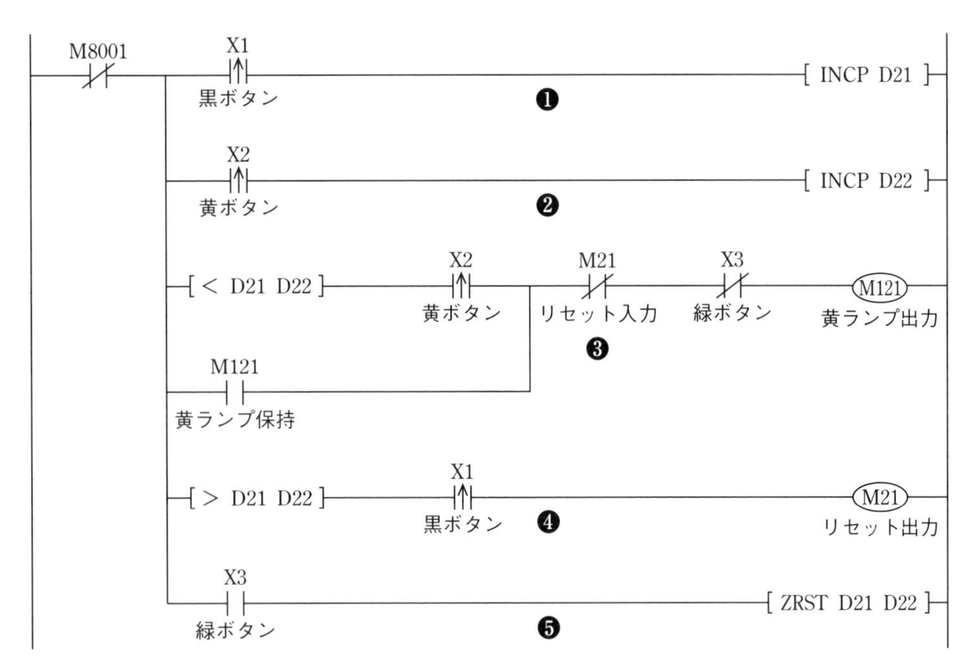

図5･73 黄ランプのラダー図例

❶ 黒ボタン（X1）の回数をD21でカウントする．

❷ 黄ボタン（X2）の回数をD22でカウントする．

❸ D11とD22のカウント数を比較してD21＜D22になる黄ボタンの立ち上がりで黄ランプが点灯し自己保持する．また，緑ボタン（X3）が押されるか❹のリセット（M21）が入力されると消灯する．

❹ D11とD22のカウント数を比較してD21＞D22になる黒ボタンの立ち上がりでリセット出力がされ，❸の回路が切断される．

❺ 緑ボタン（X3）を押すとD21とD22のカウント数がリセットされる．

※カウント数をセットするだけでは消灯されないため，❸の緑ボタンを忘れずに入れるようにする．

4. 緑ランプ（GL）回路のプログラム

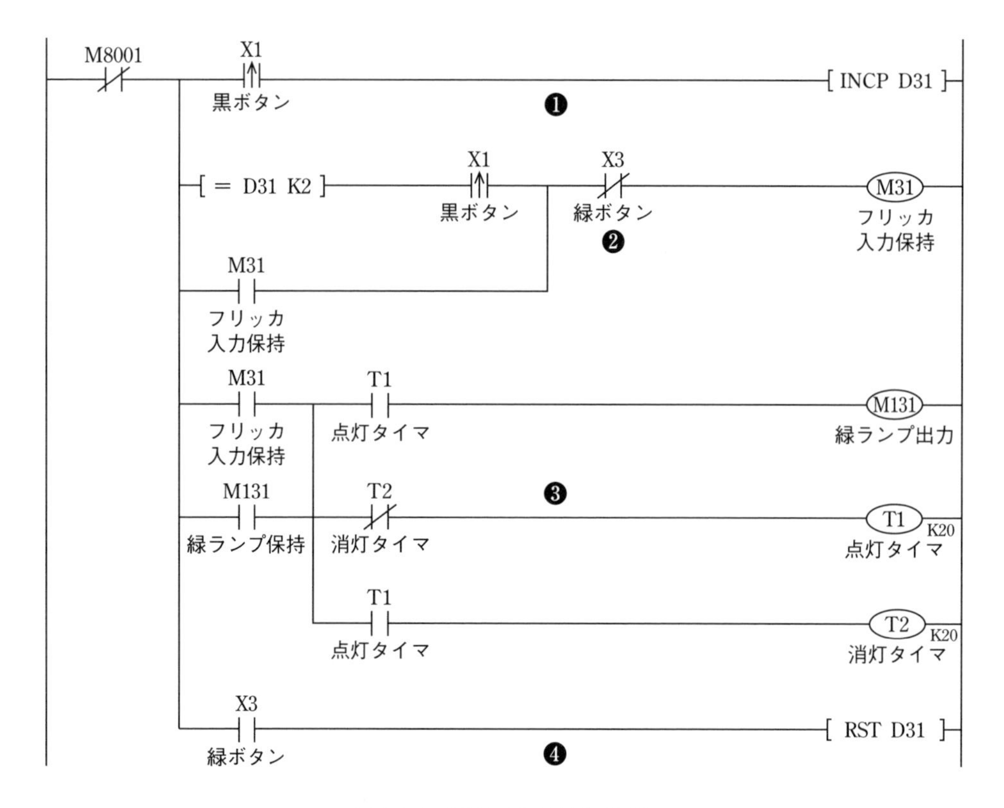

図 5･74　緑ランプのラダー図例

❶　黒ボタン（X1）の回数を D31 でカウントする．

❷　黒ボタン（X1）が 2 回（K2）入力されるとフリッカ入力が自己保持され，緑ボタン（X3）が押されると自己保持が切断される．

❸　オフスタートのフリッカ．サイクル保持の接点があるため緑ボタンが押されるとサイクル消灯する．

❹　緑ボタン（X3）を押すと D31 のカウント数がリセットされる．

※カウント数をセットするだけでは消灯されないため，❷の緑ボタンを忘れずに入れるようにする．

5. 赤ランプ（RL）回路のプログラム

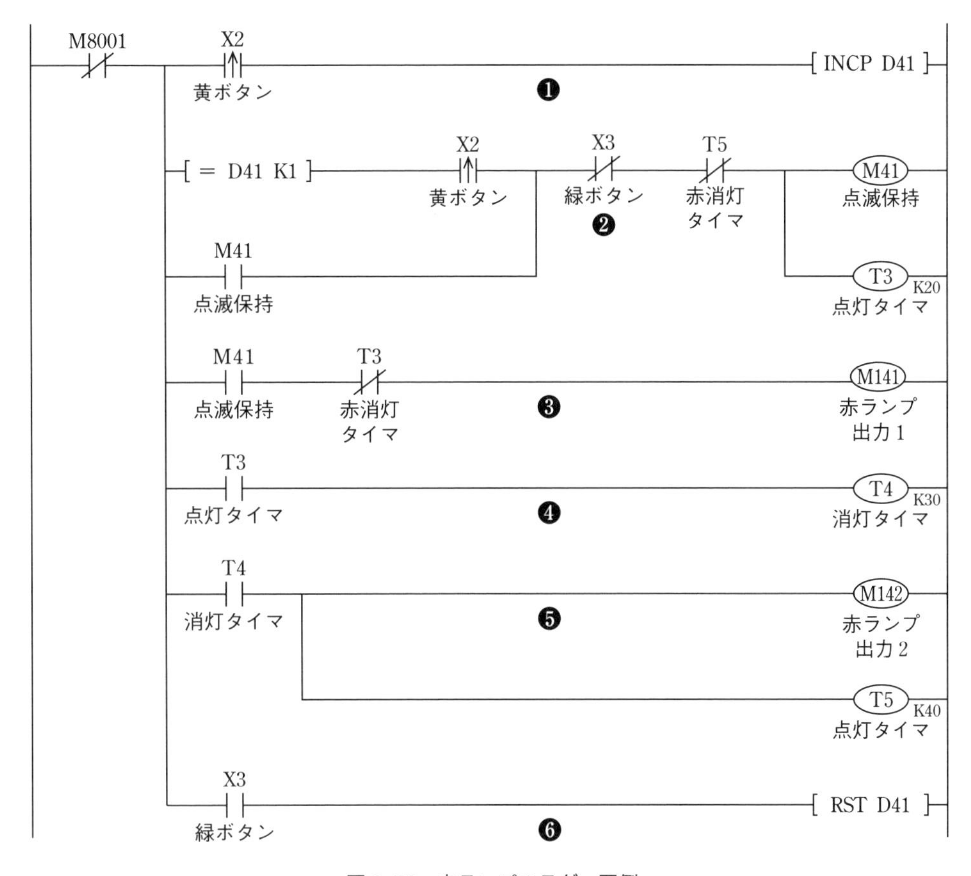

図 5･75　赤ランプのラダー図例

❶　黄ボタン（X2）の回数を D41 でカウントする．

❷　黄ボタンの回数が 1 回目の立ち上がりで赤ランプが点灯する．また，赤ランプが 2 回点滅すると消灯する．黄ボタンの立ち上がりなのでこのような組み方をしなくても動作するが，よりタイミングを正確にするためここでは黄ボタンの回数をカウントし，その 1 回目としている．

❸　M41 が入力されると赤ランプが点灯し，2 秒後に消灯する．

❹　T3 が動作したあと，T4 が動作し 3 秒間消灯状態が続く．

❺　T4 が入力されると赤ランプが点灯し，T5 が動作するため 4 秒後に消灯する．
　　また，T5 が動作することにより❷の回路も続いて切断される．

❻　緑ボタン（X3）を押すと D41 のカウント数がリセットされる．

※カウント数をセットするだけでは自己保持が解除されないため，❷の緑ボタンを忘れずに入れるようにする．

6. 出力回路のプログラム

各ブロックで使用した補助出力をランプの出力に接続する.

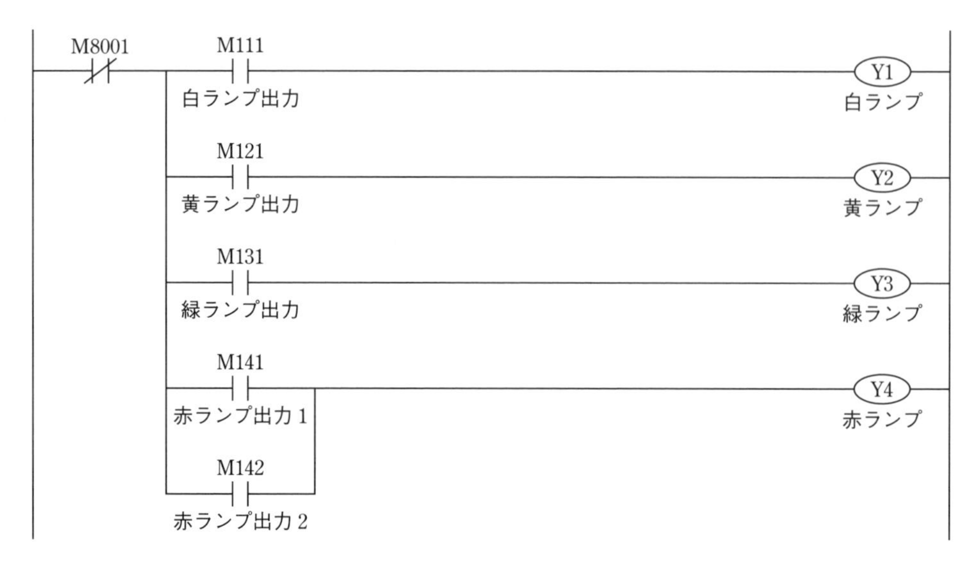

図 5･76　出力回路のラダー図例

この問題では，赤ランプの点滅をそれぞれ直列のプログラムで作成しているため，赤ランプ出力が 2 つになっている．これ以外の組み方でも動作させることができる.

5-5-7 想定問題 7（仕様 1）

下図に示すタイムチャートのラダー図を手順に従って作成せよ.

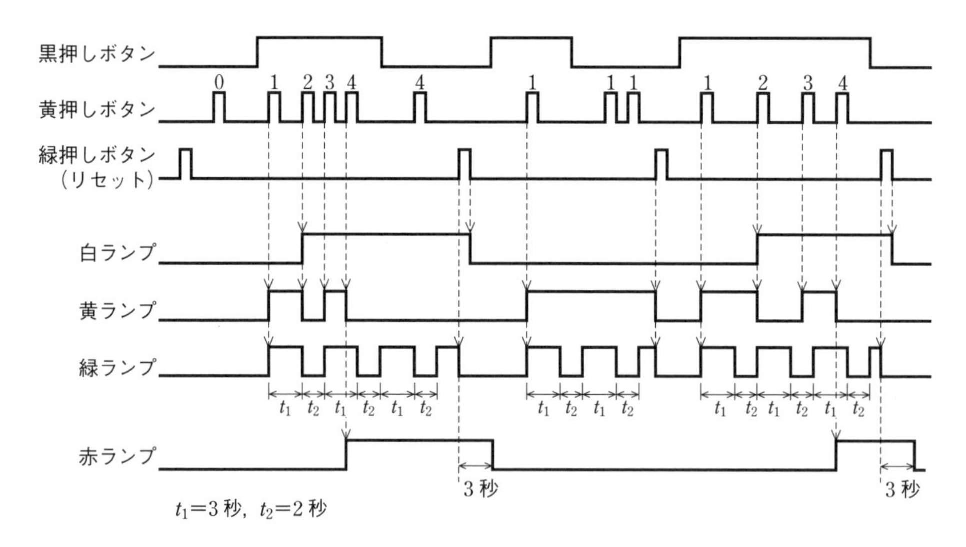

図 5･77　タイムチャート

1. はじめに規則性を見つける

入力の回数がその後の動作に関係するときは，スイッチの入力に番号を割り振る．なお，問題によってはあらかじめ番号が振ってある場合がある．

次に以下のようにボタンとランプの動作を整理する．

表 5･21　押しボタン入力の規則

ボタン	動　作
黒ボタン	押すたびにカウントが 1 つずつ増え，緑ボタンを押すとカウント数がリセットされる
黄ボタン	黒ボタンを押しながら押すとカウントが 1 つずつ増え，緑ボタンを押すとカウント数がリセットされる
緑ボタン	押すたびにランプが消灯（白・緑・赤）する． ※白については立ち下がりで消灯，赤については 3 秒後． また，黒ボタンと黄ボタンのカウント数がリセットされる．

表 5･22　ランプ点灯と消灯の規則

ランプ	条　件
白ランプ	点灯：黒ボタンを押しながら，黄ボタンの回数が 2 回になるときの立ち上がり． 消灯：緑ボタンを押したときの立ち下がり．
黄ランプ	点灯：黒ボタンを押しながら，黄ボタンの回数が 1 回になるときの立ち上がり． 消灯：黒ボタンを押しながら黄ボタンを押す．もしくは緑ボタンを押す． ※黒ボタンを押しながら黄ボタンを押すたびに黄ランプが点灯と消灯を繰り返す．
緑ランプ	点灯：黒ボタンを押しながら，黄ボタンの回数が 1 回になるときの立ち上がり． ※点灯後は ON スタートのフリッカを繰り返す． 消灯：緑ボタンを押す．
赤ランプ	点灯：黒ボタンを押しながら，黄ボタンの回数が 4 回になるときの立ち上がり． 消灯：緑ボタンを押した立ち上がりから 3 秒後．

2. 白ランプ（WL）回路のプログラム

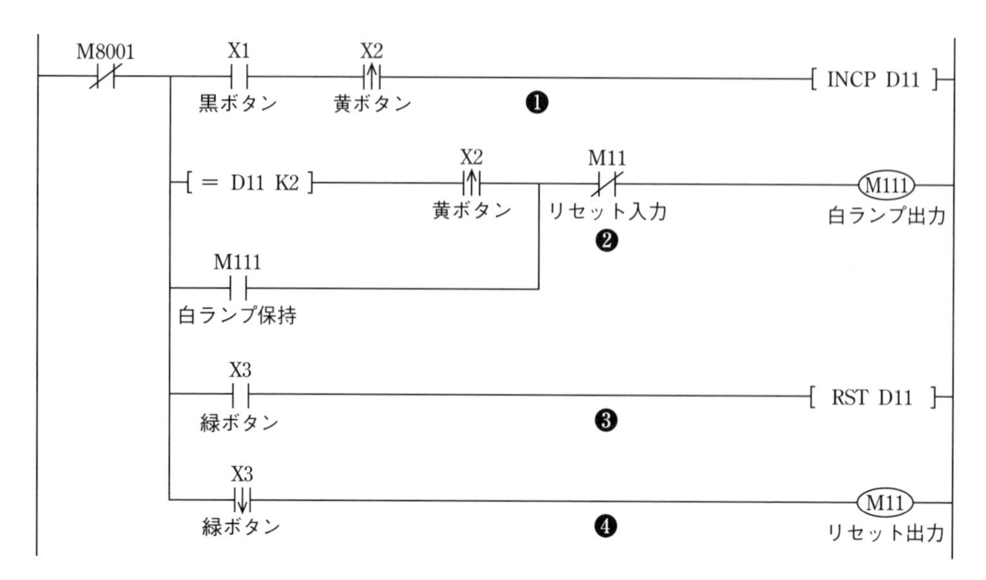

図5･78　白ランプのラダー図例

❶　黒ボタン（X1）を押しながら黄ボタン（X2）を押した回数をD11でカウントする．

❷　黒ボタン（X1）を押しながら黄ボタン（X2）を押したカウント数が2回になるときの立ち上がりで白ランプが点灯し，M11のリセットが入力されると回路が切断される．この問題では，緑ボタン（X3）の立ち下がりでリセットを行うが，立ち下がりのb接点というものがないため，❹にリセット回路を組んでいる．

❸　緑ボタンを押すとD11のカウント数がリセットされる．

※カウント数をセットするだけでは消灯されないため，❹の回路や❷のリセット入力を忘れずに入れるようにする．

❹　緑ボタンの立ち下がりでリセットをするためにこのような組み方をする．

3. 黄ランプ（YL）回路のプログラム

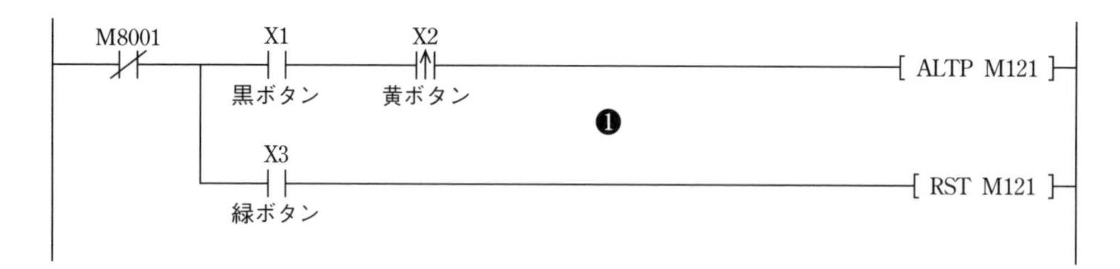

図5･79　黄ランプのラダー図例①

❶　黒ボタン（X1）を押しながら黄ボタン（X2）を押すと黄ランプが点灯と消灯を交互に行う．また，点灯中に緑ボタンを押すと消灯する．

このような回路は，オルタネイト回路と呼ばれる．また，ALTP は交番出力命令とも呼ばれる．なお，PLC によってはこのような命令がない場合があるので，各自が使用する PLC の取扱説明書にて確認しておくとよい．

また，以下のような回路でも動作させることができる．

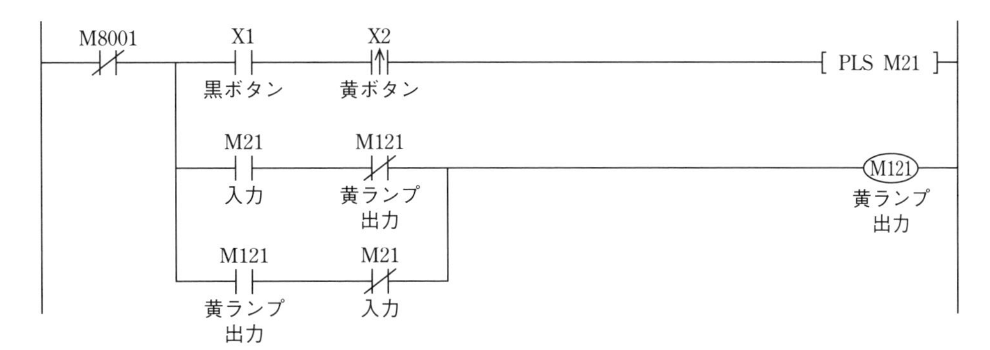

図 5・80　黄ランプのラダー図例②

4. 緑ランプ（GL）回路のプログラム

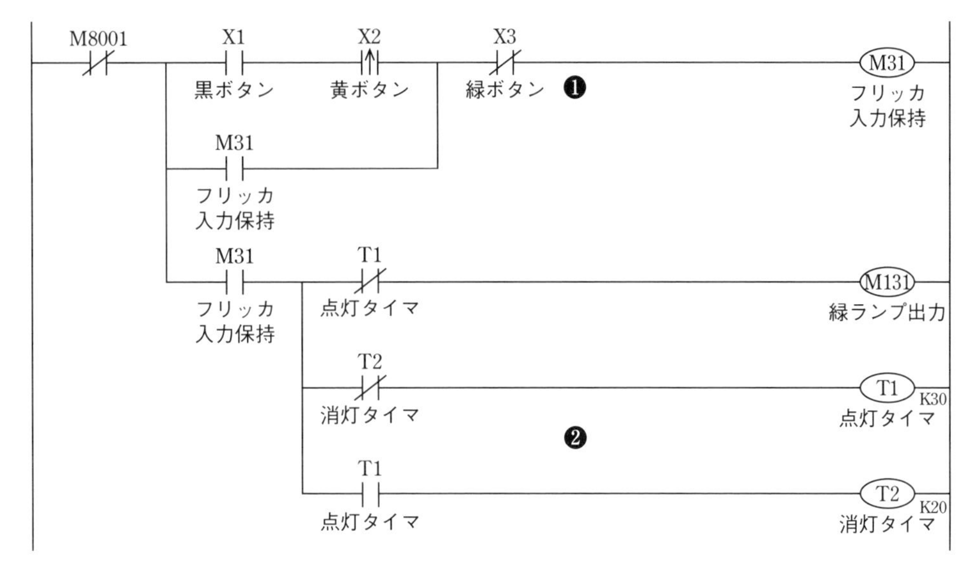

図 5・81　緑ランプのラダー図例

❶ 黒ボタン（X1）を押しながら黄ボタン（X2）を押すとフリッカ入力が自己保持され，緑ボタン（X3）が押されると切断される．

❷ フリッカ入力が入るとオンスタートのフリッカを開始する．サイクル保持の接点がないため緑ボタンが押されるとすぐに消灯する（即断）．

5. 赤ランプ（RL）回路のプログラム

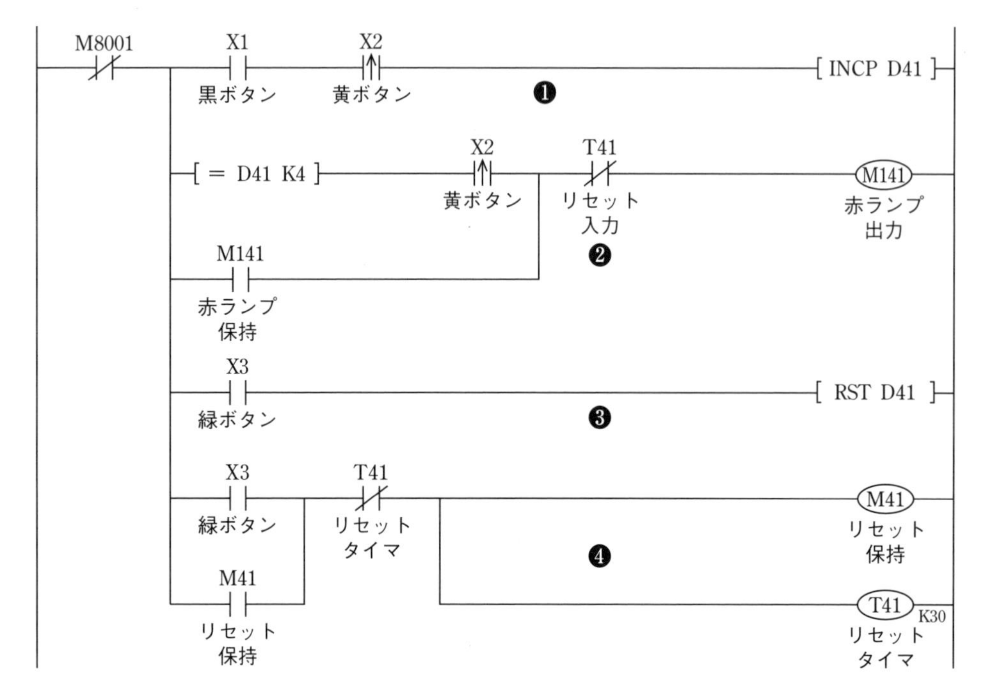

図 5･82　赤ランプのラダー図例

❶　黒ボタン（X1）を押しながら黄ボタン（X2）を押した回数を D41 でカウントする．

❷　黒ボタン（X1）を押しながら黄ボタン（X2）を押した回数が 4 回になると赤ランプが点灯し，❹のリセットが出力されると回路切断する．

❸　緑ボタン（X3）を押すと D41 のカウント数がリセットされる．

※カウント数をセットするだけでは消灯されないため，❹の回路や❷のリセット入力（T41）を忘れずに入れるようにする．

❹　緑ボタン（X3）が押されるとリセット入力が自己保持され，3 秒後に❷と❹の回路が切断される．

6. 出力回路のプログラム

各ブロックで使用した補助出力をランプの出力に接続する.

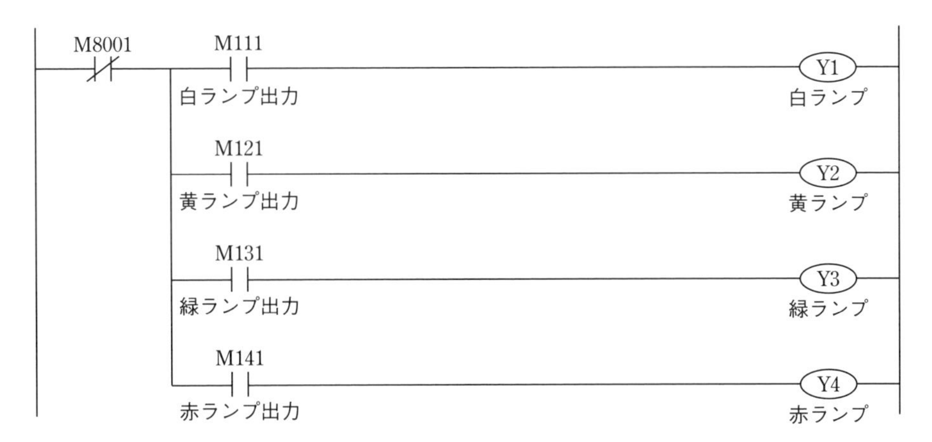

図 5・83　出力回路のラダー図例

5-5-8 想定問題 8（仕様 2）

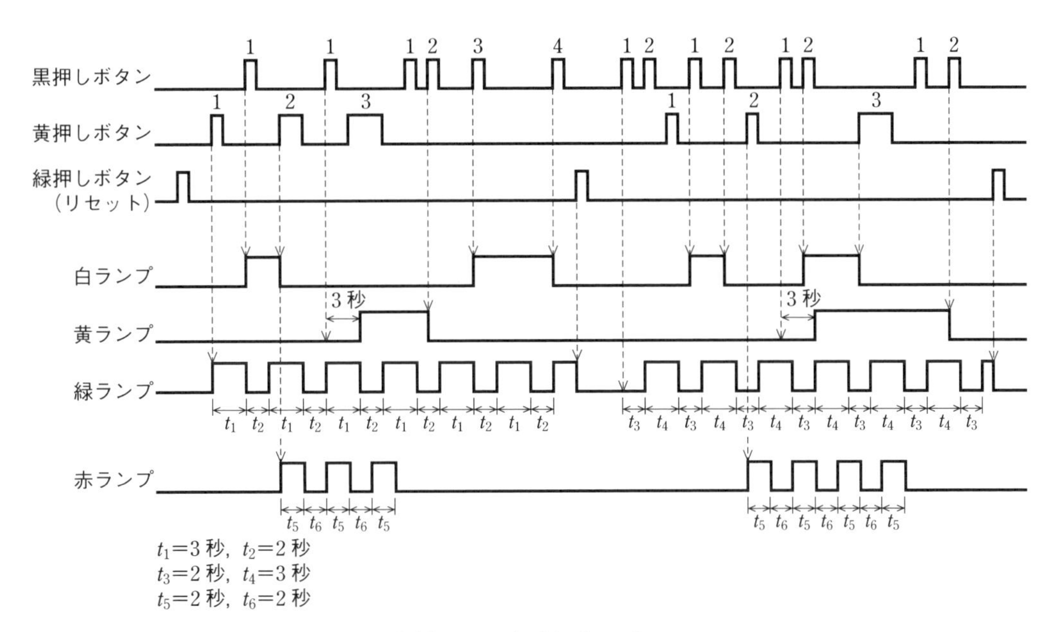

図 5・84　タイムチャート

1. はじめに規則性を見つける

入力の回数がその後の動作に関係するときは，スイッチの入力に番号を割り振る．なお，問題によってはあらかじめ番号が振ってある場合がある．

次に以下のようにボタンとランプの動作を整理する．

表5・23　押しボタン入力の規則

ボタン	動　作
黒ボタン	押すたびにカウントが1つずつ増え，黄ボタンと緑ボタンを押すとカウント数がリセットされる
黄ボタン	押すたびにカウントが1つずつ増え，緑ボタンを押すとカウント数がリセットされる
緑ボタン	押すたびにランプが消灯（緑）する． また，黒ボタンと黄ボタンのカウント数がリセットされる．

表5・24　ランプ点灯と消灯の規則

ランプ	条　件
白ランプ	点灯：黒ボタン，黄ボタンのカウントが等しくなったときの黒ボタンの立ち上がり． 消灯：黒ボタン，黄ボタンのカウントが等しくなくなる．
黄ランプ	点灯：黒ボタンのカウントが1回，黄ボタンのカウントが2回となるときの黒ボタンの立ち上がりから3秒後． 消灯：黒ボタンのカウントが2回となるときの立ち上がり．
緑ランプ	点灯：緑ボタンのあと，黄ボタンを押したときはオンスタートのフリッカ．緑ボタンのあと，黒ボタンを押したときはオフスタートのフリッカを繰り返す． 消灯：緑ボタンを押す．（即断）
赤ランプ	点灯：黄ボタンのカウントが2になるときの立ち上がり． 消灯：赤ランプが点灯するときの黒ボタンのカウント数と黄ボタンのカウント数を加えた回数点滅する．

2. 白ランプ（WL）回路のプログラム

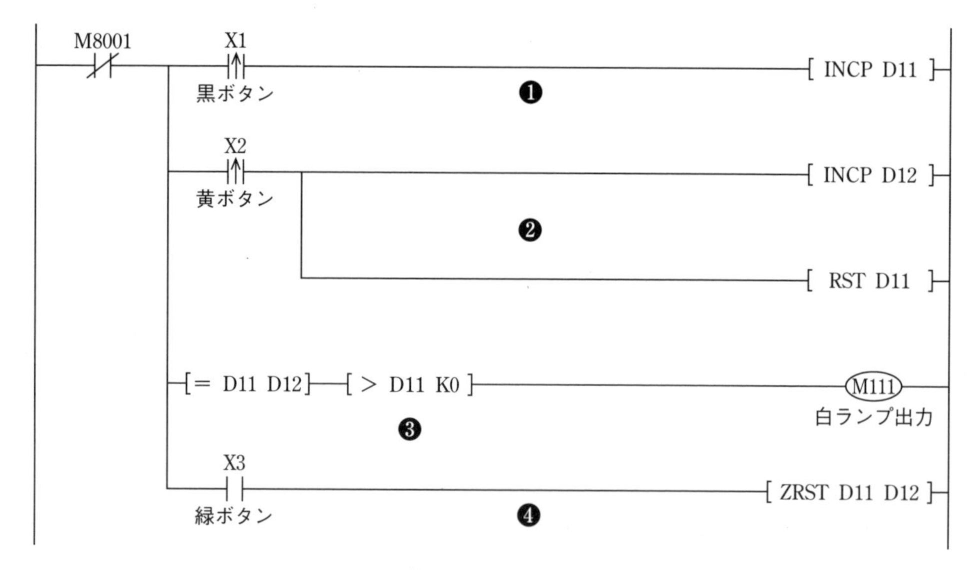

図5・85　白ランプのラダー図例

❶ 黒ボタン（X1）の回数を D11 でカウントする．

❷ 黄ボタン（X2）の回数を D12 でカウントする．また，黄ボタンを押すと黒ボタンの回数（D11）をリセットする．

❸ D11 と D12 のカウントが等しくなると白ランプが点灯する．どちらかの回数が変化し，等しく無くなったときにすぐに消灯するように自己保持を使用しない．

　また，お互いに 0 回のときに点灯しないように D11＞K0 もしくは D12＞K0 の条件を加えるようにしておく．

❹ 緑ボタン（X3）を押すと D11 と D12 のカウント数がリセットされる．

※この問題では，緑ボタンの動作と白ランプの点灯に関連がタイムチャート上は見られない．しかし，緑ボタンで初期状態にいつでも戻せるようにプログラムを作成しておくとよい．

3. 黄ランプ（YL）回路のプログラム

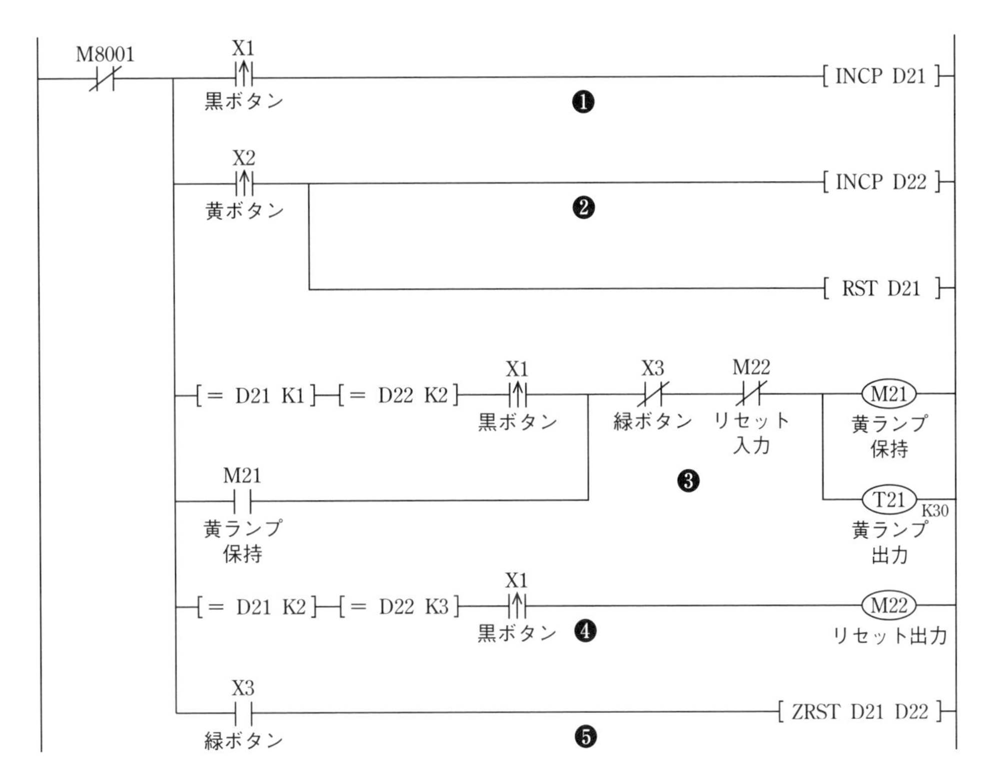

図 5･86　黄ランプのラダー図例

❶ 黒ボタン（X1）の回数を D21 でカウントする．

❷ 黄ボタン（X2）の回数を D22 でカウントする．また，黄ボタンを押すと黒ボタンの回数（D21）をリセットする．

❸ 黒ボタンが 1 回，黄ボタンが 2 回のときの黒ボタンの立ち上がりで M21 が自己保持するとともに T21 が動作し，3 秒後に黄ランプが点灯する．また，❹の回路が動作すると M22 が入力され切断される．

❹　黒ボタンが2回，黄ボタンが3回のときの黒ボタンの立ち上がりでM22が出力され，❸の回路が切断される．

❺　緑ボタン（X3）を押すとD21とD22のカウント数がリセットされる．

※この問題では，緑ボタンの動作と黄ランプの点灯に関連がタイムチャート上は見られない．しかし，緑ボタンで初期状態にいつでも戻せるようにプログラムを作成しておくとよい．

4. 緑ランプ（GL）回路のプログラム

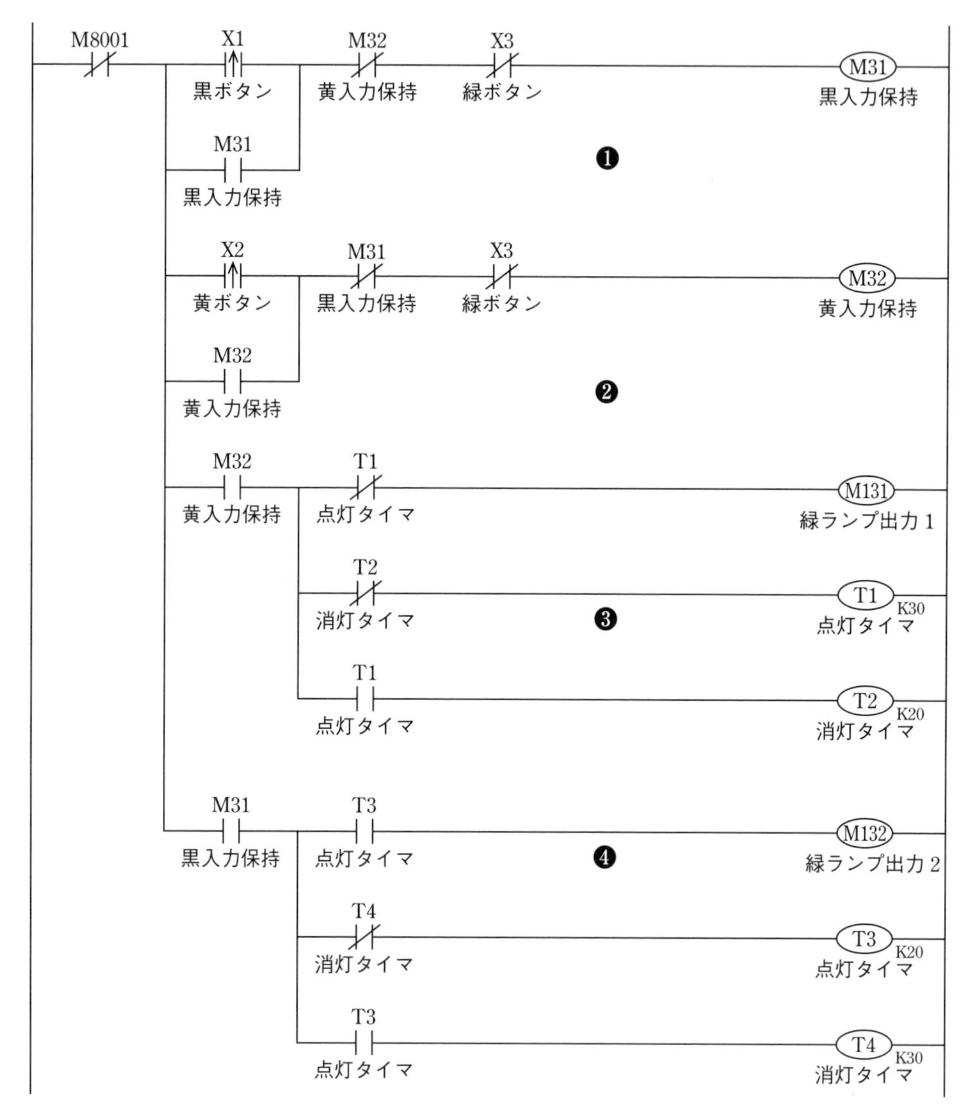

図5･87　緑ランプのラダー図例

❶・❷：黒ボタンと黄ボタンのどちらが先に押されたかを決める先行優先回路.

❶　黒ボタン（X1）が先に押されると M31 が自己保持され，❷の回路の M31 が切断されるため，黄ボタン（X2）を押しても動作しない.

❷　黄ボタン（X2）が先に押されると M32 が自己保持され，❶の回路の M32 が切断されるため，黒ボタン（X1）を押しても動作しない.

❸　黄ボタン（X2）が先に押されたときは，オンスタートのフリッカ．サイクル保持の接点がないため，緑ボタンが押されるとすぐに消灯する.（即断）

❹　黒ボタン（X1）が先に押されたときは，オフスタートのフリッカ．サイクル保持の接点がないため，緑ボタンが押されるとすぐに消灯する.（即断）

5. 赤ランプ（RL）回路のプログラム

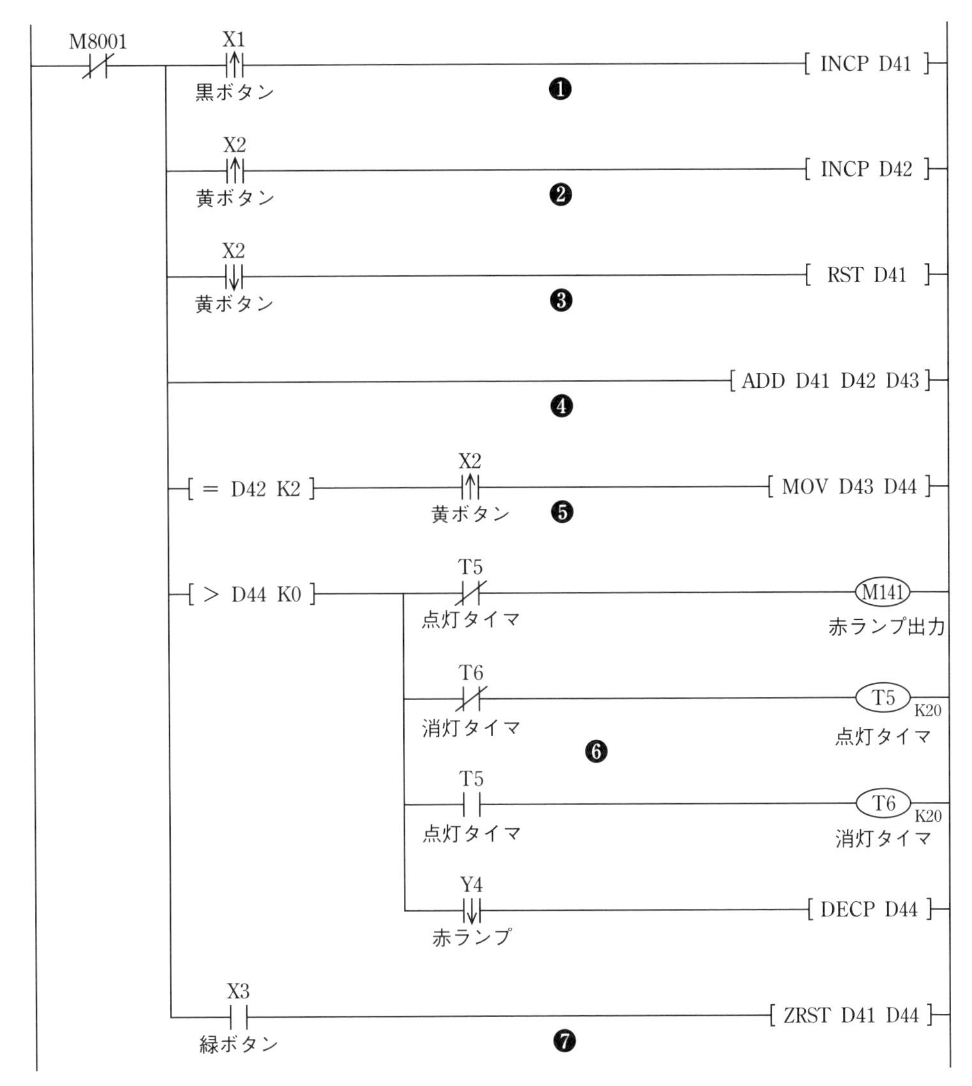

図 5・88　赤ランプのラダー図例

❶　黒ボタン（X1）の回数を D41 でカウントする．

❷　黄ボタン（X2）の回数を D42 でカウントする．

❸　黄ボタン（X2）を押すと立ち下がりのタイミングで黒ボタンの回数（D11）をリセットする．

※この問題では，ここまで黄ボタンを押す立ち上がりをリセットのタイミングとしていた．しかし，赤ランプの場合には，黄ボタン（X2）を押した時点での黒ボタンと黄ボタンの回数が点滅に必要となるため，あえてここだけ立ち下がりのタイミングを使用している．

❹　D41 と D42 のカウント数を加算し D43 に代入（転送）する．

❺　黄ボタン（X2）のカウントが 2 になるときの立ち上がりで，D43 の数値を D44 に代入（転送）する．

❻　D44 に回数が入力されたら（D44＞0），ON スタートのフリッカが開始される．また，赤ランプの点灯回数を赤ランプ（Y4）の立ち下がりでカウントし，D44 から減算する．（赤ランプは Y4 でなく M141 でもよい）

❼　緑ボタン（X3）を押すと D41 から D44 のカウント数がリセットされる．また，カウント数がリセットされるため赤ランプが消灯する．

6. 出力回路のプログラム

各ブロックで使用した補助出力をランプの出力に接続する．

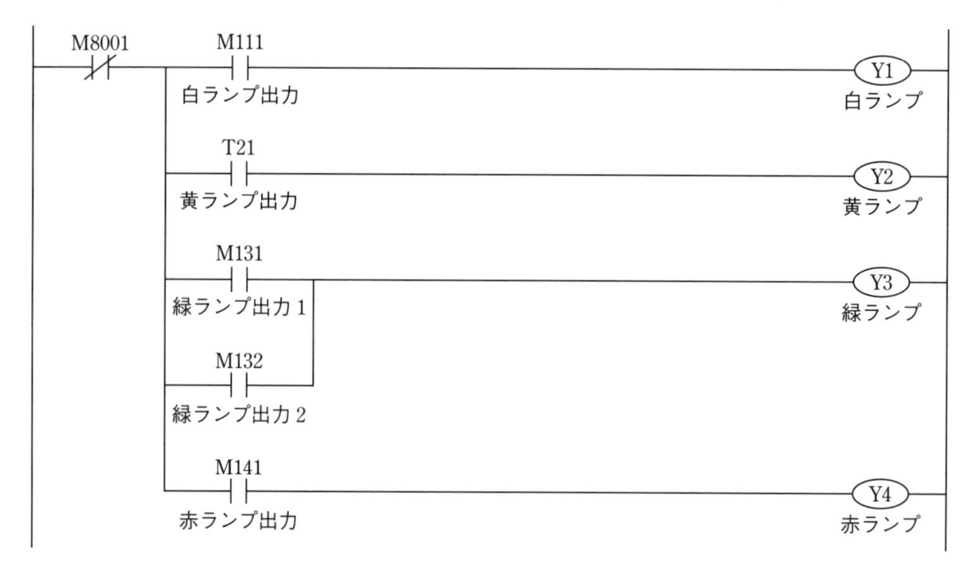

図 5･89　出力回路のラダー図例

5-5-9 想定問題 9（仕様 1）

下図に示すタイムチャートのラダー図を手順に従って作成せよ.

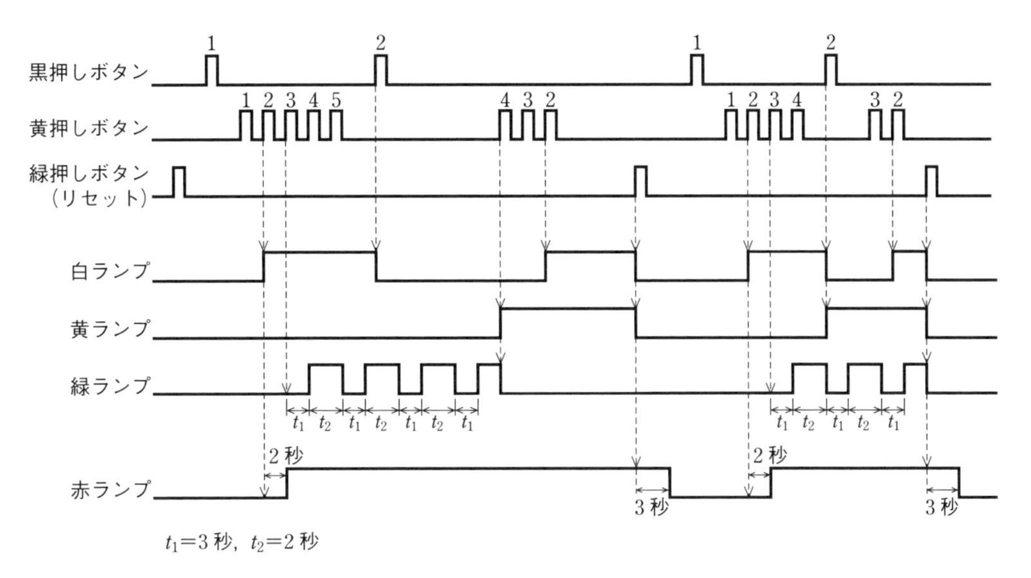

図 5・90 タイムチャート

1. はじめに規則性を見つける

入力の回数がその後の動作に関係するときは，スイッチの入力に番号を割り振る．なお，問題によってはあらかじめ番号が振ってある場合がある．

次に以下のようにボタンとランプの動作を整理する．

表 5・25 押しボタン入力の規則

ボタン	動 作
黒ボタン	押すたびにカウントが 1 つずつ増え，緑ボタンを押すとカウント数がリセットされる
黄ボタン	黒ボタンの回数が 1 のときは押すたびにカウントが 1 つずつ増え，黒ボタンの回数が 2 のときは押すたびにカウントが 1 つずつ減る．また，緑ボタンを押すとカウント数がリセットされる
緑ボタン	押すたびにランプが消灯（白・黄・緑・赤）する． ※赤は緑ボタン（X3）を押してから 3 秒後 また，黒ボタンと黄ボタンのカウント数がリセットされる．

表5･26　ランプ点灯と消灯の規則

ランプ	条　件
白ランプ	点灯：黄ボタンのカウントが2回となるときの黄ボタンの立ち上がり 消灯：黒ボタンのカウントが2回となるときの立ち上がり．もしくは緑ボタンを押す．
黄ランプ	点灯：黒ボタンのカウントと黄ボタンのカウントを積算して8になるときの黒ボタンもしくは黄ボタンの立ち上がり． 消灯：緑ボタンを押す．
緑ランプ	点灯：黒ボタンのカウントが1回，黄ボタンのカウントが3回となるときの黄ボタンの立ち上がり．（オフスタートのフリッカ） 消灯：黒ボタンのカウントが2回，黄ボタンの回数が4回となるときの黄ボタンの立ち上がり．もしくは，緑ボタンを押す．（即断）
赤ランプ	点灯：黒ボタンのカウントが1回，黄ボタンのカウントが2回となるときの黄ボタンの立ち上がりから2秒後． 消灯：緑ボタンの立ち上がりから3秒後．

2. 白ランプ（WL）回路のプログラム

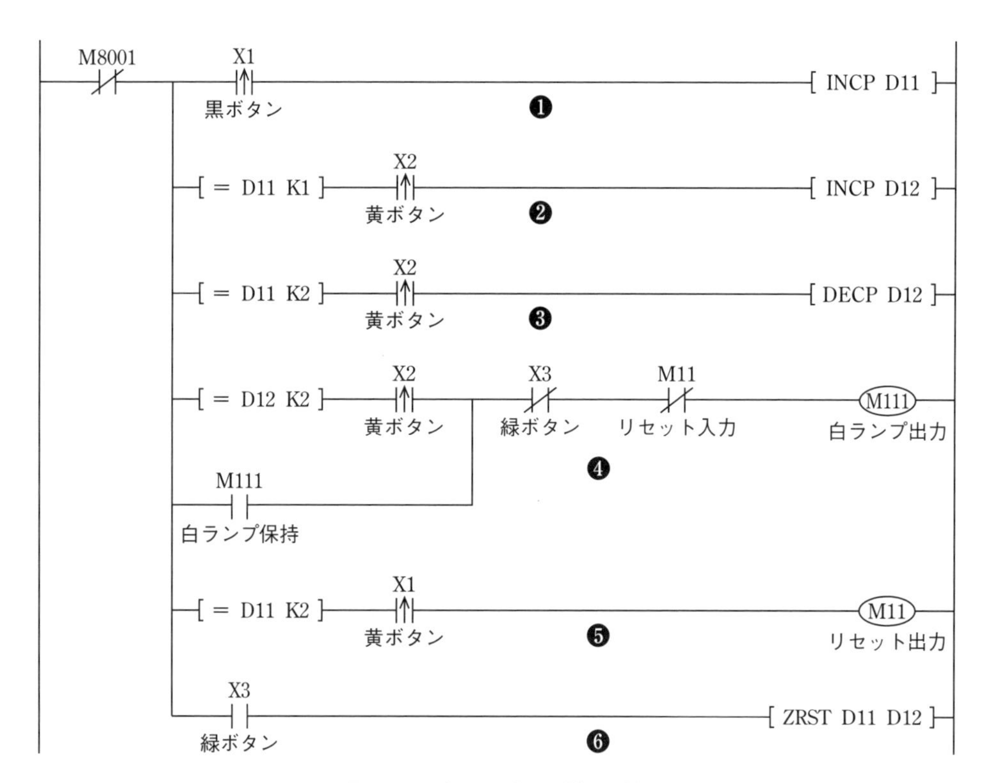

図5･91　白ランプのラダー図例

❶ 黒ボタン（X1）の回数をD11でカウントする．
❷ 黒ボタン（X1）の回数が1のとき，黄ボタン（X2）の回数をD12に加算する．
❸ 黒ボタン（X1）の回数が2のとき，黄ボタン（X2）の回数をD12から減算する．

❹ 黄ボタン（X2）の回数が2のときの立ち上がりで白ランプが点灯し，緑ボタン（X3）が押されるか，❺のリセットが入力されると回路が切断される．

❺ 黒ボタン（X1）の回数が2のとき，リセット出力により❹の回路が切断される．

❻ 緑ボタン（X3）を押すとD11とD12のカウント数がリセットされる．

※カウント数をリセットするだけでは消灯されないため，❹の緑ボタンを忘れずに入れるようにする．

3. 黄ランプ（YL）回路のプログラム

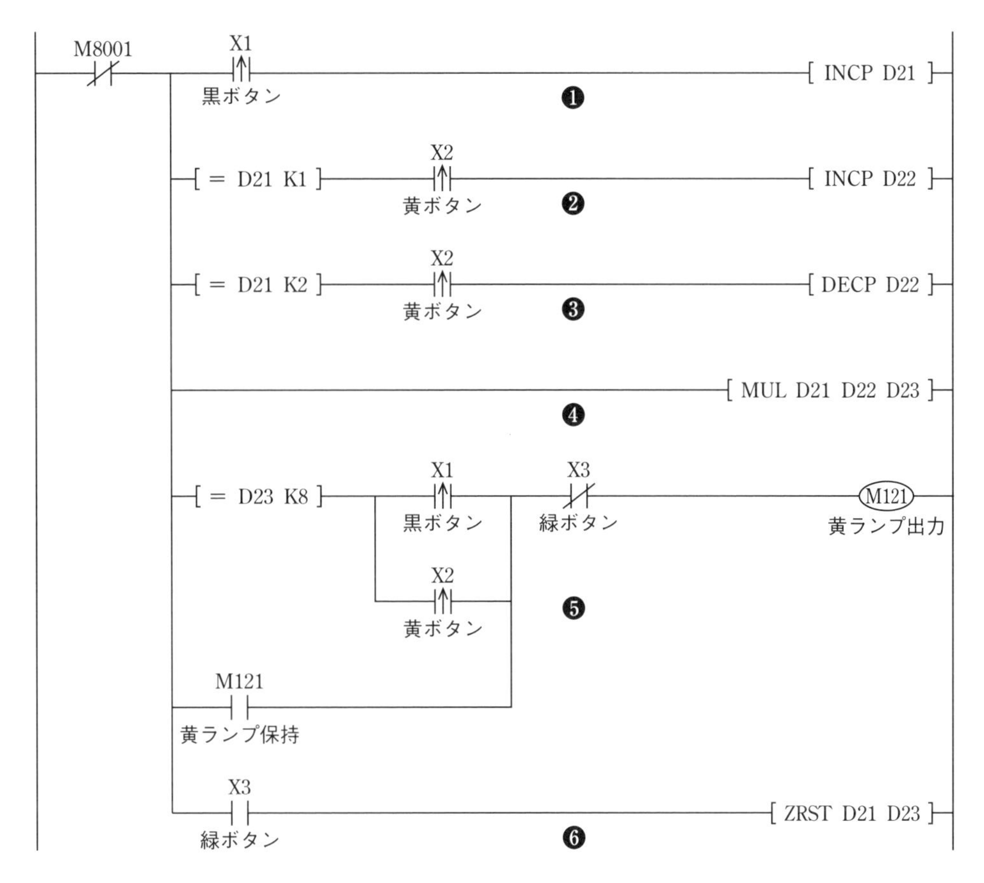

図5･92 黄ランプのラダー図例

❶ 黒ボタン（X1）の回数をD21でカウントする．

❷ 黒ボタン（X1）の回数が1のとき，黄ボタン（X2）の回数をD22に加算する．

❸ 黒ボタン（X1）の回数が2のとき，黄ボタン（X2）の回数をD22から減算する．

❹ D21とD22を積算し，その結果をD23に代入（転送）する．

❺ D23が8になる黒ボタン（X1）か黄ボタン（X2）の立ち上がりで黄ボタンが点灯し，緑ボタン（X3）が押されると消灯する．

❻ 緑ボタン（X3）を押すとD21とD22のカウント数がリセットされる．

※カウント数をセットするだけでは消灯されないため，❺の緑ボタンを忘れずに入れるようにする．

5章 1級実技試験

4. 緑ランプ（GL）回路のプログラム

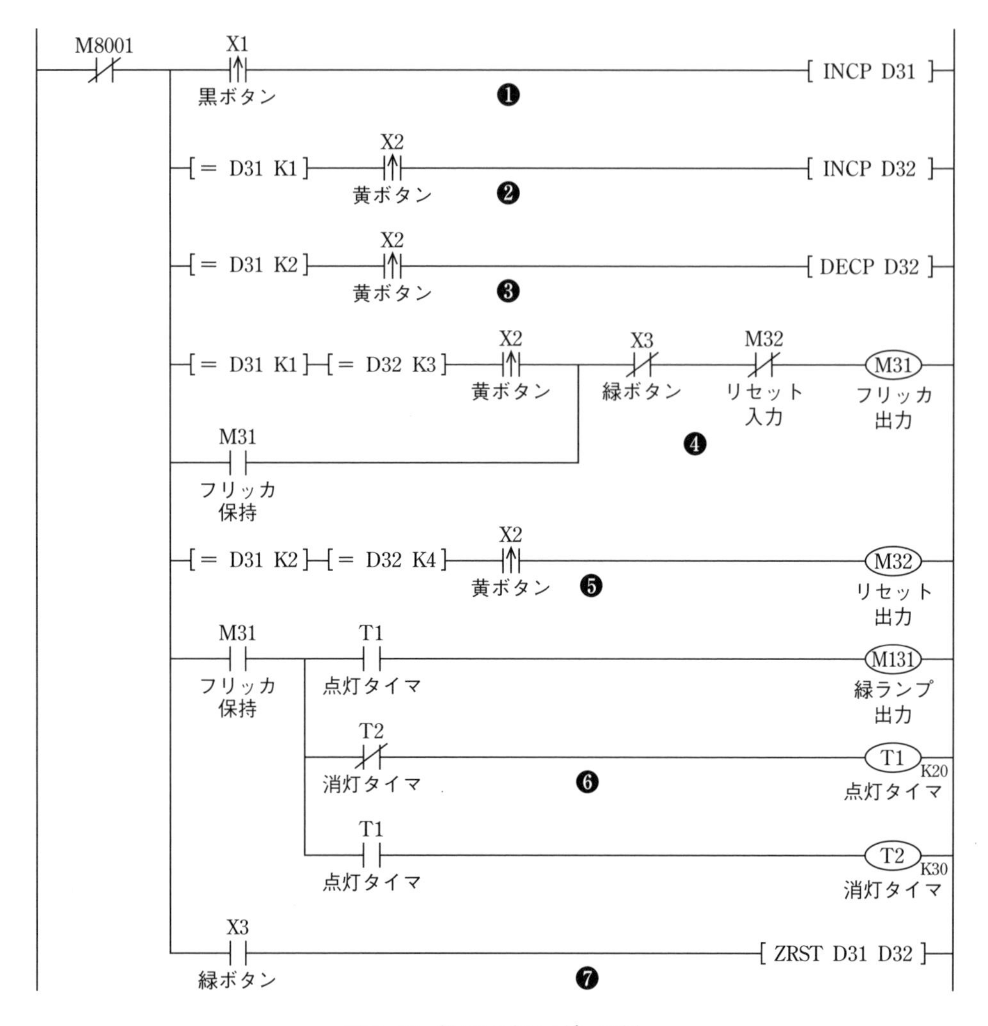

図5･93　緑ランプのラダー図例

❶　黒ボタン（X1）の回数をD31でカウントする．

❷　黒ボタン（X1）の回数が1のとき，黄ボタン（X2）の回数をD32に加算する．

❸　黒ボタン（X1）の回数が2のとき，黄ボタン（X2）の回数をD32から減算する．

❹　黒ボタン（X1）の回数が1，黄ボタン（X2）の回数が3のときの黄ボタンの立ち上がりでオフスタートのフリッカ点滅する．緑ボタンが押されるか，❺の回路が動作すると回路が切断される．

❺　黒ボタン（X1）の回数が2，黄ボタン（X2）の回数が4のときの黄ボタンの立ち上がりでリセット出力され，❹の回路が切断される．

※この問題では，❺のように細かくリセットの条件を定めている．一見すると黄ランプ（Y2）の立ち上がりを使うと簡単に指定できそうに見えてしまうが，そうすると違う黄ランプの点灯時にもリセットが掛かってしまう．リセットの条件は，簡単に設定できるものよりもほかのところに影響を与えないものを選定するようにすること．

❻　オフスタートのフリッカ．サイクル保持の接点がないため緑ボタンが押されるとすぐに消灯する（即断）．

❼　緑ボタン（X3）を押すとD31とD32のカウント数がリセットされる．

※カウント数をリセットするだけでは消灯されないため，❹の緑ボタンを忘れずに入れるようにする．

5. 赤ランプ（RL）回路のプログラム

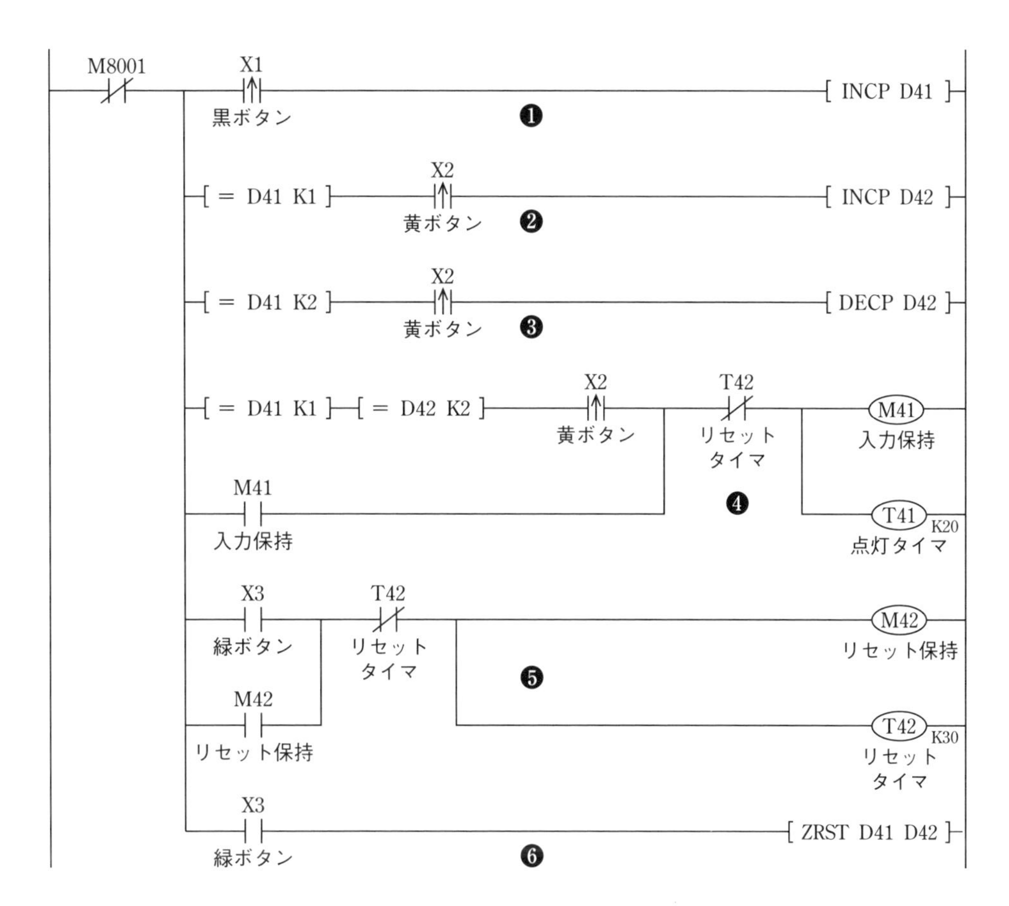

図5·94　赤ランプのラダー図例

❶　黒ボタン（X1）の回数をD41でカウントする．

❷　黒ボタン（X1）の回数が1のとき，黄ボタン（X2）の回数をD42に加算する．

❸　黒ボタン（X1）の回数が2のとき，黄ボタン（X2）の回数をD42から減算する．

❹　黒ボタン（X1）の回数が1，黄ボタン（X2）の回数が2のときの黄ボタンの立ち上がりから2秒後に赤ランプが点灯する．❺の回路が動作すると3秒後に切断される．

❺　緑ボタン（X3）が押されると，M42が自己保持され3秒後に❹の回路が切断される．

❻　緑ボタン（X3）を押すとD31とD32のカウント数がリセットされる．

※カウント数をセットするだけでは消灯されないため，❹のリセットタイマを忘れずに入れるようにする．

6. 出力回路のプログラム

各ブロックで使用した補助出力をランプの出力に接続する.

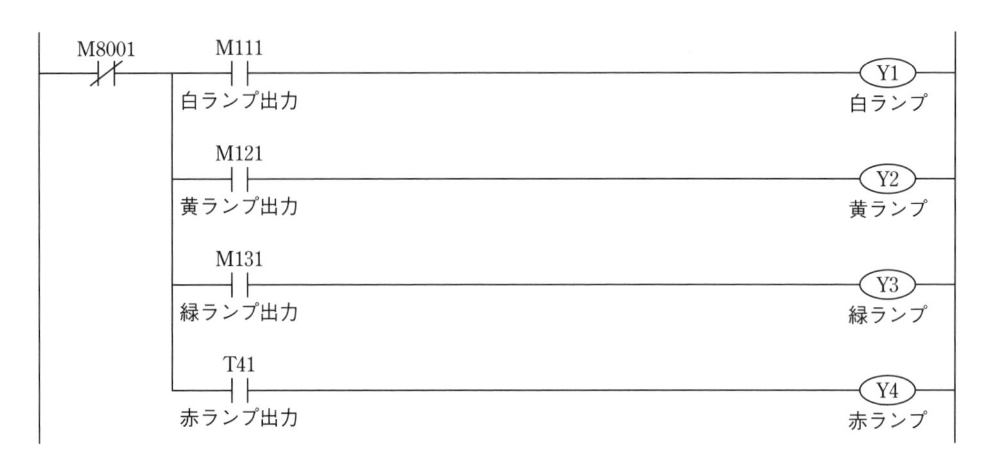

図5･95　出力回路のラダー図例

5-5-10 想定問題10（仕様2）

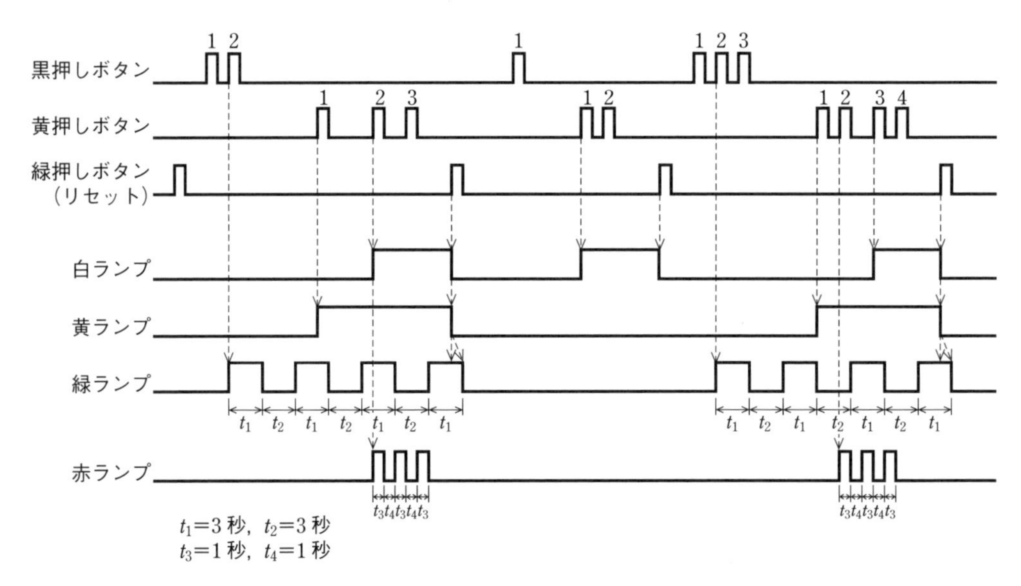

図5･96　タイムチャート

1. はじめに規則性を見つける

入力の回数がその後の動作に関係するときは，スイッチの入力に番号を割り振る．なお，問題によってはあらかじめ番号が振ってある場合がある.

次に以下のようにボタンとランプの動作を整理する.

表 5・27 押しボタン入力の規則

ボタン	動 作
黒ボタン	押すたびにカウントが 1 つずつ増え，緑ボタンを押すとカウント数がリセットされる
黄ボタン	押すたびにカウントが 1 つずつ増え，緑ボタンを押すとカウント数がリセットされる
緑ボタン	押すたびにランプが消灯（白・黄・緑）する． ※緑はサイクル消灯 また，黒ボタンと黄ボタンのカウント数がリセットされる．

表 5・28 ランプ点灯と消灯の規則

ランプ	条 件
白ランプ	点灯：黒ボタンのカウントと黄ボタンのカウントが等しくなるときの黄ボタンの立ち上がり． 消灯：緑ボタンを押す．
黄ランプ	点灯：黒ボタンのカウントが 1 より大きく，黄ボタンのカウントが 1 になるときの黄ボタンの立ち上がり． 消灯：緑ボタンを押す．
緑ランプ	点灯：黒ボタンのカウントが 2 回となるときの黒ボタンの立ち上がり．※点灯後はフリッカを繰り返す． 消灯：緑ボタンを押すとサイクル消灯でフリッカを終了する．
赤ランプ	点灯：黒ボタンのカウントが 2 回，黄ボタンのカウントが 2 回となるときの黄ボタンの立ち上がり． 消灯：点滅を 3 回繰り返す．

2. 白ランプ（WL）回路のプログラム

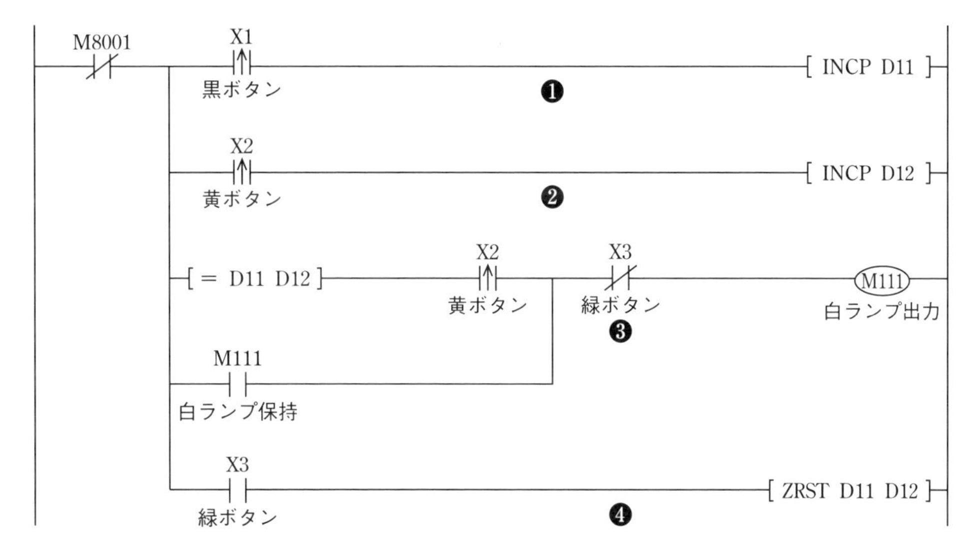

図 5・97 白ランプのラダー図例

❶　黒ボタン（X1）の回数をD11でカウントする．
❷　黄ボタン（X2）の回数をD12でカウントする．
❸　黒ボタン（X1）と黄ボタン（X2）のカウント数が等しくなるときの黄ボタンの立ち上がりで白ランプが点灯し自己保持する．また，緑ボタン（X3）を押すと消灯する．
❹　緑ボタン（X3）を押すとD11とD12のカウント数がリセットされる．
※カウント数をセットするだけでは消灯されないため，❸の緑ボタンを忘れずに入れるようにする．

3. 黄ランプ（YL）回路のプログラム

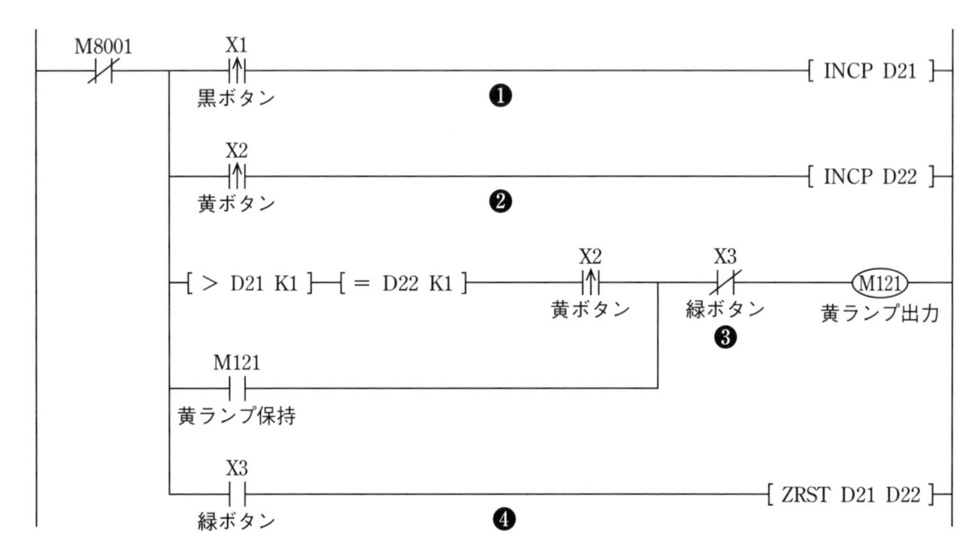

図5･98　黄ランプのラダー図例

❶　黒ボタン（X1）の回数をD21でカウントする．
❷　黄ボタン（X2）の回数をD22でカウントする．
❸　黒ボタン（X1）のカウントが1より大きく，黄ボタン（X2）のカウント数が1になるときの黄ボタンの立ち上がりで黄ランプが点灯し自己保持する．また，緑ボタン（X3）を押すと消灯する．黒ボタンのカウントについては，＞＝ D21 K2としてもよい．※黒ボタンのカウントが1回で点灯しないようにする．
❹　緑ボタン（X3）を押すとD21とD22のカウント数がリセットされる．
※カウント数をセットするだけでは消灯されないため，❸の緑ボタンを忘れずに入れるようにする．

4. 緑ランプ（GL）回路のプログラム

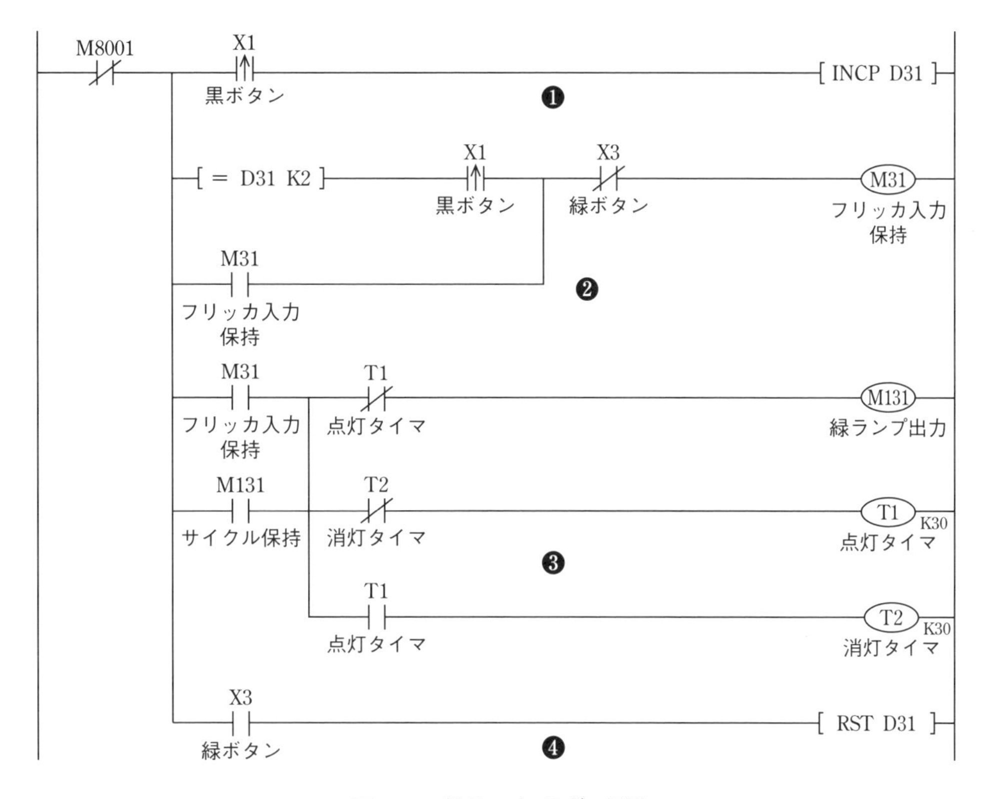

図 5･99　緑ランプのラダー図例

❶　黒ボタン（X1）の回数を D31 でカウントする．

❷　黒ボタン（X1）のカウントが 2 になる立ち上がりでフリッカ入力が自己保持される．

❸　フリッカ入力が入るとオンスタートのフリッカを開始する．サイクル保持の接点があるため，緑ボタン（X3）を押すとサイクル消灯する．

❹　緑ボタン（X3）を押すと D31 のカウント数がリセットされる．

※カウント数をリセットするだけでは消灯されないため，❷の緑ボタンを忘れずに入れるようにする．

5. 赤ランプ（RL）回路のプログラム

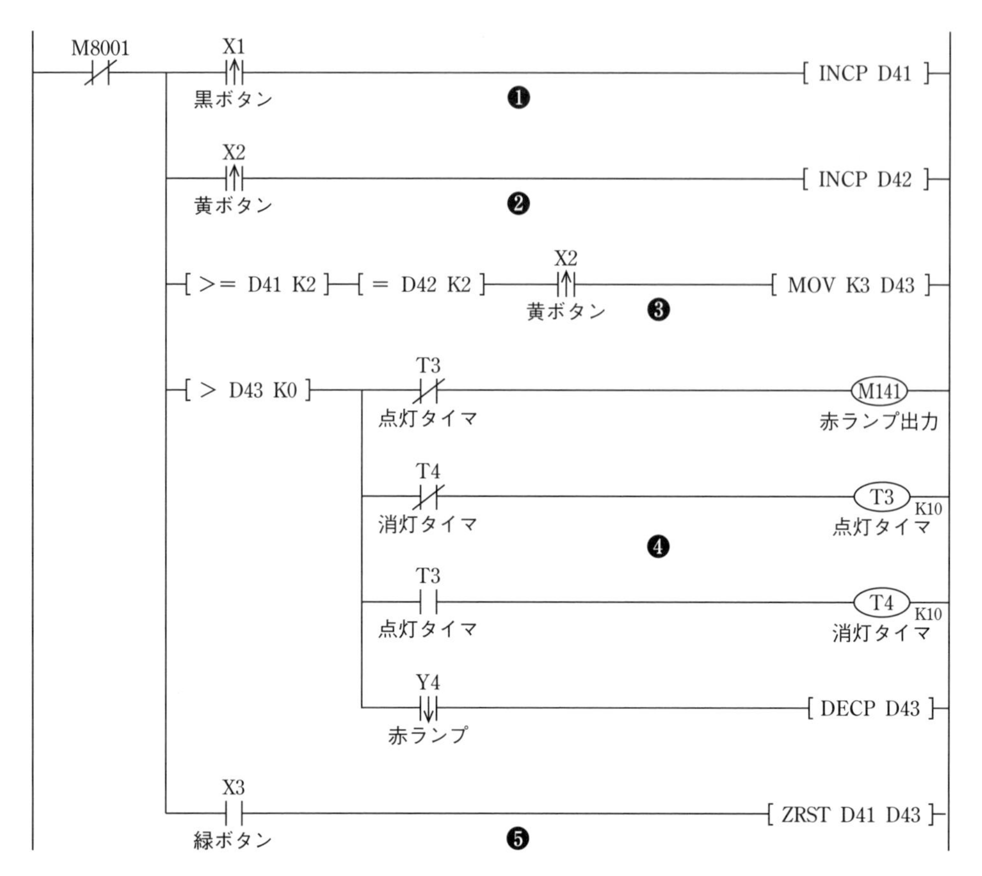

図5･100　赤ランプのラダー図例

❶　黒ボタン（X1）の回数をD41でカウントする．

❷　黄ボタン（X2）の回数をD42でカウントする．

❸　黒ボタン（X1）の回数が2回もしくは3回（2回以上），黄ボタン（X2）の回数が2回になるときの黄ボタンの立ち上がりで3回（K3）をD43に代入（転送）する．

❹　D43に回数が入力されたら（D43＞0），ONスタートのフリッカが開始される．また，赤ランプの点灯回数を赤ランプ（Y4）の立ち下がりでカウントし，D43から減算する．（赤ランプはY4でなくM141でもよい）

❺　緑ボタン（X3）を押すとD41からD43のカウント数がリセットされる．また，カウント数がリセットされるため赤ランプが消灯する．

6. 出力回路のプログラム

各ブロックで使用した補助出力をランプの出力に接続する.

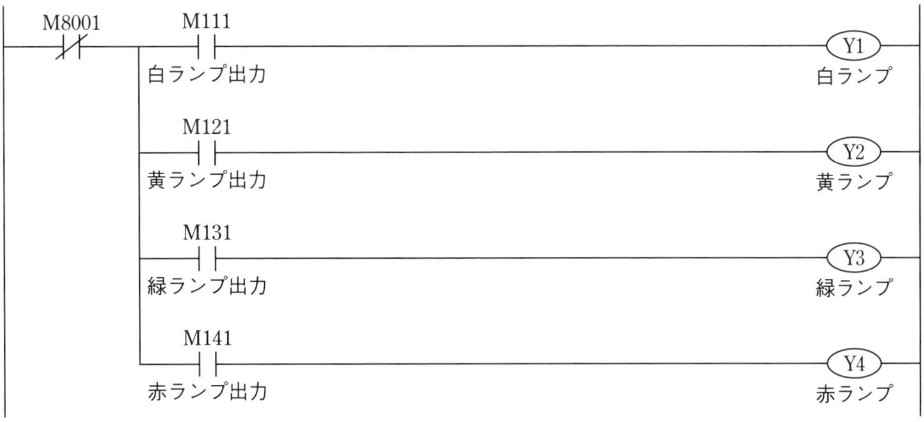

図 5・101 出力回路のラダー図例

6章 1級学科試験

試験範囲は，機械系や電気系の知識および品質管理や安全衛生など広範囲から出題されるが，出題傾向は限定しているので，重要事項を暗記すれば効率がよい．

6-1 学科試験の概要

6-1-1 1級学科試験の概要

実技試験は都道府県により試験日程が異なるが，学科試験は，等級ごとに全国統一して実施される．学科試験の概要は表6·1のとおり，1級は例年1月の日曜日に実施している．出題形式は，真偽法（○×式）25問と四肢択一（選択式）25問で計50問出題され，解答はマークシート方式で，試験時間は100分である．合格基準は，100点満点で65点以上が合格となっている．

表6·1 学科試験の概要（機械保全・電気系保全作業）

内 容	1級
学科試験	1級：1月の日曜日
出題形式	真偽法（25問，○×式）と四肢択一（25問，選択式）
出題数	50問
試験時間	100分
合格点	100点満点で65点以上（33問以上正解で合格）

1級の合格率を表6·2に示す．学科の平均合格率は45％で実技は34.6％，最終的な合格率は22.9％である．

表6·2 1級の合格率〔%〕

	2022年	2021年	2020年	2019年	平均合格率
学科	45.7	39.1	46.5	49.5	45.2
実技	26.6	32.5	42.6	28.7	32.6
合格率	21.4	22.4	26.5	19.8	22.5

受検申請については，個人申請と団体申請がある．個人申請の受験手続きや受検案内は，日本プラントメンテナンス協会のホームページからダウンロードするか，郵送にて入手することができる．

個人申請の受付期間は，例年8月下旬～9月下旬までとなっている．

6-1-2 出題傾向と対策

1級の学科試験は広範囲にわたって出題されるが，出題傾向は限定しており同じ問題や類似問題が繰り返し出題されている．

試験科目については，2・3級とほぼ同じであるが，範囲ならびにその細目については各級によって「1級：詳細な知識を有すること」，「2級：一般的な知識を有すること」，「3級：概略の知識を有すること」の3段階で試験内容の程度が異なっている．

1級の頻出問題は表6·3の通りである．

表6·3

科　目	1級の出題頻度が高い項目
機械一般	・出題傾向順は，放電加工機，レーザ加工機，グラインダと砥石，マシニングセンタ，形削り盤，ポンプ
電気一般	・Y-△始動，サーマルリレー，シーケンス回路，インバータ ・計算問題として，電力，電力量，誘導モータの回転数
機械保全法一般	・機械保全計画や故障，点検，記録などの問題 ・平均故障間隔（MTBF），平均修復時間（MTTR） ・故障の木解析（FTA），バスタブカーブ（寿命特性曲線） ・品質管理では，特性要因図，パレート図
材料一般	・ステンレス鋼，焼ならし，焼なまし，焼戻し，焼入れの違い
安全衛生	・砥石交換，危険設備の安全，クレーンやプレス作業者
電気系保全法	・電気機器（ステッピングモータ，誘導電動機，インバータ） ・電子機器（コンデンサ，センサ，プログラマブルコントローラ） ・電気・磁気作用（磁気，静電容量，静電気，フレミング） ・電子作用（原子構造，電子放出，電子の数，電荷） ・電気・電子回路（消費電力，論理回路，発振回路） ・機械と電気（マイクロメータ，絶縁診断，ノイズ） ・その他（空気圧，油圧，歯車と軸受，導電材料，図記号）

6-2 これだけは覚えよう

1級の学科試験は，真偽法25問と四肢択一法25問で50問ある．毎年，同じ問題や類似問題が多く出題されているので，重要事項をしっかり覚えておくこと．

Point
① 過去10年間の1級の問題を分析すると試験問題50問中，30～40問は類似問題である．したがって，重要事項は出題頻度が高いので，すべて覚えてから過去問題に取り組むこと．
② 1級の学科試験の平均合格率は45％である．

6-2-1 重要事項（真偽法）

文章途中の太文字は，よく出題される内容を示す．★は重要項目，★★は最重要項目を示す．

01 形削り盤は，刃物を直線往復運動させて，平面削りや溝加工を行う工作機械である．★

02 直立ボール盤における振りとは，取り付けることができる工作物の最大直径のことである．★★

03 オートローダは，工作機械などに，工作物を自動的に取付け，取外しをする装置である．★

04 下図に示す回路に流れる電流 I は，0.5 A である．★★

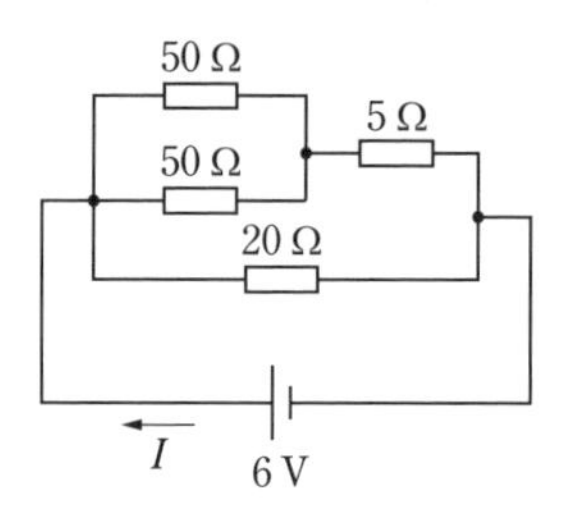

50 Ω の並列回路の合成抵抗 R_{50} を求める．

$$R_{50} = \frac{積}{和} = \frac{50 \times 50}{50 + 50} = 25\ \Omega$$

R_{50} と 5 Ω の直列回路の合成抵抗 R_5 を求める．

$$R_5 = 25 + 5 = 30\ \Omega$$

R_5 と 20 Ω の並列回路の合成抵抗 R を求める．

$$R = \frac{30 \times 20}{30 + 20} = \frac{600}{50} = 12\ \Omega$$

電流 I は，$I - \frac{V}{R} - \frac{6}{12} = 0.5$ A

05 周波数 f が 50 Hz のとき，交流電圧の周期 T〔ms〕を求めよ． ★

$$T=\frac{1}{f}=\frac{1}{50}=0.02\ \mathrm{s}=20\ \mathrm{ms}$$

06 実効値 E が 100 V の正弦波交流の最大値 E_m を求めよ．

$$E_m=\sqrt{2}\,E=1.41\times100=141\ \mathrm{V}$$

07 電圧と電流の位相差を θ とすると，**力率は $\cos\theta$** で表される． ★

08 **単相交流の電力**は，電圧×電流×力率で表される．$\boldsymbol{P=VI\cos\theta}$

09 **電力量**は，電気がある時間内に仕事をした量であり，次式で表す．

電力量〔Wh〕＝電圧〔V〕×抵抗〔W〕×時間〔h〕

$\boldsymbol{W=VIt}$（t：時間）

また，電力量とは，電力を時間で積分したものである．

10 **三相交流回路**において，力率 80 %の負荷に 200 V の電圧を加えたら，4 kW の電力を消費した．この負荷に流れた電流を求めよ． ★★

$P=\sqrt{3}\,IV\cos\theta$ より

$$4\times10^3=\sqrt{3}\times I\times200\times0.8$$

$$I\fallingdotseq14\ \mathrm{A}$$

11 **シーケンス制御**は，あらかじめ決められた順序に従って各段階を逐次進めていく制御である． ★

12 下図の電気回路は，リレーのオン・オフができる**自己保持回路**である． ★★

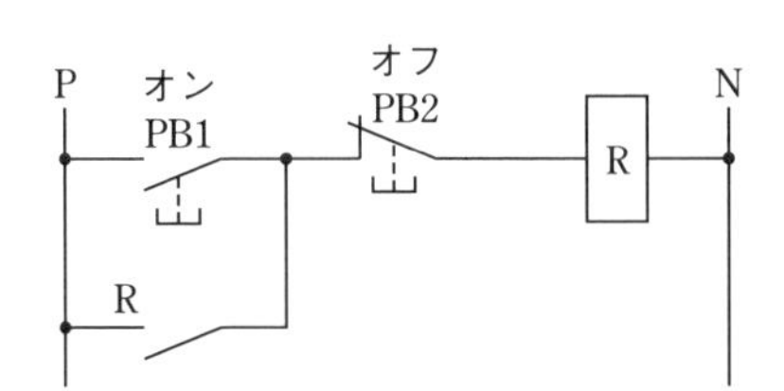

13 直流電動機において，**磁極を逆にすると，回転方向が変わる**．また，電機子回路の接続を逆にすると回転方向も逆になる． ★

14 三相誘導電動機の極数が 4 極，電源周波数が 50 Hz，すべり 2 %の場合の回転数は，1 470 min^{-1} である． ★★

同期速度（極数と周波数で決まる回転速度）N_s を求める．

$$\boldsymbol{N_s=\frac{120f}{p}}=\frac{120\times50}{4}=1\,500\ \mathrm{min}^{-1}$$

実際の回転速度 N は，すべり s（2 %）分少ないので，下記の式で求める．

$$\boldsymbol{N=N_s(1-s)}=1\,500\times(1-0.02)=1\,470\ \mathrm{min}^{-1}$$

15 三相誘導電動機のY-△の始動では，始動トルクは直入れ**始動時の 3 分の 1** になる．

16 リレーの接点または電磁接触器の接点のうち b 接点は，コイルに電流が流れている間だけ，接点が開いた状態となる．

17 **サーマルリレー**（熱動過負荷継電器）は，電動機の温度上昇などによって生じる破損や焼損を未然に防ぐための保護継電器である．その他，短絡電流に対して電流を遮断するものは，過電流遮断器（配線用遮断器）がある．

18 **漏電遮断器**は，感度電流により分類され，高感度型の定格感度電流は 30 mA 以内である． ★

19　**予知保全**とは，設備の状態や使用状況を検査・診断し，劣化状態から余寿命を予測して，保全の適切な時期と方法を決めることにより寿命限界近くまで使用する保全方式である．

20　**予防保全**とは，定期点検等で一定期間使用したら，故障していなくても交換することにより故障率を低減する保全をいう．

21　**保全予防**（**MP**）とは，設備を新しく計画・設計する段階で，保全情報や新しい技術を取り入れて設備の信頼性，保全性，経済性，操作性，安全性などを考慮して，保全費や劣化損失を少なくする活動である．

22　**改良保全**（**CM**）とは，設備の信頼性，保全性，安全性などの向上を目的として，現存設備の悪いところを計画的・積極的に体質改善をして，劣化・故障を減らす活動をいう．　★

23　**保全計画**は，日常点検計画，定期点検計画，定期修理計画，検査計画および保全要員計画や改良保全計画も含まれる．

24　**事後保全**は，事故や故障が生じてから修理・復元をする方法である．

25　**故障モード**とは，亀裂，折損，焼付き，断線，短絡などの故障状態をいう．　★

26　**故障率**$=\dfrac{\text{故障停止時間の合計}}{\text{負荷時間の合計}}$

27　**故障強度率**$=\dfrac{\text{故障停止時間の合計}}{\text{負荷時間の合計}}\times 100$　★★

・設備を200時間稼働させたところ，この間に3回故障した．故障停止時間はそれぞれ1.0時間，1.5時間，3.5時間であった．このときの故障強度率を求めよ．

$$\text{故障強度率}=\frac{1.0+1.5+3.5}{200}\times 100=3\,\%$$

28　**故障度数率**$=\dfrac{\textbf{故障停止回数}\text{の合計}}{\text{負荷時間の合計}}$　★★

29　**MTBF**（**平均故障間隔**）とは，故障した設備が修復してから，次に故障するまでの**動作時間の平均値**をいう．　★★

$$\text{MTBF}=\frac{\text{設備の総動作時間}}{\text{故障回数の合計}}$$

30　**MTTF**（**平均稼働時間**）とは，部品などの使用を始めてから故障するまでの平均稼働時間をいう．

32　**MTTR**（**平均修復時間**）は，数回の故障で停止した時間の平均をいい，次式で表される．　★★

$$\text{MTTR}=\frac{\text{設備の修理時間の合計}}{\text{故障回数の合計}}$$

・MTTRを減少させると，アベイラビリティは向上する．
アベイラビリティとは，**稼働率**のことで，次式で表される．

$$\text{アベイラビリティ}=\frac{\text{動作可能時間}}{\text{動作可能時間}+\text{動作不可能時間}}$$

32　**CBM**（**状態基準保全**）とは，設備の劣化状態などを把握して，保全の時期を決める方法をいい，**予知保全**ともいう．また，一定周期で点検・検査を行うのは，**TBM**（**時間基準保全**）という．　★★

33 工事計画には，**ガントチャート法**，**PERT 法**がある． ★★

34 **ガントチャート**は，作業の進行状況を把握する帯状のグラフであるが，単位作業における作業ステップがわかりやすいが，単位作業ごとの前後関係や作業の余裕を表示しにくい．また，管理可能な単位作業に限度があるので，これらを補う方法として考案されたのが PERT 法である．

35 **PERT 法**とは，工事などの企画の手順計画を矢線図に表示し，時間的要素を中心として計画の評価，調整および進度管理を行う手法をいう．

36 **FTA（故障の木解析）**は，実際に生じた故障から原因を探る解析手法をいう． ★

37 **FMEA（故障モード影響解析）**は，原因から故障を予測する解析方法である．具体的には，部品に発生する故障や人間のエラーなどの原因が，上位の装置やシステムの故障にどのような影響があり，対策や改善方法があるかを順次解析する技法である．また，FMEA は，信頼性・保全性のみでなく安全性の評価にも応用される．逆の解析手法に FTA（故障の木解析）がある． ★★

38 **バスタブ曲線（寿命特性曲線）**とは，設備の故障率を稼働時間で示した曲線で，初期故障期，偶発故障期，摩耗故障期がある． ★★

・**偶発故障期**とは，装置の故障率がほぼ一定とみなせる期間のことをいう．

・**摩耗故障期**は，事前の検査または監視によって故障の予知が可能である．

39 **保全費**とは，会計上の修繕費のほかに，保全用予備品の在庫費用および予備品を保有しておくためにかかる費用も含む． ★★

40 **フェールセーフ設計（フェイルセーフ設計）**とは，設備が故障しても，安全に動作したり，全体の故障や事故にならず，安全性が保たれるように配慮した設計をいう．また，関連する設計方法として，**フールプルーフ設計**があり，間違った操作ができないように事故を未然に防ぐ設計のことをいう．例として，回転物への巻き込まれ防止カバーがある． ★

41 **設備履歴簿**は，設備の購入から故障対処や改良などの機械設備の保全記録そのものであり，これらの記録は，故障解析や改修・更新の適切な判断資料として役に立つ．また，設備履歴簿は，ライフサイクルコスト（LCC）を調べる基本資料として用いられている． ★★

42 **ヒストグラム**（度数分布図）は，計量値データをいくつかの区分に分けて，それらの区間に含まれるデータの度数を棒グラフで表した図で，規格値からのズレやバラツキなどの中心傾向，出現度数の幅，形状を表すことができる．

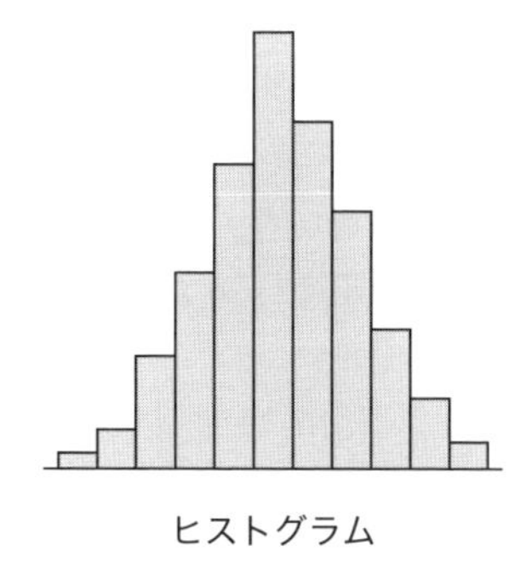

ヒストグラム

43 **散布図**は，2 つの特性を横軸と縦軸とし，観測値を打点して作るグラフ表示で，相互の関係の強弱を推察するのに用いる．

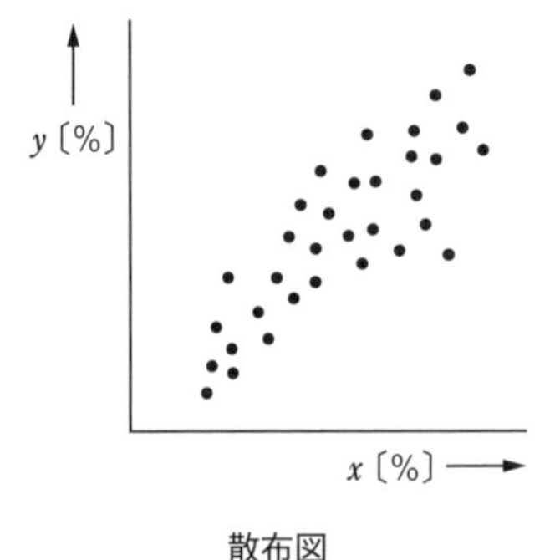

散布図

44　2つの変数間に相関関係があるかどうかを見る場合，ヒストグラムよりも，散布図を作成した方がよい．★★

45　**抜取検査**において，合格とすべきものが不合格となってしまう誤りを**生産者危険**（**不合格になる確率**）という．また，抜取検査は，製品が多数のものや検査項目が非常に多いものに**適している**．★★

46　抜取検査において，**OC曲線**とは，ロットの不良率と検査合格率との関係を示す曲線である．

47　ある製品の重量を測定した結果，7 g，9 g，10 g，11 g，13 gの5個のデータが得られた．これらの製品の標準偏差は2 gである．
標準偏差とは，データの散らばりの度合いを表す値をいい，下記の方法で求める．
①　平均値 X を求める
$(7+9+10+11+13)\div 5=10$
②　各偏差を求めて，2乗する
$7-10=-3,\ -3^2=9$
$9-10=-1,\ -1^2=1$
$10-10=0,\ 0=0$
$11-10=1,\ 1^2=1$
$13-10=3,\ 3^2=9$
③　各偏差の2乗の合計をデータの総数で割り，分散 S^2 を求める．
$$S^2=\frac{9+1+0+1+9}{5}=4$$
④　標準偏差 S は分散 S^2 の平方根を求めればよいので
$S=\sqrt{S^2}=\sqrt{4}=2$ ★★

48　**np管理図**とは，不良個数の管理図である．サンプル数 n，不適合品率 p から，不良個数 np を算出してグラフにした図をいう．
例えば，群の大きさ（＝サンプル数）n が100個，不適合品率 p が10％のとき，不良個数 np は $100\times 0.1=10$ 個となる．

49　**c管理図**とは，単位当たりの欠点数の管理図である．面積や長さあるいはサンプル数が一定のとき，単位当たりの欠点数によって工程を管理する場合に用いる．
例えば，プリント基板組立のはんだ付け不適合箇所の数，一定面積のキズなどによって，工程を管理する場合などに用いる．

50 **X-R 管理図**は，工程で管理する長さ，重量，時間，電気抵抗，引張りの強さ，純度などの場合に用いる．平均値の変化を管理するために X 管理図を使い，バラツキの変化を管理するために R 管理図を使用する．

51 ステンレス鋼は，軟鋼よりも熱伝導率が低い． ★★

52 青銅の主成分は，銅 Cu とスズ Sn を含む合金である． ★★

53 金属材料の各種熱処理と目的を下記に示す．

①**焼なまし**：適当な温度に加熱して，ある時間保持した後，炉中で徐々に冷却することをいう．目的は硬いものを軟らかくすることである． ★

②**焼ならし**：適当な温度に加熱した後，空中で放冷することをいう．目的は鋼の組織を均一にすることである． ★

③**焼入れ**：加熱した後，水等で急冷させることをいう．目的は硬さを増大させることである．

④**焼戻し**：焼入れ後，再度加熱し，その後一定時間保持した後に徐冷することをいう．目的は硬さを減らし，粘り強さを増加させることである．

54 鋼の残留応力を低減する方法の 1 つとして，低温焼なましがある． ★★

55 **酸素欠乏症等防止規則**によると，酸素欠乏とは空気中の酸素濃度が 18 %未満である状態をいう．また，記録は 3 年間保存する．

56 **KYT**（**危険予知訓練**）とは，職場や作業中に潜んでいる危険要因を発見し，危険要因で起こりうる現象を解決する能力を高める訓練をいう．

4 ラウンド法はチームで話し合うなかで，危険の発見と把握，解決方法を話し合い，危険予知意識を高めます．4 ラウンド法は以下の手順で進めることが基本である．

第 1 ラウンド：現状把握　第 2 ラウンド：本質研究 ★

第 3 ラウンド：対策樹立　第 4 ラウンド：目標設定

57 **労働安全衛生関係法令**によれば，自動車整備業，機械修理業，通信業，電気業などの事業場で常時 50 人以上の労働者（労働者 50 人ではなく，常時 50 人以上なので注意）を使用するところには**安全管理者を選任**しなければならない． ★★

58 **労働安全衛生法**によれば，動力により駆動されるプレス機械を 5 台以上有する事業所では，プレス機械作業主任者を選任しなければならない． ★

59 ABC 火災と消火方法 ★★

A 火災（普通火災，一般火災）…… 水で消火が可能

B 火災（油火災）…………………… 水は不可，泡，ガス，粉末系の消火剤

C 火災（電気火災）………………… 水は不可，霧状の強化剤または粉末系の消火剤

6-2-2 重要事項（四肢択一法）

（★は重要項目，★★は最重要項目を示す）

01　三相誘導電動機の種類と速度制御方法の組合せとして，適切でないものはどれか．
★★

ア　種類：かご形三相誘導電動機　　速度制御方法：一次周波数制御法
イ　種類：巻線形三相誘導電動機　　速度制御方法：二次抵抗制御法
ウ　種類：かご形三相誘導電動機　　速度制御方法：二次励磁制御法
エ　種類：巻線形三相誘導電動機　　速度制御方法：一次電圧制御法

解説

かご形三相誘導電動機の速度制御は，一次電圧，すべり s，極数 p，周波数 f による制御がある．巻線形三相誘導電動機の速度制御は，一次電圧による制御，二次抵抗による制御，二次励磁による制御がある．　解答：ウ

02　電動機に関する記述のうち，適切でないものはどれか．　★

ア　1台のインバータで，誘導電動機の容量によっては，複数台の制御ができる．
イ　インバータの出力周波数を変更することにより，誘導電動機の回転数を制御できる．
ウ　スターデルタ始動は，リアクトル始動よりも始動トルクが確保できる．
エ　単相制動は，二次巻線に抵抗器を接続する方法である．

解説

リアクトル始動はスターデルタ始動よりもトルク特性が良い．　解答：ウ

03　変圧器の定格出力に関する記述の（　　）に当てはまる語句の組合せとして，適切なものはどれか．

「変圧器の定格出力は，一定の条件下での使用限度を示し，二次側の（ A ）のことである．その単位は（ B ）で表され，二次端子間に得られる（ C ）に等しい．」

	A	B	C
ア	負荷電力	〔kWh〕	皮相電力
イ	負荷電流	〔kWh〕	皮相電圧
ウ	負荷電力	〔kVA〕	皮相電力
エ	負荷電圧	〔kVA〕	皮相電流

解説

ウが適切な組合せである．　解答：ウ

04 インバータ制御の特徴に関する記述のうち，適切でないものはどれか． ★

ア 1台のインバータで，容量によっては多数台の電動機を並列運転できる．

イ 電動機，負荷機械，駆動系の改造などが不要で，インバータの追加処置により，可変速運転ができる．

ウ V（電圧）/f（周波数）が一定でモータを運転するときに，周波数が低くなると，電圧降下の影響が大きくなることからトルクが低下する．

エ 過負荷や急な速度変化の際に，脱調を起こすことがある．

解説

脱調はインバータではなく，ステッピングモータに生じる現象である．

解答：エ

05 コンデンサの蓄電電荷を増加させる処置として，適切でないものはどれか． ★★

ア 極板の間隔を狭くする．

イ 加える電圧を高くする．

ウ 極板の面積を大きくする．

エ 極板間に誘電率が低い物質を挿入する．

解説

蓄電電荷量（静電容量）C は，誘電率を ε_0，極板の面積を S，極板の間隔を d とすると静電容量 C は，次式で表される．

$$C = \varepsilon_0 \frac{S}{d}$$

したがって，エの誘電率 ε_0 が低い物質ではなく，誘電率が高い物質が適切である．

解答：エ

06 8 kW の電気ヒータを 30 分間使用した場合に発生する熱量として，適切なものはどれか． ★★

ア 2 400 kJ　　イ 4 000 kJ　　ウ 14 400 kJ　　エ 28 800 kJ

解説

熱量 H，電力 P，時間 t〔秒〕とすると

$$H = Pt = 8\,000 \times 30 \times 60 = 14\,400\,000\ \mathrm{J} = \mathbf{14\,400\ kJ}$$

解答：ウ

07　下図のような三相交流回路における抵抗負荷の消費電力の値として，適切なものはどれか．ただし，$R_1 = R_2 = 10\ \Omega$，$R_3 = 20\ \Omega$ とする．　★★

ア　8 kW
イ　10 kW
ウ　12 kW
エ　14 kW

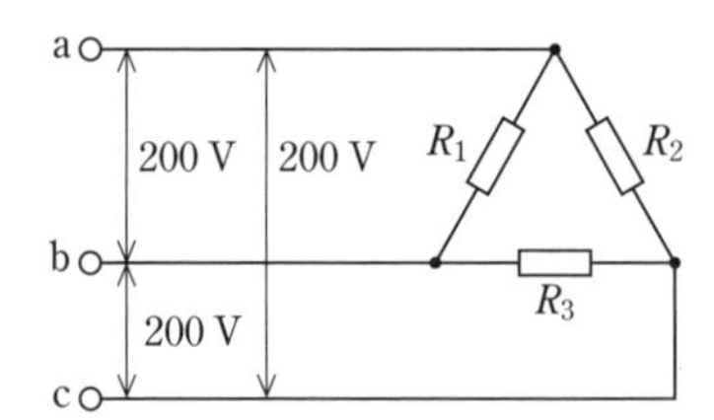

解説

三相電力は各相電圧と相電流の総和であるから

$$P_1 = \frac{V_1^2}{R_1} = \frac{200^2}{10} = 4\,000\ \mathrm{W} \qquad P_2 = \frac{V_2^2}{R_2} = \frac{200^2}{10} = 4\,000\ \mathrm{W}$$

$$P_3 = \frac{V_3^2}{R_3} = \frac{200^2}{20} = 2\,000\ \mathrm{W}$$

$$P_1 + P_2 + P_3 = 4\,000 + 4\,000 + 2\,000 = 10\,000\ \mathrm{W} = \mathbf{10\ kW}$$

解答：イ

08　図の交流回路において，抵抗 R とコイル L の両端の電圧はそれぞれ 30 V と 40 V である．この回路の力率として，適切なものはどれか．　★★

ア　0.4
イ　0.5
ウ　0.6
エ　0.75

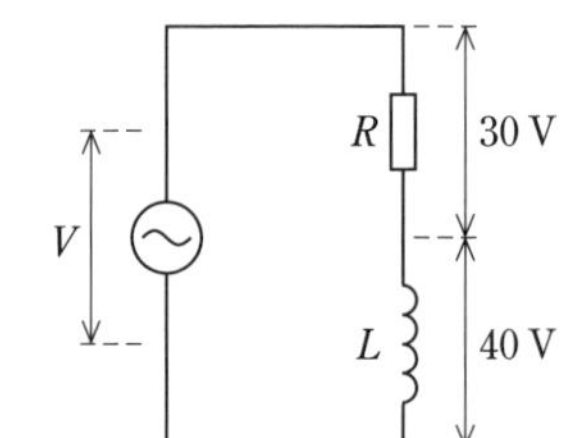

解説

力率 $\cos\theta$，抵抗 R の電圧 V_R，コイル L の電圧 V_L，電源電圧 V_Z とすると

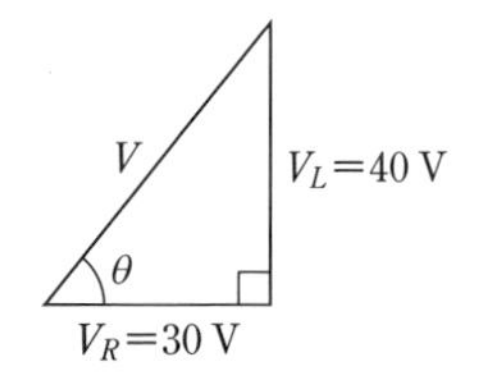

$$V = \sqrt{V_R^2 + V_L^2} = \sqrt{30^2 + 40^2} = 50\ \mathrm{V}$$

$$力率\ \cos\theta = \frac{V_R}{V} = \frac{30}{50} = \mathbf{0.6}$$

解答：ウ

09　下図に示す交流回路のインピーダンスとして，適切なものはどれか．　★★

ア　30 Ω
イ　40 Ω
ウ　50 Ω
エ　60 Ω

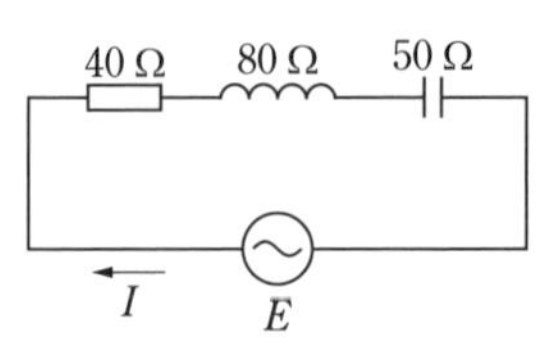

回路のインピーダンスを求める公式は

$$\boldsymbol{Z}=\sqrt{\boldsymbol{R}^2+\boldsymbol{X}^2}=\sqrt{\boldsymbol{R}^2+(\boldsymbol{X}_L-\boldsymbol{X}_C)^2}$$

$$Z=\sqrt{40^2+(80-50)^2}=\mathbf{50\ \Omega}$$

解答：ウ

10 下図の交流回路の力率〔%〕として，適切なものはどれか． 

ア 70％
イ 75％
ウ 80％
エ 85％

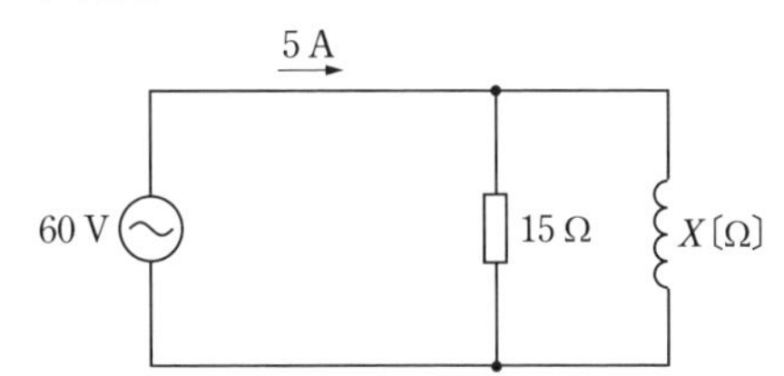

解説

回路の電流を I，抵抗を流れる電流を I_R，コイルに流れる電流を I_L とすると，抵抗を流れる電流 I_R を求めると，

$$I_R=\frac{60}{15}=4\ \text{A}$$

$$I^2=I_R^2+I_L^2$$

左式から I_L を求める．

$$I_L=\sqrt{I^2-I_R^2}=\sqrt{5^2-4^2}=3\ \text{A}$$

ベクトル図は，右図のようになる．

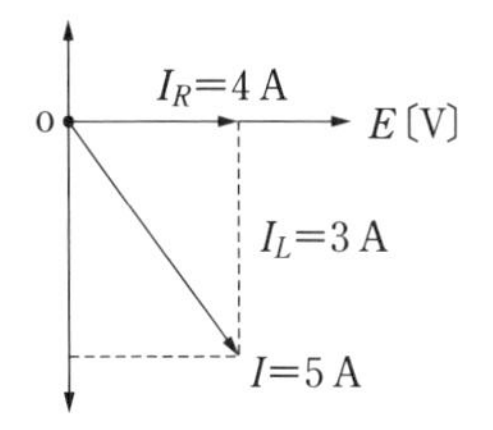

したがって，力率 $\cos\theta$ は

$$\cos\theta=\frac{4}{5}=0.8=\mathbf{80\ \%}$$

解答：ウ

11 直径 5 mm，長さ 1 km のアルミニウム線がある．この線の抵抗値として，最も近いものはどれか．ただし，アルミニウムの抵抗率を 2.8 μΩ･cm とする． ★★

ア 0.4 Ω　イ 1.4 Ω　ウ 2.8 Ω　エ 14 Ω

解説

抵抗 R，抵抗率 ρ，長さ l，断面積 S とすると抵抗 R の式は $\boldsymbol{R}=\boldsymbol{\rho}\dfrac{\boldsymbol{l}}{\boldsymbol{S}}$ となる．

ここで，各値をメートルに換算すると

$$\rho=2.8\ \mu\Omega\cdot\text{cm}=2.8\times10^{-8}\ \Omega\cdot\text{m},\ l=1\ \text{km}=10^3\ \text{m}$$

半径 $r=2.5\ \text{mm}=2.5\times10^{-3}\ \text{m}$ から断面積 S は

$$S=\pi r^2=\pi\times(2.5\times10^{-3})^2$$

となり，各値を代入すると

$$R=\rho\frac{l}{S}=2.8\times10^{-8}\times\frac{10^3}{\pi\times(2.5\times10^{-3})^2}\fallingdotseq\mathbf{1.4\ \Omega}$$

解答：イ

12　有効電力 300 W，皮相電力 500 V･A の誘導性負荷の設備がある．この設備の有効電力を変更せず，力率 100 %に改善するために必要なコンデンサの無効電力として，適切な数値はどれか．★

ア　400 var
イ　500 var
ウ　600 var
エ　700 var

解説

各電力のベクトルを下図に示す．無効電力を求めると，400 var となる．

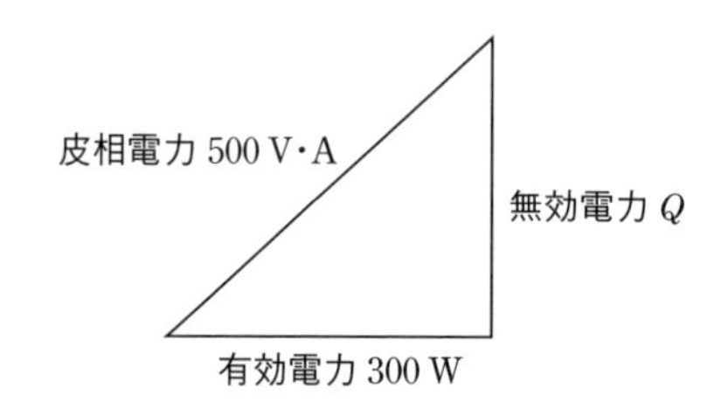

$$Q\,〔\mathrm{var}〕=\sqrt{500^2-300^2}=\mathbf{400\ var}$$

解答：ア

13　PLC（プログラマブルコントローラ）が突然正常な動作をしなくなった場合の点検項目の組合せとして，適切なものはどれか．ただし，電源および入出力配線は問題ないものとする．

	①	②	③	④
ア	PLC 内の導通または絶縁測定	PLC 内蔵電池の点検	プログラムを再ローディング	PLC 内入出力カードの交換
イ	PLC 内リンクケーブルの導通チェック	PLC 内入出力カードの絶縁測定	PLC 内蔵電池の点検	プログラムを再ローディング
ウ	PLC 内蔵ヒューズの点検	PLC 内蔵電池の点検	プログラムを再ローディング	CPU の絶縁測定
エ	PLC 内蔵ヒューズの点検	PLC 内蔵電池の点検	プログラムを再ローディング	PLC 本体 CPU ユニットの交換

解説

PLC は，半導体による電子回路で構成されているため絶縁測定をしてはいけないので，ア，イ，ウは不適切である．したがって，エが適切である．　解答：エ

14　下図の負帰還増幅回路においてオペアンプの開放増幅度 A を 1 000，帰還回路の帰還率 β を 0.2 とした場合の出力の増幅度として，もっとも近い数値はどれか．　★

ア　5
イ　10
ウ　20
エ　30

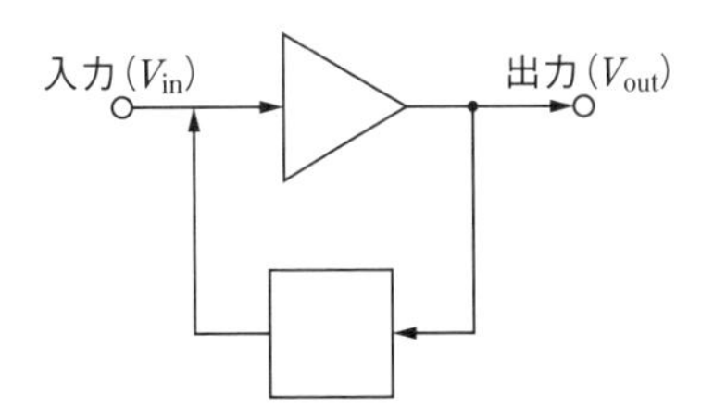

解説

開放増幅度 A，帰還率 β とすると，出力の増幅度の式は

$$\textbf{出力の増幅度} = \frac{V_{out}}{V_{in}} = \frac{A}{1+\beta A} = \frac{1\,000}{1+0.2\times 1\,000} = 4.95 \fallingdotseq \mathbf{5}$$

解答：ア

15　下図の論理回路において出力 C が 1 となるときの入力信号 A および B の組合せとして，適切なものはどれか．　★★

ア　A：0　B：0
イ　A：1　B：0
ウ　A：0　B：1
エ　A：1　B：1

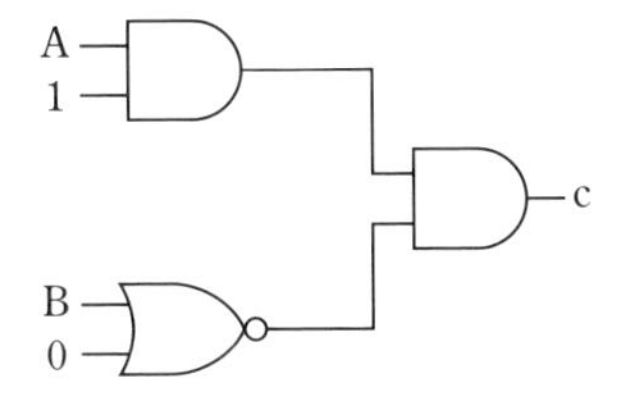

解説

各論理回路は，入力 a と b の状態が「1」または「0」のときの出力「c」を真理値表で表すと下記の①～④のようになる．

①論理積（AND）
AND 回路では，入力端子がすべて「1」のときのみ出力が「1」になる

論理回路　　論理式　　真理値表

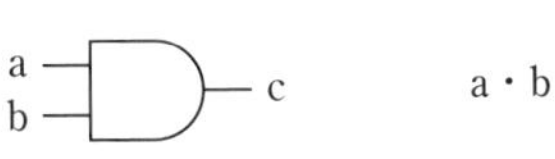

a・b

入力 a	入力 b	出力 c
0	0	0
0	1	0
1	0	0
1	1	1

②論理和（OR）
OR 回路では，入力端子がどれかが「1」であれば，出力は「1」になる

a+b

入力 a	入力 b	出力 c
0	0	0
0	1	1
1	0	1
1	1	1

6章　1級学科試験

③否定論理積（NAND）
NAND 回路は，AND 回路の出力が反転したもので入力端子がすべて「1」のときのみ出力が「0」になる

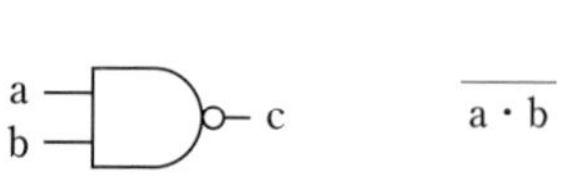

$\overline{a \cdot b}$

入力 a	入力 b	出力 c
0	0	1
0	1	1
1	0	1
1	1	0

④否定論理和
OR 回路では，入力端子がどれかが「1」であれば，出力は「0」になる

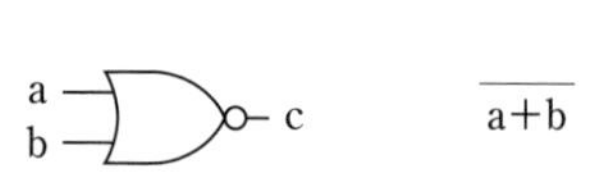

$\overline{a+b}$

入力 a	入力 b	出力 c
0	0	1
0	1	0
1	0	0
1	1	0

したがって，A を 1，B を 0 にしたとき，右図のように C は 1 となる．

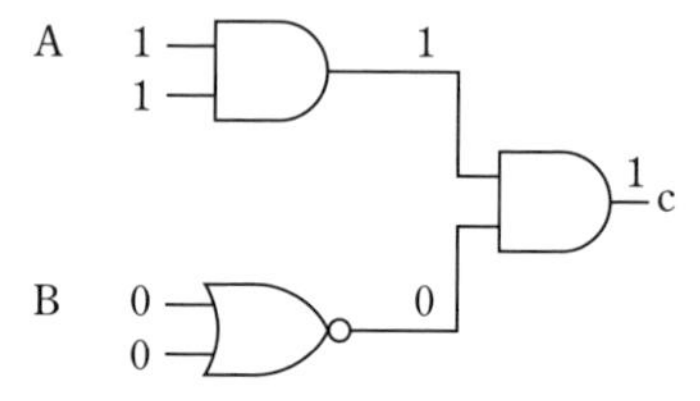

解答：イ

16　下図に示す論理回路と等価な回路として，適切なものはどれか．　★

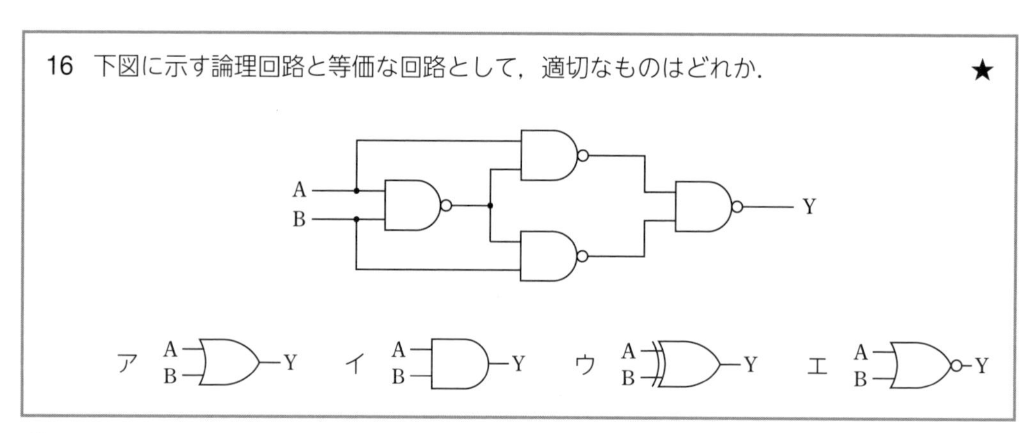

解説

入力の A と B に 0 と 1 を入力して Y の値を真理値表に書き込むと，
下表のような排他的論理和（EX-OR，A と B のどちらかが 1 のとき Y が 1）になる．したがって，ウが適切である．

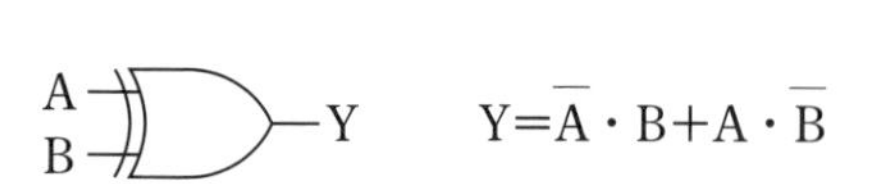

$Y=\overline{A} \cdot B+A \cdot \overline{B}$

入力 A	入力 B	出力 Y
0	0	0
0	1	1
1	0	1
1	1	0

解答：ウ

17 下図のフローチャートのプログラムを実行したときに，印字されるAとBの値の組合せとして，適切なものはどれか．★

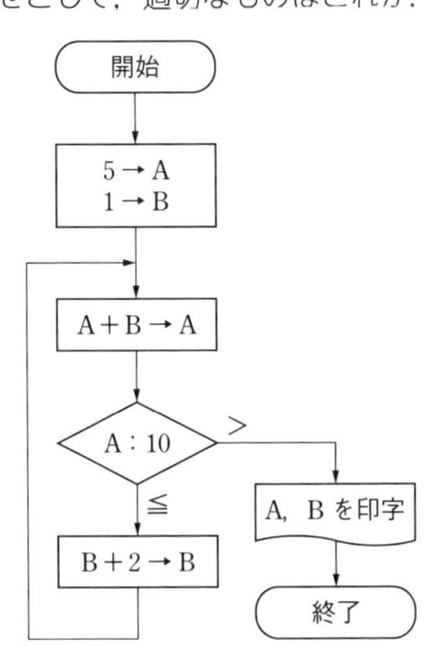

	A	B
ア	12	3
イ	13	3
ウ	14	5
エ	15	5

解説

フローチャートとは流れ図のことをいう．まずAという記憶場所に5，Bの記憶場所に1を入れる．次にA+B=5+1の値6をAに記憶させる．Aの値が10以下の場合，B+2=1+2の値3をBに記憶させ，再度A+B=6+3の値9をAに記憶させ，Aの値が10を超えるまで繰り返し，10を超えたときにAとBの値を求めればよい．したがって，Aは**14**でBは**5**となる．　解答：ウ

18 半導体に関する記述のうち，適切なものはどれか．★

ア p型半導体は，正の抵抗温度係数を持つ．
イ 真性半導体は，不純物半導体よりも導電率が高い．
ウ CdSとは，受光量によって発生電圧が変化する半導体である．
エ 半導体は，温度が上昇すると抵抗率が減少する．

解説

半導体は，温度が上昇すると抵抗率が減少する．　解答：エ

19 光ファイバに関する記述のうち，適切なものはどれか．★

ア プラスチック光ファイバは，長距離通信用として使用される．
イ 周囲の電気的ノイズに対して弱い．
ウ 送信側と受信側で電気的絶縁ができる．
エ 発光素子として，炭酸ガスレーザが使用される．

解説

送信側と受信側で電気的絶縁ができるが，適切である．　解答：ウ

20　サイリスタに関する記述のうち，適切でないものはどれか．

ア　一度オン状態となったサイリスタは，ゲート電流を取り去ってもオン状態を維持する．

イ　pnpn の 4 層構造であり，中間の p 層から制御電極のゲート端子を取り出す．

ウ　一度オンしたサイリスタをオフするには，アノードとカソードの間に一定時間，順方向電圧を印加するか，主電流を保持電流以下に抑える．

エ　ゲート信号を制御することによってアノードからカソードに流れる主電流の制御をすることができる．

解説

適切でないものはウで，サイリスタはゲート電流でオンするが，オフにするには，順方向電流を保持電流以下にするか，逆方向に電圧をかける必要がある．

解答：ウ

21　インバータのノイズ対策として，適切なものはどれか．　★★

ア　インバータとノイズ保護対象機器の電源を同系統にした．

イ　インバータとノイズ保護対象機器を絶縁トランスで絶縁した．

ウ　インバータ出力側にサージキラーを接続した．

エ　動力線と信号線を統合して配線した．

解説

インバータとは，直流を交流に変換する装置をいう．インバータのノイズを低減するには，ラインフィルタや絶縁トランスが用いられている．

解答：イ

22　電気および磁気の作用に関する記述のうち，適切でないものはどれか．

ア　磁界中に導線を置き電流を流したとき，フレミングの左手の法則で親指の示す方向が力の方向となる．

イ　磁界内を運動する導体内に発生する誘導起電力は，フレミングの右手の法則で親指の示す方向となる．

ウ　電流が抵抗の中を流れたとき，電流の 2 乗と抵抗値および時間に比例して熱が発生することをジュールの法則という．

エ　導線に電流を流すと，電流方向に対して右回りの磁束ができることを右ねじの法則という．

解説

誘導起電力の方向は，フレミング右手の法則で人差し指の示す方向である．

解答：イ

23　巻線形変流器の配線の取扱いとして，適切でないものはどれか．　★
　ア　一次側の一端を接地した．
　イ　二次側を短絡して電流計を外した．
　ウ　V 結線にして三相電流を測った．
　エ　一次巻線を測定しようとする回路に直列に接続した．

解説

巻線形変流器の一次側はモールドで絶縁されているので接地してはいけない．

解答：ア

24　tan δ 試験に関する記述のうち，適切なものはどれか．　★★
　ア　試験電圧を高くしていくと，tan δ 値は吸湿，劣化による変化が小さくなる．
　イ　tan δ 試験において，絶縁体が熱劣化により体積減少すると tan δ は減少する．
　ウ　健全な絶縁体の tan δ 値は，電圧上昇時に大きく増加する．
　エ　tan δ 試験は，低圧電動機の劣化診断に使用する．

解説

tan δ 試験は，絶縁物に交流電圧を印加して誘電正接（tan δ）を測定し，その数値から絶縁物の吸湿・ボイド（空隙）・汚損などの絶縁劣化の程度を判定するための試験で，熱劣化により体積が減少すると tan δ は減少する．

解答：イ

25　断面の直径 D〔mm〕，長さ L〔m〕，抵抗率 ρ〔Ω・m〕の電線がある．この電線の抵抗値 R〔Ω〕を求める式として，適切なものはどれか．ただし，円周率は π とする．
　ア　$R = 2 \times 10^3 \times \rho L / \pi D^2$〔Ω〕
　イ　$R = 2 \times 10^6 \times \rho L / \pi D^2$〔Ω〕
　ウ　$R = 4 \times 10^3 \times \rho L / \pi D^2$〔Ω〕
　エ　$R = 4 \times 10^6 \times \rho L / \pi D^2$〔Ω〕

解説

エの式が適切である．

解答：エ

26　ねじの有効径に関する記述のうち，適切でないものはどれか．　★
　ア　同じ呼び寸法の並目ねじと細目ねじでは，細目ねじのほうが有効径が大きい．
　イ　有効径は，ねじの強度計算を行う場合の基本となる．
　ウ　ねじの呼び径とは，有効径のことである．
　エ　有効径の測定には，三針法を用いる．

解説

ねじの呼び径とは，雄ねじの場合は外径（山径）で，雌ねじの場合は内径（谷径）を表す．有効径とは，ねじ溝の幅がねじ山の幅に等しくなるような仮想的な円筒（円すい）の直径をいう．

解答：ウ

27 軸受に関する記述のうち，適切でないものはどれか． ★

ア 針状ころ軸受は，一方向のアキシアル荷重を負荷できる．
イ 自動調心ころ軸受は，両方向のアキシアル荷重を負荷できる．
ウ スラスト玉軸受は，一方向のアキシアル荷重を負荷できる．
エ 深溝玉軸受は，両方向のアキシアル荷重を負荷できる．

解説

アキシアル荷重とは，軸方向の負荷荷重で，軸受（ベアリング）のうち，アキシアル荷重を受けることができないのは，円筒ころ軸受，針状ころ軸受などがある．

解答：ア

28 油圧機器に関する記述のうち，適切なものはどれか． ★

ア 交流ソレノイド電磁弁は，振動騒音が大きく電流値が安定しない．
イ 同一圧力の場合，シリンダ断面積が大きいほど，油圧シリンダの出力は小さくなる．
ウ アンロード弁は，アクチュエータの戻り側に抵抗を与え，自重落下を防止するときに使用する．
エ リリーフ弁が作動すると，流体エネルギーは熱損失となり，油温低下の原因となる．

解説

アが正解である．

ウのアンロード弁とは，アクチュエータの動作が無いときに意識的に流体の圧力を下げほぼ無負荷で流体を流すことによりエネルギー消費を押さえる弁をいう．

エのリリーフ弁は，油圧内の圧力を調整するもので，作動油の圧力に差が生じ，余分な発熱を生じる．

解答：ア

29 電気設備の技術基準の解釈において，配線の接地抵抗測定検査に関する記述のうち，適切でないものはどれか．ただし，電路に漏電遮断器は施設していないものとする．

ア C種接地工事を施した金属体と大地との間の電気抵抗値が10Ωであったため，C種接地工事を施したとみなした．
イ C種接地工事を施した金属体と大地との間の電気抵抗値が50Ωであったため，C種接地工事を施したとみなした．
ウ D種接地工事を施した金属体と大地との間の電気抵抗値が10Ωであったため，D種接地工事を施したとみなした．
エ D種接地工事を施した金属体と大地との間の電気抵抗値が50Ωであったため，D種接地工事を施したとみなした．

解説

A 種接地工事は，高圧または特別高圧などの高電圧機器の外箱または鉄台，避雷器などを接地に適用される接地工事で，接地抵抗値は 10 Ω 以下．

C 種接地工事は，300 V を超える低圧電気機械器具の金属製外箱や金属管，金属製ボックスなどに施す接地工事で，接地抵抗は 10 Ω 以下である．

D 種接地工事は，300 V 以下の低圧電気機械器具や金属製外箱，金属管，金属製ボックスなどに施す接地工事で，接地抵抗は 100 Ω 以下である．

解答：イ

30 日本産業規格（JIS）によれば，絶縁材料の耐熱区分に関する記述のうち，適切でないものはどれか．

ア 絶縁種別 E 種は許容最高温度が 120℃であり，絶縁材としてポリウレタンやメラミン樹脂などが使用される．

イ 絶縁種別 B 種は雲母および石綿，ガラス繊維と接着剤（セラックおよびアスファルトなど）とともに使用し，許容最高温度は 140℃のものである．

ウ 絶縁種別 F 種は雲母および石綿，ガラス繊維と F 種接着剤（エポキシおよびポリウレタン樹脂など）とともに使用し，許容最高温度は 155℃のものである．

エ 絶縁種別 H 種は雲母および石綿，ガラス繊維と H 種接着剤（シリコン樹脂など）とともに使用し，許容最高温度は 180℃のものである．

解説

絶縁材料の耐熱は，次のように区分されている．

Y：90℃，A：105℃，E：120℃，B：130℃，F：155℃，H：180℃

したがって，B 種は 140℃ではなく 130℃である．

解答：イ

31 日本産業規格（JIS）によれば，下記の電気用図記号と名称の組合せとして，適切なものはどれか． ★

ア リミットスイッチ

イ 近接スイッチ

ウ 温度感知スイッチ

エ 触れ感応スイッチ

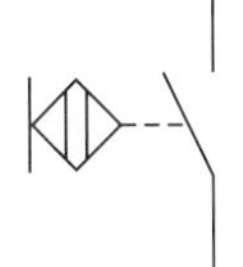

解説

図記号は，エの触れ感応スイッチである．

解答：エ

32 日本産業規格（JIS）において，下記に示す電気用図記号の名称として，適切なものはどれか．

ア 三相直巻電動機

イ 三相かご形誘導電動機

ウ 三相巻線形誘導電動機

エ 三相リニア誘導電動機

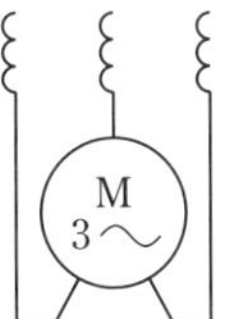

解説

図記号はアの**三相直巻電動機**である.　解答：ア

33　日本産業規格（JIS）によれば，下記の電気用図記号と名称の組合せとして，適切なものはどれか.　★★

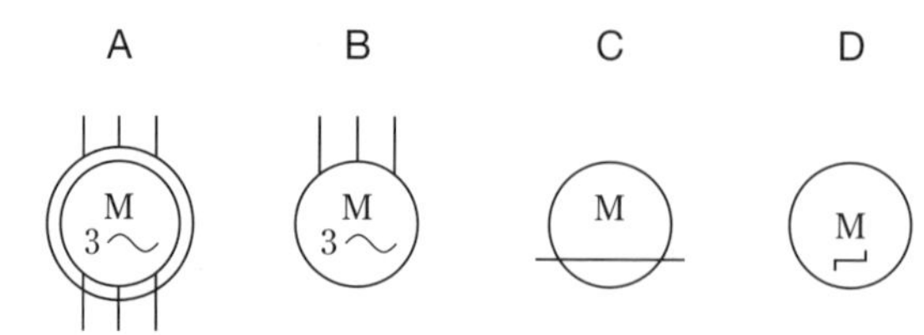

	A	B	C	D
ア	三相巻線形誘導電動機	三相同期電動機	直流電動機	ステッピングモータ
イ	三相同期電動機	三相同期電動機	リニアモータ	直流電動機
ウ	三相同期電動機	三相かご形誘導電動機	直流電動機	直流電動機
エ	三相巻線形誘導電動機	三相かご形誘導電動機	リニアモータ	ステッピングモータ

解説

図記号と名称の組合せは，エが適切である.　解答：エ

34　日本産業規格（JIS）によれば，電気用図記号と名称の組合せのうち，適切なものはどれか.　★

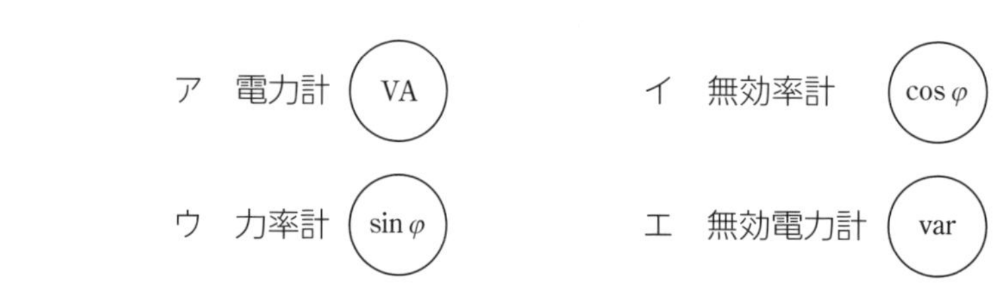

解説

図記号は，エの無効電力計が適切である．イの図記号は力率計を示す.　解答：エ

35 JIS において，下図に示す油圧用図記号と名称の組合せとして，適切なものはどれか．

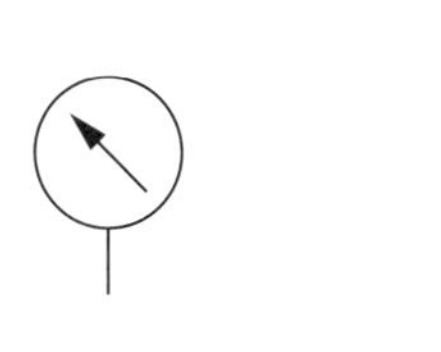
A

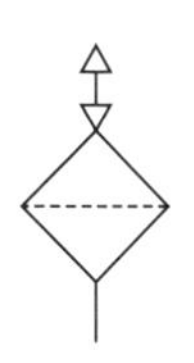
B

ア　A：圧力計　B：フィルタ
イ　A：圧力計　B：エアブリーザ
ウ　A：差圧計　B：フィルタ
エ　A：差圧計　B：エアブリーザ

解説

A は圧力計で，B はエアブリーザである．　解答：イ

6-3 練習問題

1級の学科試験は，真偽法（○×式）25問と四肢択一法（選択式）25問の合計50問となっている．

Point
① 過去10年間の1級の問題を分析すると試験問題50問中，30～40問は類似問題である．したがって，本書の各問題を繰り返し学習して覚えることが重要である．
② 学科の合格基準は，65点以上であるから33問以上正解すればよい．

解答用紙（コピー用）
下記の解答用紙をA4に拡大コピーして，各問題の解答と得点を記入し利用されたい．
実際の試験では，解答をマークシート用紙に記入することになっている．

練習問題＿＿　　　　月　　日

番号	1	2	3	4	5	6	7	8	9	10
解答										

番号	11	12	13	14	15	16	17	18	19	20
解答										

番号	21	22	23	24	25	26	27	28	29	30
解答										

番号	31	32	33	34	35	36	37	38	39	40
解答										

番号	41	42	43	44	45	46	47	48	49	50
解答										

得点＝［正解数］×2＝［得　点］

チャレンジ

学科試験の最新問題は，日本プラントメンテナンス協会のホームページにて過去3年分の試験問題および正解を公表しているので，挑戦してみよう．

https://www.kikaihozenshi.jp/

6-3-1 練習問題 1 2020年度

真偽法（問1～問25）の問題は○×を解答用紙に記入し，四肢択一法（問26～問50）の問題は正解と思うものを一つだけ選んで解答用紙に記入すること．

[真偽法]

番号	問　題
01	形削り盤は，刃物を直線往復運動させて，平面削りや溝加工を行う工作機械である．
02	直立ボール盤における振りとは，取り付けることができる工作物の最大直径のことである．
03	生産システムとそれらを構成する機器において，オートローダとは，加工，組立などに供する部品を整列して所定の場所まで自動的に送り出す装置のことである．
04	皮相電力とは，交流回路において，負荷に電圧 V を加えて電流 I が流れているときの，みかけ上の電力 VI のことである．
05	電気機械器具の外郭による保護等級（IP コード）の IP67 の 6 とは，耐塵構造を表している．
06	三相誘導電動機の極数が 4 極，電源周波数が 50 Hz，すべり 2 %の場合の回転数は，1 470 min^{-1} である．
07	ある設備において，負荷時間 100 時間のうち，故障停止が 3 回でその合計時間は 7 時間であった．このときの故障度数率は，7 %である．
08	偶発故障期間とは，初期の設計・製造工程でのミスや，不良部品の使用などによる故障発生期間のことをいう．
09	故障解析の手法として，FTA を適用する場合，下位から上位の故障モードへ解析を進めていく．
10	性能稼働率は，速度稼働率と正味稼働率の積で表される．
11	JIS において，MTBF とは，非修理系アイテムでは平均故障寿命のことである．
12	ニッケルを用いた抵抗温度計は，K 型熱電温度計に比べて，高温まで測定可能である．
13	アブレシブ摩耗の対策の 1 つとして，防塵性の向上が挙げられる．
14	転がり軸受の振動や軸の変位を小さくするため，呼び番号 6220 の軸受を 6220C2 に変更した．
15	手持ち式振動ピックアップを用いて測定する際，測定面が曲面の場合は，平らな面を作りピックアップを密着させる必要がある．
16	ある製品の重量を測定した結果，7 g，9 g，10 g，11 g，13 g の 5 個のデータが得られた．これらの製品の標準偏差は 3 g である．
17	p 管理図を用いる例として，アルミ板表面の単位面積あたりのへこみ傷の数の管理が挙げられる．

18	抜取検査において，OC 曲線とは，ロットの不良率と検査合格率との関係を示す曲線である．
19	ステンレス鋼は，軟鋼よりも熱伝導率が高い．
20	青銅は，主成分が Cu と Zn の合金である．
21	鋼の内部応力を低減するため，低温焼なましを行った．
22	フェイルセーフ設計の例として，回転物への巻き込まれ防止のカバーが挙げられる．
23	C 火災を消火する方法の 1 つとして，強化液消火薬剤を棒状放射することが挙げられる．
24	酸素欠乏症等防止規則において，作業開始前に作業場の空気中の酸素の濃度を測定した際は，その都度測定日時や測定方法などの 7 つの事項を記録し，これを 3 年間保存しなければならないと定められている．
25	労働安全衛生法において，動力により駆動されるプレス機械を 3 台以上有する事業所では，プレス機械作業主任者を選任しなければならないと定められている．

［四肢択一法］

番号	問　題
26	誘導電動機の速度制御方式に関する記述のうち，適切でないものはどれか． ア　一次周波数制御方式は，一次側の電源電圧を変化させることなく，周波数を変化させる制御方式である． イ　二次励磁制御方式は，二次側回路にすべりを考慮した周波数の電圧を供給する制御方式である． ウ　二次抵抗制御方式は，二次側回路に抵抗を接続して電流を制御する制御方式である． エ　極数変換方式は，段階的に速度を制御する制御方式である．
27	電動機に関する記述のうち，適切でないものはどれか． ア　1 台のインバータで，誘導電動機の容量によっては，複数台の制御ができる． イ　インバータの出力周波数を変更することにより，誘導電動機の回転数を制御できる． ウ　リアクトル始動は，スターデルタ始動よりも始動トルクが確保できる． エ　単相制動は，一次巻線に抵抗器を接続する方法である．
28	有効電力 800 W，皮相電力 1 000 V・A の誘導性負荷の設備がある． この設備の有効電力を変更せず，力率 100 %に改善するために必要なコンデンサの無効電力として，適切な数値はどれか． ア　400 var イ　500 var ウ　600 var エ　700 var

29	サイリスタに関する記述のうち，適切でないものはどれか． ア　一度オンしたサイリスタをオフするには，アノードとカソードの間に一定時間，逆方向電圧を印加するか，主電流を保持電流以下に抑える． イ　一度オンしたサイリスタは，ゲート電流を取り去ってもオン状態を維持する． ウ　ゲート信号を制御することによってアノードからカソードに流れる主電流の制御をすることができる． エ　npn の 3 層構造であり，中間の p 層から制御電極のゲート端子を取り出す．
30	磁気に関する記述のうち，適切でないものはどれか． ア　磁石が鉄を吸引するのは，磁気誘導によるものである． イ　同じ強さの磁界中では，透磁率が高いほど，磁束密度は高くなる． ウ　2 つの磁石の N 極同士を近づけると，双方の磁石から出た磁力線は交わる． エ　真空中に置かれた 2 つの磁極間に作用する磁力は，磁極間の距離の 2 乗に反比例する．
31	電子とその作用に関する記述のうち，適切でないものはどれか． ア　金属の表面に光を当てると電子が放出される現象を光電子放出という． イ　金属の温度を高めると電子が放出される現象を熱電子放出という． ウ　金属表面に衝突した電子によって励起された表面の電子が外部に放出される現象を二次電子放出という． エ　金属表面の電子の励起により，金属面に電界が放出される現象を電界放出という．
32	電子回路に関する記述のうち，適切なものはどれか． ア　ウィーンブリッジ形の発振回路は，水晶発振回路の一種である． イ　ハートレー発振回路は，CR 発振回路の一種である． ウ　検波回路は，信号波の振動に応じてパルスの位置を変化させる回路である． エ　周波数変調回路は，信号波の振幅に応じて搬送波の周波数を変化させる回路である．
33	下図に示す電源の整流回路において，名称と出力電圧の平均値（V_{ab}）の組合せとして，適切なものはどれか．なお，V_p は波高値である． 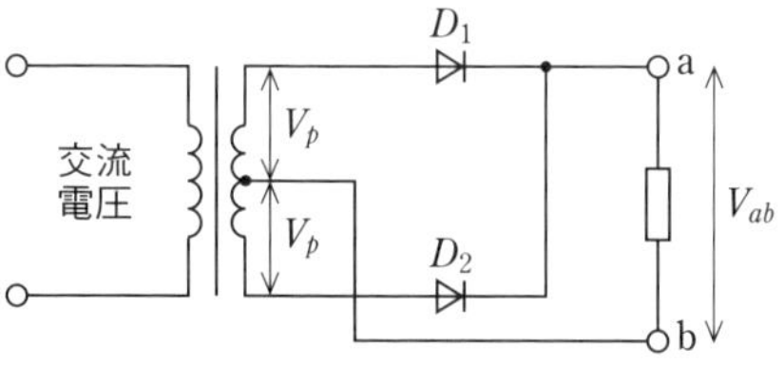 ア　名称：センタタップ式全波整流回路　出力電圧の平均値（V_{ab}）：V_p/π イ　名称：センタタップ式全波整流回路　出力電圧の平均値（V_{ab}）：$2V_p/\pi$ ウ　名称：半波整流回路　出力電圧の平均値（V_{ab}）：V_p/π エ　名称：半波整流回路　出力電圧の平均値（V_{ab}）：$2V_p/\pi$

34	下図の負帰還増幅回路において，オペアンプの開放増幅度Aを2 000，帰還回路の帰還率βを0.1とした場合の出力の増幅度として，もっとも近い数値はどれか． ア　5 イ　10 ウ　20 エ　30
35	回転体の振動測定に関する記述のうち，適切なものはどれか． ア　日常点検で振動測定を行う場合は，1方向ごとに数箇所の測定を行い，もっとも大きい値を記録する． イ　ピックアップを手で固定する場合は，測定面に押し付ける力が強いほど，正確な測定が可能である． ウ　軸受部の振動測定を行う場合は，軸方向，水平方向，垂直方向の3方向で行う． エ　測定面にくぼみがある場合は，ピックアップをくぼみの1番深い部分に押し当てて測定する．
36	tanδ試験に関する記述のうち，適切でないものはどれか． ア　健全な絶縁体のtanδ値は，電圧上昇時と下降時でほとんど変化しない． イ　tanδ試験は，低圧電動機の劣化診断に使用する． ウ　試験電圧を高くしていくと，tanδ値は吸湿，劣化による変化が大きくなる． エ　tanδ試験において，絶縁体が熱劣化により体積減少するとtanδは減少する．
37	電磁接触器の鉄心部分がうなりを生じる原因として，適切でないものはどれか． ア　励磁コイルに油が付着している． イ　鉄心の空隙が狭くなっている． ウ　電源電圧の変動が大きい． エ　鉄心接触面に錆が発生している．
38	接点の開閉異常に関する記述のうち，適切なものはどれか． ア　フレッティングコロージョンとは，振動・衝撃によって接点部分に微摺動が生じ，接点のめっき層が摩耗し，接点表面の接触抵抗が上昇する現象である． イ　チャタリングとは，完全に清浄な金属面が接触し，機械的摺動があると，表面エネルギーにより粘性が生じ開離困難となる現象である． ウ　ロッキング現象とは，通電時の接触抵抗により発生するジュール熱によって接触部分が溶着し，固着する現象である． エ　溶着現象とは，直流回路の開閉で転移現象が著しく，接点表面同士が機械的にかみ合って開離困難となる現象である．

39	直流誘導負荷を駆動する接点を保護するための処置として，適切でないものはどれか． ア　負荷と並列にバリスタ方式の保護回路を使用する． イ　負荷と並列に C 方式の保護回路を使用する． ウ　負荷と並列に CR 方式の保護回路を使用する． エ　負荷と並列にダイオード方式の保護回路を使用する．
40	インバータ周辺のノイズ対策として，適切でないものはどれか． ア　インバータの信号線と動力線の平行布線や束ね配線は避けた． イ　インバータの信号線にはシールド線を使用し，そのシールド部分はモータ筐体に接続し，筐体を通してアースに接続した． ウ　インバータの信号線と動力線を極力離した． エ　インバータの信号線にフェライトコアを取り付けた．
41	プログラマブルコントローラ（PLC）に関する下図と入出力方式の名称の組合せとして，適切なものはどれか． 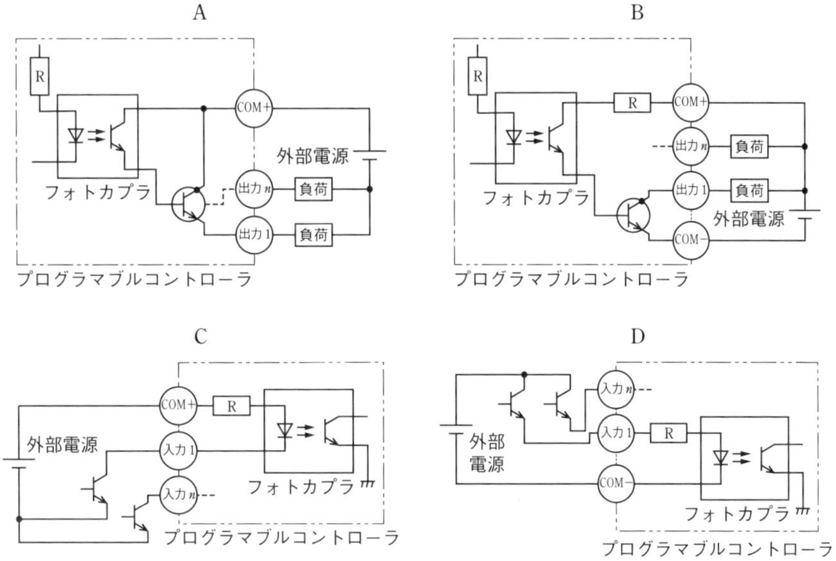 ア　A：ソース出力　B：シンク出力　C：ソース入力　D：シンク入力 イ　A：ソース出力　B：シンク出力　C：シンク入力　D：ソース入力 ウ　A：シンク出力　B：ソース出力　C：ソース入力　D：シンク入力 エ　A：シンク出力　B：ソース出力　C：シンク入力　D：ソース入力

42	電気設備の技術基準の解釈において，配線の接地抵抗測定検査に関する記述のうち，適切なものはどれか．ただし，電路に漏電遮断器は施設していないものとする． ア　C 種接地工事を施した金属体と大地との間の電気抵抗値が 50 Ω であったため，C 種接地工事を施したとみなした． イ　C 種接地工事を施した金属体と大地との間の電気抵抗値が 150 Ω であったため，C 種接地工事を施したとみなした． ウ　D 種接地工事を施した金属体と大地との間の電気抵抗値が 50 Ω であったため，D 種接地工事を施したとみなした． エ　D 種接地工事を施した金属体と大地との間の電気抵抗値が 150 Ω であったため，D 種接地工事を施したとみなした．
43	直径 5 mm，長さ 1 km の銅線がある．この線の抵抗値として，もっとも近いものはどれか．ただし，銅線の抵抗率を 0.017 μΩ・m とする． ア　0.9 Ω イ　1.8 Ω ウ　3.6 Ω エ　7.2 Ω
44	光ファイバに関する記述のうち，適切でないものはどれか． ア　送信側と受信側で電気的絶縁ができる． イ　光通信の発光素子としては，炭酸ガスレーザしか使用できない． ウ　プラスチック系ファイバは，短距離通信用として使用される． エ　周囲の電気的ノイズに対して強い．
45	JIS において，電気絶縁の耐熱クラス（A 種，B 種，E 種，F 種）の許容最高温度が高い順番として，適切なものはどれか． ア　A 種＞E 種＞B 種＞F 種 イ　A 種＞B 種＞E 種＞F 種 ウ　F 種＞B 種＞E 種＞A 種 エ　F 種＞E 種＞B 種＞A 種
46	ねじに関する記述のうち，適切でないものはどれか． ア　ねじのピッチとは，隣り合ったねじ山の中心同士を結んだ距離のことである． イ　ねじの呼び径とは，ねじ山とねじ溝の幅が等しくなるような仮想的な円筒の直径のことである． ウ　ねじのリードとは，ねじを 1 回転したときに，ねじが軸方向に移動する距離のことである． エ　一条ねじは，ピッチとリードが同じ値である．

47	空気圧機器に関する記述のうち，適切でないものはどれか． ア　空油変換器を使用することで，シリンダの低速での動作を安定させることができる． イ　自動可変式ルブリケータには，空気の流れが少ないときも潤滑油の供給量が一定になるよう可変絞り機構が設けられている． ウ　ルブリケータに使用する潤滑油は，スピンドル油が適している． エ　エアブースタは，電気を使用せずエアタンクとの組合せで設備の一次側を増圧する．
48	下図のフローチャートのプログラムを実行したときに，印字されるAとBの値の組合せとして，適切なものはどれか． ア　A＝12　B＝3 イ　A＝13　B＝3 ウ　A＝14　B＝5 エ　A＝15　B＝5 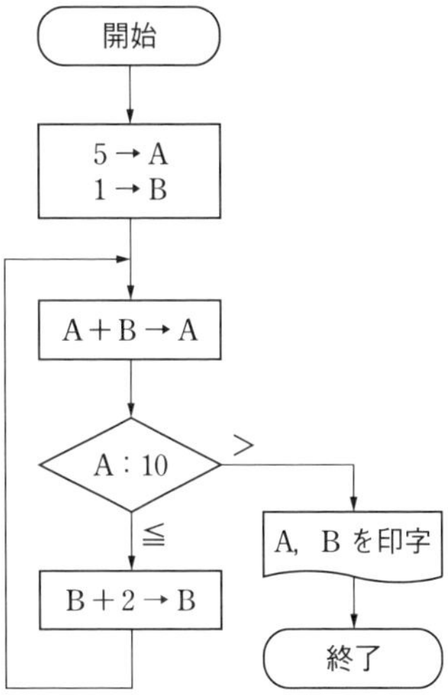 開始 5 → A 1 → B A＋B → A A：10 ＞ ≦ A，Bを印字 B＋2 → B 終了
49	JISにおいて，下図に示す油圧用図記号と名称の組合せとして，適切なものはどれか． ア　A：圧力計　B：フィルタ イ　A：圧力計　B：エアブリーザ ウ　A：差圧計　B：フィルタ エ　A：差圧計　B：エアブリーザ 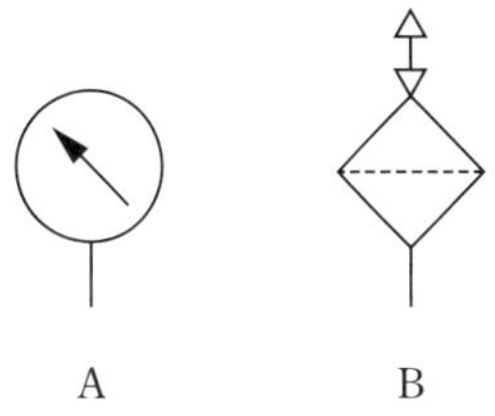 A　B
50	JISにおいて，下図に示す電気用図記号の名称として，適切なものはどれか． ア　三相リニア誘導電動機 イ　三相巻線形誘導電動機 ウ　三相かご形誘導電動機 エ　三相直巻電動機 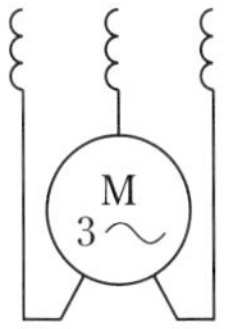 M 3〜

6-3-2　練習問題 2　2021 年度

真偽法（問 1 ～問 25）の問題は○×を解答用紙に記入し，四肢択一法（問 26 ～問 50）の問題は正解と思うものを一つだけ選んで解答用紙に記入すること．

[真偽法]

番号	問　題
01	直立ボール盤における振りとは，取り付けることができる工作物の最大直径のことである．
02	横フライス盤の主軸は，地面に対して垂直である．
03	オートローダは，工作機械などに，工作物を自動的に取付け，取外しをする装置である．
04	下図に示す回路に流れる電流 I は，0.5 A である． 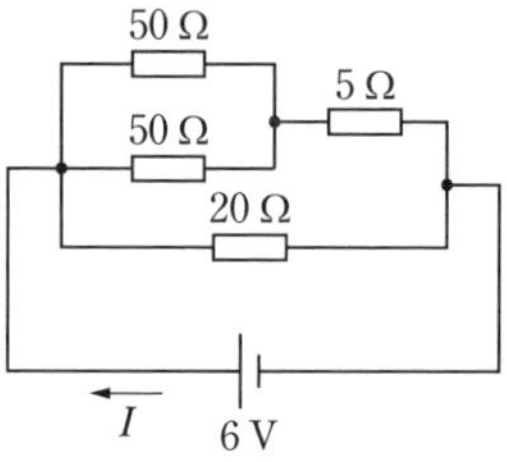 50 Ω　50 Ω　5 Ω　20 Ω　I　6 V
05	三相誘導電動機の極数が 4 極，電源周波数が 50 Hz，すべり 2 %の場合の回転数は，1 470 min^{-1} である．
06	リレーの接点のうち b 接点は，リレーのコイルに電流が流れている間だけ，接点が閉じた状態となる．
07	性能稼働率は，速度稼働率と正味稼働率の積で表される．
08	保全方式の 1 つである TBM の例として，クレーンの月例点検が挙げられる．
09	バスタブ曲線において，摩耗故障期間では，時間経過とともに故障率が低下する．
10	ある設備において，設備の稼働時間の合計が 240 時間，故障停止回数が 6 回，故障の修復にかかった時間の合計が 60 時間であった．このときの MTBF は 40 時間である．
11	故障の解析手法の 1 つである FMEA は，トップダウン方式で進めていく．
12	減価償却費は，設備が劣化または故障しなかったならば得られていた利益である．
13	設備の異常振動の判定法のうち，複数台の同一機種を同一条件で測定して比較判定する方法を，相互判定法という．
14	抜取検査における生産者危険とは，検査を行った際に合格とすべきロットを不合格としてしまう確率である．
15	抜取検査において，OC 曲線とは，ロットの不良率と検査合格率との関係を示す曲線である．

16	ある製品の重量を測定した結果，7 g，9 g，10 g，11 g，13 g の 5 個のデータが得られた．これらの製品の標準偏差は 2 g である．
17	np 管理図は，検査する群の大きさが一定でないときに用いられる．
18	ステンレス鋼は，軟鋼よりも熱伝導率が高い．
19	青銅は，主成分が Cu と Zn の合金である．
20	高い硬度を必要とする材料に施す熱処理は，高温焼戻しより，低温焼戻しの方が適している．
21	KYT（危険予知訓練）の 4 ラウンド法において，4 ラウンド目に行うのは，対策樹立である．
22	C 火災を消火する方法の 1 つとして，強化液消火薬剤を棒状放射することが挙げられる．
23	フールプルーフの例として，プレス機械に組み込まれた両手押しボタン式の安全機構が挙げられる．
24	SDS（安全データシート）は，設備で発生した災害の内容と，その対策を記録した資料である．
25	労働安全衛生法において，動力により駆動されるプレス機械を 3 台以上有する事業所では，プレス機械作業主任者を選任しなければならないと定められている．

[四肢択一法]

番号	問　題
26	誘導電動機の速度制御方式に関する記述のうち，適切なものはどれか． ア　一次周波数制御方式は，一次側の電源電圧を変化させることなく周波数を変化させる制御方式である． イ　二次励磁制御方式は，二次側回路にすべりを考慮した周波数の電圧を供給する制御方式である． ウ　スターデルタ始動は，リアクトル始動よりも始動トルクが確保できる． エ　単相制動は，一次側に抵抗器を接続する方法である．
27	ステップ角が 1.8° のステッピングモータに取り付けられた，リード 3 mm のボールねじによって加工テーブルが移動するとき，加工テーブルの分解能として，適切なものはどれか．ただし，機械精度を考慮しないものとする． ア　0.015 mm イ　0.03 mm ウ　0.045 mm エ　0.06 mm

28	有効電力300 W，皮相電力500 V･Aの誘導性負荷の設備がある．この設備の有効電力を変更せず，力率100％に改善するために必要なコンデンサの無効電力として，適切な数値はどれか． ア　400 var イ　500 var ウ　600 var エ　700 var
29	サイリスタに関する記述のうち，適切でないものはどれか． ア　一度オンしたサイリスタをオフするには，アノードとカソードの間に一定時間，逆方向電圧を印加するか，主電流を保持電流以下に抑える． イ　一度オンしたサイリスタは，ゲート電流を取り去ると，オフ状態になる． ウ　ゲート信号を制御することによってアノードからカソードに流れる主電流の制御をすることができる． エ　pnpnの4層構造であり，中間のp層から制御電極のゲート端子を取り出す．
30	電気および磁気の作用に関する記述のうち，適切でないものはどれか． ア　磁界中に導線を置き電流を流したとき，フレミングの左手の法則で親指の示す方向が力の方向となる． イ　磁界内を運動する導体内に発生する誘導起電力は，フレミングの右手の法則で親指の示す方向となる． ウ　電流が抵抗の中を流れたとき，電流の2乗と抵抗値および時間に比例して熱が発生することをジュールの法則という． エ　導線に電流を流すと，電流方向に対して右回りの磁束ができることを右ねじの法則という．
31	負電荷に帯電した金属として，適切なものはどれか． ア　一次電子の衝突により二次電子が放出された銅 イ　光にあてられ光電効果が発生した鉛 ウ　真空中で高温に加熱されたクロム エ　麻布で静電気が発生するまで摩擦された鉄
32	下図の交流回路の力率〔%〕として，適切なものはどれか． ア　70％ イ　75％ ウ　80％ エ　85％ （図：5 A，60 V，15 Ω，X〔Ω〕）

33	下図の論理回路において出力Cが1となるときの入力信号AおよびBの組合せとして，適切なものはどれか． ア　A：0　B：0 イ　A：1　B：0 ウ　A：0　B：1 エ　A：1　B：1
34	電子回路に関する記述のうち，適切でないものはどれか． ア　水晶発振回路は，LC発振回路・CR発振回路に比べて，電源電圧の変動，温度変化の影響を受けやすい． イ　電源回路において，無負荷のときの出力電圧をV_o，全負荷のときの出力電圧をV_eとすれば，電圧変動率αは，次式により表される．$\alpha = \{(V_o - V_e)/V_e\} \times 100$〔%〕 ウ　変調回路において，情報を伝送するために変調された高周波を被変調波，変調されていない元の高周波を搬送波という． エ　ハートレー発振回路は，LC発振回路の一種である．
35	tan δ 試験に関する記述のうち，適切なものはどれか． ア　健全な絶縁体のtan δ 値は，電圧上昇時に大きく増加する． イ　tan δ 試験は，低圧電動機の劣化診断に使用する． ウ　試験電圧を高くしていくと，tan δ 値は吸湿，劣化による変化が小さくなる． エ　tan δ 試験において，絶縁体が熱劣化により体積減少するとtan δ は減少する．
36	大型の変圧器の内部故障を電気的に発見（検出）する一般的な継電器として，適切なものはどれか． ア　過電圧継電器 イ　距離継電器 ウ　比率差動継電器 エ　不足電圧継電器
37	下図の負帰還増幅回路において，オペアンプの開放増幅度Aを1 000，帰還回路の帰還率βを0.2とした場合の出力の増幅度として，もっとも近い数値はどれか． ア　5 イ　10 ウ　20 エ　30

38	インバータが運転中に過電流のアラームを発信して停止した場合に考えられる原因として，適切でないものはどれか． ア　インバータの出力設定信号線が断線している． イ　インバータ内部の半導体素子が壊れている． ウ　電動機につながる電線が短絡している． エ　電動機の軸受が焼き付いて固着している．
39	自己診断機能が付いていないプログラマブルコントローラ（PLC）のエラー表示が出た場合の対応として，適切でないものはどれか． ア　ウォッチドッグタイマ（WDT）エラーがなかったか調べる． イ　メモリ用電池に異常がないか調べる． ウ　周辺機器との通信に異常がないか調べる． エ　出力ユニットのリレーが溶着していないか調べる．
40	電動機の軸受から異音が生じた場合の対応処置として，適切でないものはどれか． ア　軸と軸受のアライメントを合わせた． イ　軸受に給油を行った． ウ　軸受の取付けボルトを少し緩めた． エ　振動分析により，要因の特定を行った．
41	巻線形変流器の配線の取扱いとして，適切でないものはどれか． ア　V結線にして三相電流を測った． イ　一次巻線を測定しようとする回路に直列に接続した． ウ　一次側の一端を接地した． エ　二次側を短絡して電流計を外した．
42	電気設備の技術基準の解釈において，配線の接地抵抗測定検査に関する記述のうち，適切でないものはどれか．ただし，電路に漏電遮断器は施設していないものとする． ア　C種接地工事を施した金属体と大地との間の電気抵抗値が10Ωであったため，C種接地工事を施したとみなした． イ　C種接地工事を施した金属体と大地との間の電気抵抗値が50Ωであったため，C種接地工事を施したとみなした． ウ　D種接地工事を施した金属体と大地との間の電気抵抗値が10Ωであったため，D種接地工事を施したとみなした． エ　D種接地工事を施した金属体と大地との間の電気抵抗値が50Ωであったため，D種接地工事を施したとみなした．
43	低圧電路の絶縁抵抗の判定基準を漏れ電流に置き換えた値として，適切なものはどれか．ただし，DC100Vを判定基準とする． ア　1mA イ　10mA ウ　20mA エ　25mA

44	直径 5 mm，長さ 1 km のアルミニウム線がある．この線の抵抗値として，もっとも近いものはどれか．ただし，アルミニウムの抵抗率を 0.028 μΩ・m とする． ア　0.14 Ω イ　0.28 Ω ウ　1.4 Ω エ　2.8 Ω
45	半導体に関する記述のうち，適切なものはどれか． ア　CdS は，受光量によって発生電圧が変化する半導体である． イ　半導体は，温度が上がると抵抗率が小さくなる． ウ　P 型半導体は，正の抵抗温度係数を持つ． エ　真性半導体は，温度が上昇しても抵抗値はほとんど変化しない．
46	歯数が 18 と 54 の歯車を組み合わせた一対の平歯車において，小歯車を毎分 1 500 回転させたときの大歯車の回転数として，適切なものはどれか． ア　毎分 150 回転 イ　毎分 500 回転 ウ　毎分 750 回転 エ　毎分 4 500 回転
47	軸受に関する記述のうち，適切でないものはどれか． ア　スラスト玉軸受は，ラジアル荷重や両方向のアキシアル荷重を負荷できる． イ　深溝玉軸受は，ラジアル荷重や両方向のアキシアル荷重を負荷できる． ウ　円すいころ軸受は，ラジアル荷重や 1 方向のアキシアル荷重を負荷できる． エ　円筒ころ軸受は，ラジアル荷重を負荷できる．
48	油圧機器に関する記述のうち，適切でないものはどれか． ア　アンロード弁は，アクチュエータの戻り側に抵抗を与え，自重落下を防止するときに使用する． イ　油圧シリンダの速度低下の原因として，油圧ポンプの容積効率の低下が考えられる． ウ　交流ソレノイド電磁弁の両ソレノイドを同時に励磁すると，ソレノイドを焼損することがある． エ　油圧シリンダの出力は，同一圧力の場合，シリンダの断面積が大きいほど大きくなる．

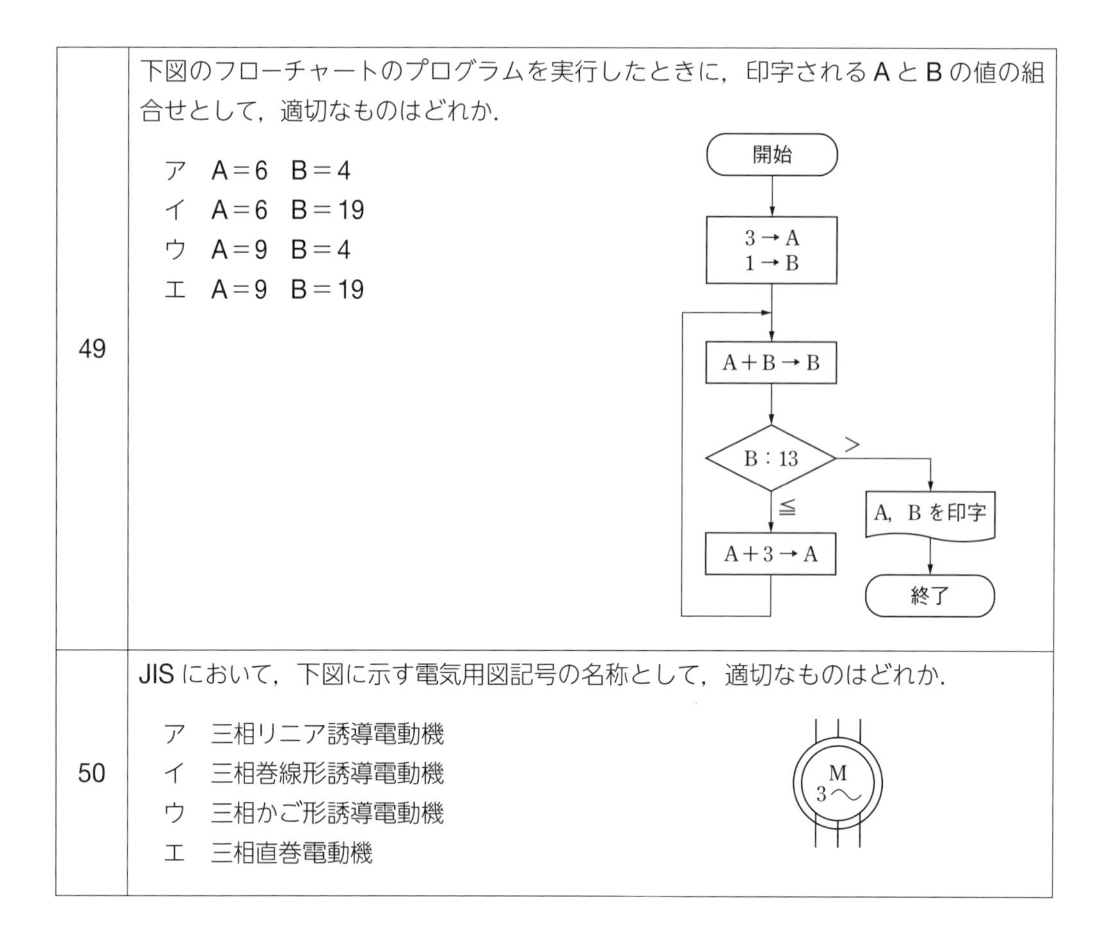

49	下図のフローチャートのプログラムを実行したときに，印字されるAとBの値の組合せとして，適切なものはどれか． ア　A＝6　B＝4 イ　A＝6　B＝19 ウ　A＝9　B＝4 エ　A＝9　B＝19
50	JISにおいて，下図に示す電気用図記号の名称として，適切なものはどれか． ア　三相リニア誘導電動機 イ　三相巻線形誘導電動機 ウ　三相かご形誘導電動機 エ　三相直巻電動機

6-3-3 練習問題3　2022年度

真偽法（問1～問25）の問題は○×を解答用紙に記入し，四肢択一法（問26～問50）の問題は正解と思うものを一つだけ選んで解答用紙に記入すること．

【真偽法】

番号	問　題
01	直立ボール盤における振りとは，取り付けることができる工作物の最小直径のことである．
02	生産システムにおけるパーツフィーダとは，加工，組立などに供する部品を整列して所定の場所まで自動的に送り出す装置である．

03	下図に示す回路に流れる電流 I は，0.3 A である． 50 Ω　50 Ω　5 Ω　20 Ω　I　6 V
04	三相誘導電動機のスターデルタ始動では，始動トルクは直入れ始動時の 2 分の 1 になる．
05	電磁接触器の接点のうち b 接点は，電磁接触器のコイルに電流が流れている間だけ，接点が開いた状態となる．
06	時間稼働率は，速度稼働率と正味稼働率の積で表される．
07	ある設備において，設備の稼働時間の合計が 160 時間，故障停止回数が 4 回，故障の修復にかかった時間の合計が 80 時間であった．このときの MTTR は 20 時間である．
08	保全活動の効果指標となる PQCDSME のうち，D は Delivery（納期）である．
09	故障の解析手法の 1 つである FMEA は，トップダウン方式で進めていく．
10	ある設備において，負荷時間 100 時間のうち，故障停止が 3 回で故障停止時間はそれぞれ 1.0 時間，2.0 時間，4.0 時間であった．このときの故障度数率は，3 % である．
11	保全計画における MP 設計とは，既存設備の保全情報を十分に反映させた設計である．
12	設備の種類をいくつかに分類し，測定した振動があるレベルを超えた場合に異常と判断する方法を，絶対判定法という．
13	機械の異常発見を目的として設置する機器のうち，非接触式のセンサの例として，リミットスイッチが挙げられる．
14	連関図法において，下図の A には「手段」を記入する． A
15	時間的な変化や傾向をつかむには，折れ線グラフよりもマトリックス図が適している．

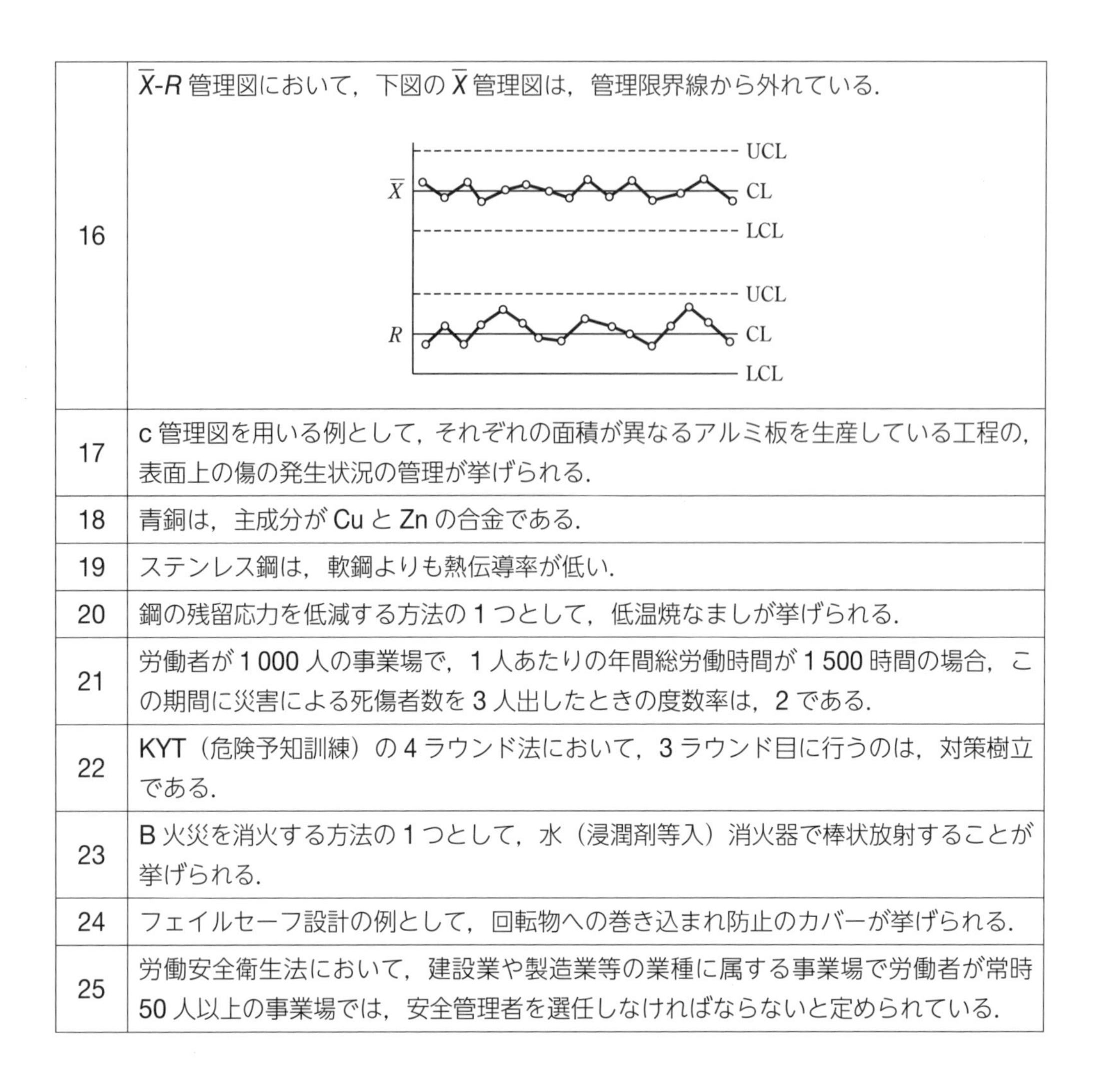

16	$\overline{X}$-R 管理図において，下図の $\overline{X}$ 管理図は，管理限界線から外れている．
17	c 管理図を用いる例として，それぞれの面積が異なるアルミ板を生産している工程の，表面上の傷の発生状況の管理が挙げられる．
18	青銅は，主成分が Cu と Zn の合金である．
19	ステンレス鋼は，軟鋼よりも熱伝導率が低い．
20	鋼の残留応力を低減する方法の 1 つとして，低温焼なましが挙げられる．
21	労働者が 1 000 人の事業場で，1 人あたりの年間総労働時間が 1 500 時間の場合，この期間に災害による死傷者数を 3 人出したときの度数率は，2 である．
22	KYT（危険予知訓練）の 4 ラウンド法において，3 ラウンド目に行うのは，対策樹立である．
23	B 火災を消火する方法の 1 つとして，水（浸潤剤等入）消火器で棒状放射することが挙げられる．
24	フェイルセーフ設計の例として，回転物への巻き込まれ防止のカバーが挙げられる．
25	労働安全衛生法において，建設業や製造業等の業種に属する事業場で労働者が常時 50 人以上の事業場では，安全管理者を選任しなければならないと定められている．

［四肢択一法］

番号	問　題
26	三相誘導電動機の種類と速度制御方法の組合せとして，適切でないものはどれか． ア　種類：かご形三相誘導電動機　　速度制御方法：一次周波数制御法 イ　種類：巻線形三相誘導電動機　　速度制御方法：二次抵抗制御法 ウ　種類：かご形三相誘導電動機　　速度制御方法：二次励磁制御法 エ　種類：巻線形三相誘導電動機　　速度制御方法：一次電圧制御法

27	変圧器の定格容量に関する文中の（　　）内の数字に当てはまる語句の組合せとして，適切なものはどれか。 「変圧器の定格容量は，一定の条件下での使用限度を示し，二次側の（①）のことである．また，二次端子間に得られる（②）に等しい.」 ア　①：負荷電力　②：皮相電圧 イ　①：負荷電流　②：皮相電圧 ウ　①：負荷電力　②：皮相電力 エ　①：負荷電流　②：皮相電力
28	電動機に関する記述のうち，適切でないものはどれか. ア　1台のインバータで，誘導電動機の容量によっては，複数台の制御ができる. イ　インバータの出力周波数を変更することにより，誘導電動機の回転数を制御できる. ウ　スターデルタ始動は，リアクトル始動よりも始動トルクが確保できる. エ　単相制動は，二次巻線に抵抗器を接続する方法である.
29	サイリスタに関する記述のうち，適切でないものはどれか. ア　一度オン状態となったサイリスタは，ゲート電流を取り去ってもオン状態を維持する. イ　pnpn の 4 層構造であり，中間の p 層から制御電極のゲート端子を取り出す. ウ　一度オンしたサイリスタをオフするには，アノードとカソードの間に一定時間，順方向電圧を印加するか，主電流を保持電流以下に抑える. エ　ゲート信号を制御することによってアノードからカソードに流れる主電流の制御をすることができる.
30	コンデンサに蓄える電荷を増加させる処置として，適切でないものはどれか. ア　極板の間隔を狭くする. イ　印加電圧を低くする. ウ　極板の面積を大きくする. エ　極板間に誘電率が高い物質を挿入する.
31	コイルのインダクタンスを増加させる方法として，適切でないものはどれか. ア　コイルの単位長あたりの巻き数，コイル長を変えずに，断面積を大きくする. イ　コイルの単位長あたりの巻き数を増やす. ウ　コイルに高透磁率のコアを挿入する. エ　コイルの総巻き数は変えずに，コイル長を長くする.
32	下図に示す交流回路のインピーダンスとして，適切なものはどれか. ア　30 Ω イ　40 Ω ウ　50 Ω エ　60 Ω （図：40 Ω，80 Ω，50 Ω，I，E）

33	下図に示す回路を簡略化した回路として，適切なものはどれか． 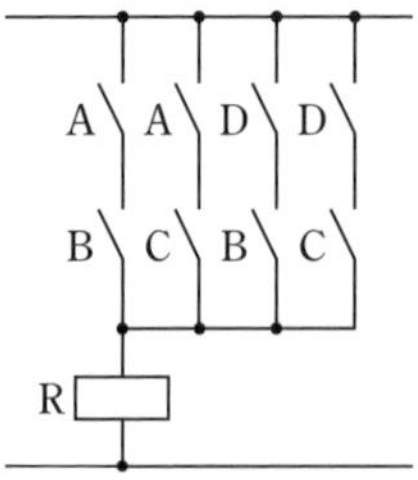 ア 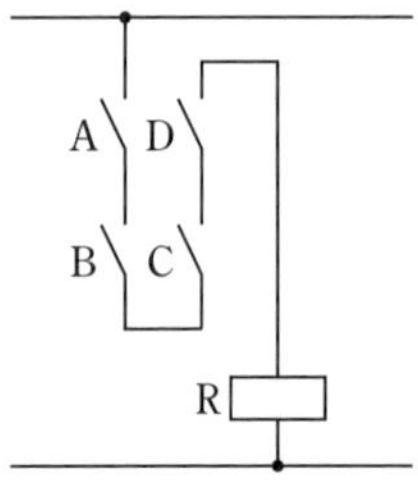　イ 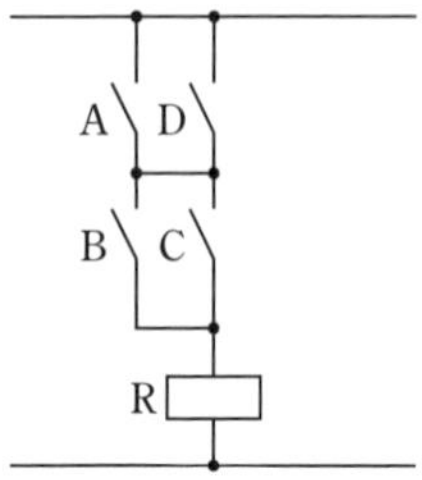　ウ 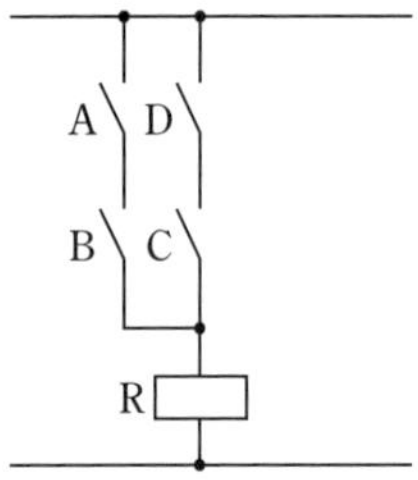　エ 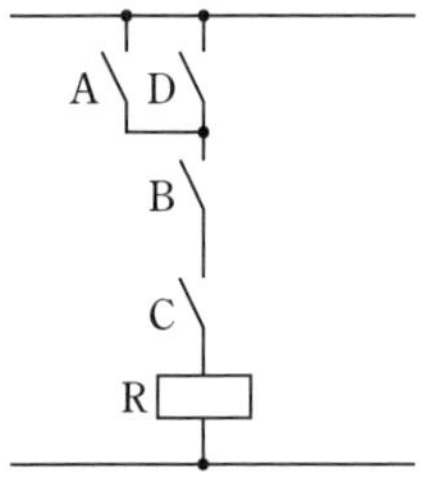
34	下図に示す論理回路と等価な回路として，適切なものはどれか． 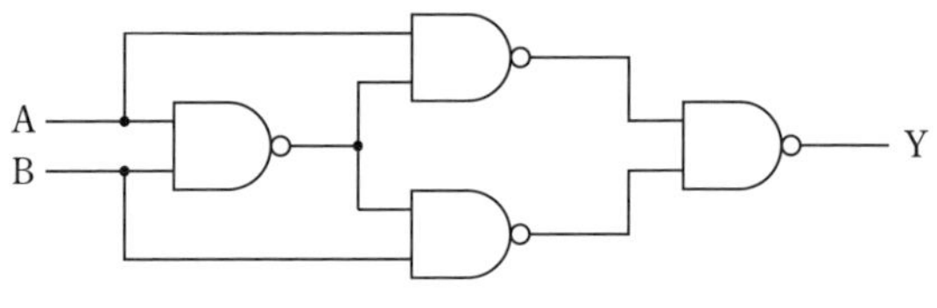 ア 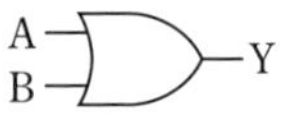　イ 　ウ 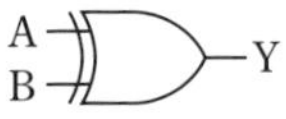　エ 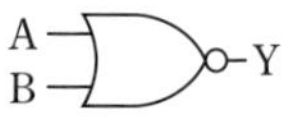
35	直流電源回路における DC/DC コンバータに関する記述のうち，適切でないものはどれか． ア　リニアレギュレータは，ノイズがほとんど発生しない． イ　スイッチングレギュレータは，原理的に必ずノイズが発生する． ウ　リニアレギュレータで可能な電圧の変換は，昇圧のみである． エ　スイッチングレギュレータで可能な電圧の変換は，昇降圧である．

36	内部抵抗 30 kΩ，最大測定電圧 300 V の電圧計に，抵抗値 45 kΩ の倍率器を直列に接続したとき，測定できる最大電圧値として，適切なものはどれか． ア　150 V イ　300 V ウ　600 V エ　750 V
37	tan δ 試験に関する記述のうち，適切なものはどれか． ア　試験電圧を高くしていくと，tan δ 値は吸湿，劣化による変化が小さくなる． イ　tan δ 試験において，絶縁体が熱劣化により体積減少すると tan δ は減少する． ウ　健全な絶縁体の tan δ 値は，電圧上昇時に大きく増加する． エ　tan δ 試験は，低圧電動機の劣化診断に使用する．
38	電磁開閉器のチャタリングの原因として，適切でないものはどれか． ア　操作電圧の電圧降下 イ　コイル端子ねじの緩み ウ　定格周波数の不一致 エ　開閉電流の電流過大
39	絶縁抵抗測定に関する記述のうち，適切なものはどれか． ア　絶縁抵抗計は，定格測定電圧の選定を誤っても機器の絶縁を破壊することはない． イ　絶縁抵抗計は，高圧電路では使用できない． ウ　電気設備の技術基準の解釈において，電路の使用電圧が 300 V を超える場合，絶縁抵抗値は 0.4 MΩ 以上と定められている． エ　電気設備の技術基準の解釈において，絶縁抵抗測定が困難な場合，当該電路の使用電圧が加わった状態における漏洩電流は 10 mA 以下と定められている．
40	インバータのノイズ対策として，適切なものはどれか． ア　インバータとノイズ保護対象機器の電源を同系統にした． イ　インバータとノイズ保護対象機器を絶縁トランスで絶縁した． ウ　インバータ出力側にサージキラーを接続した． エ　動力線と信号線を統合して配線した．
41	巻線形変流器の配線の取扱いとして，適切でないものはどれか． ア　一次側の一端を接地した． イ　二次側を短絡して電流計を外した． ウ　V 結線にして三相電流を測った． エ　一次巻線を測定しようとする回路に直列に接続した．
42	光ファイバに関する記述のうち，適切なものはどれか． ア　プラスチック光ファイバは，長距離通信用として使用される． イ　周囲の電気的ノイズに対して弱い． ウ　送信側と受信側で電気的絶縁ができる． エ　発光素子として，炭酸ガスレーザが使用される．

43	下図に示す有接点リレーシーケンス回路において，BSを投入したときの動作説明として，適切なものはどれか． 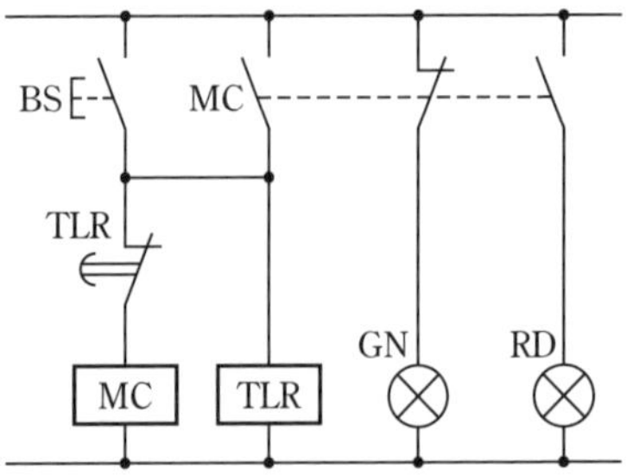 ア　RDは一定時間後点灯する． イ　RDは点灯しない． ウ　RDは点灯し続ける． エ　RDは一定時間点灯した後消灯する．
44	断面の直径D〔mm〕，長さL〔m〕，抵抗率ρ〔$\Omega\cdot$m〕の電線がある．この電線の抵抗値R〔Ω〕を求める式として，適切なものはどれか．ただし，円周率はπとする． ア　$R=2\times10^3\times\rho L/\pi D^2$〔$\Omega$〕 イ　$R=2\times10^6\times\rho L/\pi D^2$〔$\Omega$〕 ウ　$R=4\times10^3\times\rho L/\pi D^2$〔$\Omega$〕 エ　$R=4\times10^6\times\rho L/\pi D^2$〔$\Omega$〕
45	半導体に関する記述のうち，適切なものはどれか． ア　p型半導体は，正の抵抗温度係数を持つ． イ　真性半導体は，不純物半導体よりも導電率が高い． ウ　CdSとは，受光量によって発生電圧が変化する半導体である． エ　半導体は，温度が上昇すると抵抗率が減少する．
46	ねじの有効径に関する記述のうち，適切でないものはどれか． ア　同じ呼び寸法の並目ねじと細目ねじでは，細目ねじのほうが有効径が大きい． イ　有効径は，ねじの強度計算を行う場合の基本となる． ウ　ねじの呼び径とは，有効径のことである． エ　有効径の測定には，三針法を用いる．
47	軸受に関する記述のうち，適切でないものはどれか． ア　針状ころ軸受は，一方向のアキシアル荷重を負荷できる． イ　自動調心ころ軸受は，両方向のアキシアル荷重を負荷できる． ウ　スラスト玉軸受は，一方向のアキシアル荷重を負荷できる． エ　深溝玉軸受は，両方向のアキシアル荷重を負荷できる．

48	油圧機器に関する記述のうち，適切なものはどれか. ア　交流ソレノイド電磁弁は，振動騒音が大きく電流値が安定しない. イ　同一圧力の場合，シリンダ断面積が大きいほど，油圧シリンダの出力は小さくなる. ウ　アンロード弁は，アクチュエータの戻り側に抵抗を与え，自重落下を防止するときに使用する. エ　リリーフ弁が作動すると，流体エネルギーは熱損失となり，油温低下の原因となる.
49	下図に示すダブルソレノイド型電磁弁の特徴として，適切なものはどれか. ア　2 位置 5 ポートで，中立位置はクローズドセンタである. イ　2 位置 5 ポートで，中立位置はプレッシャセンタである. ウ　3 位置 5 ポートで，中立位置はクローズドセンタである. エ　3 位置 5 ポートで，中立位置はエキゾーストセンタである.
50	JIS において，下図に示す電気用図記号の名称として，適切なものはどれか. ア　三相かご形誘導電動機 イ　三相直巻電動機 ウ　三相リニア誘導電動機 エ　三相巻線形誘導電動機 M 3～

6-4　解答・解説

1 級学科試験　練習問題 1 の解答と解説

［真偽法］

1　○　**形削り盤**は，刃物を直線往復運動させて，平面削りや溝加工を行う工作機械である．

2　○　直立ボール盤における振りとは，取り付けることができる工作物の最大直径のことである．

3　×　**オートローダ**は，工作機械などに，工作物を自動的に取付け，取外しをする装置である．

4　○　**皮相電力**とは，交流機器に供給された電圧と電流の積で，見かけ上の電力のことをいう．単位は VA（ボルトアンペア）である．

5　○　**IP67** の場合，6 が防塵性能，7 が防水性能を表す数字である．

6　○　**同期速度**（極数と周波数で決まる回転速度）N_s を求める．

$$N_s = \frac{\mathbf{120}\boldsymbol{f}}{\boldsymbol{p}} = \frac{120 \times 50}{4} = 1\,500\ \mathrm{min}^{-1}$$

実際の回転速度 N は，すべり s（2 %）分少ないので，下記の式で求める．

$N = N_s(\mathbf{1} - \boldsymbol{s}) = 1\,500 \times (1 - 0.02) = \mathbf{1\,470\ min^{-1}}$ となる．

7　×　**故障度数率**は，次式で求める．

$$故障度数率 = \frac{故障停止回数の合計}{負荷時間の合計}$$

$$故障度数率 = \frac{3\,回}{100\,時間} = 3\,\%$$

8　×　**偶発的故障期**とは，初期故障期を過ぎて，安定的な稼働をした後に故障が起こる時期を呼んでいる．

9　×　**FTA**（**故障の木解析**）は，実際に生じた故障から原因を探る解析手法をいう．FTA では，製品の上位の故障・事故から，下位の原因へと進める．

10　○　**性能稼働率**とは，生産時間に対する実際の生産数の割合をいい，次式で表される．

性能稼働率 = 正味稼働率 × 速度稼働率

11　×　**MTBF**（**平均故障間隔**）とは，故障した設備が修復してから，次に故障するまでの動作時間の平均値をいう．式を下記に示す．

$$\mathrm{MTBF} = \frac{設備の総動作時間}{故障回数の合計}$$

12　×　抵抗温度計の高温用タイプは 650 ℃程度で，K 型熱電温度計は − 200 ～ 1 000 ℃程度まで測定できる．

13　○　**アブレシブ摩耗**とは，やすりで削りとられていくような摩耗形態をいう．対策の 1 つとして，防塵性の向上がある．

14　○　**軸受の呼び番号**の 6220C2 で，62 は深溝玉軸受を表し，20 は内径番号，C2 は内部すきま記号で，6220 よりすきまの変位を小さくしたものである．

15 ○ **手持ち式振動ピックアップ**は，加速度，速度，変位，3つの測定モードを搭載しており，測定面が曲面の場合は，平らな面を作る必要がある．

16 × **標準偏差**とは，データの散らばりの度合いを表す値をいい，下記の方法で求める．

① 平均値 X を求める

$(7+9+10+11+13)\div 5=10$

② 各偏差を求めて，2乗する

$7-10=-3,\quad -3^2=9$

$9-10=-1,\quad -1^2=1$

$10-10=0,\quad 0=0$

$11-10=1,\quad 1^2=1$

$13-10=3,\quad 3^2=9$

③ 各偏差の2乗の合計をデータの総数で割り，分散 S^2 を求める．

$$S^2=\frac{9+1+0+1+9}{5}=4$$

④ 標準偏差 S は分散 S^2 の平方根を求めればよいので，

$S=\sqrt{S^2}=\sqrt{4}=\mathbf{2}$ となる．

17 × **p管理図**とは，不適合品率pの管理図である．題意は，**u管理図**のことをいい，単位（面積，体積，長さ，個数など）あたりの不適合数によって工程を管理する場合に用いる．

18 ○ 抜取検査において，**OC曲線**とは，ロットの不良率と検査合格率との関係を示す曲線をいう．

19 × ステンレス鋼は，軟鋼よりも熱伝導率が低い．

20 × 青銅の主成分は，銅Cuとスズ Sn を含む合金である．

21 ○ **焼きなまし**は，約730℃程度以下で加熱する．目的は軟化，応力除去，均質化などのために行われる．

22 × **フェイルセーフ設計**とは，設備が故障しても，安全に動作したり，全体の故障や事故にならず，安全性が保たれるように配慮した設計をいう．題意は，**フールプルーフ設計**のことで，間違った操作ができないように事故を未然に防ぐ設計のことをいう．

23 × **C火災（電気火災）**は，水は不可で，霧状の強化剤または粉末系の消火剤を用いる．

24 ○ **酸素欠乏症等防止規則**によると，酸素欠乏とは空気中の酸素濃度が18％未満である状態をいい，記録を3年間保存する必要がある．

25 × **労働安全衛生法**によれば，動力により駆動されるプレス機械を5台以上有する事業所では，プレス機械作業主任者を選任しなければならない．

［四肢択一法］

26 **ア** **一次周波数制御方式**は，周波数に比例して誘導電動機の同期速度が変化することを利用したもので，現在，インバータ制御方式として広く適用されている．この方式は，周波数にほぼ比例して一次電圧も変化させている．

27 **エ** **単相制動**とは，一次側を単相交流で励磁する方法をいう．

28　**ウ**　各電力のベクトルを下図に示す．無効電力を求めると，600 var となる．

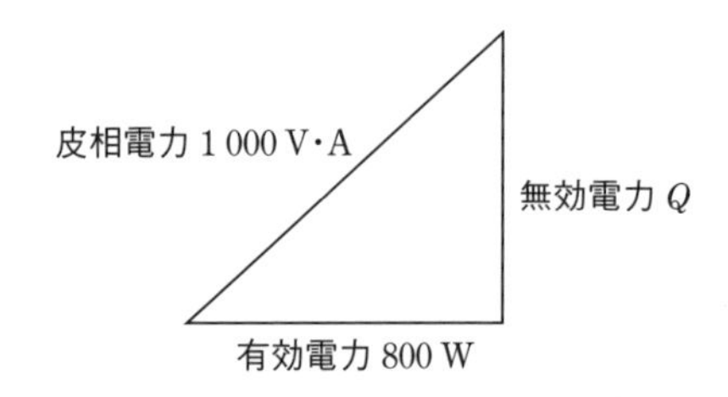

$$Q〔\mathrm{var}〕=\sqrt{1\,000^2-800^2}=\mathbf{600\ var}$$

29　**エ**　**サイリスタ**は，pnpn の 4 層構造である．

30　**ウ**　同種の磁極間の磁力線は，反発力が働く．

31　**エ**　**電界放出**とは，金属や半導体の表面に強い電界を加えると電子が放出される現象をいう．

32　**エ**　**周波数変調回路**とは，搬送波の周波数を変化させて情報を送る回路をいう．

33　**イ**　回路図は，センタタップ式全波整流回路で，出力電圧の平均値は $2V_p/\pi$

34　**イ**　開放増幅度 A，帰還率 β とすると，出力の増幅度は

$$\textbf{出力の増幅度}=\frac{V_{\mathrm{out}}}{V_{\mathrm{in}}}=\frac{\boldsymbol{A}}{\mathbf{1}+\boldsymbol{\beta A}}=2\,000/(1+0.1\times2\,000)$$

$$\fallingdotseq 9.95=\text{約}\ \mathbf{10}$$

35　**ウ**　回転体（軸受部）の振動測定は，軸方向，水平方向，垂直方向の 3 方向で行う．

36　**イ**　**tan δ（タンデルタ）試験**は，絶縁物に交流電圧を印加して誘電正接（tan δ）を測定し，その数値から絶縁物の吸湿・ボイド（空隙）・汚損などの絶縁劣化の程度を判定するための試験で，熱劣化により体積が減少すると tan δ は減少する．この試験は低圧と高圧電動機の劣化診断に用いられている．

37　**ア**　コイルに油が付着しても，うなりが生じる原因にはならない．

38　**ア**　**フレッティングコロージョン**とは，部材間でわずかに生じる振動による表面の微細な擦れ合い（微摺動）が要因となり，その結果腐食にいたる現象のことをいう．

39　**イ**　リレーコイルなどの直流誘導負荷を遮断する際，逆方向に高い電圧が発生し，接点や回路に大きなダメージを与える恐れがある．この逆起電圧から接点や回路を保護するためには，ダイオード，バリスタ，ツェナーダイオード，CR 方式の保護回路が必要になる．しかし，並列にコンデンサを接続した場合は，スイッチ OFF 時のアーク消弧には効果があるが，スイッチ ON 時にコンデンサに流れる充電電流が大きく接点が溶着しやすくなる．

40　**イ**　インバータとモータ等を一本で接地線を共通して使用するのは避ける．

41　**イ**　一般的に，ソースはプラスコモンで，シンクはマイナスコモンである．

42　**ウ**　C 種接地工事の接地抵抗は 10 Ω 以下で，D 種接地工事の接地抵抗は 100 Ω 以下である．

43　**ア**　抵抗 R，抵抗率 ρ，長さ l，断面積 S（ただし，単位はすべて m に直す）とすると抵抗 R の式は

$$\boldsymbol{R}=\boldsymbol{\rho}\frac{\boldsymbol{l}}{\boldsymbol{S}}=0.017\times10^{-6}\times\frac{1\times10^3}{\pi\times(2.5\times10^{-3})^2}\fallingdotseq 0.866=\text{約}\ \mathbf{0.9\ \Omega}$$

44 **イ** 光通信の発光素子は，半導体レーザと発光ダイオードなどがある．

45 **ウ** 絶縁材料の耐熱は，次のように区分されている．
Y：90℃，A：105℃，E：120℃，B：130℃，F：155℃，H：180℃

46 **イ** **ねじの呼び径**とは，雄ねじの場合は外径（山径）で，雌ねじの場合は内径（谷径）を表す．イは，有効径のことをいっている．

47 **ウ** **ルブリケータ**とは，機械部品や機械装置に油やグリスなどの潤滑剤を供給する装置をいう．スピンドル油は，高速回転をするものの潤滑油に用いられているので，ウは間違いである．

48 **ウ** **フローチャート**とは流れ図のことをいう．まずAという記憶場所に5，Bの記憶場所に1を入れる．次にA＋B＝5＋1の値6をAに記憶させる．Aの値が10以下の場合，B＋2＝1＋2の値3をBに記憶させ，再度A＋B＝6＋3の値9をAに記憶させ，Aの値が10を超えるまで繰り返し，10を超えたときにAとBの値を求めればよい．したがって，Aは**14**でBは**5**となる．

49 **イ** Aは圧力計で，Bはエアブリーザである．

50 **エ** 三相直巻電動機の図記号である．

練習問題1の解答

番号	1	2	3	4	5	6	7	8	9	10
解答	○	○	×	○	○	○	×	×	×	○

番号	11	12	13	14	15	16	17	18	19	20
解答	×	×	○	○	○	×	×	○	×	×

番号	21	22	23	24	25	26	27	28	29	30
解答	○	×	×	○	×	ア	エ	ウ	エ	ウ

番号	31	32	33	34	35	36	37	38	39	40
解答	エ	エ	イ	イ	ウ	イ	ア	ア	イ	イ

番号	41	42	43	44	45	46	47	48	49	50
解答	イ	ウ	ア	イ	ウ	イ	ウ	ウ	イ	エ

1級学科試験　練習問題2の解答と解説

［真偽法］

1 ○ 直立ボール盤における振りとは，取り付けることができる工作物の最大直径のことである．

2 × **横形フライス盤**の主軸は水平になっている．

3 ○ **オートローダ**とは，工作機械などに，工作物を自動的に取付け，取り外しをする装置をいう．

4 ○ 50Ωの並列回路の合成抵抗R_{50}を求める．

$$R_{50}=\frac{積}{和}=\frac{50\times50}{50+50}=25\,\Omega$$

R_{50} と 5 Ω の直列回路の合成抵抗 R_5 を求める．

$$R_5 = 25 + 5 = 30\ \Omega$$

R_5 と 20 Ω の並列回路の合成抵抗 R を求める．

$$R = \frac{30 \times 20}{30 + 20} = \frac{600}{50} = 12\ \Omega$$

電流 I は，$I = \dfrac{V}{R} = \dfrac{6}{12} = \mathbf{0.5\ A}$

5　○　**同期速度**（極数と周波数で決まる回転速度）N_s を求める．

$$N_s = \frac{\mathbf{120\mathit{f}}}{\boldsymbol{p}} = \frac{120 \times 50}{4} = \mathbf{1\,500\ min^{-1}}$$

実際の回転速度 N は，すべり s（2 %）分少ないので，下記の式で求める．

$$\boldsymbol{N} = \boldsymbol{N_s}\,(\mathbf{1} - \boldsymbol{s}) = 1\,500 \times (1 - 0.02) = \mathbf{1\,470\ min^{-1}}$$

6　×　リレーの **b 接点**は，コイルに電流が流れていないときは，接点が閉じ，電流が流れると接点が開く．

7　○　**性能稼働率**とは，設備が動いた時間のうち，性能どおりに稼働していた割合のことをいう．次式で求める．

性能稼働率 = 正味稼働率 × 速度稼働率

8　○　**TBM**（**時間基準保全または定期保全**）は，設備ごとに周期を決めて点検したり，部品を交換したりする方式をいう．

9　×　**バスタブ曲線**（**寿命特性曲線**）とは，設備の故障率を稼働時間で示した曲線で，初期故障期，偶発故障期，摩耗故障期がある．摩耗故障期では，事前の検査・監視によって故障の予知が可能となり，故障率が向上する．

10　○　**MTBF**（**平均故障間隔**）とは，故障した設備が修復してから，次に故障するまでの動作時間の平均値をいう．次式で求める．

$$\text{MTBF} = \frac{\text{設備の総動作時間}}{\text{故障回数の合計}} = \frac{240\ \text{時間}}{6\ \text{回}} = 40\ \text{時間}$$

11　×　**FMEA**（**故障モード影響解析**）は，原因から故障を予測する解析方法で具体的には，部品に発生する故障や人間のエラーなどの原因がある．

したがって，FMEA をトップダウンで行うと，品質の不具合や故障要因などを解明することが難しくなる．

12　×　**減価償却費**とは，固定資産の購入額を耐用年数に合わせて分割し，その期ごとに費用として計上する費用で利益ではない．

13　○　**相互判定法**は，設備の異常振動の判定法のうち，複数台の同一仕様の設備で，相互の振動を比較し判定する方法をいう．その他，絶対判定方法は，ISO や JIS の基準を超えた場合，異常と判断する判定法がある．

14　○　**生産者危険**とは，製造現場の抜き取り検査において，合格とすべきロットを不合格としてしまう確率をいう．

15　○　抜取検査において，OC 曲線とは，ロットの不良率と検査合格率との関係を示す曲線をいう．

16　○　**標準偏差**とは，データの散らばりの度合いを表す値をいい，下記の方法で求める．

①　平均値 X を求める

$$(7 + 9 + 10 + 11 + 13) \div 5 = 10$$

② 各偏差を求めて，2 乗する

$7-10=-3,\ -3^2=9$

$9-10=-1,\ -1^2=1$

$10-10=0,\ 0=0$

$11-10=1,\ 1^2=1$

$13-10=3,\ 3^2=9$

③ 各偏差の 2 乗の合計をデータの総数で割り，分散 S^2 を求める．

$$S^2=\frac{9+1+0+1+9}{5}=4$$

④ 標準偏差 S は分散 S^2 の平方根を求めればよいので，

$S=\sqrt{S^2}=\sqrt{4}=\mathbf{2}$

17 × **np 管理図**とは，不良個数の管理図である．

18 × **ステンレス鋼**は，軟鋼よりも熱伝導率が低い．

19 × **青銅**の主成分は，**銅 Cu** と**スズ Sn** を含む合金である．

20 ○ 高温焼戻しは強じん性が要求されるシャフト類，歯車類などの工具類に適用され，**低温焼戻し**は，高い硬度を必要とするシャフト類やゲージ類に用いられる．

21 × **KYT（危険予知訓練）**とは，職場や作業中に潜んでいる危険要因を発見し，危険要因で起こりうる現象を解決する能力を高める訓練をいう．

4 ラウンド目は目標設定である．

22 × **C 火災（電気火災）**は，霧状の強化剤または粉末系の消火剤を用いる．

23 ○ **フールプルーフ設計**とは，間違った操作ができないように事故を未然に防ぐ設計のことで，一例として両手押しボタン式がある．

24 × **SDS（安全データシート）**とは，事業者が化学物質や製品を他の事業者に出荷する際に，その相手方に対して，その化学物質に関する情報を提供するための資料をいう．

25 × 労働安全衛生法によれば，動力により駆動されるプレス機械を **5 台以上**有する事業所では，プレス機械作業主任者を選任しなければならない．

［四肢択一法］

26 **イ** 誘導電動機には，かご形と巻線形があり，巻線形誘導電動機の速度制御には，一次電圧制御，二次抵抗制御，二次励磁制御がある．二次励磁制御は二次回路にすべりを考慮した周波数の電圧を供給する制御方法をいう．

27 **ア** 1 パルスで 1.8 度回転するので，1 回転（360 度）したときのパルス数を求めると，360 ÷ 1.8 = 200 パルスとなる．1 回転で 3 mm 進むので，1 パルスで進む距離を求めると，3 mm ÷ 200 = 0.015 mm となる．

28 **ア** 各電力のベクトルを下図に示す．無効電力を求めると，400 var となる．

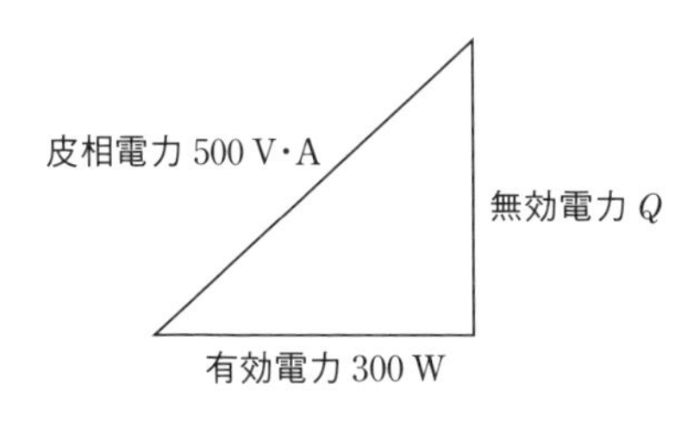

$Q\,〔\mathrm{var}〕=\sqrt{500^2-300^2}=400\ \mathrm{var}$

29　**イ**　不適切なものはウで，サイリスタはゲート電流でオンし，オフにするには，順方向電流を保持電流以下にするか，逆方向に電圧をかける必要がある．

30　**イ**　誘導起電力の方向は，フレミングの右手の法則で人差し指の示す方向である．

31　**エ**　帯電列の上位の麻布と下位の鉄を擦りあわせると下位の鉄は負電荷に帯電する．

32　**ウ**　回路の電流を I，抵抗を流れる電流を I_R，コイルに流れる電流を I_L とすると，抵抗を流れる電流 I_R を求めると，

$$I_R=\frac{60}{15}=4\ \mathrm{A}$$

$$I^2=I_R^2+I_L^2$$

上式から I_L を求める．

$$I_L=\sqrt{I^2-I_R^2}=\sqrt{5^2-4^2}=3\ \mathrm{A}$$

ベクトル図は，右図のようになる．

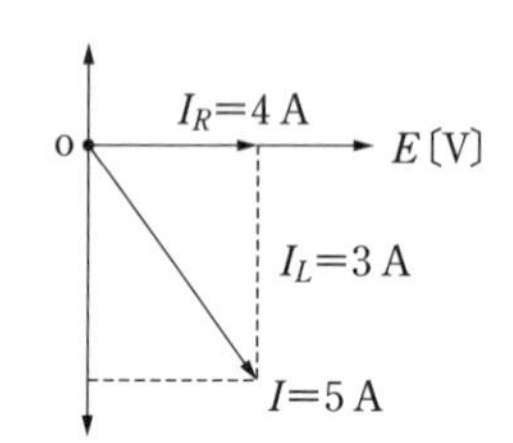

したがって，力率 $\cos\theta$ は

$$\cos\theta=\frac{4}{5}=0.8=\mathbf{80\ \%}$$

33　**イ**　A を 1，B を 0 にしたとき，右図のようにCは1となる．

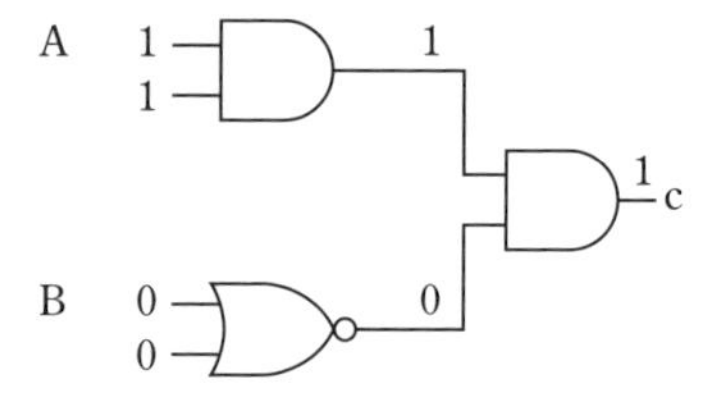

34　**ア**　L（コイル）や C（静電容量）は，電源電圧や温度の変化を受けやすい．

35　**エ**　**tan δ 試験**は，絶縁物に交流電圧を印加して誘電正接（$\tan\delta$）を測定し，その数値から絶縁物の吸湿・ボイド（空隙）・汚損などの絶縁劣化の程度を判定するための試験で，熱劣化により体積が減少すると $\tan\delta$ は減少する．

36　**ウ**　**比率差動継電器**は，変圧器の１次側と２次側に適正な電流比が出ているかを調べ，変圧器内部に異常がないかを監視する継電器をいう．

37　**ア**　開放増幅度 A，帰還率 β とすると，出力の増幅度の式は

$$\textbf{出力の増幅度}=\frac{V_{\mathrm{out}}}{V_{\mathrm{in}}}=\frac{\boldsymbol{A}}{\mathbf{1}+\boldsymbol{\beta A}}=\frac{1\,000}{1+0.2\times1\,000}\fallingdotseq4.98\fallingdotseq\mathbf{5}$$

38　**ア**　アラーム出力から制御回路に信号が送られ運転を停止するが，その信号線が断線している場合は停止しない．

39　**エ**　出力ユニットのリレーが溶着した場合，PLC とは関係ないため，エラー表示は出ない．

40　**ウ**　対策として過大荷重の防止，グリスの補給などがあるが，取付ボルトを緩めると異音が強くなる可能性がある．

41　**ウ**　**変流器**は一般的に，高電流を低電流に変換する機器をいう．一次側は高電圧，高電流のため接地してはいけない．

42　**イ**　**C 種接地工事**は，300 V を超える低圧電気機械器具の金属製外箱や金属管，金属製ボックスなどに施す接地工事で，接地抵抗は 10 Ω 以下である．

43 **ア** 電気設備技術基準・解釈では，絶縁抵抗測定が困難な場合において，低圧電路の使用電圧が加わった状態における漏洩電流は，1 mA 以下と規定されている．

44 **ウ** 抵抗 R，抵抗率 ρ，長さ l，断面積 S とすると抵抗 R は

$$R=\rho\frac{l}{S}=0.028\times10^{-6}\times\frac{10^3}{(2.5\times10^{-3})^2\times\pi}\fallingdotseq\mathbf{1.4\,\Omega}$$

45 **イ** 半導体は，温度が上昇すると抵抗率が減少する．

46 **イ** 歯数が $x=\frac{54}{18}=3$ 倍なら，回転数は $1/x$ 倍になるので

$$回転数=\frac{1\,500}{3}=\mathbf{500\,回転}$$

47 **ア** **スラスト軸受**は，回転する物体の軸方向に働く力を受け止める軸受で，アキシアル荷重のみ負荷できる．アキシアル荷重とは，軸方向の負荷荷重をいい，ラジアル荷重は，垂直方向にかかる負荷荷重をいう．

48 **ア** **アンロード弁**とは，アクチュエータの動作が無いときに流体の圧力を下げ無負荷で流体を流す弁をいう．
自重落下防止の多くはパイロットチェック弁などを使用している．

49 **エ** $A=9$，$B=19$ である．詳細は「これだけは覚えよう 重要事項（四肢択一法）」17 を参照．

50 **イ** 三相巻線形誘導電動機の図記号である．

練習問題 2 の解答

番号	1	2	3	4	5	6	7	8	9	10
解答	○	×	○	○	○	×	○	○	×	○

番号	11	12	13	14	15	16	17	18	19	20
解答	×	×	○	○	○	○	×	×	×	○

番号	21	22	23	24	25	26	27	28	29	30
解答	×	×	○	×	×	イ	ア	ア	イ	イ

番号	31	32	33	34	35	36	37	38	39	40
解答	エ	ウ	イ	ア	エ	ウ	ア	ア	エ	ウ

番号	41	42	43	44	45	46	47	48	49	50
解答	ウ	イ	ア	ウ	イ	イ	ア	ア	エ	イ

1 級学科試験　練習問題 3 の解答と解説

［真偽法］

1 × **直立ボール盤**における振りとは，取り付けることができる工作物の最大直径のことである．

2 ○ **パーツフィーダ**とは，工場の生産ライン上で部品の補給を自動的に行うことができる装置で，自動部品供給装置とも呼ばれる．

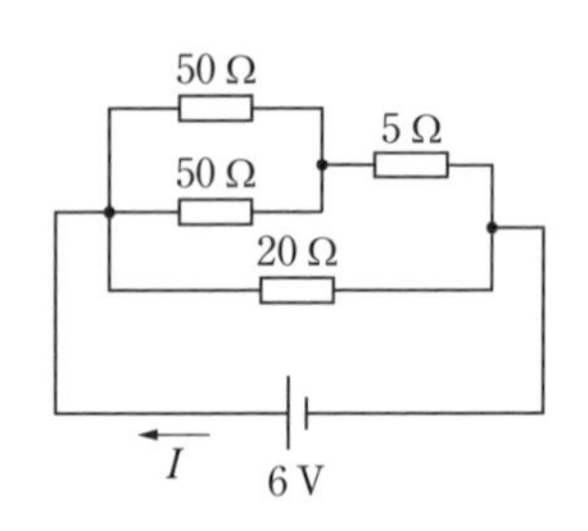

3　×　50 Ω の並列回路の合成抵抗 R_{50} を求める．

$$R_{50}=\frac{積}{和}=\frac{50\times50}{50+50}=25\ \Omega$$

R_{50} と 5 Ω の直列の合成抵抗 R_5 を求める．

$$R_5=25+5=30\ \Omega$$

R_5 と 20 Ω の並列の合成抵抗 R を求める．

$$R=\frac{30\times20}{30+20}=\frac{600}{50}=12\ \Omega$$

電流 I は，$I=\frac{V}{R}=\frac{6}{12}=\mathbf{0.5\ A}$

4　×　**Y-△始動**とは，始動時はY結線とし，ほぼ全速度に達したとき，巻線を△結線に戻す方式で，始動電流および始動トルクは，いずれも直入れ始動時の 1/3 になる．

5　○　**b 接点**は，コイルに電流が流れていないときは，接点が閉じ，電流が流れると接点が開く．

6　×　**時間稼働率**は，予定した稼働時間に対する実際の稼働時間の割合をいう．

7　○　**MTTR（平均修復時間）**とは，障害が起きたシステムを修復して回復させるためにかかる平均時間をいう．

MTTR = 80 時間/4 回 = 20 時間

8　○　保全活動の **PQCDSME** の D は，納期・量をいう．

P：Productivity = 生産性　　Q：Quality = 品質
C：Cost = 価格・原価　　D：Delivery = 納期・量
S：Safety = 安全　　M：Morale = 士気
E：Enviroment = 環境

9　×　**FMEA（故障モード影響解析）**は，原因から故障を予測する解析方法で具体的には，部品に発生する故障や人間のエラーなどの原因がある．
したがって，FMEA をトップダウンで行うと，品質の不具合や故障要因などを解明することが難しくなる．

10　○　**故障度数率**は，次式で求める．

$$故障度数率=\frac{故障停止回数の合計}{負荷時間の合計}$$

$$故障度数率=\frac{3\ 回}{100\ 時間}=3\ \%$$

11　○　**MP 設計**とは，生産システム効率化を阻害するあらゆるロスを未然防止する，製品設計や設備・工程設計をいう．

12　○　**絶対判定方法**による代表的な規格として ISO や JIS があり，基準を超えた場合は異常と判断する方法をいう．その他の判定方法として相互判定法があり，同一仕様の設備で，相互の振動を比較し判定する方法という．

13　×　**リミットスイッチ**は，接触式のセンサである．非接触式センサには光電センサなどがある．

14　×　**連関図法**とは，因果関係から主な要因を絞り込む手法で，構成の中核は課題（図の A）で，その他はすべて要因である．

15 × **マトリックス図**とは，2つの要素の関連性について，縦と横の二次元の図や表を用いて整理したものをいう．

16 × **X-R 管理図**は，工程で管理する長さ，重量などの場合に用いる．
上方管理限界線（UCL）より上，または下方管理限界線（LCL）より下にある場合は「外れ」という．

17 × **c 管理図**とは，面積や長さなどの単位当たりの欠点数の管理図をいう．

18 × **青銅**の主成分は，**銅 Cu** と**スズ Sn** を含む合金である．

19 ○ **ステンレス鋼**は，軟鋼よりも熱伝導率が低い．

20 ○ 鋼の残留応力を低減する方法の1つとして，低温焼なましがある．

21 ○ **度数率**は，労働災害の発生状況を評価する指標をいい，次式で計算する．

度数率＝死傷者数÷延べ実労働時間数×1 000 000
＝3÷1 500×1 000×1 000 000＝**2**

22 ○ **KYT（危険予知訓練）**とは，職場や作業中に潜んでいる危険要因を発見し，危険要因で起こりうる現象を解決する能力を高める訓練をいう．第3ラウンドは対策樹立である．

23 × **B 火災（油火災）**では，水は不可である．

24 × **フェイルセーフ設計**とは，設備が故障しても，安全に動作したり，全体の故障や事故にならず，安全性が保たれるように配慮した設計をいう．
題意は，**フールプルーフ設計**のことで，間違った操作ができないように事故を未然に防ぐ設計のことをいう．

25 ○ **労働安全衛生関係法令**では，常時50人以上の労働者を使用するところには安全管理者を選任しなければならないと規定されている．

[四肢択一法]

26 **ウ** **かご形三相誘導電動機の速度制御**は，一次電圧，すべり s，極数 p，周波数 f による制御がある．二次励磁制御法は巻線形三相誘導電動機に用いられる．

27 **ウ** **変圧器の定格容量**は，二次側で得られる容量の皮相電力〔k･VA〕で表される．

28 **ウ** リアクトル始動はスターデルタ始動よりもトルク特性が良い．

29 **ウ** 適切でないものはウで，サイリスタはゲート電流でオンするが，オフにするには，逆方向に電圧をかけるか，順方向電流を保持電流以下にする必要がある．

30 **イ** **蓄電電荷量（静電容量）** C は，誘電率を ε_0，極板の面積を S，極板の間隔を d とすると静電容量 C は，次式で表される．

$$C = \varepsilon_0 \frac{S}{d}$$

また，印加電圧を高くする方法もある．

31 **エ** インダクタンス L は透磁率 μ，断面積 A，巻数 N，磁路の長さ l とすると式は，

$L = \dfrac{\mu A N^2}{l}$ となり，磁路の長さ（コイル長）に反比例する．

32 **ウ** 回路のインピーダンスを求める公式は

$$Z = \sqrt{R^2 + X^2} = \sqrt{R^2 + (X_L - X_C)^2}$$
$$Z = \sqrt{40^2 + (80 - 50)^2} = 50\ \Omega$$

33　イ　図の上はAとD．下はBとCが並列になればよいので，イの回路が適切である．

34　ウ　入力のAとBに0と1を入力してYの値を真理値表に書き込むと，下表のような排他的論理和（EX-OR，AとBのどちらかが1のときYが1）になる．したがって，ウが適切である．

$Y=\overline{A}\cdot B+A\cdot\overline{B}$

入力A	入力B	出力Y
0	0	0
0	1	1
1	0	1
1	1	0

35　ウ　リニアレギュレータの電圧は，昇降圧できる．

36　エ　内部抵抗をr，直列抵抗をR，測定電圧をV，最大電圧をV_mとすると式は

$$\frac{V_m}{V}=\frac{R+r}{r}$$

$$V_m=\frac{(R+r)\,V}{r}=\frac{(45+30)\times 300}{30}=750\ \mathrm{V}$$

37　イ　**tan δ試験**は，絶縁物に交流電圧を印加して誘電正接（tan δ）を測定し，その数値から絶縁物の吸湿・ボイド（空隙）・汚損などの絶縁劣化の程度を判定するための試験で，熱劣化により体積が減少するとtan δは減少する．

38　エ　**チャタリング**とは，スイッチの電気接点が接触する瞬間に，接点が細かく振動する現象をいう．開閉電流による電流過大の原因は接点の溶着がある．

39　ウ　**絶縁抵抗**は，電路と大地，電路同士の絶縁性能を，数値で表している．対地電圧300 Vを超える場合は，0.4 MΩ以上と定められている．

40　イ　**インバータ**とは，直流を交流に変換する装置をいう．インバータのノイズを低減するには，ラインフィルタや絶縁トランスが用いられている．

41　ア　巻線形変流器の一次側はモールドで絶縁されているので接地しない．

42　ウ　送信側と受信側で電気的絶縁ができるが，適切である．

43　エ　BSを投入すると，MCのコイルが励磁されRDが点灯する．その後，一定時間後にTLRの接点が開放するためRDは消灯する．

44　エ　エの式が適切である．

45　エ　**半導体**は，温度が上昇すると抵抗率が減少する．

46　ウ　**ねじの呼び径**とは，雄ねじの場合は外径（山径）で，雌ねじの場合は内径（谷径）を表す．有効径とは，ねじ溝の幅がねじ山の幅に等しくなるような仮想的な円筒（円すい）の直径をいう．

47　ア　**アキシアル荷重**とは，軸方向の負荷荷重のことで，軸受（ベアリング）のうち，アキシアル荷重を受けることができないのは，円筒ころ軸受，針状ころ軸受などがある．

48　ア　アが正解である．ウの**アンロード弁**とは，アクチュエータの動作が無いときに意識的に流体の圧力を下げほぼ無負荷で流体を流すことによりエネルギー消費を押さえる弁をいう．エの**リリーフ弁**は，油圧内の圧力を調整するもので，作動油の圧力に差が生じ，余分な発熱を生じる．

49 ウ 電磁弁の3位置とは，切換え状態の数がA側，B側，中間と3つの位置を持った電磁弁をいう．中間位置で停止させたいときは3位置クローズドセンタを使用する．

50 ア 三相かご形誘導電動機の図記号である．

練習問題3の解答

番号	1	2	3	4	5	6	7	8	9	10
解答	×	○	×	×	○	×	○	○	×	○

番号	11	12	13	14	15	16	17	18	19	20
解答	○	○	×	×	×	×	×	×	○	○

番号	21	22	23	24	25	26	27	28	29	30
解答	○	○	×	×	○	ウ	ウ	ウ	ウ	イ

番号	31	32	33	34	35	36	37	38	39	40
解答	エ	ウ	イ	ウ	ウ	エ	イ	エ	ウ	イ

番号	41	42	43	44	45	46	47	48	49	50
解答	ア	ウ	エ	エ	エ	ウ	ア	ア	ウ	ア

索　引

- 本書の内容に関する質問は，オーム社ホームページの「サポート」から，「お問合せ」の「書籍に関するお問合せ」をご参照いただくか，または書状にてオーム社編集局宛にお願いします．お受けできる質問は本書で紹介した内容に限らせていただきます．なお，電話での質問にはお答えできませんので，あらかじめご了承ください．
- 万一，落丁・乱丁の場合は，送料当社負担でお取替えいたします．当社販売課宛にお送りください．
- 本書の一部の複写複製を希望される場合は，本書扉裏を参照してください．

技能検定　機械保全　電気系保全作業
学科・実技　合格テキスト　1～3級対応（改訂2版）

2019年5月20日　第1版第1刷発行
2024年6月20日　改訂2版第1刷発行

編　集　オーム社
発行者　村上和夫
発行所　株式会社 オーム社
郵便番号　101-8460
東京都千代田区神田錦町3-1
電話　03(3233)0641(代表)
URL　https://www.ohmsha.co.jp/

組版　新生社　　印刷・製本　壮光舎印刷
ISBN978-4-274-23205-3　Printed in Japan

本書の感想募集　https://www.ohmsha.co.jp/kansou/

本書をお読みになった感想を上記サイトまでお寄せください．
お寄せいただいた方には，抽選でプレゼントを差し上げます．